顧客關係管理 第二版

結合叡揚資訊Vital CRM國際專業認證

Customer Relationship Management,2th

序

近年來新冠疫情、通貨膨脹、糧食短缺、烏俄戰爭、...等環境因素，讓企業經營雪上加霜，而企業獲利的來源是顧客價值的創造與提升，創造顧客價值始於友善及長期的顧客關係經營，所以一個成功的企業，一定是以顧客為中心的營運模式。當今企業經營競爭十分白熱化，如何從一片紅海中殺出重圍、脫穎而出，誠信經營建立良好形象並邁向自我挑戰，著實考驗經理人的智慧與能力。顧客關係管理（CRM）是一門學術理論課程，也是一門實務應用課程，本書編輯的目的便是希望將探討 CRM 學理的架構、方法、系統、評估指標、流程、模式，更重要將國內導入雲端服務建立顧客關係的案例，兼具廣度和深度的觀察，讓本課程學習者不僅建立 CRM 知識與學理，更重要的將 CRM 系統實際操作及活絡應用於問題解決上。時值雲端應用服務的資訊時代，顧客關係管理也積極與時代潮流並駕齊驅，透過行動通訊設備（如智慧型手機、平板、筆記型電腦），讓顧客走到哪，隨時隨地將公司的產品與服務和顧客無縫接軌，使企業在聯繫、強化、鞏固顧客關係上更加徹底落實應用。本書第二版略調整個案與內容，並新增 CRM 大數據分析的章節，以國內知名 Vital CRM 平台的大數據分析模組為範例解說，一窺銷售、顧客、服務、... 等數據成為當今企業經營的重要指標，作為經營決策的關鍵參考。

本書特色：

- 依每學期授課 18 週數，分為四大篇與十四章節介紹顧客關係管理的最新發展與應用，其中包括：第一篇顧客關係管理的基礎、第二篇建立顧客價值導向的組織、第三篇落實顧客關係管理的實務運作、第四篇 CRM 與資訊科技結合的應用介紹。
- 本書 CRM 系統操作部分，採用叡揚資訊的雲端服務 Vital CRM 教學認證版，實際個案分析引用雲端應用 Vital CRM 的實例解說，增加教師課程講授素材的豐富度，做為 CRM 學理與實務互相輝映的最佳應用。

Vital CRM 產品試用：

https://bit.ly/2Fau8G1

書中系統操作說明：

https://bit.ly/2FeRtp5

本書完成要感謝以下人士的努力，叡揚資訊公司的胡瑞柔總經理與相關協助團隊、碁峰資訊團隊的熱心協助，以及家人的體諒幫忙，方能日積月累逐步完成。

陳美純　謹誌

2023 年 2 月

目錄

第一章　顧客關係管理導論

第二章　了解顧客本質與消費行為

第三章　顧客關係管理的銷售與行銷

第四章 建立顧客關係管理導向的策略規劃

第五章 設計顧客服務與支援管理的新流程

第六章　建立顧客經驗與創造顧客價值

第七章　發展、維繫、強化顧客關係

第八章　建立顧客忠誠度計畫

第九章　顧客不滿意與抱怨的處理

第十章　顧客關係管理的評估與衡量

第十一章　資料庫行銷與應用

第十二章　建立顧客資料倉儲與資料探勘

第十三章　CRM 的大數據分析

第十四章　顧客關係在行動商務與雲端運算的應用

附錄 A　試題演練解答

顧客關係管理導論

1

課前個案 涵碧樓

涵碧樓靠數位轉型工具，讓服務人員成功收服消費者的心

個案學習重點

1. 涵碧樓運用 Insight 模組的數據分析，確切掌握客戶輪廓、銷售分析、回購分析、標籤分析、進階預測。
2. 認識透過消費足跡的數據蒐集進行更多元的分析，成為第一線服務人員在面對顧客時的「最佳智庫」。
3. 運用 Vital CRM 功能、Insight 模組提高顧客的向心力跟黏著度。
4. 透過 CRM 平台改善顧客取貨、商品上架販售，銷售作業的流程，提高顧客服務品質。

推開大門，彷彿跌進了一個世外桃源，湖光山色伴隨著光影轉換，美不勝收。位處日月潭、坐擁絕佳景色的涵碧樓，一直是國內外旅客慕名而來下榻的知名飯店，這裡提供的不只是絕無僅有的美景，以客為尊的服務態度更是讓旅客回訪率居高不下的原因。

「我們講求的是『六感』體驗，」鄉林建設數位轉型執行長賴資雅闡述涵碧樓的待客之道。這不只是外界所熟知的五感，如何能綜合這些感受，並觸動到客人的心中產生漣漪，這才是涵碧樓希望能達成的目標：永續經營。也因此，就連已站穩腳步的頂級飯店涵碧樓來說，都不得不去尋找更好的工具，以期能優化服務、提升顧客體驗，數位轉型對涵碧樓來說，已是箭在弦上。

而作為數位轉型執行長的賴資雅很清楚，轉型可分成科技、人員、管理及流程等四個面向，並規劃短期的數據整合解決目前飯店業內部的痛點，到中長期的數據應用，將獲得到的資訊進行分析導入到服務場景，甚至是以更長遠的藍圖來看，能提供給消費者更好的服務，以達成涵碧樓的經營理念，「而目前我們的數據確實散落在不同場景中，」賴資雅點出了當前難題、也是亟欲著手的一環，因為唯有將這些散落的數據重新整合，並透過正確的工具活化，用以預測客戶喜好，才能達成涵碧樓追求的六感體驗。

面對這組織縝密、偌大的涵碧樓，賴資雅轉型的起手式顯得格外重要，她必須謹慎思考選擇的合作夥伴，以及需從企業內部的何處著手，才能取得對涵碧樓最大值的幫助。

「最終我決定採用叡揚資訊的 Vital CRM」，由於介面操作容易上手，再加上合理的收費，對具有長期轉型規劃的賴資雅而言，叡揚資訊是個可以一起攜手成長的合作夥伴，同時叡揚資訊也能提供相關的專業，讓以飯店業為主的涵碧樓能有更符合需求的解決方案來導入不同使用場景、整合現有數據。至於雀屏中選的應用場景，賴資雅最終選定涵碧樓的 SPA 館與精品店來打這場 CRM 轉型的頭陣。

不易掌握客戶喜好，成了第一線服務人員最棘手的挑戰

「精品店的員工無法很精準的掌握每位客人曾經消費過的足跡」、「SPA 館在客人預約服務時有什麼需求、喜好，都需要靠同仁的記憶力」、「還有啊，對於精品店客戶的預定，有時候真的會因為人力執行而偶有忽略」，涵碧樓精品店的店經理 Julia 與 SPA 經理 Daisy 一股腦地把過去在工作場合上碰到的問題分享出來，這也是為什麼賴資雅選定這兩個場景進行 CRM 的轉型原因。

不同於外界對於飯店內精品店的經營方式，涵碧樓的精品店提供不少在地老師傅的手工藝品，不只是獨一無二，更無法大量生產而導致需要讓客人透過預定掌握需求；而對於房客來說，前往 SPA 享受不只是常見的需求，對於回訪率高的涵碧樓而言，也提升了房客拜訪 SPA 館的機會。這些種種狀況，都讓涵碧樓在經營顧客關係管理上，面臨到新的挑戰，該如何透過數位工具協助第一線服務人員，在接觸顧客時，讓顧客感到賓至如歸，就成了首要解決的問題。

服務品質再升級，讓數位工具成為第一線人員的智庫

叡揚資訊在 Vital CRM 設計上規劃了不同功能，從 Insight 數據分析內容就可發現，其中包括了客戶輪廓、銷售分析、回購分析、標籤分析，甚至是能

提供更近一步的進階預測，例如產品推薦、行銷最佳化，甚至是新舊客消費分析、下次購買時間預測等，都能透過消費足跡的數據蒐集進行更多元的分析，成為了第一線服務人員在面對客戶時的「最佳智庫」。

就以精品店的銷售來說，在導入了 Vital CRM 後，很明顯的讓顧客感受到服務的再進化。「我們可以很清楚知道客戶之前所購買過的品項，進一步關心使用心得」賴資雅說，這讓顧客感覺到店員不再只是冷冰冰的銷售，而是更有溫度的溝通，而且拉近了彼此的距離，也讓顧客的向心力跟黏著度提高，「連之前預訂忘記通知的狀況都被克服了。」精品店店經理 Julia 表示，過去有 8 成的物件會記不得是否要通知客人，導致客人的等待時間被延長，但是在 Vital CRM 系統的輔助下，將客人的需求跟進貨的商品進行交叉比對後，就可一目瞭然掌握該通知哪位客人來取貨，或又該把哪些商品上架販售，因此銷售作業跟顧客服務都獲得了改善。

至於在 SPA 館的場景，Vital CRM 成了芳療師的最佳大腦。透過後台的資料登記，讓芳療師們可以在第一時間掌握客戶對於服務上的需求與喜好，甚至是否有指定芳療師的習慣也能一目瞭然，這省去了芳療師過往需要翻閱紙本記錄的時間，如果被指定的芳療師休假，經理也能迅速安排合適的服務人員替代，讓顧客省去挑選以及與芳療師磨合的時間，這對於剛接觸 2-3 次的消費者來說，貼心的服務更能讓他們感到窩心，也獲得顧客的信任。

在 Vital CRM 有一項貼標籤功能，更是讓精品店店經理 Julia、SPA 經理 Daisy 兩位讚不絕口。由於客人的親友網絡非常龐大，如果能透過後台的標籤功能，記錄客人的各種關係網絡，對於在第一線的服務人員來說，也能清楚掌握每個客人之間的連結，不論是談吐進退、贈禮推薦都能有更好的表現，讓整體的服務流程都能因為 Vital CRM 的輔佐再升級。

了解為何而轉型，達成企業永續經營理念

有了 CRM 這塊轉型的成功經驗後，讓賴資雅更有信心開始啟動組織內不同的改造，「我們已經決定要再導入臺灣雲市集的 Vital Knowledge 雲端知識管理系統跟 Vital BizForm 雲端智慧表單的系統」，這主要是協助組織內部能透過數位工具的導入，減少員工的時間作業成本，不只是讓員工的工作更有效率，也是希望用節省出來的時間讓員工有更多的創造力，而這也是賴資雅耗費了數月、親自走入基層蒐集了各種聲音後的決策。

不只如此，就以 Vital BizForm 雲端智慧表單來說，除了讓簽核系統全面數位化之外，也是企業展現社會責任的表現，「屆時將能省下非常大量的紙張使用量」，對賴資雅而言，數位轉型不只是企業的一場生存保衛戰，更是展現集團對 ESG 的實際作為、延續永續經營的理念。

在導入 Vital CRM 系統後，問題一一被迎刃而解，例如：1. 更輕易掌握客戶喜好，解決第一線服務人員最棘手的挑戰；2. 重要經營的數據能夠整合，活用數據所產生的價值；3. 讓精品店的員工很清楚掌握每位客人曾經消費過的足跡；4. SPA 館在客人預約服務時的需求、喜好，協助同仁可迅速查詢及回覆；5. 精品店客戶的預定商品將更準確的交給顧客。

在這個人人都在討論數位轉型的時刻，賴資雅認為迎接數位時代的來臨，確實是一個讓企業能永續經營的解決方式，不過關鍵仍在於主事者「願不願意」的心態，即需要徹底了解企業內部的需求是什麼、問題是什麼，而怎樣的工具能對症下藥，如此一來，這個轉型才能看見成效，為企業帶來正向的改變，也才可以持續賦能企業本身、達成永續經營的企業理念。

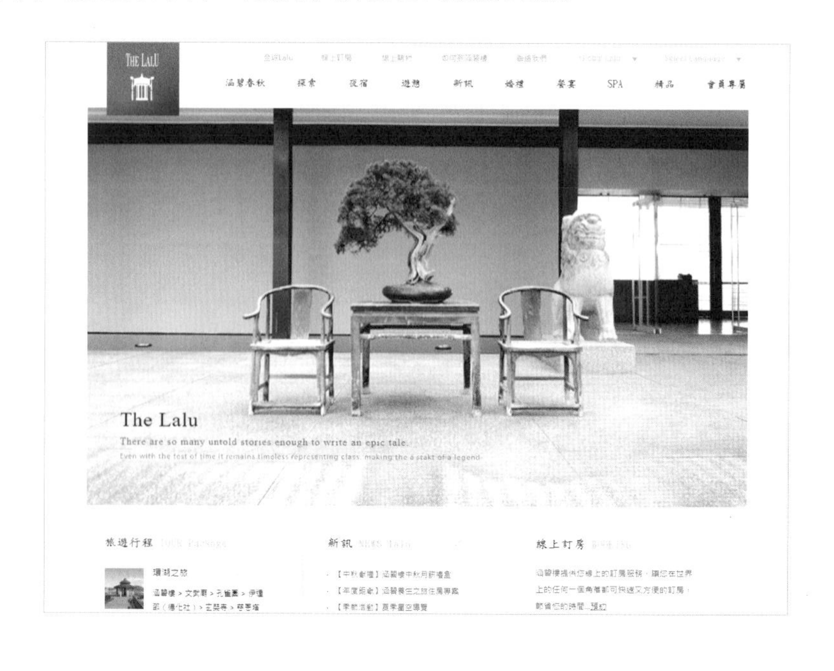

■ 資料來源：

1. https://www.gsscloud.com/tw/user-story/1685-the-lalu
2. https://www.thelalu.com.tw/zh-tw

個案問題討論

1. 請上網蒐集日月潭涵碧樓酒店的相關資訊，認識酒店所提供的服務與商品？
2. 請討論何謂「六感體驗」，如何透過數位化工具增進顧客體驗的紀錄與追蹤？
3. 請說明涵碧樓使用哪些 Vital CRM 的功能與模組？解決了服務現場的問題？
4. 請討論數位轉型執行長賴資雅為何選定 SPA 館與精品店為 CRM 轉型的頭陣？
5. 請討論日月潭涵碧樓數位轉型的階段發展、使用工具、產生的效益。

1-1 顧客關係管理是當前企業經營的重要議題

從課前個案「光遠心」應用雲端服務 CRM 的案例，可以知道與學員間信任的累積，才能拓展事業的命脈，而細膩的學員溫馨關懷與迅速回應客戶問題，更是個案公司得以茁壯的關鍵。現今企業經營十分不易，除了面臨競爭激烈的對手外，還要了解顧客真正的需求（Right Requirement），能夠把握正確顧客（Right Customer），在最適當的時間（Right Time）、最適當的地點（Right Place）透過適當的通路（Right Channel），傳遞適當的商品或服務（Right Product and Service），才能確保穩住顧客訂單。而在 21 世紀的消費市場有很大的轉變，其造成原因包括：科技不斷進步、線上與線下（O2O）虛實整合購物的盛行、商品的多樣化、個人需求的改變、消費者對商品的期望愈來愈高、國際化的商品選擇越來越多選擇，造成顧客忠誠度日益降低。

整體而言，市場版圖改變的主要驅動力量來自(1)銷售市場驅動力：例如市場變得愈來愈細化、國、內外廠商競爭白熱化、商品創新求變、創意吸引消費者變得很重要。(2)資訊科技的驅動力：例如大數據分析、物聯網、機器人、虛擬實境、人工智慧、雲端技術的提升，及資訊科技設備的功能強化與價格越來越便宜。(3)媒體傳播驅動力：例如傳統平面媒體的成效日趨式微，網路多媒體與通路的普及及急速擴散的能力。(4)顧客的驅動力量，各類商品大幅增加的個人化需求，消費者的要求及期望水準越來越高。

顧客關係管理的重要性，可以從下列十點清楚了解：

1. 與現有的顧客進行交易，成本只有開發新顧客的 1/5～1/8，甚至更低。
2. 80/20 法則－企業 80%的利潤來自 20%的忠誠顧客，忠誠是回購的不二法則。
3. 在網路經濟時代，1 位不滿意的顧客可以把不愉快的消費經驗讓全世界都知道。
4. 一位抱怨顧客，背後還有 20 位相同抱怨的顧客，代表不滿意的黑數比實際多。
5. 要消弭一個負面印象，需要至少 12 個正面印象才能彌補。
6. 補救服務品質欠佳，通常要多花 25%至 50%的成本，有時甚至更高。
7. 如果事後補救得當，70%不滿意的顧客仍會回流與該公司來往。
8. 100 位滿意的顧客，將衍生出 15 位新顧客。
9. 多留住 5%的忠誠顧客，可提高 85%的獲利率。
10. 滿意顧客不代表忠誠顧客，但不滿意顧客一定會流失。

在市場競爭激烈、顧客有很多種選擇的環境下，如何建立良好、友善、長期的顧客關係相當重要，既然開發新顧客成為忠誠顧客非易事，企業若能留住好的顧客，等同是長期獲利及永續經營的保障，每家公司應該避免產生「旋轉門效應」（Revolving-Door Effect），所謂旋轉門效應是專注焦點放在「獲取新顧客」上，卻忽略了原有的顧客群，企業若流失既有穩定客群，便造成所謂的「旋轉門效應」，亦即投入各種資源費、盡心思地將新顧客拉進來的同時，舊有的顧客卻流失了，因此可知留住舊有顧客的重要性，如國內有許多百年老店，除了產品品質維持一定水準外，更重要有長期支持購買該店的顧客，好產品造就一批長期追隨的忠誠粉絲。

1-2 顧客關係管理的起源

最早發展顧客關係管理（Customer Relationship Management, CRM）的國家來自美國，CRM 概念最初由 Gartner Group 提出來，在 1980 年代初期，便有所謂的「接觸管理」（Contact Management），即專門收集顧客與公司往來聯繫的所有資料的作業處理，亦即以紙本為主的互動資料紀錄及分析。到 1990 年開始出現電話服務中心，以電話作為關心顧客的媒介及工具，來協助彼此間互動交流，以達到顧客關懷（Customer Care）的目的。Gartner Group 公司提出了顧客關係管理概念，雖然該公司在更早前曾提出企業資源規劃（Enterprise Resource Planning,

ERP）的概念，強調將營運過程中各模組所需的流程資料即時整合，並將整合資料匯入會計模組中，後續又提出企業必須對供應鏈（SCM）進行整體管理的運作，其主要原因在於：ERP 著重在整個企業流程的整合及 e 化，ERP 系統主要功能並非對顧客端進行更細緻的管理及分析，針對顧客多樣性與消費行為分析，ERP 沒有專屬的模組相對應，因此便有顧客關係管理系統的產生，企業經由建立新顧客，並且維持既有的顧客關係，同時以增加顧客的營收貢獻度為主，藉由 CRM 系統細緻分析，以了解顧客的行為模式及偏好趨勢，協助企業擬定適當的決策。另一方面，到 90 年代末期，網際網路的出現與應用越來越普及，加上電腦電話整合應用（Computer and Telephone Integration, CTI）、顧客分析處理技術，如資料倉儲、商業`智慧、資料採礦等技術，快速顧客服務與消費分析的發展。時至今日，企業更運用虛擬實境（VR）、擴增實境（AR）、機器人（Robot）、大數據分析（Big data）、物聯網（IoT）、手機應用程式（APP）、人工智慧（AI）、線上下整合（O2O）…等技術，使與顧客互動的各層面有大幅的便利與效率。

從 90 年代末期到現今，顧客關係管理的市場一直處於一種不斷向上成長攀升的狀態，原因在於顧客是整個企業營運的命脈及獲利的來源，如圖 1-1 所示，CRM 發展年代、觀念發展與科技演進的應用。

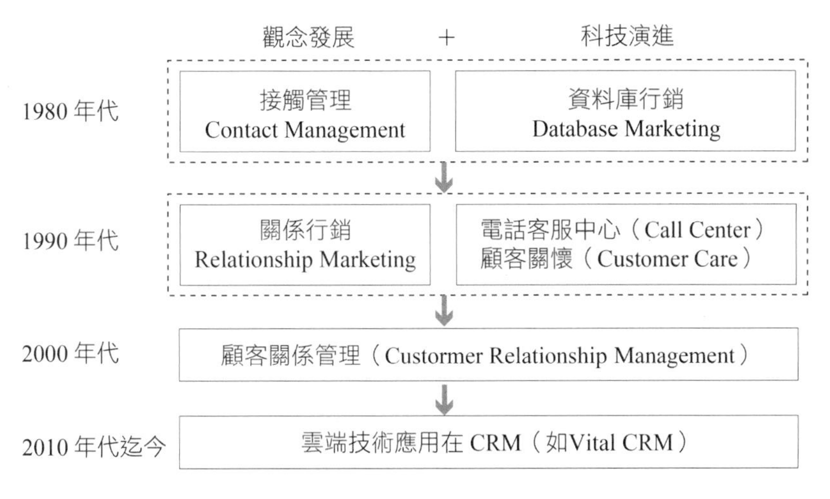

圖 1-1　顧客關係管理的演進

從 1980 年代的接觸管理（Contact Management）開始，企業與顧客以面對面商談或是透過電話，蒐集顧客的資訊，了解顧客的基本資料、產品需求、行為特質，有助於業務人員往後與顧客的互動，此階段著重在與顧客接觸時資料的紀錄及儲存。

在 1990 年代的顧客電話服務中心（Call Center），將電腦資料庫與一般傳統語音式電話技術整合，提供資料查詢與分析顧客服務資料。透過客服人員與顧客資料庫結合，形成完整的顧客服務系統，使傳統的被動式服務轉為主動式服務。例如屈臣氏提供 0800-051-148、中國信託服務專線 0800024365、台北富邦銀行 0800-007-889 的免費客服專線，以接收顧客意見或服務請求。

到了 2000 年代的顧客關係管理（CRM）利用資訊科技的技術，提供顧客量身訂做的服務，以提高顧客忠誠度，從開發新進顧客、保留舊有顧客、滿足顧客需求，到進一步提升企業和顧客友善及長期的往來交易關係。至 2015 年以後企業逐步轉型使用雲端應用服務，包括手機 APP、桌機、筆電、平板設備的整合應用，讓業務人員外出接單，客戶資料隨身帶著走，即時查找、記事好便利。

顧客關係管理功能主要區分以下功能：

1. **行銷管理**：針對顧客的屬性及需求，設計行銷企劃活動，並進行顧客管理及分析。
2. **銷售管理**：透過各種管道的銷售業務，掌握顧客購買動向，並積極尋找服務機會。
3. **顧客服務**：對顧客進行產品支援服務與提供最新產品資訊。
4. **技術支援與服務**：透過企業內部的後勤系統，支援顧客需要的服務，例如版本升級、維護及技術支援。

當前雲端技術應用在 CRM，雲端運算服務與雲端 CRM 應用範例請參見表 1-1，而雲端 CRM-以 Vital CRM 為例的功能彙整請參見表 1-2 的說明。

表 1-1 雲端運算服務與雲端 CRM 應用範例

雲端運算服務的內容	雲端 CRM 平台的應用範例
(1)照片檔案管理	雲端 CRM 平台能存放 CRM 活動與成果的照片。
(2)業務議程記錄	雲端 CRM 平台能保存與顧客互動與聯繫的歷程、消費記錄以及業務人員的會議記錄等。

雲端運算服務的內容	雲端 CRM 平台的應用範例
(3)影音檔案管理	雲端 CRM 平台能建置 CRM 活動支援資源區，存放與 CRM 相關的各類檔案，如簡報、PDF、MP3 等多媒體影音資料，提供業務需要人員下載使用；也可用連結網址的方式，進一步連結影片、文章與網站，做為 CRM 培訓題材。
(4)電子郵件管理	雲端 CRM 平台可以利用寄發郵件與簡訊來與顧客聯繫。
(5)地圖搜尋管理	雲端 CRM 平台可以將顧客地址轉為線上地圖，方便尋找與判斷距離。
(6)虛擬社群組	雲端 CRM 平台的目的在增進公司與顧客間的溝通、互動、交流，進而拉近彼此友善與長期關係。
(7)大數據分析	雲端 CRM 可以即時讓使用者快速瀏覽查詢目前營運情報，經由參數條件過濾快速呈現最新經營現況。

表 1-2 雲端 CRM-以 Vital CRM 為例的功能彙整

項目	Vital CRM 功能
(1)客製化的 CRM	視覺化清楚掌握客戶區隔，可精準發送行銷簡訊及 eDM 給正確的客戶，並詳細記錄關於客戶的工作處理進度、待辦事項，系統會自動提醒員工客戶所交辦工作。
(2)標籤化的客戶管理	Vital CRM 透過標籤可以將客戶進行多維度分類，每個客戶可以有多個標籤（即特徵或屬性），每種標籤內可以有多個客戶。Vital CRM 可以幫助業務員迅速找到某一類型的客戶。
(3)多元化的記事功能	Vital CRM 的記事功能，可以讓使用者輸入重要的記事內容，也可以上傳附件檔、Youtube 連結、拍照、錄音、定位等功能。記事也可以允許公司同事透過「留言」補充一些不同的意見。
(4)多維度工作管理	Vital CRM 利用多維度的觀點，讓使用者更方便管理相關的工作內容，並且能夠在工作到期前發送 Email 提醒負責的人，將業務工作與客戶連結在一起，落實 CRM 的規劃與執行。
(5)資料共享與共用	Vital CRM 記錄與客戶相關的所有事情，聯繫交辦資料都可以在公司內各部門共享，使同事之間的配合可以更精準，亦可將工作指派給合作的同仁，以達到時效掌握與提升效率。
(6)聯繫腳本省時省力	Vital CRM 可自訂排程並透過系統自動發送郵件、簡訊、電子賀卡，固定提供促銷訊息、紀念日問候等，以延續售後服務，讓客戶有驚喜與貼心感受，刺激客戶回流與交流。
(7)網站會員功能	邀請網站會員共同可以寫記事例如服務的客戶可以讓客戶彼此雙方做記事溝通達到更好互動。

1-3 顧客關係管理的定義與本質

1.3.1 顧客關係管理的定義

顧客關係管理的核心思想是：顧客為企業一項重要資產，對顧客友善關懷以達到最大滿意及建立忠誠度，是顧客關係管理的目的，關懷的目的是與顧客建立長期和可獲利的業務關係，在與顧客的每一個「接觸點」上都必須更加接近顧客、了解顧客需求，在合理的範圍內增加利潤和市場佔有率，如表 1-3 整理三位學者的觀點與本書的觀點。

表 1-3 顧客關係管理定義觀點整理

項目	Vital CRM 功能
NCR（1999）	企業為了贏取新顧客，鞏固既有顧客，以及增進顧客利潤貢獻度，而不斷地溝通，以了解並影響顧客行為的方法。
McKinsey（1999）	顧客關係管理是持續性的關係行銷。
Swift（2000）	顧客關係管理是企業藉由與顧客充分地互動，來了解及影響顧客的行為，以提升顧客獲取率（Customer Acquisition）、顧客保留率（Customer Retention）、顧客忠誠度（Customer Loyalty）、顧客滿意度（Customer Satisfaction）及顧客獲利率（Customer Profitability）的一種經營模式。
本書（2018）	企業人員運用資訊科技連結顧客，強化顧客關係、分析顧客行為，以產品或服務滿足顧客的需求，並掌握顧客的消費趨勢，與建立再購、回流的機會。

而 Hurwitz Group 認為：顧客關係管理的焦點是自動化並改善銷售、市場行銷、顧客服務和支援等領域與顧客關係相關的商業流程。顧客關係管理既是一套管理制度，也是一套資訊系統和分析技術。它的目標是縮減銷售週期和銷售成本、增加收入、尋找擴展業務所需的新市場和新機會以及提高顧客的價值、滿意度、獲利性和忠誠度。

目前顧客關係管理應用，將多種與顧客接觸交流的管道整合，如面對面、電話接洽、Web 網頁、智慧型手機的 APP 及 E-mail、簡訊、聊天機器人、智慧代理人，可以整合為一體，企業可以按顧客的喜好使用適當的管道與之進行互動與洽談。而 IBM 公司則認為：顧客關係管理是包括企業辨別、過濾、獲取、發展和保持顧客的整個運作過程，因此把顧客關係管理分為三類：關係管理、流程管理和接觸管理。

從管理學的角度來探討，顧客關係管理（CRM）源於行銷管理理論；從解決方案的角度探討，顧客關係管理（CRM）是將顧客層面探討的議題透過資訊科技整合在軟體服務的應用上，得以在各產業上大規模的普及和應用，例如顧客關懷做到自動化、週期式、個性化、行動化。顧客關係管理系統將企業目標實踐具體化，並使用資訊技術來協助企業實現這些目標。顧客關係管理在整個顧客生命週期中都以顧客為中心，亦即顧客關係管理系統將顧客視為企業運作的核心。顧客關係管理系統整合及協調各類業務功能（如銷售業務、市場行銷、服務支援）、維護的過程，並透過產品與服務滿足顧客的需要。

1.3.2　顧客關係管理的本質

早期企業在銷售業務、市場行銷、售後服務、顧客支援上的獨立運作下缺乏統合的平台，成為日後企業所面臨的一大問題。所謂顧客關係管理平台，是指企業能提供一個對外及統一窗口與顧客溝通互動，對內則可以一致分享資訊的平台，主要的效益是能夠即時回應顧客的問題以及抱怨的處理。同時，透過人、時、地、物資訊的掌握與分析，企業更能對顧客的問題及抱怨做出迅速而有妥適的反應。運用更恰當的行銷方式，如直效行銷、交叉銷售、向上銷售、主動銷售、銷售力自動化與顧客支援等方法，正確地命中行銷目標與提升顧客滿意度。簡言之，顧客關係管理的應用，將使企業更能具體化的執行顧客所需的產品及服務，並針對不同客層提出各種因應措施。

顧客關係管理做為企業、顧客與供應商之間重要橋樑，以網路為基礎進行協調的溝通模式。利用線上即時互動與交易管理的架構，把傳統與顧客溝通互動的管道，拓展到網際網路上，如網路行銷、電子商務、行動 APP、O2O 等。另外，可以讓顧客利用網路通路購買產品或服務，享受不受時間、地點的限制個人化銷售。運用資訊的快速流動功能，讓企業、供應商與顧客之間的溝通時間大幅縮短，同時增進交易的效率，並降低交易成本。根據學者 Bhatia 的觀點：對企業而言，「關係」是一項可貴的無形資源，而非顧客本身。與顧客之間所建立的關係，可使企業易於評估未來的現金流量、做為持續性改善的參考，同時也可藉此衡量顧客關係的價值，幫助企業在市場上後續的策略佈局。而在運用良好的顧客管理技術後，企業將可建立下列五項現代化的企業特色：(1)將顧客關係的所有互動歷程資訊化，而非單純銷售產品。(2)致力於發展維繫有價值的顧客關係，以獲取高投資報酬率。(3)找出為顧客創造價值的機會或商機，同時讓股東分享共享成果。(4)在顧客存在需求時，以最適當的方式提供產品或服務以及後續的支援。(5)能在最短時間完成交易提供服務創造最大的顧客滿意度。

1-4 顧客關係管理的演進與架構

1.4.1 顧客關係管理的演進

- 第一代－功能性的 CRM 銷售自動化（Sales Force Automation, SFA），著重銷售前的機能，能將銷售活動從紙本轉向電子化的應用，範圍注重在顧客及銷售服務，目的在於改善公司的服務作業以提升銷售效率，例如電子型錄 EDM、顧客服務與支援（Customer Service Support, CSS），而銷售後的機能，結合 SFA/CSS，針對特定顧客資料進行銷活動自動化的作業。
- 第二代－建立顧客的前台及後台運作，整合客服及服務資源，將行銷和銷售整合起來，行銷與銷售的差別在於，行銷涵蓋的範圍較廣，包含 4P（產品、價格、通路、促銷）甚至更廣的 8P、12P 分析，而銷售主要負責販賣，當進行策略分析及規劃，需要整合前台及後台，才能達到分析的效果，前台主要蒐集顧客資料與顧客接觸的平台，後台主要分析顧客及銷售資料，作為營運的參考。
- 第三代－策略性方法強調整合面對顧客的前台系統與後台系統，以及顧客端和供應商端，例如 POS 系統，超商會依據販賣狀況自動補貨，調整熱銷或冷門商品，企業需掌握顧客端不是只有物流配送，更需要包括生產、製造、研發、採購、財務的部分，更重視全面性的流程整合。

1.4.2 驅動顧客關係管理應用的因素

當市場從交易為主逐漸改變為關係為主，不再只是買賣交易，愈來愈多的事實證明，良好的顧客關係會帶來實質獲利的成效，與顧客之間關係越好獲利的可能性就越大，與顧客溝通效率將大幅提升，而資料科技（Information Technology, IT）供應商與管理顧問輔導單位，更可協助顧客關係管理系統的導入及推動，也由於資料擷取與儲存的成本持續地降低，使得顧客相關資料得以鉅細靡遺被蒐集以及分析，以清楚描繪顧客輪廓，做為行銷決策的參考。

1.4.3 顧客關係管理之架構

顧客關係管理的架構可以下列四階段來劃分：

1. **CRM 資訊的蒐集**：知識是經由資料（Data）與資訊（Information）長期蒐集整理而來，顧客關係管理通常是即時地、全面地蒐集顧客相關的資料如交易資料、背景資料、交易歷史資料、滿意度、抱怨、意見…等。通常片面性的資訊，無法呈現所有的服務需求，且資訊延遲亦可能導致延誤商機，資料蒐集的正確性與否也會影響使用成效。

2. **CRM 資訊的儲存與累積**：資料的儲存，關係到後續資料使用的便利性，因此如何適當地安全儲存相當重要。適當的顧客關係管理資料儲存，能讓資料處理速度加快；而安全的資料控管方式，才能保障商業機密。
3. **CRM 資訊的分析與整理**：整理各種資料成為資訊，萃取分析其中重要趨勢變化，了解數字所代表的意思，以及找出背後不易理解的隱藏知識或是重要警訊等，皆是提升企業能夠提供主動關係行銷的重要關鍵。
4. **CRM 資訊的展現與應用**：資料蒐集的最終目的是應用，透過親和力的使用者（User Friendly）介面，能即時地、安全地、迅速地將資訊整合，呈現給最終使用者（包括顧客關係管理相關人員）是非常重要的目標，同時此程序也影響整體 CRM 系統的使用成敗。

一對一行銷的角度來看顧客關係管理

過去企業規劃顧客關係管理（CRM）的策略，常受限資訊不完整或取得困難而難以進行深度及廣度的分析，如何降低各種資料來源系統之間的藩離，建構整合性的 CRM 系統，是推動 CRM 專案的核心基礎。

從一對一行銷的角度來看，顧客關係管理系統，可分為二大部分，定義顧客關係管理架構，如圖 1-2 所示。

1. **顧客關係互動平台（Customer Interaction Platform）**：其內容包含從一般性資料、個人化資料、更新顧客資料、顧客互動資料、提供客製化的產品以及個人化的服務等，顧客與互動介面強調持續性，主動性的蒐集顧客資料及記錄消費歷程。
2. **顧客知識發掘平台（Customer Knowledge Platform）**：其內容包含從一對一內容的設計與發佈、資料倉儲儲存與分析、進行資料探勘、建立顧客知識、最後達成一對一推薦或建議等。能做到一對一行銷的基礎來自於顧客互動介面的良好設計及顧客願意提供資料的來源，並能透過科技平台加以有系統長期的蒐集、分析、追蹤，才能提供最有效及正確，符合顧客需求的產品及服務。

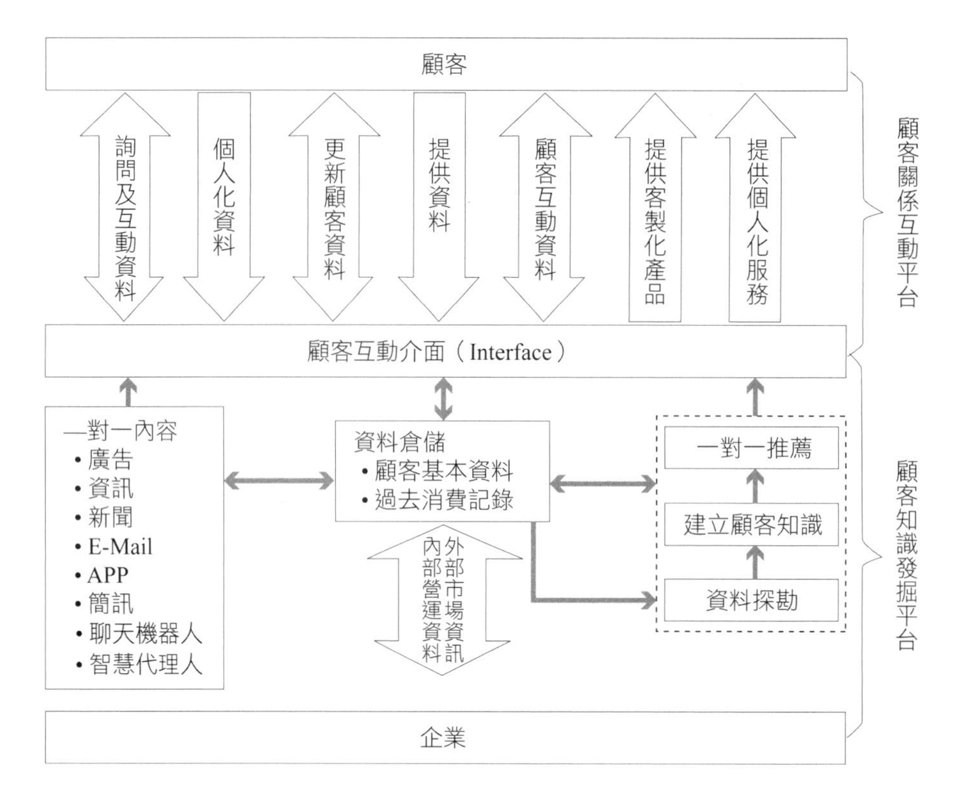

圖 1-2 一對一行銷角度下的顧客關係管理系統架構

ARC 遠擎管理顧問公司的顧客關係管理架構

遠擎管理顧問公司的研究部門副總經理史博言（Spengler, 1993），從顧客關係管理的「應用元件」角度，提出「顧客關係管理架構」，如圖 1-3 所示。其認為，顧客關係管理主要可分為兩大類的系統元件：

1. **顧客關係規劃系統（Customer Relationship Planning System）**：主要透過(1)顧客分析、(2)活動管理、(3)關係最佳化等活動，建立與企業友善關係及往來的機會。
2. **顧客互動系統（Customer Interaction System）**：主要透過(1)現場銷售、(2)電話銷售、(3)電話客服中心、(4)互動網站等設計與顧客建立雙向溝通互動的橋樑，蒐集顧客的意見，並回覆顧客的問題。

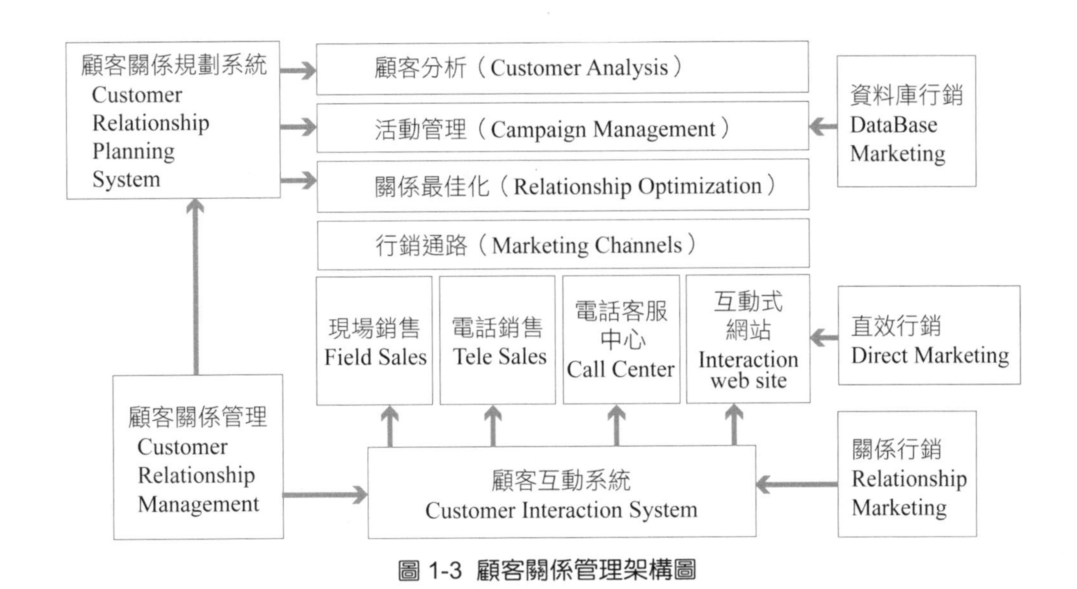

圖 1-3 顧客關係管理架構圖

日本人力資源管理學院顧客關係管理的架構

日本人力資源管理學院（HR Institute）提出了實施顧客關係管理相關的要素，其架構如圖 1-4 所示，顧客透過產品銷售管道（或客服管道）接觸企業的產品或服務，企業將蒐集到的顧客資料存放至資料倉儲，透過資料探勘的技術找出購買的關聯或規則，以訂定適合的行銷策略，並結合企業夥伴的支援，亦即經由日積月累蒐集顧客消費習性，可以讓管理決策階層擬定出妥適的顧客策略，進一步提供顧客需要產品及服務滿足其需求，例如在台灣家喻戶曉老牌的綠油精，隨時代環境改變而有多種不同的新產品推出，因應潮流所趨進行產品的調整或提供多樣化的產品選擇。例如感冒藥水也因應健康需求，改為無糖漿或減糖的新配方，與當前茶飲料不加糖或減糖的趨勢相同。

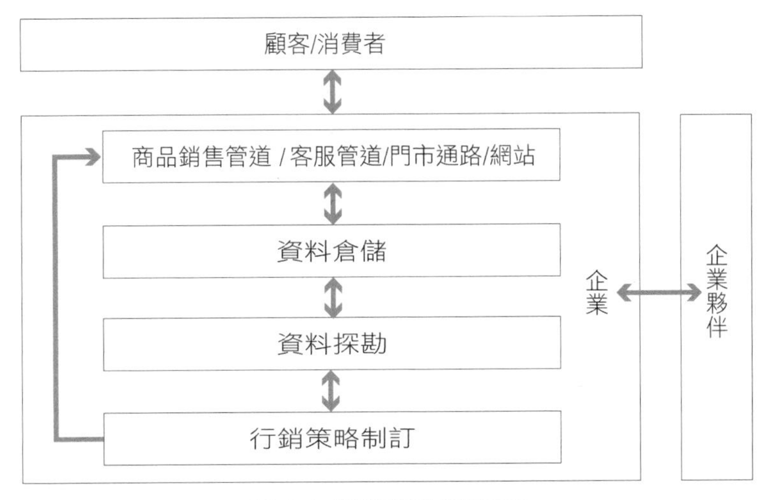

圖 1-4 顧客關係管理架構

1-5 顧客關係管理的現況與趨勢

1.5.1 從企業策略的角度探討顧客關係管理的關鍵元素

企業「策略性流程」橫跨組織中許多功能的部門流程如行銷、生產、研發、財務、人力資源、資訊等部門，因為策略屬於管理決策上的指導原則與重要方針，而顧客關係管理本身是跨部門的流程，為使公司成為「顧客至上」的經營指導方針，為顧客建立核心價值就成為資源分配的基礎。當企業與顧客交換資訊或採購商品時，由過去的交易行為衍生未來更多的商業機會，因此部門之間的共識，緊密連結流程，提供給顧客最大的價值及滿意。有些產業「顧客」不只包含終端消費者，還包含中間商，例如配送商、零售商或門市等，只要是需要公司提供產品和服務的對象都算是公司的顧客。市場區隔策略需要細心規劃，才能以客製化的產品供給個別的顧客，通常客製化會因應顧客的特定需求，所以價格都會比較高，例如 DigiCake 數位蛋糕，可上傳照片或喜歡的卡通造型人物做出專屬的蛋糕。

消費者的重要改變

當今全球市場幾個消費趨勢的重要改變：

1. **「消費者日益多元化」**—起因於人口流動快速與消費者行為的改變，特別是已開發國家的人口老化、少子化、種族多元化、工作型態的改變，外來人口的加入等趨勢。例如，國內知名的「聯合農產品網路商城」，有鑑於現代人上班忙碌較無時間採購，生鮮食品此網頁就整合全台灣各農會、漁會、農產品公司，以方便顧客網路上購買，並宅配到府。

2. **「時間的稀少性」**—消費者活動與時間接力，當前雙薪家庭比例很高，扣除上班以外時間，可支配運用時間很有限，如何提供便捷快速的購物平台及服務更顯得重要。

3. **目前網購、網拍、揪團、競標、交易**都是在時間有限運作的經營模式，其目的在於建立便利、快速的服務價值以及提高企業的服務水準，主要原因消費者的期望愈來愈高，對於產品或服務的要求程度就日益提升，例如澳門觀光（如威尼斯人）的策略就是把顧客需要的所有消費在飯店一次滿足，因此整合賭場、名產、遊樂、購物、住宿、外幣兌換、觀光、休閒娛樂…等。

4. **「資訊的取得與使用科技的能力」**—顧客在做決策時，資訊的取得讓顧客變得更有自主權及主導權，在商家與交易的選擇上有更多的蒐集、比較、選擇的空間，使企業經營更必須整合最新科技的應用和功能。

5. **「忠誠度降低」**—消費者的選擇愈來愈多，其所接觸的店家也變得越多，尤其是透過網路要培養忠誠度更不容易，必須有好的策略，讓顧客黏著度提高，信任度及依賴感增加，因此行銷人員應多花時間了解及掌握顧客需求，企業所面臨的主要挑戰是真正了解並滿足顧客需求，而非降低成本，台灣的黑心油、毒奶粉、過期原料、問題冷凍食材、農藥殘留、病死豬雞禽類…、各種食安事件正是說明不能因貪圖便宜，而葬送全國人民的健康。

市場環境的改變

市場競爭日趨激烈與白熱化，市場變得愈來愈區隔和分化，除非創新不斷求變否則差異化的難度變得更困難，現在企業透過客製化產品與服務的方式，附加更多的價值給消費者，企業若要維持市場佔有率，則需不斷調整市場策略，以「滿足顧客」、「顧客至上」、「顧客為先」為指導方針，市佔率通常是判斷成效表現的其中一個指標，客製化是因應市場改變而有相對應的作法，例如現在市面上奶粉非常的多樣化，分化的非常細，有小嬰兒、學童、女性、青少年、老年人、特殊疾病者…等，都是因為要給顧客更多選擇，創造更高效益。

資料儲存技術的進步

當前資訊科技的技術日進千里，加上資料儲存成本不斷下滑，儲存的容量逐漸攀升，加上資料儲存的需求大幅增加，運用資料倉儲的機會增加，目的在於透過 IT 能達到掌握顧客行為與需求，並有更準確的分析資訊，對顧客的購買行為及偏好，有更精準的預測，資料不充分會導致錯誤的分析，資料過多或不適當也會造成浪費時間做選擇及判斷，因此善用科技的優點，加強決策的正確度，使正確資訊成為落實 CRM 策略的重要支柱。

行銷功能的改變與多元

網路媒體的傳播能力與多元通路的加乘效果，使得廣告媒體比過去更加豐富多元，例如與顧客直接互動的訊息傳遞（如 EDM、電子郵件、電話、APP、簡訊、AI、機器人）、互動式溝通（網路線上客服與互動式電視）。如國內各超商外的液晶螢幕，會將當月主打的商品在電視上不斷播放以加強顧客的印象，或有互動式螢幕提供消費者線上優惠或小遊戲。對於公司單方面推銷已不符時代潮流，透過創新的資料收集與溝通的工具，以及推出各種忠誠度計畫，讓公司與顧客可以緊密連結。此外，「行銷效能與效率的降低」現象其原因可能來自太注意商品價格與短期交易，導致未能滿足顧客需求，最後造成其經營不善，若無積極與時代潮流並進或改革都會造成一間企業原地踏步，當前與顧客接觸管道很多且多元化，接觸成本比過去大幅下降，思索如何降低消費者的等待時間，提高企業回應速度很重要。未來企業的決勝點還是在誰能掌握顧客的需求，並在最短的時間提供產品和服務，就是市場上的贏家。

企業環境改變所帶來的機會

企業需要學習與了解顧客偏好行為的轉變，並將產品與服務盡量客製化以因應實際的需求，因為顧客不同分群便顯得必要大多數企業強調「顧客至上」，而不單將焦點關注在自己公司產品上，市場上愈來愈多的產品出現，目的在於滿足顧客需求上的差異，例如佳格公司因應不同族群推出各種營養補給品如銀髮族、學童、嬰幼兒過敏者、上班族、女性各種不同營養需求的奶粉，企業應該找出顧客在意的價值所在，善用「顧客優先」、「顧客滿意」以取得顧客的信賴，以顧客忠誠度做為企業的獲利能力的最終目標。

顧客關係管理的未來

當前各國企業在 CRM 軟體及硬體的投資日益增加，新一代的顧客關係管理強調建立在無法被競爭者輕易模仿或取代的長期性競爭優勢，將員工培育素質提升並整合到策略性顧客關係管理中，CRM 的實施不只是第一線員工的責任，而是落實到整個企業的每個員工工作理念與實際行動上，創造真正的友善關係、服務至上、品質優先的一致性行動，持續落實 CRM 策略與關切顧客的改變與環境變化的趨勢，如國內知名品牌 7-11 連鎖便利超商為例，早年引進關東煮滿足有點餓又有點不太餓的消費群族，提供熱食配湯及醬料的國民點心，其次因應小家庭消費趨勢，以小包裝供應新鮮的蔬菜、水果，以及微波即可食用的餐點便當，創造消費者更多的食物選擇，甚至更多附加服務。總之，運用 CRM 將使企業將走向更貼心、更溫馨、更友善的交易環境、更多選擇的商品以及客製化服務的提供。

課後個案 喬光股份有限公司

20%的效率提升即時互動的客戶管理
喬光：Vital CRM 整合所有表單，讓業務一目了然

個案學習重點

1. 瞭解運用 Vital CRM 手機 APP 功能可於客戶拜訪後即時上線紀錄客戶交辦事項。
2. 瞭解運用 Vital CRM 可即時與主管互動並回饋重要資訊，大幅提升時效管理。
3. 學習運用 Vital CRM 標籤功能，可進行高效分析與資料篩選。
4. 學習運用 Vital CRM 附加檔案功能，可將業務資訊、表單資訊進行彙整，提高資訊整合度。
5. 學習運用 Vital CRM 可以達到異地業務資訊管理及回饋。

喬光總經理莫博喬指出，Vital CRM 是喬光在業務成長過程中很重要的推手，手機 APP 的功能協助業務快速紀錄會議重點、即時與主管互動，更讓管理階層在不斷擴張的業務中，快速彙整資訊並完成判斷。喬光現在將各類內控表單都彙整到 Vital CRM 上，資訊即時同步且省時透明，效率至少提升 20%以上。

喬光股份有限公司成立於民國 71 年，經營汽/機車、船舶及工業機械潤滑油等商品，2010 年起更以台灣為據點，進攻全球市場。不僅是多家國際知名品牌的台灣總代理，2017 年也於菲律賓成立汽車零配件電子商務公司。喬光總經理莫博喬指出，Vital CRM 是喬光在業務成長過程中很重要的推手，手機 APP 的功能協助業務快速紀錄會議重點、即時與主管互動，更讓管理階層在不斷擴張的業務中，快速彙整資訊並完成判斷。喬光現在將各類內控表單都彙整到 Vital CRM 上，資訊即時同步且省時透明。

有效解決 google 表單痛點 避免重工 高效即時

莫博喬指出，以前喬光都是用 google 表單管理業務及客戶，雖然共享方便，但時間一久，裡面的內容不但雜亂且難以管理，更不可能即時回應。隨著業務不斷擴張，公司決定導入 CRM 提升管理的效率及能見度。最初導入 Vital CRM

的確受到一些業務人員反彈，認為會有重工的問題。但當大家發現，以前工作流程要先用筆記本記錄客戶拜訪狀況，回到公司再鍵入 google 表單，有問題也只能透過定期的會議得到回饋。

而使用 Vital CRM 後，直接透過手機 APP 就能馬上完成所有工作。不用重工、即時回饋，加上名片辨識等功能，大幅提升整體執行效率。套句知名戲劇台詞，「現在，喬光已經回不去了。」

記事彙整所有資訊，標籤分類高效分析

記事功能是喬光業務團隊愛不釋手的功能。喬光共有 7 位業務，分別負責北、中、南各地的客戶，透過 Vital CRM，業務可直接於手機撰寫客戶記事，即時回報拜訪狀況，讓遠在他處的主管馬上得到資訊並彙整回覆。另外，藉由客戶地區別、產品別、工業別等標籤分類，業務分析時可快速根據需求篩選資料，省時正確。每個客戶底下的附加檔案功能也非常有用，業務可以將客戶重要資料、照片等附加於下，一目了然。最有趣的是，喬光團隊還將競爭品牌建立成一個客戶，將其價格、現狀等當作附件建立起來，讓業務能及時掌握更新狀況。

時效提升 20% 以上 行銷功能使用擴展未來商機

莫博喬認為，Vital CRM 在公司「管理」這件事是一大利器，不論是主管管理業務，或業務管理客戶，導入 Vital CRM 後，整體業務的時效管理至少提升 20% 以上。未來，除了業務管理的應用，將更著重 Vital CRM 在行銷郵件上的發揮。擁有超過 2000 筆客戶資料的喬光可串連行銷郵件及聯繫腳本，進行零成本的系統性行銷，例如，在潛在客戶認識喬光的第 3 天、第 30 天及第 3 個

月分別發送客製化內容以強化客戶對於喬光的印象；或是針對合約即將到期或油品即將用完的既有客戶，由系統主動發送提醒或刺激購物的折扣，讓現有客戶成為不斷下單的 VIP 老客戶！

■ 資料來源：
https://www.gsscloud.com/tw/user-story/124-search-result/932-vital-crm-kpn

個案問題討論

1. 請討論當公司面臨 Google 表單雜亂且難以管理，無法即時回應問題時，如何導入 Vital CRM 解決問題？
2. 請討論當業務工作無法即時提供資訊，如何透過雲端 Vital CRM 的功能改善狀況？
3. 請討論顧客是公司經營的命脈，喬光如何與顧客進行零成本的系統性行銷？
4. 請討論喬光公司如何透過 Vital CRM 進行業務分析，以掌握商機？
5. 請討論喬光公司如何透過 Vital CRM 達到不用重工、即時回饋、名片辨識等功能？

本章回顧

在資訊科技及雲端技術的蓬勃發展下，企業經營逐漸結合新科技，新觀念、新潮流、新經營模式，此外新理論架構不斷地浮現。新的經營模式業已漸漸地取代傳統的經營模式，由實體化走向虛擬化及行動化甚至無人化，由相互競爭走向策略聯盟合作，由監督控制走向開放共同合作，由獨立運作走向全面整合模式，然而，在轉變之中，企業管理者如何在舊體制轉型的同時，建立起新的有彈性體制；係為每位經營者的挑戰，也是一種新的經營契機。顧客關係管理是近年來企業創造價值最重要也是最關鍵的部分，然而，如何有效的提高顧客滿意度以及創造企業形象及獲利，顯得相當重要，本章節主要在介紹顧客關係管理的基本知識。

本章顧客關係管理導論，主要提供學習者了解：

1. 介紹顧客關係管理的起源、定義、演進及架構：提供學習者有效的建立顧客關係管理的概念，以了解企業進行顧客關係管理的重要性。

2. 介紹顧客關係管理的流程、系統及資訊的整合。
3. 介紹顧客關係管理的現況與趨勢。

1. (　　) 下列何者是顧客關係管理（CRM）的主要功能？
   (1)行銷管理、銷售管理、顧客服務、技術支援與服務
   (2)行銷管理、生產管理、財務管理、資訊管理
   (3)人事管理、業務管理、訂單服務、技術支援與服務
   (4)消費者行為、財務管理、顧客服務、技術支援與服務
2. (　　) 顧客關係管理資訊的架構可以採取下列哪四階段來劃分？
   (1)規劃、執行、控制、稽核
   (2)顧客接觸、資料倉儲、資料探勘、行銷策略
   (3)規劃、組織、領導、控制
   (4)CRM 資訊的蒐集、資訊儲存與累積、資訊 分析與整理、資訊展現與應用
3. (　　) 與現有的顧客進行交易，成本約只有開發新顧客的多少比例？
   (1)1/2～1/3　(2)1/5～1/8　(3)1/3～1/4　(4)1/2～1/4

了解顧客本質與消費行為

2

課前個案 桀楊餐飲股份有限公司

一小時到兩秒鐘的高效奇蹟
Vital CRM 協助桀楊學員管理化繁為簡

個案學習重點

1. 改善過去耗 1 小時才找得到的資訊，現在可以兩秒鐘一鍵完成，如何透過雲端 Vital CRM 達成？
2. 利用進階搜尋，借助 CRM 的搜強大尋功能，讓任何條件組合的學員資料都可快速呈現。
3. 透過標籤的清楚標示，可以馬上針對學員狀況進行分類，讓後續的追蹤及簡訊行銷更有效率。
4. 透過叡揚資訊的雲企塾論壇的互動及服務代表協助導入 CRM，產生更多應用的想法與可能性。

桀楊餐飲培育咖啡高手

如果您跟桀楊一樣是顧問課程服務業或是有很多不同的課程、活動與專案，有許多循環與不定期的變因，建議可以使用 Vital CRM 中的「事件活動」功能，將每個課程設定為一個事件活動，並加上加購的客戶收集器功能，將報名的名單直接匯集至該課程的事件活動中，每一課程顧問都能即時看到報名狀況與報名者的資訊，節省很多整理名單與確認資料的工作時間。

走進築楊位於中山北路的場域，看不到悠閒喝咖啡的人群，取而代之的是認真的學員目不轉睛盯著咖啡豆，烘豆，專心的態度令人印象深刻。「築楊的課程相當多元，包括國際咖啡師、烘豆、拉花、開店創業、講師培訓等課程不斷進行，Vital CRM 的確為我們過去以紙本管理學員資訊的傳統模式，提供了極高效率的解決方案。我們曾經為了要找一個學員資料，在密密麻麻的紙本裏翻了 1 個多小時還找不到，現在透過 Vital CRM 可在兩秒鐘內一鍵完成，節省人力與時間讓團隊相當有感。」築楊餐飲股份有限公司 Cindy 表示。

築楊的 J.Coffee School 為全台第一家由教育部核准的咖啡補習班，以文化創新的理念，將台灣獨有的人文與創意融入咖啡之中，透過系統化的教學，傳承咖啡文化給有意在咖啡領域中深造或準備開店創業的學員們，讓所有想學習咖啡的朋友們有一個同時兼具咖啡與文化創意的全方位進修、教育平台。而 Vital CRM 的導入也讓築楊在上千筆累積的學員管理中更加得心應手。

導入 Vital CRM 解決紙本在分類、追蹤及搜尋學員的困境

Cindy 表示開始進行咖啡師教學後，每個月都在舊雨新知的推薦下不斷有新生加入，光是咖啡師的培訓就有分為初級、中級及高級班、還有烘豆師、研磨沖煮課、感官等多元課程。加上每個課程的結業時間不一，公司需要紀錄每個學員包括是否上過課、通過考試、是否需要加強、何時需要上課等資訊，剛開始的時候人數不多，用人工紙本或 Excel 還能夠管理，但隨著學員人數的不斷增加及課程的多元化，分類、追蹤及搜尋學員資料便成為團隊中最耗費時間的工作，因此經過討論決定透過數位化解決這個問題。

也由於公司就位於叡揚的附近，叡揚服務代表非常熱心的瞭解公司需求，並協助導入 Vital CRM，讓我們體驗到雲端管理的強大功能。Cindy 說剛開始使用 Vital CRM 遇到的問題在於它的功能太強大，許多功能不知道如何運用，但是叡揚資訊提供多元的教育訓練機會，除了在雲企塾學習其他公司的運用方式獲益良多，叡揚的服務代表也隨時解決我們的問題，讓學習過程遇到的困難迎刃而解。

循環與不定期的課程活動 用事件活動做管理，提高工作效率

Cindy 笑著說過去以紙本記錄學員資料時，每當新課程顧問到職或臨時急需找尋學員資料，總需要耗費超過一小時才能找到「可能正確」的學員資料。使用 Vital CRM 之後，可輕鬆利用標籤分類學員上過的課程、考照結果、繳費狀況、事件活動的報名紀錄等搜尋條件，只要兩秒就可以快速找到正確的學員資料與紀錄，讓學員服務及員工經驗銜接毫無斷層。

在所有功能裏面最常用的就屬事件活動，由於粢楊的課程有分為循環及不定期開課課程，公司可先預訂好課程通知，不會到時候才手忙腳亂，Cindy 說公司的團隊精簡，Vital CRM 的協助讓人力時間的節省及學員管理的精準度同時提升。Cindy 也建議 Vital CRM 可以與更多的社群媒體，包括 Facebook、Line 等進行整合，也由於學員眾多，希望學員資料能有照片欄位方便學員辨識，叡揚也表示與社群媒體的整合將於下半年推出，必定提供給客戶更佳的使用體驗。

- 資料來源：
  https://www.gsscloud.com/tw/user-story/1074-set-young-espresso?server=1

個案問題討論

1. 隨著粢楊餐飲課程及學員人數的增加，用紙本無法有效分類、追蹤及搜尋學員，如何透過 Vital CRM 的功能加以達成？
2. 以往使用紙本會員資訊搜尋要花上 1 小時才找得到，相當耗時，如何透過 Vital CRM 的功能加以克服？
3. 請討論粢楊餐飲的顧客本質與需求？
4. 請討論粢楊餐飲的課程有分為循環及不定期開課課程，Vital CRM 的事件活動功能可以有效協助，請上機實際練習。

2-1 了解你的顧客特徵

2.1.1 思考企業的顧客定義

要了解顧客，請先了解顧客的本質，探討何謂顧客？我們可以思索一下課前個案槳楊餐飲的學員本質與需求是甚麼？槳楊餐飲如何了解學員輪廓與對課程的需要？以下我們可以帶入探討。

1. **顧客（Customer）**：廣泛是指產品或服務（課程）的經常性購買者，或對公司產品、服務有興趣者，或想進一步了解的潛在購買者都統稱為顧客。
2. 根據牛津字典的定義，Custom 是「照慣例或經常性地呈現一項事物，以及習慣性的行徑」。顧客即是習慣性地向公司購買產品或服務，如此購買惠顧的建立，是透過一段時期經常性和相互間的互動行為所構成。
3. 組織或個人若沒有經常接觸的紀錄，或重複性購買，通常不歸類於顧客（Customer）。
4. 「Client」和「Customer」最大的區別在於，購買商品稱為（Customer），而購買服務則稱為（Client）。例如，律師、會計師、設計師、保險經紀人、廣告商、房屋仲介、…等都把顧客稱為「Client」，一般都有契約關係或合約規範的委託關係。

Swift（2001）將顧客的種類區分為四種：最終消費者（Consumer）、企業對企業（B to B）、通路—配銷商 / 加盟店、內部顧客。

以下從「時間」、「位置」、「利害關係人」、「價值社群」進行顧客分類：

1. **從「時間」的角度觀察顧客：**
   (1) 過去顧客：凡是以前有過交易紀錄的顧客，無論只購買一次，或者經常性購買。
   (2) 現在顧客：當下正和企業進行交易或接洽的組織或個人，不論成交與否。
   (3) 未來顧客或潛在顧客：未來有可能會真正購買的人，不論目前有沒有能力購買，或未來會因條件成熟而成為真正的顧客，如大學生族群未來因經濟條件成熟而成為車商的未來顧客。
2. **從「位置」的角度觀察：**
   (1) 外部顧客：除了商品或服務之使用者或購買者之外，還包括經銷商、代理商及零售商等，一般不隸屬於公司或集團內部的成員。

(2) 內部顧客：公司內部員工，如各部門、或集團內各事業的人員都屬於內部顧客，例如福特汽車公司員工購買 Ford 的汽車，家樂福公司員工購買自家品牌的商品皆屬於內部顧客。

3. **從公司「利害關係人」的角度：**

(1) 公司組織（Organization）

(2) 股東與投資者（Stockholders and Investors）

(3) 顧客（Customer），實際購買公司產品與服務的組織或個人

(4) 員工（Staff），提供或製造商品及服務的一群人

(5) 社會（Society）或利益團體

(6) 公司策略夥伴（Strategic Partners）

(7) 法規的執行單位，如環保署、衛福部、勞動部…

4. **從「價值社群」的角度：**

(1) 企業價值核心：以企業創造的價值或提供價值系統為核心所組織成的群體。

(2) 內部關係者：企業內部的各層級員工、主管、股東。

(3) 外部直接關係者：上游原料和零組件供應商、各級組裝配送協力商、下游批發商、經銷商、零售商、最終使用者（如顧客、消費者）等產業價值鏈的各個成員。

(4) 外部間接關係者：政府、社會團體、報導媒體、金融機構、所在地社區、影響團體等營利或非營利組織。

2.1.2 顧客認知的價值

一個成功的企業，絕對會以滿足顧客需求為前提，從顧客的角度出發才是致勝之道，如諺語：「如果您想抓到兔子，並不是要像獵人一樣思考，而是要像兔子一樣思考」，如同「業務員思維模式」改為「顧客思維模式」，唯有了解顧客想法、掌握顧客偏好動態，分析顧客行為模式，才能設計出好的產品及服務流程。當然，業務人員很難明確知道每一個顧客心中的想法及意念，但可以確定的是：顧客知道自己的需求是甚麼？顧客會購買公司的商品，是因為公司的商品或服務能夠滿足他們需要或想要的特定需求。

因此，公司銷售的「商品真正價值」對部分顧客而言非首要考量的因素，更重要的是「顧客認知的價值」。交易本身是一種價值的交換過程，只有「顧客認

知的價值」大於或等於「商品的價值」才有可能交易，換言之，顧客認知價值大於或等於商品價格，顧客才可能會購買公司商品，因為顧客心中才會產生「物值對等」或「物超所值」的認知，若物值不對等縱使有一次交易行為，但很難長期維持買賣關係。如圖 2-1 所示。

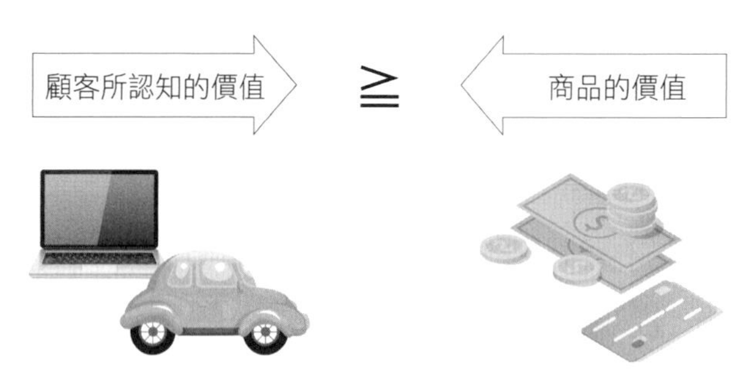

圖 2-1 商品價值認知模式

2-2 顧客權益的概念

2.2.1 顧客權益（Customer Equity）的定義

顧客（Customer）泛指購買產品或服務的人員或組織。權益（Equity）是在資產負債表的意義，權益＝資產－負債，亦即一件商品的資產減去負債（費用）後所剩下來的價值。換句話說，隨著企業的經營，公司從顧客端所收到的利益（或利潤）需大於投入在吸引、銷售、推廣及服務顧客的成本。

「顧客權益」是指企業的所有顧客的終身價值之總和，更明確的說，企業擁有越多的忠誠顧客，則企業的顧客權益越高。相較於目前常採用的「市場佔有率」、「產品佔有率」，「顧客權益」是企業績效較理想的衡量指標。「市場佔有率」是可以反映企業過去的績效，但「顧客權益」更可以代表著企業未來可能的商機，顧客權益大致可分為三個權益來探討，如圖 2-2 所示。

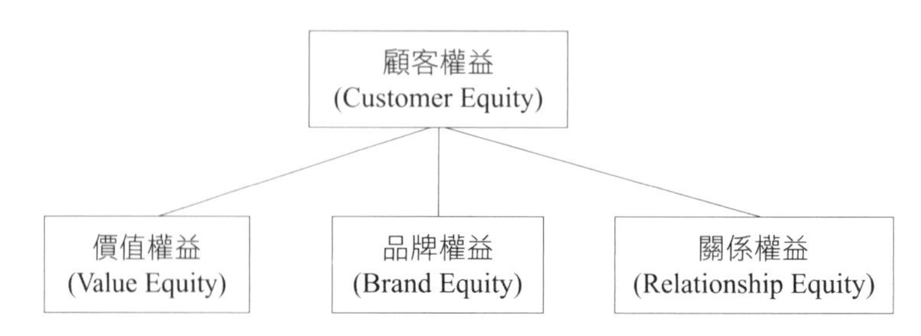

圖 2-2 顧客權益（Lemon et al., 2001）

2.2.2 價值權益

價值權益是顧客對於公司產品基於品質、價格、便利性、實用性、功能性…，產生效益的客觀評估。對顧客而言，「價值權益」的知覺是決定了顧客購買的決策重要因素，這些知覺是通常是可以辨識的，大部分是理性的。例如網路購物的便利性，對忙碌無法親自到賣場購物的顧客而言，產生相當快捷便利的價值。例如全聯福利標榜所有商品的價格都是最便宜的，成為全台婆婆媽媽的最愛消費點。

2.2.3 品牌權益

泛指品牌之名字與符號，可明確區別與競爭者不同，所產生出來的「品牌資產」（Brand Assets）及「品牌負債」（Brand Liabilities），可以增加品牌所創造的價值，其所附帶產品的品質、知名度、定位與經營卓越的特徵，它可以讓顧客在進行購買決策時，不需耗費冗長與複雜的過濾思考過程便採取購買的行動，例如可口可樂、百事可樂、雀巢咖啡、星巴克咖啡、TOYOTA、Benz、中華汽車、APPLE、OPPO、微軟、Facebook、GSS、…等品牌。產品或服務帶給企業本身或顧客之價值，如圖 2-3 所示。

圖 2-3 品牌權益

根據 Rust, Zeithaml, Lemon（2001）的定義，品牌權益就是顧客對於品牌主觀以及無形的評估。此評估通常無法由一個企業客觀或部份的特質所解釋，而是顧客對於品牌主觀的知覺，這些知覺有時是情緒性的、主觀的、而且夾雜部分不理性的成分，如個人偏好、習性、獨特品味、自身的認知，其來源包括品牌注意（Brand Awareness）、對於品牌的態度（Attitude towards the Brand）和企業道德（Corporate Ethics），透過這三項品牌權益的衡量指標，企業便能了解其品牌對於顧客是否有足夠的吸引力。品牌權益越高，相較其他的競爭者，企業能夠長期獲利的可能性越高。

Aaker（1995）的定義，品牌權益是連結品牌、品名和符號的一個資產以及負債的組合，可能增加或減少該產品或服務對於公司和顧客的價值，如果品牌名稱或品牌符號消失或異動，其所連結的資產和負債便可能受到影響或甚至消失，其來源包括品牌忠誠度、品牌知名度、品牌知覺、品牌聯想、其他專屬的品牌資產，如圖 2-4 所示。

例如看到"✓"符號聯想到 Nike 品牌所傳遞運動、創新、健康、時尚的知覺。

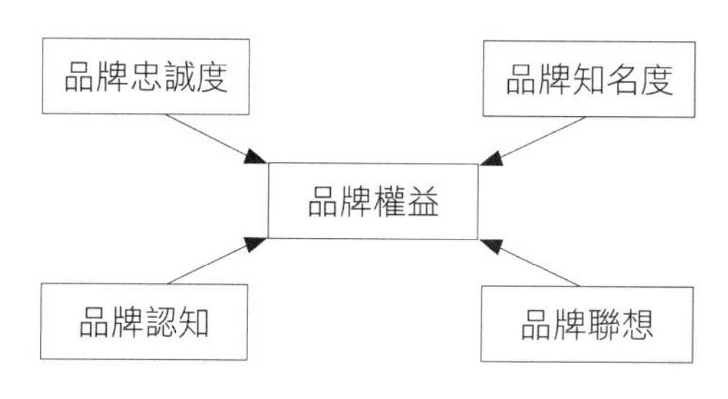

圖 2-4 Aaker（1995）品牌權益定義

2.2.4 關係權益

關係是衡量企業與顧客維繫時間長短的一項重要指標，關係的良窳攸關企業永續經營的可能，關係也是一種無形的重要資產，關係資本的多寡象徵人脈、資源、平台的整合效果，它也是確保企業能從顧客端獲利的基石。關係權益就是衡量顧客是否願意選擇與一家企業能夠長期交易的往來，依據 Rust, Zeithaml, Lemon（2001）的定義，關係權益就是顧客主觀及客觀地評估品牌之後，願意繼續使用該產品的傾向。一個企業擁有優良的產品和吸引顧客的品牌，對於新經濟市場的吸引力還是不足夠的，企業還必須設計一套方法將顧客與企業緊密地結合在一起，一般公司加強關係權益的手段如下：忠誠度計畫、VIP 特別禮遇、回流及回饋活動、社群推動計畫、獎酬及獎勵計畫、粉絲相見歡…等方法。

2-3 顧客價值的定義與構面

2.3.1 顧客價值的定義

Zeithaml（1998）對顧客價值的定義分為：價值就是顧客獲得想要的產品、價值就是顧客願意付出的價格，相對所得到的商品及品質、價值就是付出後所得到的結果。顧客價值的定義，如圖 2-5 所示。而顧客價值分為：產品價值、服務價值、個人價值以及形象價值。總成本分為：金錢成本、時間成本、精力成本以及心理成本。產品及服務總價值－顧客成本＝顧客真正獲得的價值。

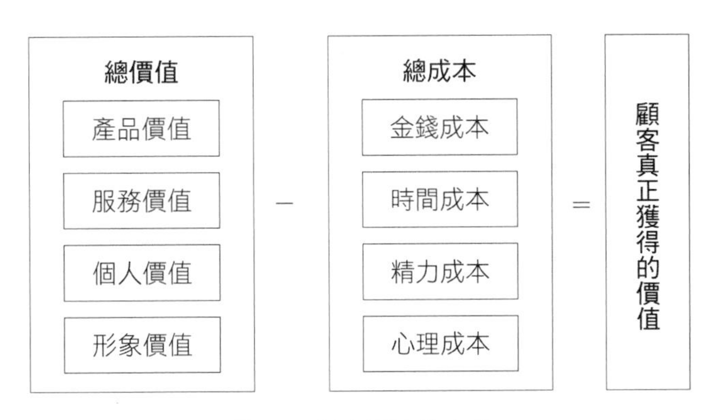

圖 2-5 顧客價值的定義

顧客價值是指顧客從產品及服務中所獲得的總價值減去總成本所得到的真正價值，顧客所認知的總價值包括產品、服務（含業務人員或員工）、個人、形象等價值，例如購買賓士汽車、BMW、Volvo，其獲得的價值不單只有(1)汽車本身的價值；還包括加在其中的所有行車相關資訊系統配備；(2)保固、維修、更換零件等保養、保險服務；(3)提供乘坐舒適、交通便捷、影音娛樂、享受頂級功能及配備等個人價值；(4)形象價值所締造出高品質、高價位、高社經地位等象徵。而以購車為例，成本包含：

1. 金錢成本指購買賓士汽車的實際花費。
2. 時間成本指了解、蒐集、比較各款汽車所花費的時間。
3. 精力成本指看車、購車、熟悉車子功能操作相關程序，個人所必須投入心力與精神的成本。
4. 心理成本指購車決策程序中，個人內心所必須擔當或承受的壓力或風險成本。

以上除了金錢成本可以透過貨幣流通方式呈現，其餘皆屬無形成本，雖然看不到、摸不著卻是的確存在的耗用成本。事實上顧客進行一項購買活動時，都會有上述的價值及成本產生，會因不同商品而有不同程度的涉入了解以及參與認識。企業經營者在設計各項銷售活動時，如何最大化顧客真正獲得的價值是必須認真思考的。

2.3.2 顧客價值形成體系

吳思華（1998）認為，顧客價值形成的包含三大要素，如圖 2-6 所示。

1. **顧客**：價值的大小是由顧客認知而定，是一種主觀的心理認知，非客觀的事實。

2. **商品組合**：價值經由商品組合傳遞給顧客。
3. **企業活動**：價值經由企業活動所創造，並由顧客之回饋得知，價值是否形成決定。

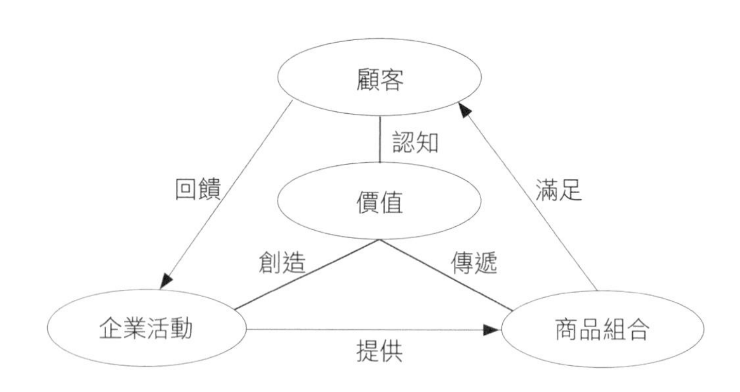

圖 2-6 顧客價值形成體系
資料來源：吳思華，《策略九說》

例如，花旗銀行提供各種金融商品組合給顧客以滿足其投資理財的需求，商品組合包括：債券、基金、黃金、國外股票、外幣、衍生性金融商品、…等等承購及贖回的買賣交易，顧客相對認知銀行所能提供的是獲利價值，可以進一步加入其他金融商品的選擇，也可以經由企業舉辦的投資理財活動、回饋意見或建議，透過活動提供新的商品服務如外匯投資服務加入到公司新商品組合中。

2.3.3 顧客價值構面

吳思華（1996）認為價值是由認知價值的「顧客」，傳遞價值的「商品組合」以及創造價值的「企業活動」三方面所構成。因此顧客認知的價值構面可分為五種效用：

1. **實體的效用**：產品能滿足消費者基本需求層次的屬性，即用以解決生理需求或生活問題的基本功能。例如，顧客至大賣場購買食、衣、住、行、育、樂等日常用品或家居用品，為最基本的實體效用。
2. **選購的效用**：建構良好的選購環境中搜尋、比較、選擇購買，可為顧客帶來較大的滿足。例如，智慧型手機的選購環境，消費者會比較各廠商手機的配備及功能，選擇自己喜好、符合自我需求、功能價位合理的手機。
3. **地點的效用**：不同地點取得相同的商品效用會有所不同，在需要地點能帶來更大的效用。以生鮮蔬果為例，在 SOGO、101、百貨公司超市所付出的價格，相對於傳統市場、大賣場的價格高出許多，亦即相同商品不同地點的銷售價格是不同的。

4. **時間的效用**：物品必須要在消費者最需要最迫切的時機出現，才能為消費者帶來最高的效用。例如，在消費者口渴時，乾淨的水最能為消費者解渴，飢餓時，便當滿足比時生理的需求，創造最高的效用。

5. **心理的效用**：消費者除了基本需求外，還希望能得到社會群體的認同、接納與尊敬。具有地位象徵與炫耀屬性的物品，有時能為消費 者帶來較大的效用。例如，顧客購買較好的房車如 Volvo、BMW、Audi、 Benz、Lexus 等，藉此象徵自己的身分地位，及滿足高規格行車的期待。

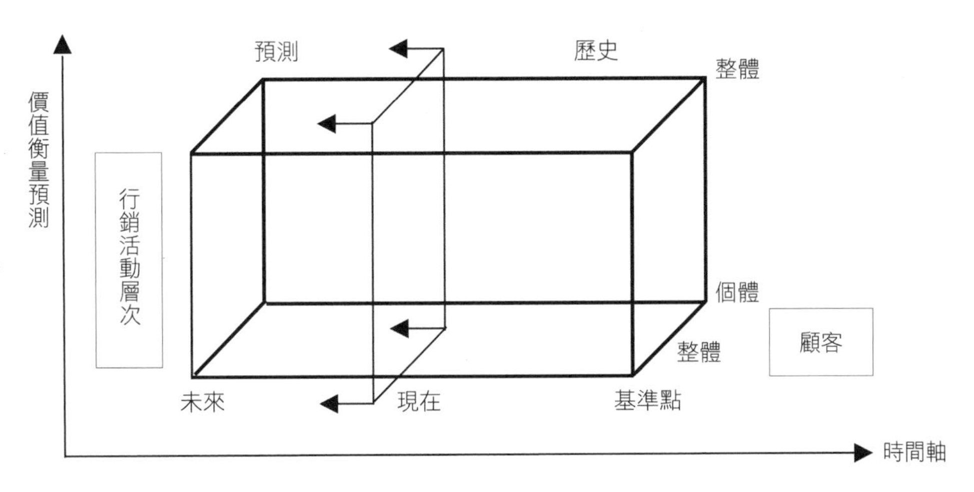

圖 2-7 顧客價值立方體

Magson（1998）認為定義價值時尚需包括時間、價值衡量兩個關鍵因素，提出了顧客價值立方體，此立方體指出在顧客層面要能計算個體或某一區隔的價值外，還需衡量行銷活動方面的價值。例如，叡揚資訊（GSS）辦理雲端應用服務行銷活動，從個人顧客的系統操作實機練習（點），到針對壽險從業人員辦理的保險業使用 Vital CRM 的成果發表（線），到跨領域、跨產業、跨組織的 User Story，涵蓋電子商務的網購業、手工鞋、車隊、壽險、補教、醫療、房仲、民宿、管顧公司、寵物店、美體美容、…等不同業別的整合，說明能帶給各種產業不同需求的顧客價值，從現在點、一個產業的線、跨產業面的匯集，做為未來進一步的預測及規劃掌握。

根據 Sheth etal.（1991）的研究將顧客價值分為五個構面，包含功能性、社會性、情緒性、知識性以及情境性價值，研究指出不同的價值類型會影響顧客選擇的行為（例如誘導性影響）。而影響消費者選擇行為的五種消費價值分別如下：

1. **功能性價值**：顧客對產品或服務在功能性、實用性與使用績效表現，而獲得的認知效用，功能性價值可由顧客對產品或服務在功能屬性上的認知加以衡量，如價格、性能、用途與屬性等。例如，大多數的男性顧客對於汽車的行駛、配備、功能及實用性較為注重，亦即汽車因有不同的配備與功能性，進而影響消費者的選擇行為。

2. **社會性價值**：顧客在決定是否要購買產品或服務行為時，會受到社會大眾及周遭身旁群體對此產品或服務的看法等因素所影響，社會性價值是衡量顧客對於消費的產品或服務在社會形象上的認知，考量產品是否能為自身提升社會地位，塑造社會形象，或是滿足內在的自我認知。例如，一般營利企業想提品牌社會形象，積極投入社會公益活動，塑造良好社會形象，讓消費者對於此企業發生良好觀感。

3. **情緒性價值**：顧客在購買產品或服務行為時，個人情緒上或情感上所認知的感受，情緒價值可由顧客對產品或服務在消費時心情上的感受加以衡量。例如商品在促銷活動跳樓大拍賣或百貨公司週年慶時，消費者會有物超所值的認知因而引發衝動性購買，此種購買行為又稱為衝動性消費。

4. **知識性價值**：顧客基於追求新事物、新奇感、新技術與求知慾等。嚮往追求新科技和新設計的產品，因為具有了「創新」、「快速」的特質，而受到此類型顧客的青睞。例如，智慧型手機日新月異，產品不斷推陳出新，部分消費者想追求更新的功能或設計，而願意付費嘗試創新功能，不斷的更換手機。

5. **情境性價值**：顧客在不同時間或不同情境下，亦即不同時空背景環境對於產品或服務在價值上的認知有所差距，可經由情境的差異性加以衡量，情境性價值基本上並非隨時隨地可以持有，而是有特定場所或情境存在。例如，在迪士尼遊樂園裡，可購買到象徵迪士尼卡通 3D 造型的可樂杯與周邊商品，因只能在迪士尼購買到此款式的可樂杯及周邊商品，因而產生較高的附加價值。

2-4 顧客關係創造企業價值

2.4.1 關係與價值

學者 Wayland 與 Cole 認為：「關係」是一項可貴的資產，而非僅有顧客本身。與顧客之間所建立的關係可以評估企業未來的現金流量，並衡量此一關係的價值，即顧客終身價值。換句話說，企業的價值最終會等於顧客關係價值的總和，而這總和只有在追求、發展及保持長期且忠誠的顧客關係下，才會被創造出來。其從創造顧客價值到股東價值之流程如圖 2-8 所示。

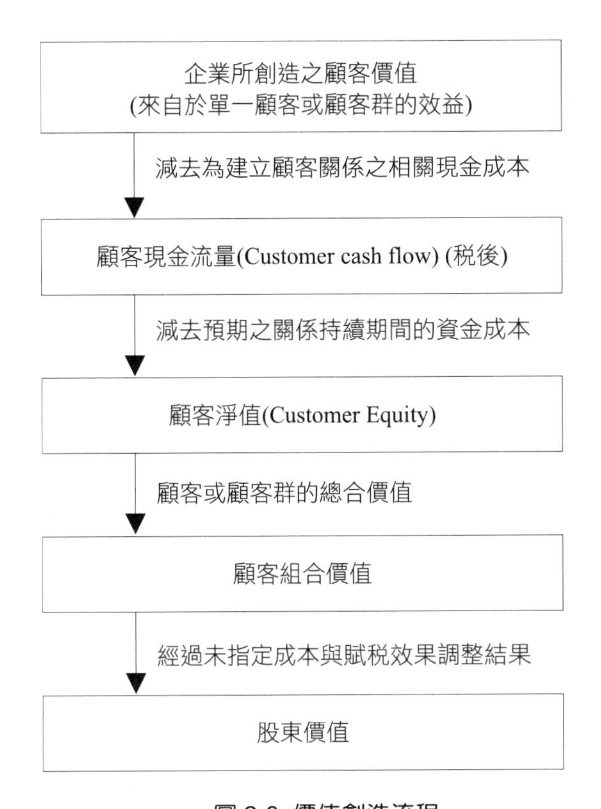

圖 2-8 價值創造流程
資料來源：Robert Wayland & Paul Cole(1997).

2-5 顧客價值的分析

2.5.1 發展背景與基本原理

發展背景

顧客價值的發展背景來自如學者，市場導向原則 9 人及全面品質管理的目標，Zeitham1（1988）將顧客認知價值定義為「顧客所能感知到的利得與其在獲得產品或服務中所付出的成本進行權衡後對產品或服務效用的整體評價」。而所謂市場導向原則：公司設計行銷策略時，應考慮消費者需求、品味及偏好差異，以顧客需求為依歸。再則全面品質管理：品質是客戶滿意的基本要求，公司應全力追求產品品質的提升，以建立良好品質的形象。

基本原理

以公司整體資源提供卓越的顧客價值，顧客對於卓越的產品或服務會願意付出較高的價格。在公司的既有優勢持續發展，以有效率的方式提供顧客價值。顧客間的口耳相傳是公司用來提高形象及提高業績，最便宜且最有效的口碑行銷方式。如今口耳相傳的影響力透過網路平台更是無遠弗屆不論是正評、負評、中立的發聲量都有其影響力，企業經常透過部落客、專業社群小編來為新產品試用或嘗鮮撰寫貼文，亦就是希望透過好的影響力達到快速傳播的目的。

2.5.2 顧客價值的分類

顧客價值管理，它將顧客價值大致上分為既有價值、潛在價值和影響價值，滿足不同價值顧客的個性化需求，能夠提高顧客忠誠度和保有率，實現顧客需要的價值才能持續對於企業績效產生貢獻，從而全面提升企業獲利能力。

1. **既有價值**：是指顧客與企業的關係會續持一段時間，在該過程中，顧客對企業的價值，除了利潤的增加、成本的降低外，還有一個重要貢獻，就是顧客正向影響潛在顧客的價值，將對企業有正向評價所創造的價值。例如米其林認證餐廳的消費者，可能會因公司提供富創意高品質餐點及服務，向其他人推薦去享用。

2. **潛在價值**：潛在價值是指如果顧客持續維持良好銷售關係，顧客將在未來進行的採購增量購買，將給企業帶來財務獲利價值。潛在價值主要考慮兩個因素：企業與客戶持續交易時間以及顧客在交易期內，未來每年可能為企業帶來的利潤。例如消費者（或公司行號）去年向天仁茗茶訂購某數量茶月餅，產品基於用料實在、品質可靠、嚴格控管，而在今年大幅提高訂購月餅數量，並添購其他相關茶葉產品。

3. **影響價值**：當顧客高度滿意時，帶來的效應不僅僅是自己會持續購買公司產品，而且通過他們的引薦或者影響其他顧客，前來進行購買公司的產品，例如蘋果手機的果粉推薦自身使用的經驗及產品強大功能，影響其朋友及家人。

立即公司產品所產生的價值稱為影響價值，例如 A 君使用 Samsung 新款智慧型手機 Note 9 喜愛其攝影畫質清晰，4000mAh 超大容量電池、內建 gigabit LTE 與 Wi-Fi 功能及 4x4 MIMO 天線，連線速度達 1.2Gbps，以及其他特效功能，基於簡便操作，編輯容易，使用過後滿意其功能就可能推薦給身旁的親人或朋友。

2.5.3 整體顧客價值模式

Fredericks 與 Salter（1996）提出價格、產品品質、創新、服務品質以及相對於競爭者的企業形象等五個構面所組成的顧客中心價值，經由忠誠度的建立，市場佔有率與獲利率的提升以創造最佳的股東價值，如圖 2-9 所示。

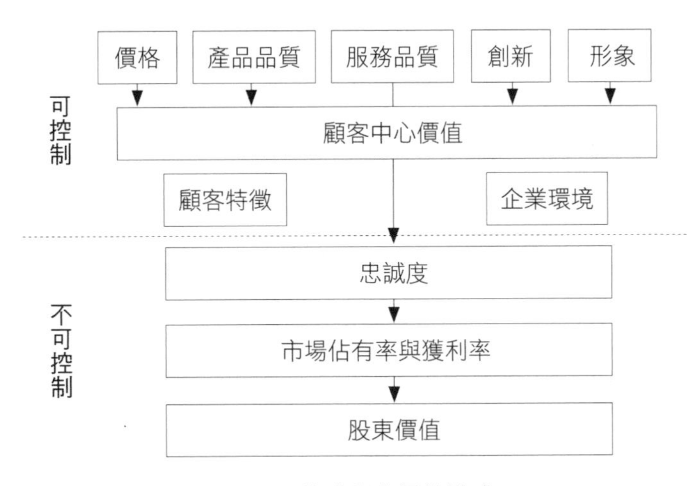

圖 2-9 整體顧客價值模式

企業可以經由價格優勢、產品品質、服務品質，創新技術與方法、良好企業形象等元素傳遞給顧客，以建立在心中的定位及價值，以上各元素對企業而言是屬於可控制的部分，例如王品牛排可以經由一客超過 1200 元的價格，提供高品質的食材、有特色餐點飲料、溫馨舒適的用餐空間、親切有禮的服務人員，創新研發的多種料理，誠實可靠的王品集團形象，傳遞給來用餐的客戶經由顧客心中價值，以建立的忠誠度、市佔率、獲利率與股東價值。顧客忠誠度雖為企業不可控制部分，卻是由重要元素直接深深影響，因此合理可接受的價格、高品質的產品及服務，創新帶來的驚奇與效益，滿足顧客的需求與期待、良好形象的肯定及信任，才是企業最終財報獲利數字的來源。

2-6 顧客價值的測量

2.6.1 價值焦點思考（Value-Focused Thinking）

Keeney（1992）提出「九項價值思考概念」，包括：(1)訂定目標、(2) 產生方案、(3)判斷決策、(4)策略思考、(5)策略連結、(6)資料蒐集、(7)決策整合、(8)改善溝通，以及(9)評估方案，經由目標衡量整合成為顧客價值模型。而顧客價值階段模型（Customer Value Hierarchy Model）為 Woodruff 於 1997 年所提出主要在消費屬性（Attribute）、消費結果（Consequence）及消費目標（Goal）三個層面，了解顧客期望價值與認知價值之間的關係。說明在顧客價值階層之間的改變，預設顧客會學習思考有關於產品的特定屬性與屬性的呈現，當顧客決定購買或使用產品時，會對產品或服務產生期望或偏好，並對期望結果的經驗，反映到使用認知價值上，經過不間斷的向上循環，最終使目標顧客都可以獲得期望的價值。Woodruff（1997）顧客價值的衡量方法，如圖 2-10 所示。

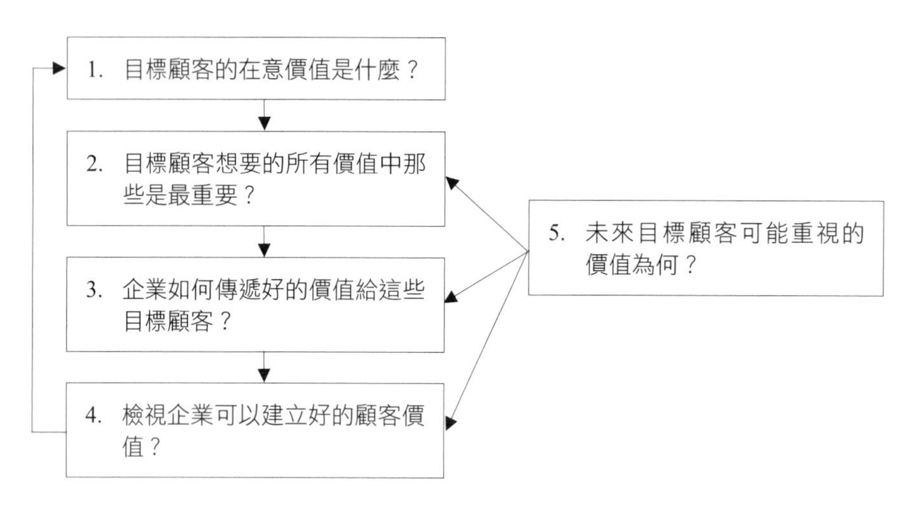

圖 2-10 顧客價值的衡量方法

例如以購買合宜住宅的目標顧客為例：

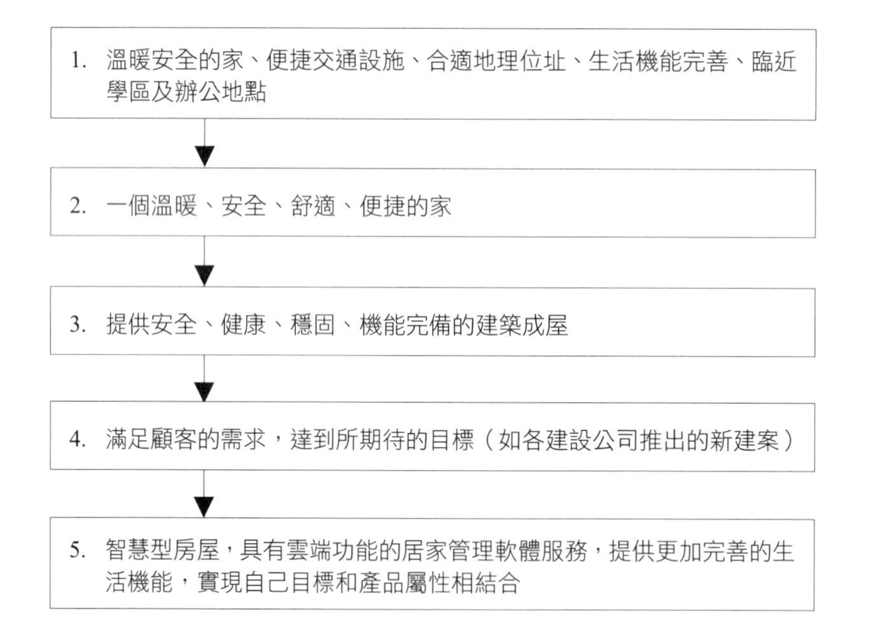

2.6.2 顧客價值觀測架構

Parasuraman（1997）提出一個能有效了解顧客價值的架構方法。此方法是先將顧客區分為初次顧客（First-Time Customers）、短期顧客（ShortTerm Customers）、長期顧客（Long-Term Customers）及流失顧客（Lost Customers）四大類型。Parasuraman 觀察分析這四種類型的顧客資料，發現顧客的認知價值的重點是不相同。分析初次顧客的資料，了解初次顧客比長期顧客更專注於產品的消費屬性上。從短期顧客和長期顧客的消費結果和消費目標資料，可以提供策略去維持產品使用經驗和強化公司與顧客間的關係。而流失顧客的部分將可推測顧客的流失原因，更可以維持正確顧客的價值認知，如圖 2-11 所示。

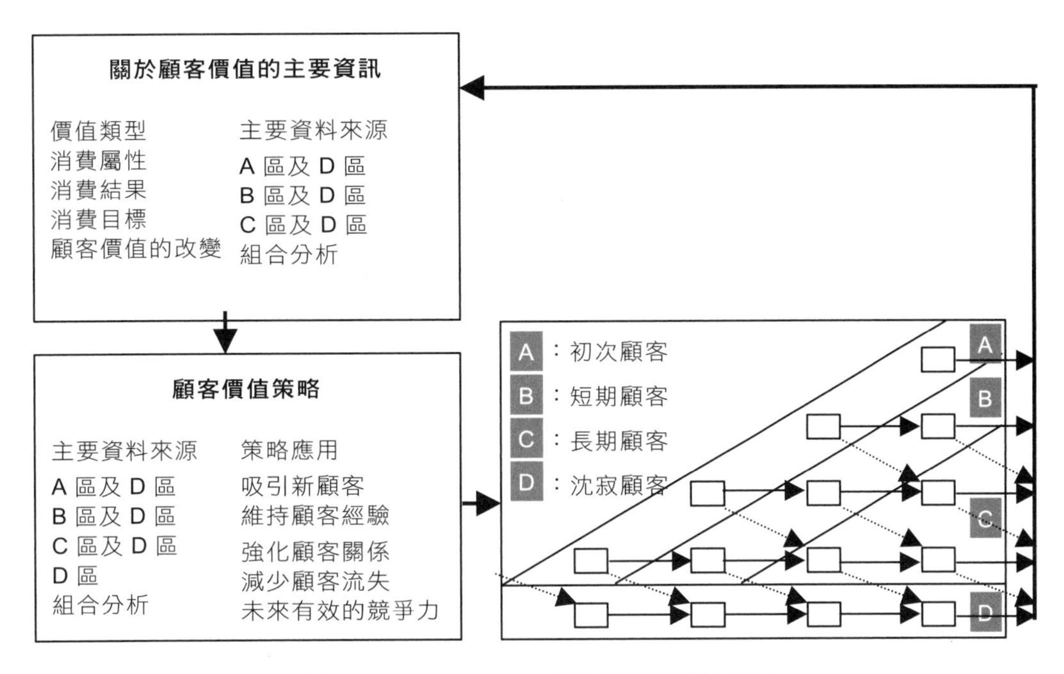

圖 2-11 Parasuraman 顧客價值觀測架構圖

A 區代表初次顧客、B 區代表短期顧客、D 區代表沈寂顧客（久未出現過的顧客）。針對 A 區+D 區的顧客採取吸引新顧客策略，透過活動辦理，吸引新顧客加入公司或會員，擴大接觸點及通路增加人數，如辦新品上市說明會。針對 B 區+D 區的顧客採取維持顧客經驗策略，透過維持顧客良好經驗以避免轉換到其他競爭品牌，經由分享、交流、互動使經驗深化顧客心中，如辦交流聯誼活動，以維持顧客的信任及滿意。針對 C 區+D 區的顧 客採取強化顧客關係策略，長期顧客需強化顧客與公司關係，透過市面上不對外公開的優惠、折扣、折價券、贈品、免費兌換的活動以強化顧客關係。針對 D 區，採取減少顧客流失策略，針對久未出現的沈寂顧客應以透過活動刺激、活絡公司與顧客關係，減少完全脫離往來的機率，如百貨公司年中慶、年終慶、新品上市，喚起久未出現購物的顧客。

2.6.3 顧客價值矩陣

顧客價值矩陣是從 RFM 分析所發展出來，適合中小型企業的顧客價值分析方法。顧客價值矩陣一開始只採用兩個變數來解釋顧客價值，即購買次數（Frequency, F）及平均購買金額（Monetary, M），後來增加第三個變數為最近購買日期（Recency, R）則可以提供企業與顧客接觸的時間，以結合購買次數與平均購買金額的分析，如圖 2-12 所示。

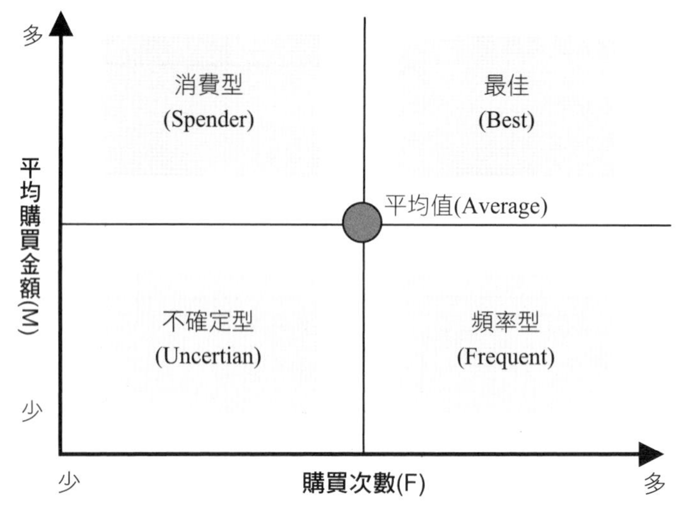

圖 2-12 顧客價值矩陣

1. **最佳型顧客**：此區隔顧客群之平均購買金額與購買頻率皆高於總平均值，屬於企業之核心顧客群，應有效地予以保留，例如百貨公司的 VIP 客群，其平均購買金額及購買頻率均高於平均值，百貨公司對於此類客群應該有效積極予以保留，可以透過猛男、帥哥、陪貴婦逛街、提物、名車接送、專人服務，甚至專櫃包場等方式。

2. **消費型顧客**：此區隔顧客群顯示出具有較高的平均購買金額，但是購買頻率則偏低，企業應運用不同的促銷方式，來增加顧客的回流機會，此類型客戶具有高消費潛力，可以透過各種促銷活動，使之回流造訪百貨公司，因每次的消費金額大，所以頻率增加對整體營收貢獻將有正向助益。

3. **頻率型顧客**：此區隔顧客群只有較高的購買頻率，但是平均購買金額則偏低，企業應利用交叉銷售（Cross-Selling）、向上銷售（UpSelling）來增加顧客之平均購買金額，針對此類型顧客，企業可以透過交叉銷售來提高平均購買金額，如顧客原先只是光顧百貨的超市美食，可以透過邀請參與其他商品展售活動，使其認識並消費不同的商品，增加消費金額。

4. **不確定型顧客**：此顧客群之購買頻率、平均購買金額皆偏低，企業應挑選適合的顧客，包括新顧客或對特殊產品有喜好的顧客，其餘的顧客則可以考慮放棄，以有效配置企業資源。針對此類型顧客，以最低成本的互動方式即可，如百貨公司可以挑選特殊產品喜好的顧客加以推薦特定商品，如女性專屬衣物、化妝品、配飾、手錶、香氛品…等等。

2.6.4 顧客差異矩陣

Don Peppers 與 Martha Rogers（2001）針對顧客需求差異程度以及顧客價值差異程度高低將之分成四個區塊，稱之為顧客差異矩陣。企業可以藉由「顧客差異矩陣」來區分顧客的差異性，並依照不同區 隔顧客的可能偏好來提供適當的服務滿足其各別需求，如圖 2-13 所示。

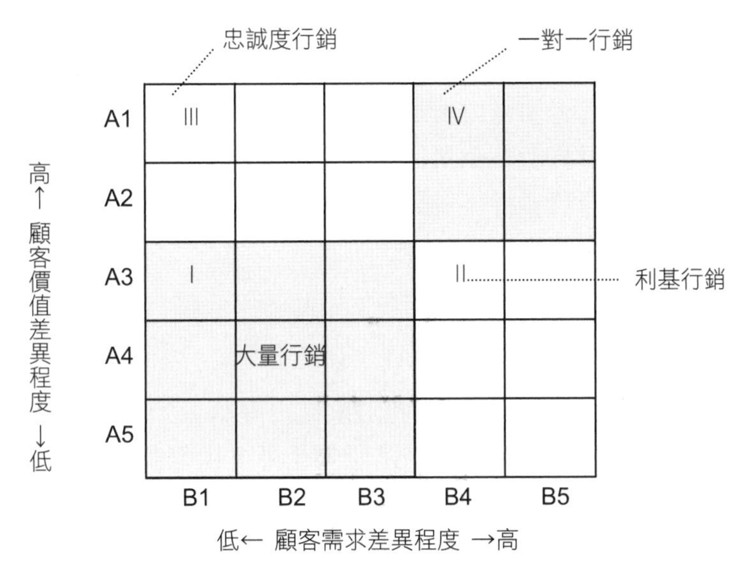

圖 2-13 顧客差異矩陣圖

1. **位於第四區域（IV）**：此區域顧客價值差異程度高，亦即有些顧客對公司產品的期望價值非常高，同時顧客需求差異程度高，此表示每一位顧客的需求並不相同，此時，非常適合採用一對一的行銷策略，企業若能進行大量客製化產品與服務，導入各種與顧客建立關係的機制則行銷策略成效明顯呈現，例如利用顧客資料庫來追蹤個別的交易以了解喜好。

2. **企業位於第三區域（III）**：此區域最應該採用的行銷策略是忠誠度的建立，公司應該找出最有價值的顧客，同時對舊顧客提出優惠活動，企業未來應該朝向擴展顧客需求使之移向第四區域，並且應該仔細考慮產品或服務的獨特性或特殊性。例如，獨特的包裝方式或訂購方法等。

3. **企業位於第二區塊（II）**：此區域最應該採用的行銷策略是利基市場，行銷研究人員應對顧客做各式市場區隔分析，儘管企業不是對每一個顧客都很了解，但可從顧客所呈現的市場屬性等特徵透過顧客資料庫一窺全貌。

   例如針對學生族群的消費者，應該以價格、數量（份量）做為最優先考慮的市場屬性，而上班族群的消費者，應該以品質、功能（性能）做為最優先考慮的市場屬性。

4. **企業位於第一區塊（I）**：此區域最應該採用的行銷策略為大量行銷，先建立出顧客資料庫，並開發新產品來拓展市場，利用大量行銷分攤降低成本以切入，並利用廣告來建立品牌形象。

2-7 消費者行為

「消費者行為」一直是顧客關係管理中非常關注的議題，因消費者是市場最終的決定者。市場主要是由產業內競爭者與消費者所構成，亦即供給端與需求端，供給包括企業本身與競爭者。在自由的競爭市場中，企業經營的成敗關鍵在於消費者的購買選擇決策，消費者為企業成功與否的關鍵；因此，在同業競爭中，能更有效率及快速地掌握消費者行為資訊，則必定能在競爭者中掌握先機，其中最重要的關鍵在於是否了解消費者行為。

2.7.1 馬斯洛的需求層級理論

心理學家馬斯洛於 1940 年所提出此需求層級理論，如圖 2-14 所示。馬斯洛的需求層級理論除了解釋人類生存需求階段變化外，也是廣為人知的消費者行為理論之一。此需求理論劃分為五種不同層級，從低至高為生理需求、安全需求、社會需求、尊重需求及自我實現需求。當較低需求被滿足時，心中則會渴望更高階層需求的滿足及追求。

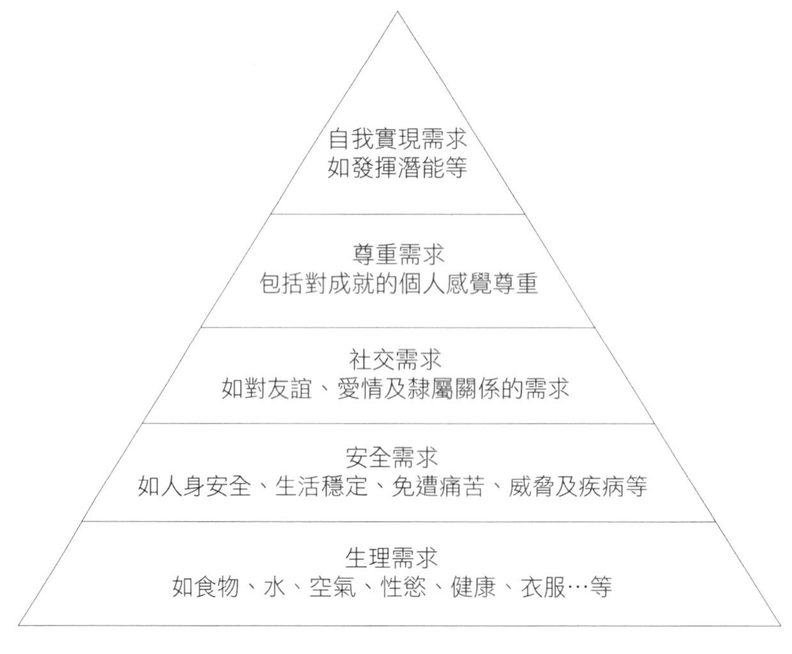

圖 2-14 馬斯洛層級理論

1. **生理需求**：此為最低階層，卻是最重要的階層，且最基礎的需求，一般人生理需求如：食物、空氣、水、蔽體保暖衣物、健康性等。當最低層次未被滿足時，人往往會做出不符合禮節的行為。例如，饑荒或戰亂時期，人為了生存下去，將會不擇手段掠取食物，以謀求身體生理需求。
2. **安全需求**：屬於次低階層需求，例如人身安全、生活穩定、免遭痛苦的、威脅及疾病等。當自己受到威脅時，會感到不安全感，認為對自己有所傷害或危險，開始變得不相信周遭環境，如不敢參與社交活動、不敢表達自我，藉此保護自身安全。例如生命財產受到威脅時，會隱藏自己非常低調行事，甚至與外界斷絕任何的往來以保護自己的安全。
3. **社會需求**：此為中等階層，例如友誼、愛情及隸屬關係的需求等。當缺乏同儕家人朋友接納或家庭關心時，認為自己是沒有價值或不被愛的活在世界。例如，許多青少年為了融入同儕關係，甘願做牛做馬、受虐霸凌或以金錢來交換做朋友，或加入打群架行列以獲得朋友間的認同。
4. **尊重需求**：此為次高階層需求，例如成就自我或他人對自我的認可與尊重。當無法滿足此需求時，會積極地付諸行動來得到別人對自我的肯定及認可。例如，努力讀書讓自己成為能救濟世人的醫生或認真工作得到更好的升遷機會，證明自己在社會上的存在與價值，進而被敬重與肯定。
5. **自我實現需求**：此為最高階層。當前面四項需求都獲得滿足時，才能繼而產生此項需求。例如自我實現、發揮潛能。諾貝爾和平獎得主蕾德莎修女、花蓮慈濟證嚴法師都是很好的例子，她仍自我實現救世濟貧的理想目標，一生奉獻犧牲自我、服務貧困的人，完成救人救世的自我實現。

2-8 消費者行為架構

消費者行為的架構主要可分為三個階段，如圖 2-15 所示。

1. **輸入階段**：主要是指消費者接受的刺激，包括行銷資訊與非行銷資訊。行銷資訊為行銷人員與消費者溝通；非行銷資訊則非來自企業的其他資訊，如社群、媒體、同儕、朋友等資訊。
2. **處理階段**：消費者制定決策的內在心理運作的過程。心理運作的過程包含：問題認知、資訊尋求、方案評估以及購買選擇。
3. **輸出階段**：指顧客採取實際的購買行為，以及對產品或服務的實際消費，消費後的反應與消費後產品的處置等購後行為。

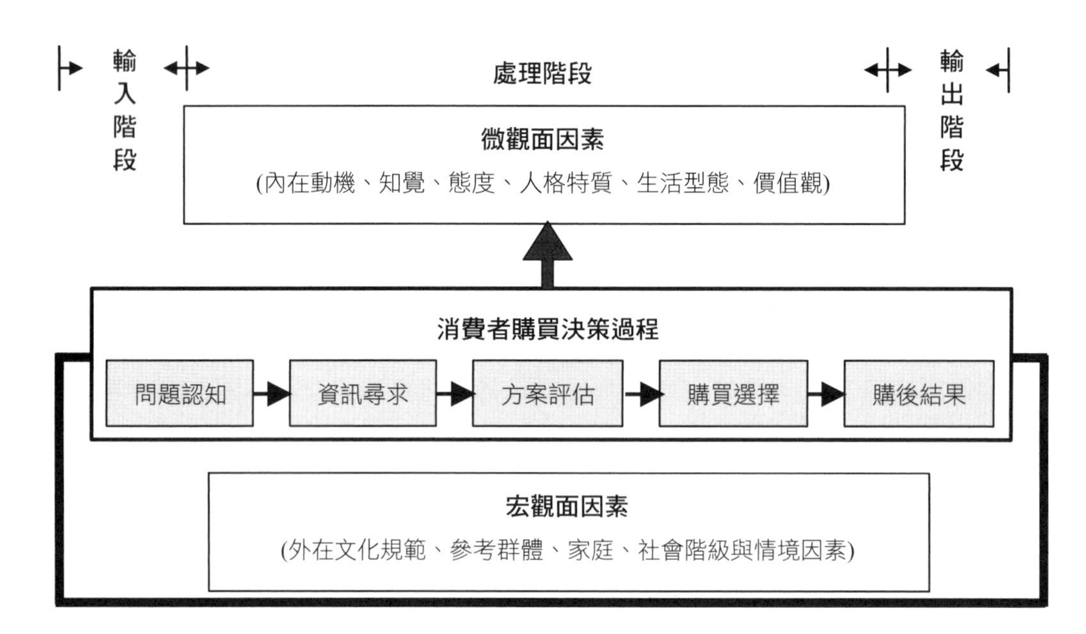

圖 2-15 消費者行為架構

此決策中，消費者同時受到內、外在的諸多因素：

1. 內在個人因素稱之微觀面因素，包括動機、知覺、態度、偏好、人格特質、生活型態、價值觀等。
2. 外在群體因素稱之宏觀面因素，包括外在文化規範、參考群體、家庭、團體、社會階層與情境因素等。

消費者購物行為主要受這些因素所影響，這些因素可以提供行銷人員更有效地了解與服務購買者，達到以客為尊，掌握顧客的目標、掌握顧客動向。例如，西班牙服飾公司 Zara，每 2 週更換店面銷售的衣服，希望透過不斷創新設計營造出新鮮感以吸引顧客，讓顧客經過一小段時間，走進 Zara 再次發現新的驚奇與不同款式，進行挑選自己喜歡的服裝，不僅完成一筆交易也滿足顧客對新上市服裝的好奇感及購買需求。

課後個案　美加人力資源管理顧問股份有限公司

工作效率 30%up 美加人力，Vital CRM 是評價極高的雲端系統

個案學習重點

1. 瞭解美加人力主管，如何透過雲端 Vital CRM，管理客戶資料以掌握客戶動態，了解顧客狀況。
2. 瞭解當客戶數量越來越多，需要更有效率處理雇主聯繫事務，公司同仁如何做好顧客服務又不漏接工作的交辦？
3. 學習 Vital CRM 在人力仲介產業會使用的功能，如標籤設定、記事本、行銷簡訊、聯繫腳本、電子賀卡、行事曆、…等應用。
4. 學習透過雲端 Vital CRM 做到客戶感受到關心及強化對美加人力的記憶度。

美加人力資源管理顧問股份有限公司

在人力仲介領域擁有 24 年豐富經歷的美加人力，是服務品質極受肯定的公司。在導入叡揚資訊 Vital CRM 雲端客戶管理系統後，工作效率提升超過 30%，相同時間得以服務更多客戶。美加人力認為 Vital CRM 操作簡單且彈性，是工作上很好用的工具，值得推薦給更多中小企業採用。美加人力資源管理顧問公司，不僅擁有專業的合法聘僱外勞資訊，對於急件申辦也可快速回應，是服務品質極受肯定的公司。在導入叡揚資訊 Vital CRM 雲端客戶管理系統後，工作效率提升超過 30%，相同時間得以服務更多客戶。美加人力認為 Vital CRM 操作簡單且彈性，是工作上很好用的工具，值得推薦給更多中小企業採用。

即時分享 Vital CRM 讓內外溝通無縫接軌

美加人力 Franky 表示，起初，公司高層主管為了方便管理客戶資料所以開始使用 Vital CRM，但隨著客戶資訊越來越多，為讓更多公司同仁共同處理雇主聯繫事務，決定導入具備雲端即時共享、記事聯繫的 Vital CRM，讓公司的客戶管理更即時有效率。對比曾經使用過的 google 雲端表單，Vital CRM 方便查找、即時同步的功能更符合美加人力的需求。Franky 提到，美加一開始主要是將客戶依照當時的狀況用標籤分成「電聯」、「辦件中」及「已確認簽約」三大類，不管哪位同仁看到標籤就可直接了解客戶狀況，並針對不同的客戶狀

況作後續追蹤及舉辦行銷活動。此外，客戶記事也是很便利的功能之一，尤其是安排雇主與外傭面試時間，記事功能讓整個工作團隊即時同步訊息，達成後續追蹤無縫接軌的目標。

行銷簡訊效果佳 潛在商機互動不間斷

由於美加客戶年齡層普遍較高，對於電腦的使用程度不如年輕族群，所以「行銷簡訊」是美加最主要的行銷溝通工具。由於前端清楚的客戶標籤分類，使用者可快速利用簡訊通知還在開發階段的客戶，並告知最新釋出的雇傭情形或投過簡訊進行需求關懷。Franky 表示：「整體行銷簡訊效果表現不錯，所以公司目前經常採用。」

實用性強 對 Vital CRM 未來擴張性更具期待

行事曆功能則是美加主管群常用的功能之一，透過雲端同步的優勢，將雇主約訪的時間即時同步給相關同仁。Franky 說，Vital CRM 使用介面非常友善，只需少許適應時間，公司的主要使用者在操作上就已經很熟悉，還能不斷找出更新的應用情境。而且，Vital CRM 每月都有舉辦線上課程，讓整體導入更為有效率。

除目前主要的使用情境外，未來也考慮加購導入 Vital CRM 的「客戶收集器」功能，利用表單串連公司活動，自動化收集、匯入客戶資訊，並直接完成分類，搭配不同的聯繫腳本設定，在不需要耗費額外人力的情況下，讓客戶感受到關心及強化記憶度，對已經擁有完善客戶資料庫的美加人力來說，這絕對是值得期待的業務擴張利器！

美加人力導入 Vital CRM 後，最令人滿意的成效是工作效率增加、工時減少，加上行事曆同步的功能，讓團隊工作更加流暢快速。且 Vital CRM 夾帶著雲端服務的優勢，降低系統建置成本，預算不多的中小企業也能輕鬆「入手」，絕對是值得推薦的系統。目前美加慣用的功能為標籤、記事、行事曆，相信未來若能搭配聯繫腳本、客戶搜集器等更多功能應用，必能產生更多令人驚艷的工作績效！

- 資料來源：
  https://www.gsscloud.com/tw/user-story/124-search-result/1004-vital-crm-kpn

個案問題討論

1. 請問如何透過 Vital CRM 視覺化分類，經由標籤就可直接了解客戶狀況？
2. 請討論可讓工作團隊即時同步訊息，後續追蹤無縫接軌是 Vital CRM 的哪項功能？
3. 請討論為何要與顧客長期互動，行銷簡訊是很重要的運用，通常要掌握哪些要點？
4. 請討論美加人力導入雲端 Vital CRM 成功的幾個關鍵。
5. 請討論美加人力的個案中，如何經由 Vital CRM 去認識公司顧客本質、需求與成功委託行為？

本章回顧

現今社會已不單純以商品為主的交易方式，「服務為上」、「以客為尊」的觀念逐漸取代了舊有的互動模式。既然「以客為尊」為企業經營的理念之一，必定要先站在顧客的角度來理解及設計整個銷售過程，了解顧客的本質？顧客的認知與想法為何？了解顧客的消費行為後，才能進一步發掘顧客潛在的價值。

本章節介紹顧客本質與消費行為，主要提供學習者了解：

1. 何謂顧客？顧客認知的價值以及顧客權益：提供學習者有效的從顧客的角度看產品。

2. 顧客價值的定義與構面、顧客潛在的價值以及顧客價值的測量：學習顧客如何能真正獲得的價值以及顧客潛在的價值，顧客價值分析的技術、顧客價值矩陣以及顧客差異矩陣。

3. 消費者的行為以及架構：了解消費者的基本需求，以及消費者的行為架構。

試題演練

1. (　　) 交易本身是一種價值的交換過程，通常「商品的真正價值」對顧客而言非首要考量的因素，更重要的是何種價值？亦即該價值大於或等於「商品的價值」才有可能交易。

   (1)顧客喜好的價值

   (2)顧客消費的價值

   (3)顧客認知的價值

   (4)顧客付出的價值

2. (　　) 顧客認知的價值構面可由哪五種效用組成？

   (1)身體效用、選購效用、地點效用、時間效用、心理效用

   (2)價格效用、選購效用、地點效用、時間效用、心理效用

   (3)實體效用、選購效用、地點效用、時間效用、生理效用

   (4)實體效用、選購效用、地點效用、時間效用、心理效用

3. (　　) Parasuraman（1997）提出一個能有效了解顧客價值的觀測架構，此方法是先將顧客區分四大類型，並觀察分析發現四類顧客認知價值的重點都不相同，請問以下何者非這四類顧客？

   (1)初次顧客（First-Time Customers）

   (2)抱怨顧客（Complain Customers）

   (3)長期顧客（Long-Term Customers）

   (4)流失顧客（Lost Customers）

4. (　　) 系統的客戶進階搜尋，有一個查詢條件「幾天未聯繫」的客戶，這是依照什麼資料未異動來做為基準？

   (1)消費資料　(2)客戶資料　(3)標籤　(4)記事

3 顧客關係管理的銷售與行銷

課前個案 新記企業股份有限公司

Vital CRM 助攻！新記企業數位轉型，高效展現業務管理力

個案學習重點

1. 瞭解新記業務使用記事功能，紀錄客戶問題與需求，即時的資訊共享成為內部重要溝通平台。
2. 運用記事搜尋、行事曆協助新記主管了解業務狀態，並可快速審核與決策。
3. 利用手機 App 顯示公司附近的客戶，協助馬來西亞業務進入狀況，減少地域性差異。
4. 運用手機拍照上傳到 Vital CRM 確認客戶打樣需求，加速處理時間與資訊品質。
5. 瞭解新記企業眾多品項的業務推廣，更需要雲端 Vital CRM 的功能協助。

新記企業導入 Vital CRM 一年多的時間以來，不但業務自我管理效率大為提升，對客戶的服務品質更為優質，主管與業務間的即時溝通，是協助新記在 2017 年跨出數位轉型第一步的重要功臣！「以往公司業務在外時間很長，同仁皆已習慣用電話直接聯繫，業務拜訪內容則先記錄於筆記本上，回到公司後再轉記於個人電腦的 Excel 中，雖然電話有其溝通的即時性，但拜訪內容無法即時共享溝通則是業務管理上的一個瓶頸。」以上引述自新記企業董事長特助鄭惠珍。

新記導入 Vital CRM 一年多的時間以來，不但業務自我管理效率大為提升，對客戶的服務品質更為優質，主管與業務間的即時溝通，是協助新記在 2017 年跨出數位轉型第一步的重要功臣。

導入過程順利 效果有目共睹

創立於民國 61 年的新記企業致力於發泡包裝材料之製造與發展，不但是國內第一家生產珍珠紙（PSP）及舒服多®（PE 發泡）產品一貫化作業的設備工廠，並持續積極研發其他材質的包裝材，在創造時代包裝材的成就有目共睹。新記企業的業務副理廖英全笑著說，因為公司的客戶有 80% 都是長期的老客戶，大家的互動也都很習慣利用 ERP 及個人電腦內的 Excel 的管理客戶，但業務只要外出就只能靠土法煉鋼的方式進行溝通及管理，直到公司導入 Vital CRM，才意識到原來有更有效率的管理方式，Vital CRM 雖然一開始是老闆「半強迫」的導入，但整體適應過程卻比想像中來得順利。

業務外出一支手機搞定所有溝通 主管即時高效管理

廖英全指出，目前主要的使用者為業務人員，以前要帶許多配備出門的業務人員，在系統導入後只要配備手機就可以具備完成工作所有的功能，業務不但可以在拜訪客戶後即時利用記事功能進行溝通回饋，有任何照片溝通需求也可以馬上拍照上傳，業務更可透過行事曆進行工作行程管理，讓業務自我管理上的效率大增。廖英全也表示，不僅如此，主管在業務管理上也更為便捷，以前都要等業務匯整資料後才能於隔天審閱的內容，現在不但可以隨時批閱及回饋意見，更能進行事後追蹤，對主管來說真的是極為重要的管理工具。

Vital CRM 協助管理馬來西亞業務拓展 減少地域性差異

新記企業除了台灣，也活躍在馬來西亞市場，對於地域廣大的馬來西亞，Vital CRM 在業務管理上更展現其重要的功效。除了使用台灣市場常用的業務功能外，在對散佈各地馬國的客戶及業務，即時進行工作指派的功能被大幅使用，手機 APP 裡可顯示出臨近客戶位址的「拜訪附近客戶」功能在人生地不熟的馬來西亞就更顯重要。此外，鄭惠珍更指出，馬國有較多新客戶，業務在拜訪客戶的同時對於客戶打樣需求可以馬上拍照回傳獲得正確的報價，不但服務品質提升，效率更是備受肯定，Vital CRM 對整體的業務效率提升實是有目共睹。

鄭惠珍說，目前為數眾多的客戶資訊也會視優先與重要性利用標籤進行分類，讓舊客戶或新客戶的管理能夠更清晰。在新記企業轉型數位管理的過程中，Vital CRM 的導入絕對是最佳的輔助！

- 資料來源：
  https://www.gsscloud.com/tw/user-story/1037-vital-crm-mmeco

個案問題討論

1. 在新記企業的個案中，如何運用 Vital CRM 做到業務拜訪記錄即時溝通與共享？
2. 傳統上客戶資料僅以 Excel 存放於個人電腦內，不易彙整與管理，請列出並比較討論 Excel 與雲端 Vital CRM 的優缺點？
3. 新記企業個案在地域廣闊的馬來西亞，如何有效管理業務與指派工作？
4. 請討論跨國公司使用雲端 Vital CRM 的效益與需注意的地方？
5. 請問新記企業的運用 Vital CRM 解決了本章所探討銷售與行銷的哪些問題？

3-1 銷售管理的循環

企業在進行業務績效管理時，通常採用銷售管理循環中的規劃（P）、執行（D）、檢核（D）、修正（R）與行動（A）等五大步驟來加以管控執行，不斷循環調整直到達成目標為止。產品銷售對企業而言是利潤的主要來源，因此，如何做好銷售管理，使顧客安心信任持續願意與公司往來，是非常重要的議題。

銷售管理循環的五大步驟：

1. **規劃（Plan）**：提出企業要如何達成業績目標的策略方案，包括了銷售人員配置、活動企劃、預算編列以及風險評估，並提出務實的行銷計畫。
2. **執行（Do）**：當決策者同意計畫，管理者須落實於預計行銷工作中。在計畫裡嚴格規範標準作業程序（Standard of Procedure, SOP），並且將單位部門的責任劃分清楚，全力投入銷售活動。
3. **檢核（Check）**：行銷單位主管根據計畫評核標準，每隔一段時間監控銷售業績表現與總體目標之落差，尤其在落後目標值超出正常範圍時，都須在最短時間了解問題產生的實際原因。
4. **修正（Revise）**：集合相關部門在第一時間成立因應對策處理小組，提出各種可行的應變計畫，針對問題改善提出修正計畫。
5. **行動（Action）**：主管利用走動式管理鼓舞最前線的銷售人員，除可了解市場反應，確保行銷計畫的執行與落實，並為未來的行銷計畫做好改善的參考依據。

3.1.1 銷售模式的演進

隨著資訊科技的日新月異，人們越來越依賴網際網路，而傳統的銷售模式也逐漸走向電子商務化。了解銷售模式的演進過程，將有助於學習者更加了解現今銷售型態的轉變。

行銷管理 4P 的導入成為商業交易的主要架構，從產品的設計必須了解顧客的需求。往後掌握消費者的需求就遠比推銷產品本身要來得重要。強調銷售是幫助消費者解決其需求的問題，而非一味地企圖推銷產品，新的銷售觀念演進發展的原因為：

1. **教育消費者正確的認知**：近年來因資訊分享快速、行動設備普及、教育水準提高及國際化程度提高，使得消費者不再被洗腦的方式來決定購買東西，如無線電台銷售非法成藥的主持人每天重覆放送，不斷鼓吹，造成偏遠鄉下地區常有銀髮族中毒洗腎的案例，然隨著知識分享，教育程度的提高，已經大幅降低。
2. **銷售人才必須更專業**：消費者越來越精打細算，使得銷售人員必須更加專業化，才能成功完成一筆銷售交易，如購買健康保養產品，專業營養師取代一般藥粧店的銷售人員，經由營養師專業的評估判斷，建議適當的營養補給品，具有公信力與說服力的專業銷售，更容易建立顧客的信任度。

3. **市場導向的觀念**：為了更快地反應市場需求，許多銷售策略、銷售流程及運作方式必須隨時的因應及更新，才能與時代潮流並進，如有機蔬果銷售量逐年攀升，主要來自食安風暴，黑心食品持續被揭發，市場導向轉向生機、無毒、乾淨，無化肥的自然無毒蔬果。
4. **更佳的銷售團隊**：當今銷售人員必須要更專業與熟悉產品，因此必須受到更良好的訓練，從觀念建立、知識養成及專業表現，更不同於以往的模式，例如 Nuskin、Forever、Amway、艾多美的直銷人員，都需通過各種培訓課程的訓練。

而傳統的銷售模式也一直不斷地被突破及改善，如保險業務員過去陌生拜訪方式逐漸提升到雲端人際網絡分析所取代，e 化工具扮演不可或缺的角色，讓關係更容易建立對話及產生服務的機會。

現代的銷售觀念，以滿足顧客需求為主，所以在銷售策略有更好的方法：

1. **與顧客成爲夥伴（Partnering）關係**，而不是只有交易的關係，銷售人員應以顧客需求為考量，與顧客分享產品的價值，關心顧客的使用情形，如公司除了建置電子商務的交易網站，也應該設立公司產品粉絲團的 Facebook 社群與顧客成為友誼的夥伴關係，分享最新訊息，聆聽顧客的心聲，更蒐集顧客的寶貴意見。
2. **建立關係銷售（Relationship Selling）模式**：關係銷售是指建立維繫和發展顧客關係的銷售過程，目標是積極建立顧客的忠誠度；以達成預定的績效目標，銷售人員必須要建立與顧客間良好以及長期關係方能立於不敗之地。若沒有友善的關係基礎，顧客並不會輕易購買或回購產品，例如購買某項商品是經由某層關係加以推薦。
3. **團隊銷售（Team Selling）的方式**：對於產品複雜、龐大或特殊需求的顧客（或組織），銷售人員無法單獨一人完成銷售過程，此時就必須有其他銷售同仁的協助，方能完成整個複雜的過程，例如大型公司、政府、軍方等類型的顧客，通常銷售公司都將組成團隊方式加以解說，包括產品介紹、操作測試，維護的過程與售後服務。
4. **顧問式銷售（Consultative Selling）方式**：銷售人員須了解顧客需求，並提出專業建議，解決顧客的需求，方有成交的機會，如軟體、大型系統或專業產品，導入到一個組織或單位，必須透過專業顧問的諮詢、輔導待解決的問題與完整系統導入過程的協助及推動。

3.1.2 銷售自動化、聯繫管理及銷售分析

一般銷售管理涵蓋了「銷售自動化」（Sales Force Automation, SFA）、「聯繫管理」（Contact Management）、「銷售分析」（Sales Analysis）等，以下將探討三種銷售管理的差異。

銷售自動化（SFA）

企業的生存取決於與顧客建立的長久良好關係作為基礎，銷售自動化（SFA）能提高行銷部門的效率和執行行銷計畫的準確度。銷售自動化的主要目的在於讓行銷活動能夠自動化，容易控管及後續追蹤，尤其是行銷活動的電子廣告傳單設計或發送，都能輕易的掌握進度與成效，使原本需要較多人力投入的顧客滿意度調查或產品接受度調查，變得輕鬆容易達成。

銷售自動化是為電腦化銷售人員和銷售管理日常工作而衍生的，它能夠幫助銷售人員進行顧客分群並組織相關顧客，和蒐集聯絡人資訊，主要功能包括行事曆排程、活動管理、報告分析及預測、顧客管理、機會管理、建立顧客資料庫和資源共享。此外，現今網際網路使企業經營範疇逐漸全球化，資訊傳播快速，可利用有線或無線網路服務，讓企業內部與企業之間的資訊更快速流動。

一般銷售自動化包括：自動化銷售流程、促銷活動規劃、推廣銷售活動、支援銷售部門與顧客支援部門作業整合，銷售自動化對銷售面的效益包括：

1. **獲得即時資訊**：即時查看銷售團隊的行程活動、工作進度掌握、客服溝通情況等。
2. **合作與協調**：顧客資料在部門間共用分享，以促進市場銷售和支援部門的合作關係。
3. **預測和報告**：以最精簡及快速的方式獲得銷售預測，透過電腦介面迅速呈現，可以精確掌握數據。
4. **有效的良好溝通**：好的溝通可以讓顧客留下良好的印象，可以增加對企業的滿意度和忠誠度。

另外，銷售自動化對銷售團隊來說，擁有的優勢還包含：

1. **增加潛在的銷售機會**：銷售自動化裡的銷售機會管理能根據公司制定規則分配、管理銷售機會，來增加銷售的信心度與達成目標。
2. **自動化完成交易程序**：使用人員透過了解、學習操作程序完成交易，自動化可加快銷售處理流程。

3. **提高銷售工作效率**：銷售自動化易於使用，尤其結合智慧型行動裝置的使用，走到哪、用到哪、紀錄到哪、迅速分享，提高銷售人員的工作效率。
4. **透過分析了解顧客需求**：銷售自動化可提供相關的顧客屬性、消費狀況、喜好程度、交易資訊、及背景資訊，使企業能讓顧客享受更貼心的服務。

顧客聯繫管理

顧客聯繫管理屬於銷售自動化的一部分，主要處理組織和管理公司的顧客。聯繫管理工具用在維護顧客資料庫、顯示組織或個人的顧客類型、允許銷售人員記錄顧客和潛在顧客資訊。許多企業讓銷售人員利用遠端資料庫來查詢新增資訊，並與總公司的顧客資料庫保持即時同步化。聯繫工具能使銷售人員可將日程各種活動安排，在組織中呈現，聯繫管理的最大價值在於能追蹤顧客並辨識顧客，並可與銷售管理功能整合，有助於提升與其他部門連結的效益。如表 3-1 為銷售自動化與顧客關係管理。

表 3-1　銷售自動化（SFA）在顧客關係管理（CRM）的應用

業務需求	業務改進	期望目標	商業行動	財務影響
找尋潛在顧客	加強新顧客互動	提升潛在顧客價值	提高新顧客的購買意願	增加總毛利的機會
找尋有價值顧客及產品偏好	提升顧客價值	提高顧客終生價值	提供商品或服務的禮遇或差異化給有價值顧客	增加營業收入
保留有價值顧客	改善顧客流失	挽留有價值顧客	持續了解顧客需求	減少庫存成本
找尋適合顧客的商品組合	更新商品組合	在顧客需求的鄰近商店中哪些商品屬於最佳組合？	依照顧客不同的特性給予組合商品	創造收入的機會
找尋適合顧客的推廣性商品	選擇推廣品項	更有效的推廣商品	選擇或改變推廣商品	增加營收的可能

資料來源：劉德泰（2004）及本文增補。

銷售分析

銷售分析是企業整體銷售數據的調查和分析，比較和評估實際銷售額與預定銷售額之間的差距，作為未來的銷售目標改善的依據。企業進行銷售分析的目的在於：

1. **掌握企業對銷售計畫的執行稽核，可依此作爲業績考核的重點**：若制定良好的銷售計畫，但因疏於管理及控制，忽視日常檢核與評估時，便無法即時發現問題。倘若計畫在期末階段時，才發現初期計畫並無確實執行，與目標存在重大落差，為此時已晚。進行銷售分析，在銷售管理的過程中即時發現問題，立即分析問題及解決問題，並採取快速因應措施。銷售分析與評價結果，也可當業績考核之依據。
2. **分析不同產品對企業的利潤貢獻程度爲何？**透過對不同產品進行銷售分析，可得知產品的市場佔有率，市場佔有率為反應產品競爭力的關鍵之一；同時，通過銷售分析得知市場成長率，通常市場成長率是衡量產品發展潛力的重要指標。根據市場佔有率與市場成長率，可了解產品對企業的貢獻程度為何？
3. **分析企業的經營狀況**：松下幸之助先生曾說：「衡量一個企業經營的好壞，主要是看其銷售收入和市場佔有率的提高程度。」企業的銷售額和營業成本可採用損益平衡點加以分析，得知企業經營的狀況資訊。實際銷售額高於損益平衡點的銷售額，企業則有獲利的可能，反之亦然，企業銷售額等於或小於損益平衡點的銷售額，則呈現虧損的狀態。
4. **將企業顧客作市場區隔分類**：企業以營利為目的，因此，不會以同一標準對待所有顧客。所以企業將顧客按顧客價值分成不同層次和等級，如此企業就能發揮有限的時間、人力和財力專注於高價值客戶。根據 80/20 原則，通常企業利潤的 80%是由 20%的高貢獻度的顧客所創造出來的價值。

銷售分析的內容分為以下四項：

1. **市場佔有率分析**：市場佔有率是指在一定時期內，企業產品在市場上的銷售量或銷售額佔同類產品銷售總量或銷售總額的比例。市場佔有率高，說明企業在市場所處優勢明顯，適應市場能力強；市場佔有率低，說明企業在市場所處劣勢，相對適應市場能力較弱。然而，市佔率指標無法完全反映與競爭對手的比較情況，因此，運用相對市場佔有率表明企業市場競爭地位的高低和競爭力的強弱較為有效及客觀。
2. **總銷售額分析**：總銷售額是企業所有客戶、所有地區、所有產品銷售額的總和。此數據可以展現出企業的整體運營狀況。對於管理者而言，銷售趨勢與某一期間（年 / 季 / 月）的銷售額更重要，如企業近幾年的銷售趨勢與企業在整個行業的市場佔有率的變動趨勢。

3. **地區銷售額分析**：指對一特定地區對銷售額進一步的分析。
4. **產品銷售額分析**：與地區銷售額分析一樣，按產品系列分析企業銷售額的產品分析或比較，亦即將企業過去和現在的總銷售額進行分析分解到單個產品或產品系列上。其次，以每種產品系列的產業數據進行分析，就可以為企業提供一個標準來衡量各種產品的銷售業績優勢。如果產品 A 的銷售下降了，而同期行業同類產品的銷售也下降了相同的比例，銷售經理就不必過分擔憂，但須了解下降的原因，盡可能找出因應的對策。

3-2 銷售流程

企業產品的銷售過程都包含了一定的程序，典型銷售步驟的流程，如圖 3-1 所示。

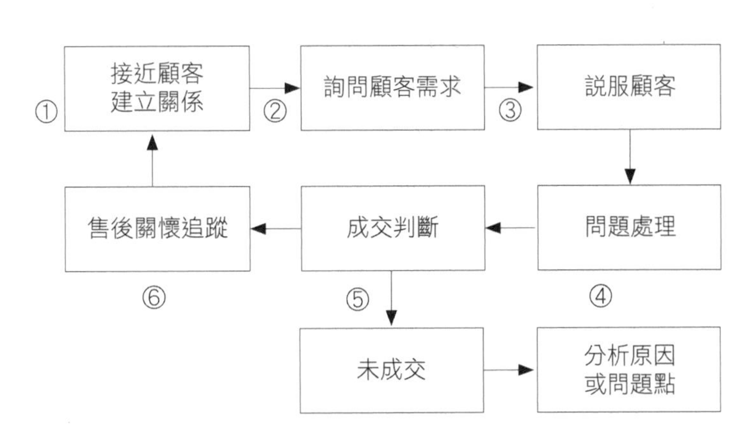

圖 3-1 銷售流程的步驟

3.2.1 接近顧客與建立關係

企業在銷售前的重要功課，就是接近顧客，了解實際需求，並透過各種行銷活動建立友善關係，例如試吃、試用、試聽、試乘、試讀的推廣活動，蒐集顧客喜好與基本資料等，例如國泰人壽保險業務員，透過朋友或主管提供的拜訪名單資料，先拉近與顧客的關係，如打聽保險需求、理賠需求、子女教育話題、投資理財經驗、興趣偏好分享、家庭成員動態、其他金融服務，對於需要關懷的部分予以紀錄，以瞭解顧客實際的需求。

3.2.2 詢問顧客需求

通常企業擬定一系列的相關問卷來詢問顧客，了解顧客需求，盡可能有效的蒐集意見及評估產品與服務來滿足顧客；其順序為：

1. **情境問題**：了解顧客的購買動機及相關產品的需求程度。
2. **需求問題**：掌握顧客真正需求在哪裡？需求的迫切程度及優先順序。
3. **滿足需求之可行方案的問題**：將顧客注意力轉移到公司產品是否能滿足其需求，並能提供數個可行方案作為選擇。

例如當潛在客戶有投資理財、子女教育基金、保險理賠、儲蓄增值、長期照護、資產配置的服務需求時，業務人員若能立即提供相關資訊，並定期拜訪關懷，則顧客提供服務的機會將大為提高。

3.2.3 說服顧客

確認顧客需求後才開始進行說服顧客，銷售人員必須學習及發展必要的說服技巧，良好溝通以達成共識的協議，進而創造雙贏的局面，在顧客有需求並選擇可行性方案時，業務人員應盡全力推廣公司的產品及服務，使潛在顧客能夠納入考量，並在訂單決策上優先選擇。

3.2.4 問題處理

「顧客拒絕」此為銷售人員最不易處理的銷售步驟之一，而顧客拒絕通常代表他們需要更多資訊以了解產品，或有充裕的時間進行比較分析，在此時，銷售人員應冷靜的了解為何被拒絕？並有效地做出回應。拒絕的種類有以下幾類：

1. **時間問題**：大多數的購買者，常常回應「再做考慮」，尤其有關於金錢投資的重大決定。也有可能時間只是個藉口，其背後還有不願立即下決定的其他因素，銷售人員必須思索真正的原因，並妥善的協助解決，或更詳細說明才有可能使顧客進一步的考慮購買產品。
2. **價錢問題**：常因競爭品牌有更好的價格，或價格真的超出預算，而以價格為理由不做決定或拒絕的購買者相當普遍。銷售人員應轉移價錢焦點至產品品質的優越性及實際可獲得的其他效益上，如便捷、服務品質，就近節省時間、快速…等有利公司產品的因素。

3. **品牌問題**：顧客對於產品品牌有負面的印象時，銷售人員必須去了解顧客真正在乎的關鍵是什麼？如果是傳言或誤解、或網路謠言，應利用有利的真正事實予以說明證實，將疑慮降到最低。

4. **轉換的問題**：顧客對於現有的產品或企業相當滿意，而不願意更換品牌。此時銷售人員應指出公司品牌優於其他品牌之處，列舉明確項目加以條列並說明，若能比較指出差異，則說服力會更佳。

排除銷售相關問題，例如資金不足，協助分期付款的手續或向金融機構融資，當有太多競爭商品選擇時，則列舉公司與競爭者商品的優缺點比較，據實以告，讓客戶產生好感與信任，儘管短時間或許未能立竿見影，但假以時日必當有高的成交機會。

3.2.5 成交

成交為銷售流程努力後的結果。而成交的關鍵在於以下兩種：

1. **成交時間**：成交的時間最為關鍵，太早或太晚進行成交的動作都會造成功虧一簣的場面。銷售人員必須在顧客潛在決定購買時或嘗試成交之動作時判斷適當的成交時機。

2. **成交方法**：有效的成交技巧有下列方法可供參考。

   - 假設式成交（Assumptive Close）：在見到顧客的購買訊號後，立即為顧客填寫訂單，並說明「在此簽名後我就可以送貨給您。」
   - 禮物式成交（Gift Close）：例如「您現在下訂，公司在後天就送會禮物或贈品給交易相關人員」，以提前交貨來鼓勵顧客下訂單。
   - 行動式成交（Action Close）：例如「業務人員安排和您或律師會面來商談成交細節」之類的成交手法。
   - One-more-Yes 成交法：即是將產品優點再重述，以取得顧客認同，最後進而影響購買者的行為。
   - 直接成交（Direct Close）：這是最簡單直接的成交方式，尤其是成交訊號很明確時。若成交，則啟動購買保單或金融商品相關條款與契約的簽訂，若不成交則應了解客戶的需求及問題，交易不成仍應友善的關懷，以尋求未來服務的機會。

3.2.6 售後關懷追蹤

企業在產品售出後，應該立即啟動關懷顧客及產品使用後續追蹤的程序，讓客對企業建立信賴及信任感，而非交易後結束或終止顧客關係，同時應進行顧客滿意度的調查與分析工作，以作為未來決策調整的參考依據。當正式成為公司客戶後，業務人員更應積極持續做好售後關懷追蹤與滿意度調查，以建立服務的口碑與實現對顧客的承諾，透過人脈的經營與建構，逐漸擴大銷售的版圖，使之越做越成功。

3-3 行銷的重要觀念

3.3.1 何謂行銷？

近代的行銷學理思維與實務應用指出，行銷主要的核心概念即是在「創造顧客價值與滿意度」。行銷精要的定義：「行銷乃在於達到顧客的滿意度，並獲取企業合理的利潤。」由此可知，行銷的目標在於藉由高品質產品及卓越價值的承諾吸引顧客；藉由傳達高度的滿意以維繫顧客的關係。

3.3.2 行銷的定義

美國知名的行銷大師菲利浦．科特勒（Philip Kotler）對行銷定義為：「行銷是一種社會化過程，藉此過程，個人和團體經由創造與交易彼此的產品與價值，獲得他們所需要和欲求」。從此定義中，衍生出的基本觀念，如圖 3-2 所示。

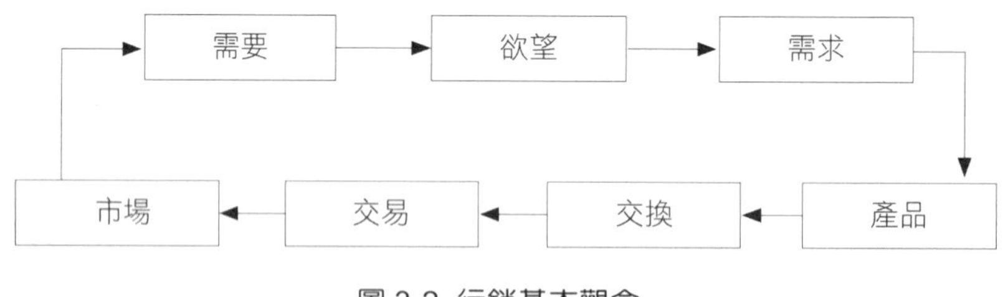

圖 3-2 行銷基本觀念

1. **需要**：個人感覺需要的一種狀態，包含：基本生心理需要、社會需要、個人需要。

   欲望：由個人文化背景及生活環境所表現出來的欲求。

   需求：當一個人的欲望有購買力來支持時，欲望就成為需求。

2. **產品**：包括能滿足需要或欲望，並能提供至市場上買賣的任何事物，且有購買的能力。

服務：指銷售時所提供的附加利益，本質上可能是無形的，且消費完後並未擁有任何實體東西的所有權。

經驗：藉由將服務與產品加以組合，公司得以創造、提供及行銷品牌經驗。

3. **價值**：該項產品所獲得的價值和取得該產品的成本，二者間的差距。

   滿意度：依購買者對該產品所認知的功能與其期望的價值之程度。

   品質：指某一特定產品或服務之整體性功能，具有滿足顧客需要的能力。

4. **交換**：指自他人取得所想要的標的物，同時以貨幣或非貨幣做為交換的行為。

   交易：雙方之間價值的交換或買賣。

   關係：行銷者必須與顧客、經銷商、零售商及供應商等建立一種長期的信賴合作關係，與形成一穩定鏈結結構。

5. **市場**：由某種產品現有及潛在的購買者所組成，而購買者可透過交換與關係來滿足其特定的需要與欲望。

6. **行銷**：個人和群體創造產品和價值並與他人透過交換方式的過程。

3-4 行銷趨勢的演變

1. **「產品導向行銷」走向「顧客導向行銷」**：過去企業把重心放在如何銷售產品、著重銷售技巧的運用，對於顧客而言，企業只要提供良好品質的產品即滿足了，但在現今社會中，顧客有眾多的產品可以選擇，所以顧客開始在意自我的喜好及想法，甚至意見是否被企業所重視，亦即從產品導向行銷走向顧客導向行銷。在網際網路蓬勃發展的環境下，網路已經成為一個很好的溝通管道，資訊科技可以無時無刻、無遠弗屆、快速廣泛的蒐集消費者反應意見作為產品發展的依據。

2. **在乎「價格」到重視「價值」**：當前消費者的購買能力呈現 M 型化，重視價值更勝於只有產品本身，其提供附加價值必須能夠符合顧客的需求，企業必須重新審視目標族群消費習慣的改變，網路上除了提供產品資訊的蒐集與傳播外，產品訊息以及產品評論及更是不勝枚舉，評價的好壞也會影響顧客的動向。

3. **從「傳統通路」到「虛實整合」的多元化通路**：傳統通路的製造商會將商品透過流通體系由上游往下游流動，由製造商流向批發商，再由批發商流向零售商，最後再由零售商流向消費者，如今網路商店扮演虛擬角色、門市扮演實體角色兩者合一加乘放大通路效果。

4. **從「單方面」推廣到「雙方面」與「顧客共創價值」**：過去所使用的推廣工具多數是單向式的，如平面廣告、促銷看板、郵寄型錄企業都是單向式的訊息溝通，難與顧客雙向互動，若接觸成本太高，也無法長時間的觀察與了解顧客需求。過去強調的市場佔有率是盡可能地將產品賣給顧客；但現今各行各業都重視顧客佔有率，盡量增加每位顧客的消費金額，建立顧客忠誠度，使顧客從單項時間點價值轉為終生價值，「顧客終生價值」（Customer Lifetime Value）。

5. **以雲端資訊科技創造新價值曲線**：掌握顧客消費行為，與顧客共創雙贏價值，產生良好的互動，鞏固彼此信任與持續的關懷，使資訊科技的快速分享達到緊密連結顧客的優勢。

3-5 從傳統行銷轉型顧客關係行銷

3.5.1 行銷思維的演進

當企業的行銷方式從以往的「大眾行銷」、「目標行銷」、「顧客行銷」到現當前的客製化「一對一行銷」概念（如圖 3-3 所示），行銷已經從以商品交易為主的方向走向互動性、即時性、多元化、個人化服務導向的行銷。

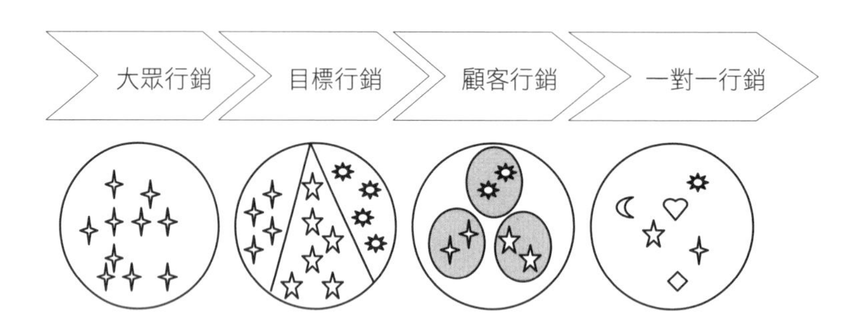

圖 3-3 行銷思維的演進

3.5.2 顧客關係的行銷思維改變

現今與顧客溝通的方式正面臨重大的轉變，傳統常使用的大眾媒體工具，如報章雜誌、平面廣告、電視廣播等媒體通路，正面臨嚴苛的考驗，過去經由傳播管道皆強調在產品本身，很少關注顧客需求的差異性。但隨顧客期望的提升，與科技普及運用，早期透過電話、人員拜訪，到客服中心表達意見或滿意度調查已逐漸式微，當前公司建立網頁蒐集顧客反應，而雲端應用服務結合定位功能，推播技術與顧客更緊密聯結。

3.5.3 新顧客關係的行銷目標設定與行銷策略

當企業在擬定行銷活動時，行銷人員應先思考下列問題：

- **企業要鎖定的目標族群是誰？（亦即誰是目標顧客群？）**：通常企業可藉由顧客終生價值（CLTV）與 RFM 分析，鎖定最具獲利率的顧客群。
- **企業應該鎖定何處？（亦即通路與接觸點爲何？）**：企業必須建構適合的多重通路策略，如手機 APP、網站、門市及經銷據點，並確保各通路與顧客接觸點的訊息一致。
- **公司如何接觸顧客？（亦即溝通策略爲何？）**：針對不同的顧客並分析各通路的選擇與有效的刺激誘因（如忠誠度計畫、折價券、小禮物、回饋活動、優惠方案…等）。
- **與顧客互動的最佳時機？**（亦即公司在何時排定活動最適合？）

3.5.4 動態定位的重要性

公司定位策略之所以必須調整，必須把「科技」和「顧客」的快速變化視為重要考慮要素，尤其是雲端技術的應用及服務，將建立、維繫和強化顧客關係視為核心議題並整合資訊科技的應用之中，以往企業認為市場、產品是緩慢變化，顧客及科技應用亦然。但在現今的動態市場中，企業需要「動態定位」（Dynamic Positioning）行銷模式，隨著科技、產業競爭、顧客的變化而動態調整，唯有知己知彼才能百戰不殆。

「動態雙向定位」包括三個相互依賴和影響的因素：「產品定位」、「市場定位」、「企業定位」，如圖 3-4 所示。

1. **「產品定位」階段**：企業必須決定產品要滿足顧客的需求類型，並與競爭者區隔，找出最適合的產品定位。
2. **「市場定位」階段**：企業所推出的產品必須得到顧客的認同及購買，從品質、功能、設計、外觀、價格、服務…等屬性中找到適合的市場定位。
3. **「企業定位」階段**：企業在整個產業價值鏈中扮演的角色及位置。

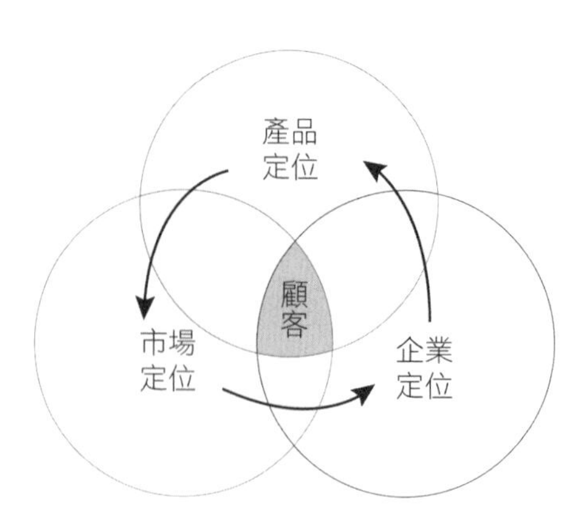

圖 3-4 行銷動態定位

擬定行銷定位策略，包括三個分析的過程：

1. **了解企業內在環境**：企業必須先對願景（Vision）、使命（Mission）、目標（Goal）、目的（Objective）、優勢（Strengths）、劣勢（Weaknesses）等有明確的定義及充分的了解，對於企業本身的條件、能力、資源進行全面通盤的檢視，掌握核心的能力，將資源做最大的發揮。
2. **了解企業外在環境**：企業必須對市場有充分的了解，包括機會（Opportunity）、威脅（Threat）、顧客、競爭者、供應商、影響團體等。多數企業都會蒐集有關產業、競爭者、顧客消費行為的統計資料，如 RFM 分析針對各種層級分佈加以觀察，根據分析結果再制定決策。
3. **決定所要採用的經營策略**：企業必須利用市場資訊來決定定位策略，每一家企業都必須找尋自己在產業中成功經營的模式，透過內部外部分析的過程，了解自身的核心能力與資源，整合市場大環境狀況，以擬定出對企業最有利發展的方向及定位。

3.5.5 行銷組合的思維改變：從 4P 到 4C，從 4P 到 12P

過去企業行銷策略多以產品為主軸，強調 4P 的組合，即「產品」（Product）、「價格」（Price）、「推廣」（Promotion）、「通路」（Place）；但現今隨著人口結構改變及社會快速變遷，促使企業對於顧客的需求必須更精準、服務更快速與便利、更有效的溝通傳達、更有競爭力的價格。所謂 4C「顧客需求與慾望」（Customer Needs and Wants）、「成本」（Cost）、「溝通」（Communication）、「便利」（Convenient）。

圖 3-5 說明企業為了更進一步貼近顧客心理，了解顧客想要什麼產（Product）？顧客願意花多少價格（Price）購買產品？顧客在哪裡（Place）消

費公司的產品或服務？公司是否規劃產品或服務的推廣活動（Promotion）？就產品 / 服務面要思考如何激發顧客的慾望與滿足顧客的需求；就通路上應該提供更便利的接觸管道或平台；就價格上提出顧客滿意合理的價位，又可以達到績效的目標；就推廣上與顧客有更好的溝通及說服力，企業經由 4P 加上 4C 的整合考量設計，以創造及傳遞顧客最大價值。

近年來，因社會結構消費型態的改變，企業的行銷策略也難以再用 4P 來滿足顧客，Morrison（1996）提出了 8P 行銷組合，以上述前 4P 行銷理論為基礎，衍生加上另外 4P 的行銷組合，為「人員」（People）、「規劃」（Programming）、「合作關係」（Partnership）以及「包裝」（Packaging）。其後衍生出的 12P，則再加上「個人化」（Personalization）、「過程」（Procedures）、「具體感受 / 環境感受」（Physical Evidence）、「公關」（Public Relations）。

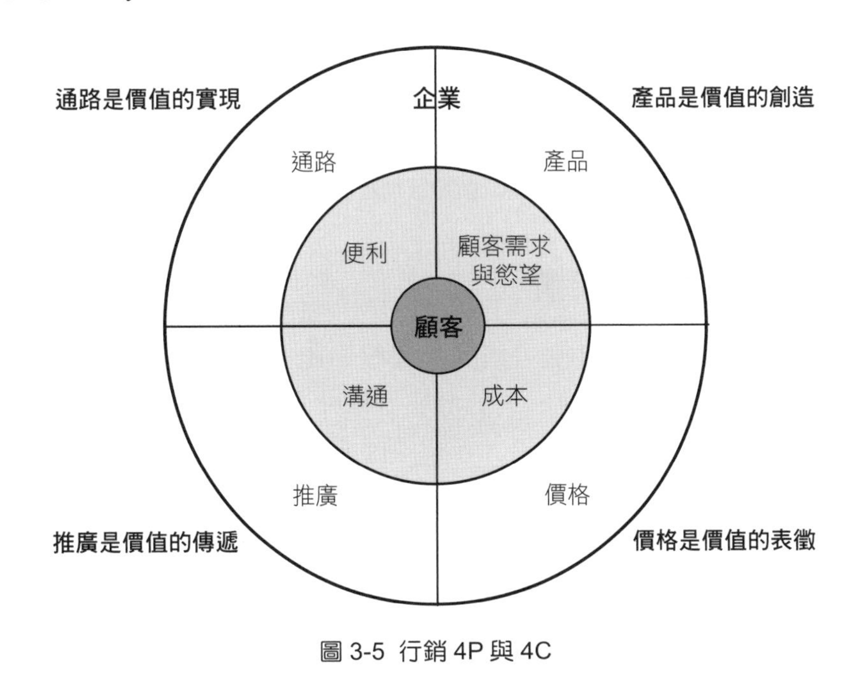

圖 3-5 行銷 4P 與 4C

3.5.6 顧客行銷方法論

顧客行銷方法論為一套結構化的企業獲利方法論，利用企業流程管理，結合企業內全體員工以顧客為中心的經營理念，實現顧客目標價值，進而增加企業利潤，如圖 3-6 所示。從步驟①紀錄顧客行銷資料，②分析顧客行銷資料，③規劃顧客行銷作業，④執行顧客行銷活動，持續不斷循環不息，以增加顧客價值進而提升企業獲利。企業如果希望達到獲利目標，就必須從顧客所關注的因素（或細節、程序）著手做好，使顧客達到滿意的水準，顧客會透過行動表達認同或支持，當企業即時掌握顧客反應及意見時，就能夠創造顧客最在意的價值如可靠、品質、便利、迅速、健康…，才能確保真正獲利的來源。

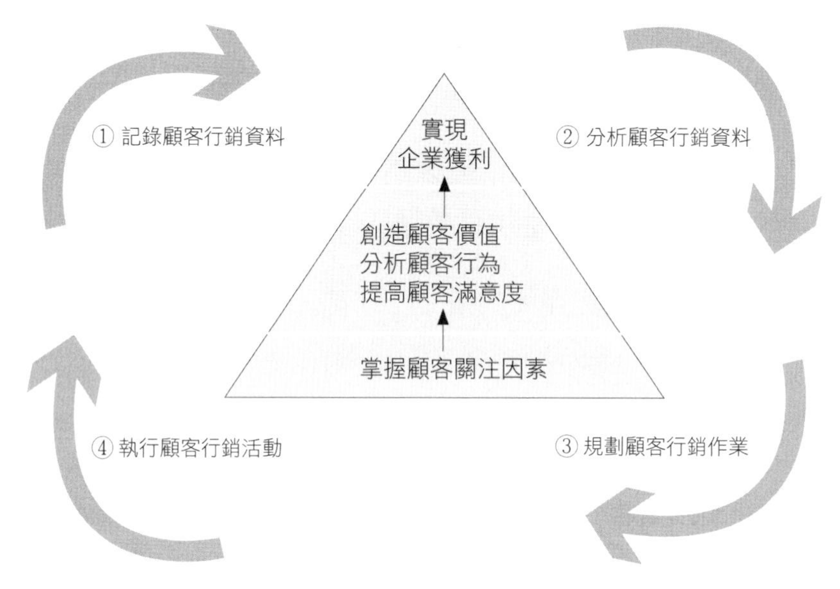

圖 3-6 顧客行銷方法論

3.5.7 行銷價值創造架構

在行銷價值創造架構主要分析行銷流程，其途徑可以透過兩種方式進行，一是減少無附加價值的活動，二是增加行銷投資效率，提升獲利率以降低成本，前者目的在於降低企業行銷計畫和執行成本，相對即是提升企業行銷的能力。如圖 3-7 所示，為行銷價值創造架構。

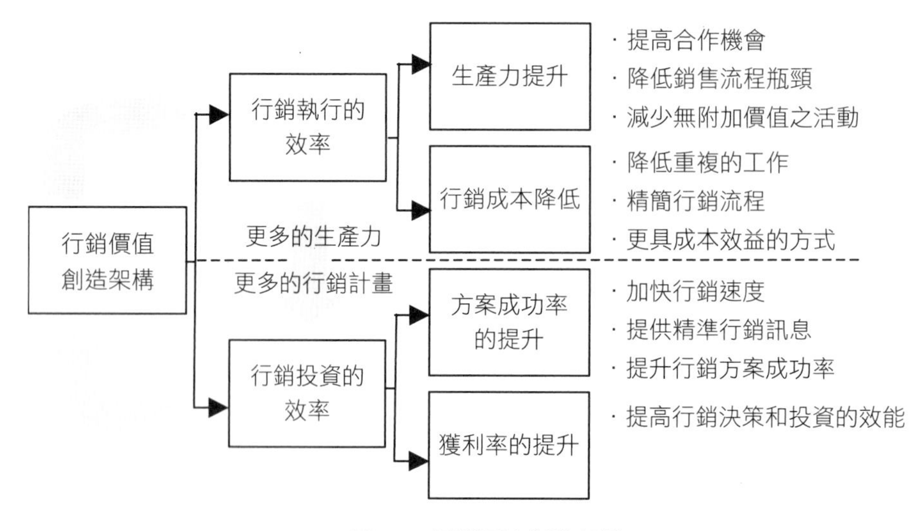

圖 3-7 行銷價值創造架構

此外經由行銷執行效率的提升，創造更多的行銷計畫案以及提高生產力，其附加的效益，如合作機會增加，減少無附加價值的活動，克服銷售流程瓶頸，降低重複無價值的工作，精簡行銷流程，達到更具成本效益的目標，例如行銷專案執行推廣成功，連帶公司經營績效大幅成長，導致無附加價值的成本及活動將被減少，達到降低生產成本的目的，而經由行銷投資效率的提升，促使行銷速度加快，帶動方案成功機率提高，最後提高整體投資的效能，亦即透過行銷價值創造所帶動的良性循環，使公司整體的營運邁向理想的獲利率。

3-6 一對一行銷與關係行銷

3.6.1 一對一行銷

當前隨著資訊科技快速進展，知識經濟的蓬勃發展，數位時代環境在於 Any time, Any place, Any device, Any customer 都能 24 小時每分每秒與企業產品連結，現今社會強調「顧客至上」原則，企業要與顧客維持良好且長久的關係，不是一件容易的事。行銷活動的主要對象就是鎖定的客群，舊有的行銷方式為大量生產並採用大眾化行銷，後來演進到鎖定目標對象行銷，到現今一對一客製化產品及服務。因此，若可以建立良好且長久的顧客關係，並建立與顧客面對面的一對一行銷，提供客製化的服務需求，將成為當今企業的發展趨勢。

傳統的行銷通路一般透過製造商、批發商、零售商最後才到消費者手中，過程冗長，且導致商品的流通總成本過高，缺乏整體經濟效益與效率。因此目前的行銷發展主要訴求，在於縮短通路、彈性生產製造、降低庫存、提高商品週轉率，最終降低營運總成本。

一對一行銷與傳統行銷最大的差別在於，前者的核心目標為「顧客需求」及「量身訂做」，透過交易或回應紀錄，藉由資訊科技和資料分析來了解顧客的偏好與需求，進而提供個人化的產品與服務，與顧客保持良好的長久關係，如此逐步提高顧客的交易次數與建立忠誠度。後者傳統行銷核心目標為「產品」，著重產品的銷量、每日營業額及銷售成長率，但忽略了最基本的與顧客的互動及緊密關係連結。

若將傳統的行銷 4P 理論運用於一對一行銷，會歷經以下 IDIC 四個步驟：

1. 辨識（Identify）：辨識顧客（或潛在的顧客群）。

2. **區隔（Differentiate）**：將顧客分類，依照不同的顧客屬性作目標市場區隔，能夠對不同的顧客提供不同的服務，並知道最具價值的顧客群在哪？企業就能採取最有效又最有利的銷售方式與其互動。

3. **互動（Interact）**：與顧客進行互動交流，互動的主要目的在於能對顧客的需求與偏好有進一步的洞悉與了解，亦即企業可因應顧客需求與偏好，進一步調整產品服務的組合，如售後服務就屬於一種互動溝通的活動，經由互動的過程企業可針對不同族群特性提供需求的產品及服務。

4. **客製化（Customize）**：為顧客「量身訂做」、「因應需求」、「滿足條件」、「符合需求」的產品及服務，才是客製化的主要精神。一對一的行銷觀念須具備的重要條件，就是能根據顧客的需求與偏好訂製出產品及服務的內容，如西裝、套裝訂製、專屬相片的生日蛋糕，個人化的婚禮用品（喜帖、紅酒、喜糖、卡片、相片…等）。若要在競爭激烈的市場中佔有一席之地，提供「量身訂做」的彈性，塑造出產品與服務的獨特性，成功地與競爭對手的產品和服務有所區隔，將是維持顧客忠誠度與創造企業利潤的重要關鍵。如同訂製衣服，裁縫師必須依據顧客的三圍、身體特徵、喜好量身做出最適合的衣服。

大眾行銷的重心在於短期顧客、單向溝通，並且以爭取顧客數量為目的，例如在路邊發放廣告傳單，以亂槍打鳥的行為，只是將廣告傳單發給顧客，而忽略了與顧客之間的互動交流，只能吸引一般短期顧客的注意，較無法培養長期的忠誠及信任關係。

一對一行銷非常強調維繫與顧客間的互動關係，採取持續的雙向溝通與保留有價值顧客為主要的目標，例如企業常使用的 VIP 會員制度，以會員制度來取得顧客資料，有了顧客資料後藉由舉辦各種行銷活動，如會員促銷折扣、會員專屬禮遇、會員回饋方案等，與顧客之間建立長期的友好關係，並且能夠進行下次行銷活動時，能夠不斷地蒐集顧客回饋意見，以達到保留顧客、提升顧客忠誠度與達成顧客購買意願的終極目標。

表 3-2 大眾行銷與一對一行銷差異

大眾行銷	一對一行銷
吸引短期顧客	持續互動培養長期顧客
單向溝通	雙向溝通
爭取顧客數量	保留顧客數量
以一般性、標準一致為訴求	以獨特性、量身打造、特定規格或需求為訴求

大眾行銷	一對一行銷
以加油站、賣場銷售、民生用品供應…等行業	如訂製衣服、保險服務、投資理財、營養諮詢、醫療健檢…等行業
根據生產者製造產品提供給消費者	根據顧客需求與偏好訂製產品或服務

3.6.2 關係行銷

根據 Kolter（2005）提出的行銷管理流程的步驟可分為：

1. **分析市場機會**：企業首要的工作是分析市場潛在機會，並改善內部營運績效，可運用商業智慧系統來評估市場機會，蒐集與經營有關的內外部環境重要資訊，了解消費者與競爭者，選擇並鎖定目標市場，以設計出最佳的服務。
2. **發展行銷策略**：擬定行銷可行方案，行銷管理者需要完成資源最佳配置、行銷組合（商品、定價、通路、推廣）等決策。
3. **組織 / 執行 / 控制行銷活動**：建立行銷組織以執行年度計畫的任務、擬定獲利目標，並達成策略性控制的任務。

上述行銷管理流程可以引導企業進行分析機會，發展行銷策略以及組織執行控制行銷活動，但在詭譎多變的商場環境，尚不足以稱霸同行，需與顧客進一步建立關係行銷方能立於不敗之地。

Berry（1983）對於關係行銷（Relationship Marketing）定義為「以顧客為中心的行銷觀念和策略，透過行銷工具與組合的運用，將產品和服務的價值傳遞給顧客，經由相互交換過程、承諾和信念等人際情感，以建立、發展和維持顧客長期互惠的關係」。關係行銷的核心概念有五個部分，分別為(1)信任、(2)承諾、(3)價值、(4)滿意及忠誠度，與(5)個人化/客製化，以下為五種層次的關係行銷，由淺入深由單向至雙向互動，如表 3-3 所示。

表 3-3 關係行銷層次分區

層次	關係行銷的運用
基本層次	交易完成後就毫無關係
反應層次	完成交易後，顧客有任何問題由顧客方提出，為被動性關係
責任層次	交易完成後一段時間企業主動聯絡客戶，詢問滿意度及使用後意見
主動層次	持續主動提供服務和訊息，讓顧客覺得企業很重視
夥伴層次	以互惠、互利、互信的方式進行長期合作關係

在顧客生命週期中可以讓每個階段都發揮出最大的價值，依據不同階段的顧客需求，規劃出適合的行銷活動並落實評估指標，確實了解投入的行銷成本所帶來的實質效益。以下為顧客生命週期的各階段，說明解釋提升顧客價值的做法：

1. **一般消費**：藉由不同行銷方式及媒體宣傳接觸到消費者，此階段目的是建立一般消費者對產品的認知及認識品牌及塑造的形象。
2. **目標族群**：目的是將目標族群轉換成為潛在顧客，此階段以建立互動關係、引發興趣、增加活動參與機會或加入成為會員為重點。
3. **潛在顧客**：行銷目的在於將潛在顧客轉為有實際消費行為之顧客，此階段以促進消費、鼓勵訂單成交為重點。
4. **忠誠顧客**：對於已有購買行為的顧客強化忠誠度、增加重覆購買為重點，此階段企業可以利用分析資料進行客製化服務，採用一對一行銷方式來提高顧客的滿意度及品牌的忠誠度，進而成為企業的長期顧客，使利潤貢獻度最大化。

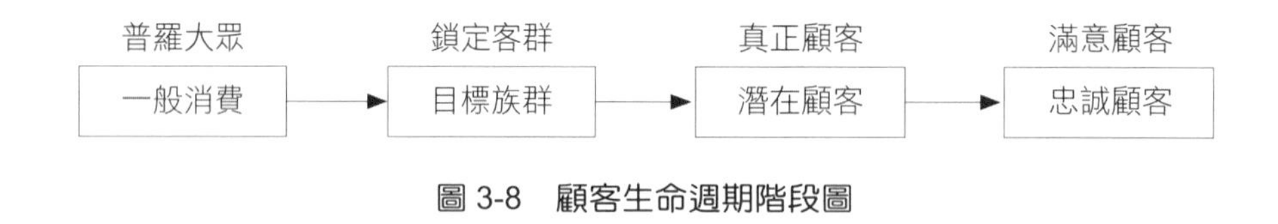

圖 3-8 顧客生命週期階段圖

3.6.3 行銷自動化（MA）

行銷自動化（Marketing Automation, MA）是提供行銷人員可以針對顧客需求，提供特定方案以達成一對一行銷。行銷自動化的模組核心為「活動管理」（Campaign Management），核心活動包括對顧客資訊的蒐集與分析、活動設計與規劃、活動執行、活動即時監督控管、顧客回應管理等。行銷自動化最早起源於「允許式行銷」（Permission Marketing），即當顧客同意接受行銷訊息時才提供行銷資訊，避免行銷資源的浪費以及顧客的不滿，例如透過自動發送 E-mail、簡訊聯繫會員或邀請顧客參加公司舉辦的產品說明會，行銷部門的人員可以事先在顧客資料庫篩選出適合參加此活動的目標受邀人員，例如利用條件設定並篩選出目標族群，而 CRM 系統後台管理可以確認受邀人員是否有正常收到並閱讀 E-mail 或簡訊，回覆參加狀態、出席人數、顧客背景資料，曾經交易消費之狀況，都能在辦理活動執行前做到最佳的掌握，以提高行銷活動的成效及目標的達成。

課後個案　崇越科技

崇越科技透過數位創新轉型，提升業務推廣成功率近 50%

個案學習重點

1. 了解崇越科技的數位創新轉型三大方向。
2. 同學可以下載免費的 Vital CRM APP，學習內建的功能。
3. 運用 Vital CRM 透過單一平台達成客戶分析、業務和工程協同作業溝通及排程智慧化。
4. 學習思考 CRM 的性能/價格比，如何決定與考量因素。
5. 運用 Vital CRM 在客戶拜訪後一小時就可以看到報告，迅速掌握商機，不僅推動業務成交速度，也節省很多溝通成本。

面對時局變遷，崇越集團副董事長賴杉桂探討全球百年企業，發現企業的松柏長青之道是與時俱進，現在的趨勢正是數位轉型。「數位化是基本功，沒有數位化就沒辦法精準化，甚至規模化。」賴杉桂表示，數位創新轉型包括產品與服務創新、流程創新、營運模式創新等三大方向。

「數位轉型的過程當然困難！」賴杉桂指出最大的挑戰就是人與團隊，崇越科技在新成立的資訊處及數位發展部，就是要讓數位轉型的速度再加快。他說，「做對的事情，還要把事情做對。人才團隊到位，執行才會到位。」

第二個挑戰則是蒐集、應用和分析整合數據的能力，要發展自動化和 AI，要蒐集足夠的數據，才能規則化讓 AI 得以分析。第三個挑戰是改造流程，賴杉桂表示，企業內部都有 SOP，但要符合最佳效率，進而調整組織。

崇越科技推升業務推廣成功率

攤開崇越科技的四大版圖，半導體本業除了一貫的深耕策略，也從半導體材料代理延伸至晶圓代工服務，協助 IC 設計公司找到適合的晶圓代工廠。2015 年中國 IC 設計公司只有 736 家，到 2019 年成長至將近 1,800 家，也讓崇越科技的多角化策略找到新舞台。

但如今面對中國近 2,000 家企業客戶，業務外出分別拜訪客戶，公司主管只能等候回報，加上後續會有很多的討論、業務不一定可以立即回答、還要跟不同人反覆說明客戶狀況等問題，造成溝通成本很高，非常花費時間，且舊有的基礎數位工具已無法滿足業務溝通的需求，而業務流程迫切需要有效率的新工具，雖然一度想要自行開發系統，但後來覺得離本業太遠，還是尋找專業的資訊服務廠商更佳！因此崇越科技便找上了叡揚資訊，開始使用 Vital CRM。

當初在評估 CRM 客戶關係管理系統時，比較之下覺得叡揚 Vital CRM 的性價比最高，更重要的是有手機 APP，還可以將拜訪客戶狀況即時語音輸入，崇越科技第二事業本部總經理林志豪指出，「Vital CRM 串連業務團隊的溝通效率，補足服務流程上的最大痛點。從 2019 年導入至今，業務推廣成功率提升 40%至 50%！」，在面對中國近 2,000 家企業客戶，舊有的基礎數位工具已無法滿足業務溝通的需求，崇越科技便與叡揚資訊合作。

叡揚 Vital CRM 對業務來說，可以更方便的回報訊息，有時候在搭乘交通工具的時間中，不一定方便使用筆電記錄拜訪資料，現在只要開啟 Vital CRM APP，就能語音輸入保存記錄；而對主管來說，以往可能需要一週才能收到業務報告，現在能在業務結束客戶拜訪後，一小時就可以看到報告，以迅速掌握商機，不僅推動業務成交速度，也節省很多溝通成本。

林志豪表示，Vital CRM 的好處是透過單一平台達成客戶分析、業務和工程協同作業溝通及排程智慧化。雲端軟體讓分散在兩地的業務團隊溝通更有效率；業務每個月要拜訪 10 至 20 家客戶，Vital CRM 對客戶管理有很大的幫助，能將客戶細緻分類，業務也能設定系統提醒下次拜訪客戶的時程，「把 80%人力投入最重要的 20%客戶上，加速新客戶成交的效率。」

- 資料來源：
  1. https://bit.ly/3PkofiD
  2. https://www.topco-global.com/

個案問題討論

1. 請學員先上崇越科技公司的網站了解該公司提供的產品與服務。
2. 請討論 Vital CRM 如何串連業務團隊的溝通效率，強化服務流程？
3. 在數位轉型的過程中有哪三個重要挑戰？崇越科技要如何克服這些挑戰。
4. Vital CRM APP 有哪些方便功能可以增進崇越科技業務團隊的溝通效率。
5. 請討論崇越科技如何把 80%人力投入最重要的 20%客戶上，以提升新客戶成交的效率？

本章回顧

在顧客關係管理中，公司產品的交易是否會成功的關鍵，在於銷售技巧與行銷手法，擁有好的銷售技巧與行銷手法，在市場行銷時便會形成一大助力。隨著時代的轉變，銷售技巧與行銷手法也隨之推陳出新，其中最大的改變就是從傳統以產品為中心轉型成為顧客關係行銷，銷售平台逐漸邁向電子商務以及行動商務的發展方向。

本章節所介紹的銷售與行銷，主要提供學習者了解：

1. **了解銷售管理、銷售自動化及流程**：主要是提供學習者能透過了解銷售管理定義、銷售管理、銷售分析之內容及銷售流程，以了解銷售過程及銷售方法。
2. **行銷管理之觀念及趨勢的演變**：介紹行銷定義後，對於行銷管理的觀念及趨勢有詳細的解說，讓學習者了解企業為何需要行銷？
3. **從傳統行銷轉型爲顧客關係行銷以及一對一行銷**：將顧客關係帶入到行銷過程中，成為行銷管理的核心一環，為當今的主流，「沒有關係就有關 係，有關係就沒關係」說明關係對於銷售與行銷的重要影響，讓學習 者了解行銷思維的改變及一對一行銷。

試題演練

1. (　　) 企業的行銷方式從以往的「大眾行銷」、「目標行銷」、「顧客行銷」到「一對一行銷」，請問如何進行一對一行銷？

   (1)大量行銷　　(2)客製化

   (3)市場區隔、利基市場　　(4)分群或分類

2. (　　) 一對一行銷的目標為「顧客需求」及「量身訂做」，透過交易或回應紀錄，藉由資訊科技和資料分析來了解顧客的偏好與需求，進而提供個人化的產品與服務，其達成順序為？

   (1)辨識(I)→區隔(D)→互動(I)→客製化(C)

   (2)區隔(D)→互動(I)→客製化(C)→辨識(I)

   (3)互動(I)→客製化(C)→辨識(I)→區隔(D)

   (4)客製化(C)→辨識(I)→區隔(D)→互動(I)

3. ( ) 關係行銷以顧客為中心，透過行銷工具與組合的運用，將產品和服務的價值傳遞給顧客，經由相互交換過程、承諾和信念等人際情感以建立、發展和維持顧客長期互惠的關係，以下何者非關係行銷的核心概念？

(1)信任、承諾、價值　(2)滿意及忠誠度
(3)企業形象系統　(4)個人化 / 客製化

4. ( ) 阿杰準備要出去拜訪客戶，他使用 APP 查到客戶地址後，請問他該如何進行導航操作？

(1)查到該筆客戶資料，將客戶地址貼到 Google 地圖進行導航
(2)出門前先將客戶地址在 Google 地圖上做定位
(3)執行 APP 中有導航功能直接導航
(4)查詢該筆客戶資料，按下搜尋路線即可導航

5. ( ) 阿哲想要查詢超過 50 天沒有聯繫的客戶，下列操作流程何者正確？

(1)客戶 → 顯示進階查詢 → 同時擁有標籤 → 50 天標籤客戶
(2)客戶 → 顯示進階查詢 → 任一一個標籤 → 50 天標籤客戶
(3)客戶 → 顯示進階查詢 → 超過 50 天未聯繫之客戶
(4)客戶 → 顯示進階查詢 → 最近 50 天新進之客戶

6. ( ) 請問新增「行事曆」與「工作」的差別為？【複選題】

(1)工作會提醒，行事曆不會提醒
(2)行事曆逾期自動關閉，工作逾期還會存在
(3)工作只能單次，約會可以週期性
(4)工作與行事曆都會逾期通知
(5)行事曆與工作完成都要去做打勾
(6)記事可以轉工作，記事不能轉行事曆

7. ( ) 請問業務在外拜訪客戶時，可以如何利用 APP 新增客戶資料呢？【複選題】

(1)手動新增客戶資料　(2)名片辨識
(3)Gmail 匯入　(4)行動條碼（QR code）
(5)手機聯絡人匯入　(6)匯入 FaceBook

4 建立顧客關係管理導向的策略規劃

課前個案 諾貝爾醫療集團

打造完美會員資料庫！藉 Vital CRM 發揮行銷最大綜效

個案學習重點

1. 學習使用標籤分類會員，針對不同會員屬性有效傳達個別的行銷資訊，提升行銷郵件開信率與活動成效。
2. 學習運用紀念日設定提醒會員繳交會費，徹底落實會費管理機制，讓會員服務可以更升級。
3. 學習有效運用 Vital CRM 篩選出高相關性產業並加強宣傳，吸引更多人詢問贊助活動事宜，以提高活動辦理成效。
4. 瞭解諾貝爾眼科會員資料庫的有效應用與顧客往來的溫馨互動。
5. 思考諾貝爾醫療集團的策略應用 Vital CRM 所產生的效益。

諾貝爾醫療集團簡介

台北諾貝爾眼科診所創立於民國 2001 年，主要從事眼科醫學專業領域；醫療品質是諾貝爾醫療集團的絕對追求，並以此為期許，本於醫者之心，體貼病患，從美眼，美容到美姿，建構一個全方位的醫療體系。諾貝爾醫療集團使用標籤分類會員後，針對不同會員屬性準確傳達資訊，有效將時間與資源集中在對的人身上。比如先前台灣微整形美容醫學會舉辦研討會，我們挑選了醫美標籤會員發送行銷郵件，開信率相對比發給全部會員要高，活動成效也有顯著的成長！

諾貝爾醫療集團以聯合診所的型態提供美眼、美容與美姿服務，並積極發展醫療公關、醫療法律、文化教育與國際交流展望協會等事業經營，致力於整合醫療產業資源，達到醫源共享目的，讓顧客享有更多元、細緻的醫療服務。

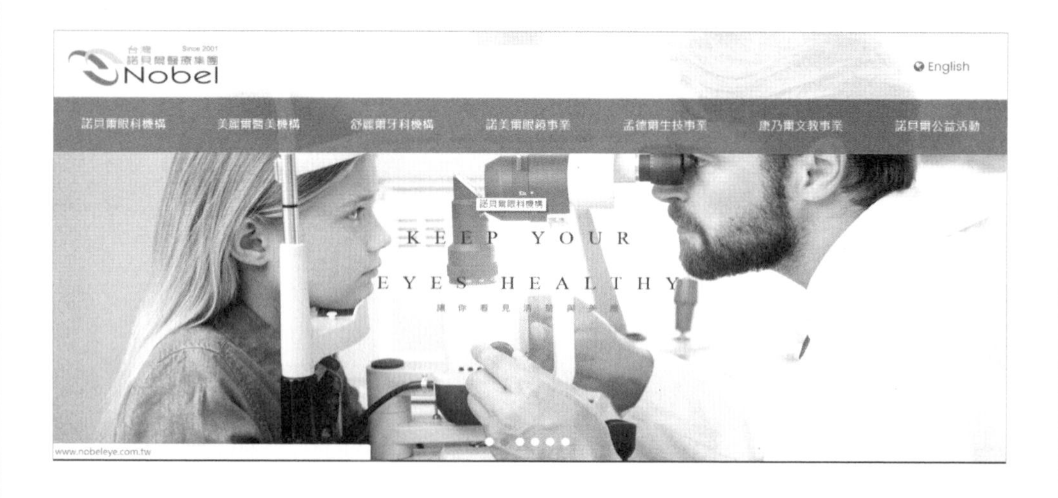

Vital CRM 管理會員名單 節省人力與時間成本

平時諾貝爾醫療集團執行長張朝凱透過學術參訪與業界人士交流，每次交換到的一、兩百張名片，過去皆由工讀生將名片資料建置至 Excel 中，不僅耗費人力與時間成本，也存在著資料遺失的風險。因此，經諾貝爾何芯蔓主任秘書的介紹下，張執行長決定採用 Vital CRM 管理眼科、醫美名單及與業界交流的名片資料。

標籤分類做精準行銷 有效提升活動成效

面對前期轉移資料至 Vital CRM 的陣痛期，諾貝爾靈活運用三大功能，有效縮短適應新系統的時間，讓負責同仁能夠快速上手：

1. **自動欄位比對**：匯入大量資料時設定任一欄位比對，系統將自動檢查並合併重複資料，讓會員資料更完整一致。
2. **內建 Google 地圖**：於建立會員資料時，利用 Vital CRM 的 Google 地圖，辨識會員提供的地址，提高會員資料的有效性。
3. **標籤分眾行銷**：由於張朝凱執行長的會員名單來自不同機構，因此選擇將客戶分門別類至台灣海峽兩岸醫事交流協會、台灣微整形美容醫學會、諾貝爾總管理處等機構、並使用個人名片、及錯誤或不明地址等標籤，以利未來查找、篩選名單，讓搜尋變的更直覺、快速。

張朝凱補充：「我們使用標籤分類會員後，針對不同會員屬性準確傳達資訊，有效將時間與資源集中在對的人身上。比如先前台灣微整形美容醫學會舉辦研討會，我們挑選了醫美標籤會員發送行銷郵件，開信率相對比發給全部會員要高，活動成效也有顯著的成長！」

靈活運用 Vital CRM 功能 強化會員管理

張朝凱也提到，集團在規劃大型活動前期，需要尋找各方贊助，他有效運用 Vital CRM 篩選出高相關性產業，以群發郵件加強宣傳。資料庫會員在收到訊息後，於業界相互交流，無形中也替諾貝爾醫療集團擴散了活動宣傳範圍，更吸引許多非會員來電詢問如何加入贊助。

除此之外，張朝凱平時也會運用會員消費功能去記錄會費歷程，使用紀念日設定功能，在會員到期前七天傳送簡訊提醒繳交會費。透過此方式，諾貝爾醫療集團徹底落實了會費管理機制，進而改善以往人為記錄導致缺繳的疏漏。

Vital CRM 幫助提升活動效益

諾貝爾醫療集團使用 Vital CRM 近兩年，從導入期始，便十分重視資料庫整合與標籤分類的正確性。在正式啟用後，即能透過紀念日、消費管理、行銷郵件等功能應用，將會員關懷、會費管理及活動宣傳之效益發揮到最大。Vital CRM 對諾貝爾醫療集團來說，除在行政管理面提升便利性，也強化了會員服務品質，成為醫療界指標性的堅實口碑。

- 資料來源：
  https://www.gsscloud.com/tw/user-story/124-search-result/796-vital-crm-kpn

個案問題討論

1. 請先上網蒐集諾貝爾醫療集團的相關介紹與資訊，認識提供給顧客的產品與服務。
2. 請上機練習執行自動欄位比對，自動檢查並合併重複資料，讓會員資料更完整一致？
3. 請上機練習利用 Vital CRM 的 Google 地圖，辨識會員地址，提高地點資料有效性與應用？
4. 請上機練習貼上客戶的標籤，快速找出目標客戶，讓搜尋變得更直覺、快速？
5. 請問如何透過 Vital CRM 做到醫美服務差異化，讓每位患者都享有 VIP 待遇？

4-1 企業建立 CRM 策略

4.1.1 顧客導向的經濟

從當前市場環境觀察，現已邁入以「顧客為導向」的經濟發展，從「舊經濟」到「新經濟」、從「傳統經濟」走向「知識經濟」與「網路經濟」，美國《商業週刊》（BusinessWeek）曾報導指出，未來將是「顧客導向經濟」（Customer Economy）的時代，只有與顧客關係良好的公司，才是真正的最後贏家，公司長期耕耘培植的顧客關係，所累積的「顧客資本」（Customer Capital）將是評量企業價值的重要指標。基於網際網路與無線上網設備的普及，近年來顧客的影響力迅速崛起。

由於顧客可以隨時隨地取得大量商品資訊，如資料蒐集、比價、詢價、議價並可進行線上交易，顧客比從前更挑剔更有決策權，要求產品創新與高品質的服務水準也越來越高，同時也要求更有利的價格、更有效率的通路與產品設計，顧客評論通常發揮一定程度的市場影響力。如果顧客的要求無法獲得滿足，將會立即轉換跑道或擁抱其他產品；簡言之，顧客擁有相當的主導權與影響力。

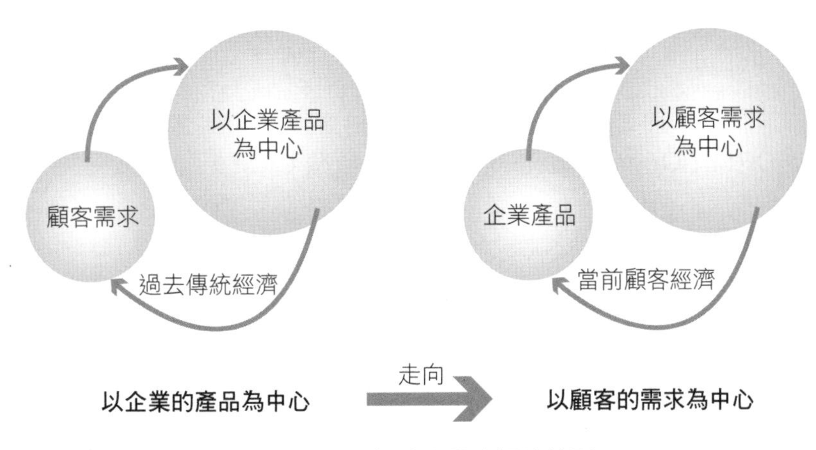

圖 4-1　傳統經濟與顧客經濟差別

傳統經濟是以企業的產品為中心，著重於市場交易；生產何類產品即銷售該項產品，而現今的顧客經濟則是以顧客的需求為中心，著重於顧客終生價值的建立，並注重長期及友善關係的建立，如圖 4-1 所示。表 4-1 為傳統經濟與顧客經濟的比較：

表 4-1　傳統經濟與顧客經濟之比較

比較項目	傳統經濟	顧客經濟
發展重心	以企業的產品為中心	以顧客的需求為中心
經營重心	著重可獲利的交易	著重顧客終生價值
評估重點	追求財務計分卡	追求平衡計分卡（BSC）
重視人員	重視股東以及外部顧客	重視內外部顧客
品牌管道	經由廣告建立品牌	經由顧客體驗建立品牌
顧客互動	著重網羅新顧客	著重留住舊顧客
績效衡量	注重短期財務收現	注重長期友善關係
注重資本	注重財務資本	注重財務資本及關係資本

4.1.2　CRM 系統的類型

一般 CRM 系統依照其應用功能的不同，可以分為下列三大類，溝通型 CRM 系統、作業型 CRM 系統以及分析型 CRM 系統，以下為各型態說明其功能：

1. **溝通型 CRM（Communication CRM）**：此類型 CRM 協助企業整合不同顧客的接觸方式與溝通的管道，以增進彼此易於交流、互動的功能為主，並蒐集顧客資料、意見、問題、抱怨等。目前溝通型 CRM 主要是以提供電腦及電話整合或顧客服務中心（Computer Telephony Integration Center, CTI; Call

Center）的功能，另外提供網頁、電子郵件、傳真、面對面、簡訊、手機 APP 等溝通管道整合的平台為主。

2. 作業型 CRM（Operational CRM）：此類型 CRM 系統主要是透過作業流程的制定與管理，藉由 IT 技術與方法，讓企業在執行銷售（Sales）、行銷（Marketing）和服務（Service）的流程時，能夠以最佳化、自動化、系統化獲得最好的成效。例如，銷售自動化（Sales Force Automation）、行銷自動化（Marketing Automation）與顧客服務（Customer Services），以及行動辦公室的行動銷售（Mobile Sales）及現場服務（Field Service）等應用，都是屬於作業型 CRM 的範圍。

3. 分析型 CRM（Analytical CRM）：此類 CRM 系統從企業資源規劃（ERP）、供應鏈管理（SCM）、操作型 CRM、作業型 CRM 等各種管道蒐集與客戶接觸的資料，經過載入、整理、彙總、稽核、轉換、分析等資料處理過程，儲存於資料倉儲（Data Warehouse）中。透過報表系統、線上分析處理（OLAP）、資料採礦（Data Mining）、商業智慧（BI）的技術，使企業能全面了解客戶的類型、消費行為、滿意度、抱怨原因、交易狀況等資訊，並進一步提供預測，做為未來決策的參考。

4-2 顧客關係管理計畫

4.2.1 擬定顧客關係管理計畫

成功的顧客關係管理能為企業留住舊顧客並發掘潛在顧客，首先必須要了解顧客的真正需求，以便制定相關的銷售策略或服務計畫，提供優質的服務才能為企業帶來好的口碑；而制定顧客關係管理計畫便是要落實 CRM 策略的推動，此下列四點為管理計畫步驟：

1. 訂定 CRM 策略。
2. 發展顧客關係的行動方案，以發展深度顧客洞察力。
3. 維繫顧客關係的行動方案，從與顧客聯繫與互動中找出更重要的價值及商業機會。
4. 擬定行銷計畫。

4.2.2 擬定以顧客關係為基礎的策略

策略是企業經營的最高指導原則，也是使有限資源能做最大發揮的運用，不僅要了解所處外部環境的變化，更必須掌握內部的優勢與能力，以顧客關係為基礎的策略就是要降低顧客流失率，提高顧客忠誠度，維繫良好顧客關係，並使顧客滿意最大化，以創造雙贏效益，為策略思考及擬定計畫的基本精神。當企業與顧客建立一對一的關係，更需要強化行銷、銷售及顧客服務的流程，使服務更迅速、更便捷、更到位，以創造顧客價值、了解顧客需求並以客製化為目標。圖 4-2 為建立顧客連結策略的一般性作法。

以顧客關係為企業策略的核心從(1)界定正確的市場區隔，到(2)定義產品價值及市場定位，到(3)提供適當的附加價值，到(4)建立報酬與風險的平衡結構，亦即當企業清楚明確掌握要服務的客群後，提供顧客最滿意（適合）的產品及服務，同時了解公司在市場上的定位及評價，而後提供適當的附加價值，使顧客獲得的總價值超過總成本，並建構投資報酬及經營風險的平衡結構，使企業能立於不敗之地。

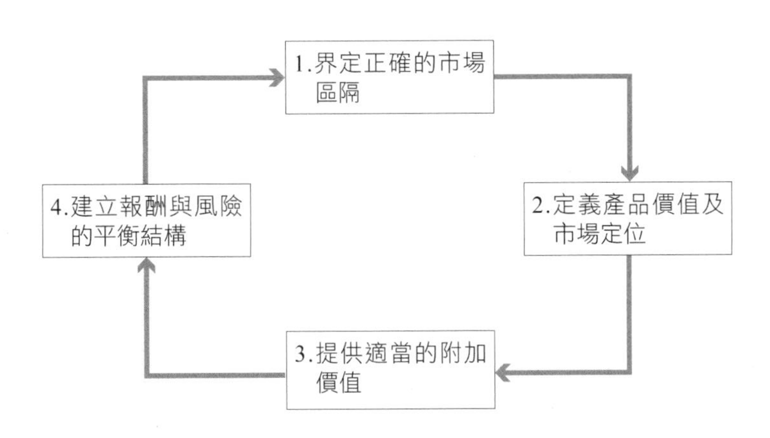

圖 4-2 以顧客關係為企業策略的核心

4-3 CRM 策略執行

企業成功的關鍵在於能針對不同的顧客，提供產品和服務來滿足其需求，藉由顧客關係管理的技術和方法，確保顧客滿意和願意再次交易。顧客關係管理不僅是一種觀念和方法，更是建立企業永續經營的保證，它也是一系列的規劃與執行的過程，在該過程中，將策略、組織和資訊技術加以整合，企業可掌握顧客消費行為，並善用企業有限的資源做最大的發揮。經由蒐集不同接觸點的顧客資訊，達到認識、了解、掌握顧客。

4.3.1 CRM 策略的七步驟和五要素

根據日本人力資源學院（HR Institute）在 2006 年《CRM 戰略執行手冊》一書中指出，訂製 CRM 執行策略，以交叉七個步驟與五種要素來思考 CRM 策略以及推動作法。

CRM 七個步驟為：(1)分析 CRM 環境、(2)建構 CRM 願景、(3)擬定 CRM 策略、(4)展開 CRM 與企業流程改造、(5)建置 CRM 系統、(6)運用 CRM 資料、資訊、知識，及(7)利用 CRM 知識管理形成完整的執行週期，建構 CRM 專案計畫的推動流程。而 CRM 五種要素為：(1)建立顧客與企業關係的相關者角色、(2)顧客與企業的聯繫窗口、(3)實現顧客愉快經驗的技術、(4)整合活用個別的顧客資訊，及(5)建立關係資料庫，紀錄顧客與企業關懷的溝通過程，以實現 CRM「顧客至上」的具體目標。而 CRM 七步驟是時間軸，CRM 五要素是構成要素軸，如圖 4-3 所示。

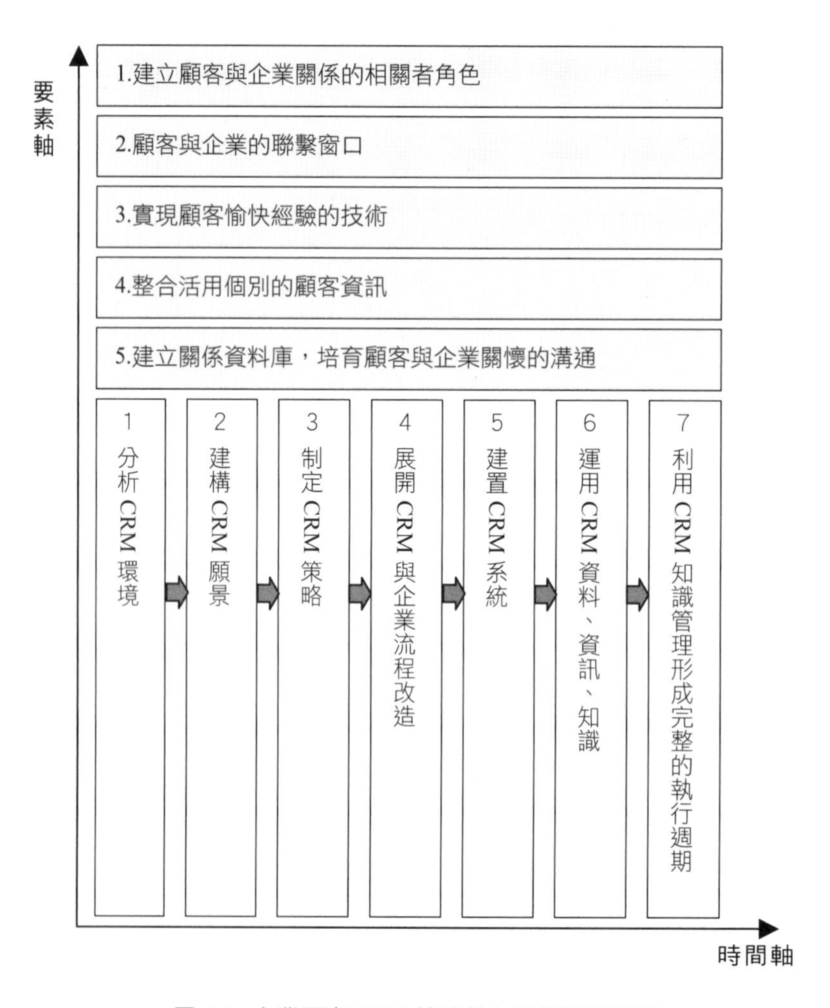

圖 4-3 企業訂定 CRM 策略的七步驟與五要素

CRM 策略的七步驟

步驟一：分析 CRM 環境，在訂定 CRM 策略之前，首先需分析企業外界周遭的環境，主要分析下列三種環境：

1. **總體環境**：泛指政治、法律、經濟、社會、文化、科技、人口統計、教育等。
2. **產業環境**：指產業內的顧客、競爭者、供應商、替代性產品、潛在進入者等。在分析 CRM 產業環境時可以從 3C 為分析的基礎：
   - 顧客（Customer）：檢視顧客層級分析，可利用 80/20 法則，找出最關鍵的客群，其貢獻大部分的營業額，如銅級、鐵級、金級、白金級、鈦金級顧客。
   - 競爭者（Competitor）：對同業的競爭廠商採取市佔率、產品及服務分析，如核心競爭力分析等，來比較競爭者和企業本身的優勢、劣勢、機會、威脅等狀況。
   - 企業本身（Company）：分析企業本身的能力、資源、技術、資金、流程、Know-how 等條件。
3. **內部環境**：對公司的人力資本、結構資本、流程資本、創新資本加以檢視。

步驟二：建構 CRM 願景，在企業分析整體環境後，可開始建構 CRM 之願景，主要工作分為下列三項：

1. 重新界定事業經營的範疇及領域。
2. 擬定 CRM 願景的藍圖，以清晰引導發展的方向。
3. 訂定 CRM 的願景、使命、目標與目的。
   - 願景（Vision）：為企業投入資源所長期追求、可實現的理想境界。
   - 使命（Mission）：無法被取代/企業存在的理由。
   - 目標（Goals）：企業努力達成的一般化結果。
   - 目的（Objectives）：可以實現特定且量化的目標。

步驟三：在建構 CRM 的願景後，開始擬定 CRM 策略，主要分為下列三項：

1. 善用調查分析工具，以準確了解顧客行為及傾向。例如：
   - 調查顧客滿意度：了解顧客對企業的滿意程度，可作為服務品質、調整產品改善的參考依據。

- 調查顧客忠誠度：了解顧客對企業產品的忠誠度，願意持續使用、長期支持的意願、推薦他人的意願。
- 顧客接觸點分析：調查目標消費群所有接觸的管道或平台，進行分析哪一種行銷管道最能影響消費者。
- 顧客服務流程分析：分析顧客服務的接觸點，何時（When）以及如何（How）傳送給顧客，公司的產品或服務？

2. 擬定 CRM 的戰術執行體系，主要達成任務如規劃與顧客互動的活動及計畫、效益評估模式。
3. 擬定 CRM 的策略體系，主要達成任務如規劃公司的經營模式、策略方向、指導原則。

步驟四： 展開 CRM 與企業流程改造，企業必須進行全面流程再造（Business Process Reengineering, BPR）以配合策略的實施。例如，藉由顧客服務流程分析，重新檢討各個接觸點如門市接洽、電話、傳真、人員拜訪、網站、客服信箱、手機 APP 等的資源配置。

步驟五： 建置 CRM 系統，開始建置 CRM 系統時，必須考量以下工作：CRM 科技功能的分析、評估與選擇、利用 CRM 資訊系統進行企業情境模擬、CRM 系統導入企業中運用及評估。

步驟六： 運用 CRM 的資料、資訊、知識，透過 CRM 系統中的資料處理與分析、資訊管理及運用，到知識協助決策判斷，主要工作有下列三項：(1)分析既有核心顧客、(2)分析潛在顧客與(3)分析流失顧客，藉由資料倉儲的建立，並利用資料探勘工具進行分析顧客屬性及特徵的歸納，以進一步輔助經理人進行決策參考。

步驟七： 利用 CRM 知識管理建構完整的執行週期，運用 CRM 的知識落實顧客關係的發展、維繫及增強。CRM 的知識須在企業各單位間流通，隨時提供動態查詢的資訊才能產生有用的價值：(1)建立 CRM 的整體架構、(2)建構與活用顧客知識、(3)建立以 CRM 為基礎的人力資源管理與企業文化。

CRM 策略五要素

擬定 CRM 策略時，首先分析五個重要要素，包括分析主要相關者與顧客的接觸點、使用工具、資料庫、互動方式等面向。

第一要素：掌握顧客關係管理的主要相關者，包括：外部顧客（最終顧客）、外部夥伴（企業協力廠商）、內部顧客（企業員工）。有滿意產品的內部員工，才會有滿意的外部顧客。

第二要素：分析顧客關係管理的接觸點：企業與顧客互動聯繫的管道、窗口或平台，可分為三個部分：

- 與顧客互動所運用的工具，例如 APP、網站、電話、傳真、郵寄、電子郵件、個人電腦（PC）、智慧型手機、平板電腦、筆記型電腦 或銷售人員等。
- 與顧客互動所運用的媒介，例如聲音（人員）、文字與數字（圖片、影片）、數位式聲音（Google 小姐、初音未來）、影像、機器人、多媒體短片、動畫等。
- 與顧客互動所運用的服務模式，例如完全自動化服務、半自動化服務、全人工服務、自助式服務等。

第三要素：運用顧客關係管理的資訊科技工具，包括：雲端應用服務、手機 APP 電話客服中心（Call Center）、電腦電話整合（CTI）、行銷自動化（MA）、銷售力自動化（SFA）、電子商務網站（Electronic Commerce Site）、資料庫行銷（Database Marketing）、資料倉儲（Data Warehouse）、資料超市（Data Mart）、資料探勘（Data Mining）、知識管理（KM）以及商業智慧（BI）。

第四要素：建構顧客關係管理的一對一資料庫，企業早期運用電腦與電話整合（CTI）和銷售力自動化（SFA）等工具，後來隨著資料庫技術的成熟及普及，目前常用的工具如資料倉儲、資料超市、資料探勘與商業智慧等技術，現今的 CRM 運用科技的主要目的在於顧客資料分析後進一步可以做到一對一行銷的目標，使客製化的需求得以被實現及滿足。

第五要素：掌握顧客關係管理的互動方式，與顧客建立關係主要透過三種模式：(1)顧客對企業的互動：如提問、查詢、要求、抱怨、申訴等；(2)企業對顧客的互動：如報價、推廣、銷售、顧客服務、支援等；(3)顧客與顧客之間的互動：如網路社群、組織社團、會員專區、交流園地等。

4-4 企業與顧客的關係價值

企業必須與顧客共同創造價值，在價值創造過程中學習與顧客建立夥伴關係，因為共同創造價值（Co-Creation Value）建立雙贏的局面已成為競爭的重要條件。因此，一個成功的現代化企業必須能在有限的時間、有限的資源，對顧客的需求做出正確、快速、精準的回應，良好的回應包括：在最適當的時間（Right Time）、透過最適當的通路（Right Channel），提供正確商品或服務（Right Product / Service）、運用最適合的設備（Right Device）溝通、給最適當的客戶群（Right Customer）。

4.4.1 顧客價值鏈分析

進行顧客價值值鏈分析前，首先要找出企業的目標顧客群，了解顧客在購買公司產品或服務時，希望滿足何種需求？企業應該從顧客最重視的核心價值開始建構，對顧客期望與公司基礎建設、營運流程緊密配合，以創造最理想的顧客滿意度。

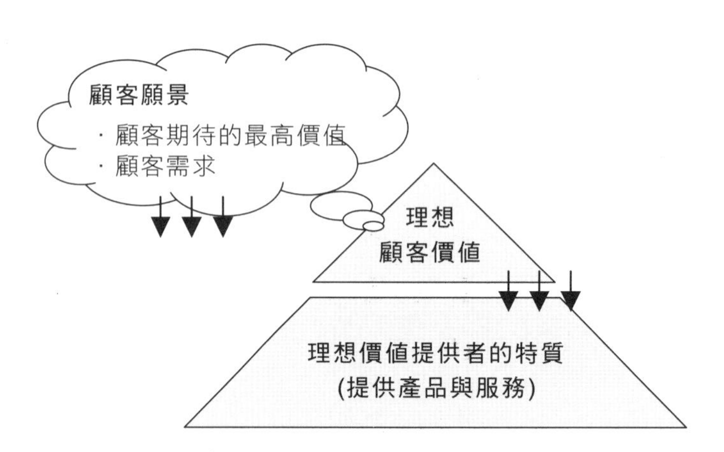

圖 4-4 顧客觀點：提供理想價值及滿足需求

顧客對於與企業提供產品與服務兩者之間的理想願景，如圖 4-4 所示，企業應該設計與規劃所需具備服務能力與基礎建設，盡量達到顧客心中理想的期待，並以創造顧客最大價值為目標前進。但中間若存在價值的落差便是企業努力改進的方向，藉由建立標竿學習、引進新科技調整公司的產品或服務，以締造顧客價值為努力方向，如圖 4-5 所示。

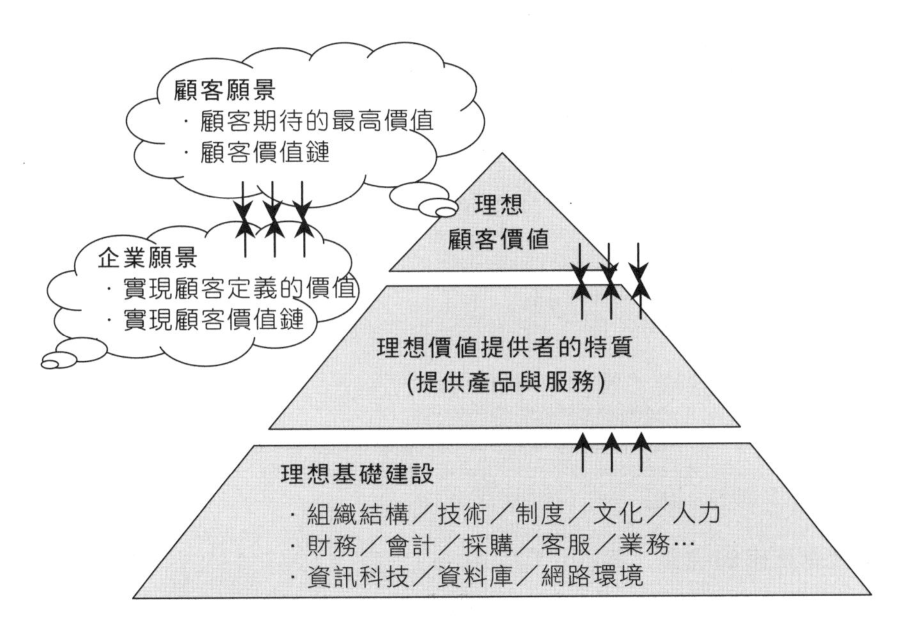

圖 4-5　企業觀點：以顧客價值為中心重新設計企業流程

上述步驟可以用來評估企業現有的流程、能力與基礎建設，找出公司欠缺的要素或不足之處，重新設計與規劃取得這些要素，以達到轉型過程中所需的硬體建設和軟體實力，如圖 4-6 所示。

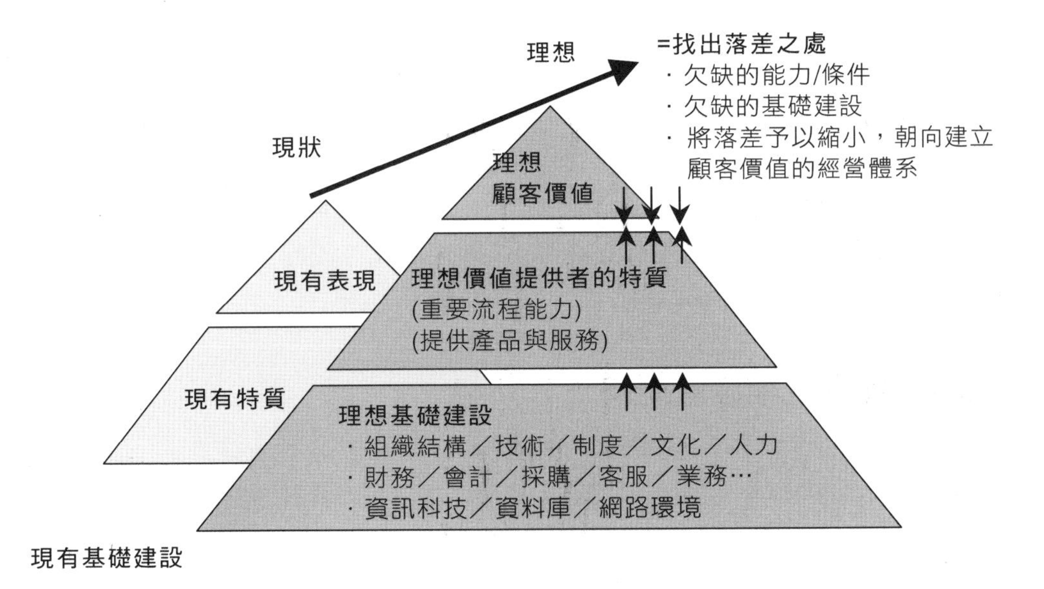

圖 4-6　評估與行動：硬體建設和軟體實力轉型的必要條件

4-5 顧客關係管理與企業競爭優勢

顧客關係管理能為企業帶來競爭優勢主要的原因包括：

1. **可以掌握正確的顧客（Right Customer）**
    - 全面性管理顧客生命週期與公司的互動關係，掌握經營中的正確顧客。
    - 藉由增加對「顧客荷包佔有率」，發掘及提升顧客消費的潛力。
2. **可以精準正確的推廣（Right Promotion）**
    - 精確有效的介紹企業其產品/服務給既有顧客和潛在顧客。
    - 正確客製化給每一位有需求的顧客。
3. **可以透過正確的通路（Right Channel）**
    - 最佳化每一個顧客與公司接觸點之間的互動平台。
    - 透過顧客偏好或最適合的通路來溝通。
    - 分析各通路資訊以確保與顧客互動流暢無礙。
4. **可以把握正確的時機（Right Time）**
    - 能夠在顧客最需要的時機，提供產品及服務。
    - 可即時提供產品/服務重要資訊與銷售交易的機制。

CRM所創造的競爭優勢，在於「正確」的顧客（交易對象）、正確的通路（交易管道）、正確的推薦（交易標的）、正確的通路（交易管道）、正確的時機（交易時間），企業如果持續在「做對的事情（Do the Right Things）」，而不僅只有「把事情做對（Do the Things Right）」，並在服務、流程及設計上皆以顧客為中心，比起傳統以產品為中心的企業，更具有競爭力。

4.5.1 界定企業經營範疇

界定企業的經營範疇十分重要，因為關乎公司可以提供的產品及服務範圍，並可確認出顧客群，以確保經營團隊所擬定的策略方向與正確的資本投資，能按計畫實施。從企業內部通常很難確認市場中機會與威脅的定位。如果要設定正確的經營範疇與方向，最理想的方式是從「價值鏈觀點」（Value Chain）加以觀察。顧客價值與顧客服務的範圍，取決於企業可以提供的範疇大小，以下有三種不同的企業流程範圍：

1. **企業內部單一流程的範圍**：此型態通過企業內部多個垂直功能如訂單處理、製造處理、出貨處理，涵蓋業務、生產、品管三個功能部門的流程，產生與顧客互動的過程，如圖 4-7 所示。企業內單一流程的改善，應針對顧客與特定企業流程進行詳細的分析，在互動過程中找出顧客的抱怨或不滿，然後調整企業流程，以滿足顧客需求。

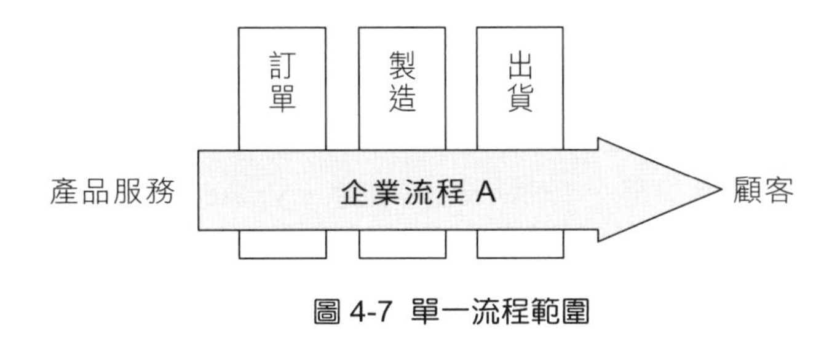

圖 4-7 單一流程範圍

- 顧客的不滿集中於特定的流程，應盡速改善克服其問題或瓶頸。
- 企業可以設計特殊流程提高附加價值，或進行差異化。
- 企業將投入資源改善重要流程，提高顧客滿意度。

好的企業流程應具備正確、彈性、即時、效率、資訊透明、順暢的特性，不僅降低企業營運成本，更可提高顧客價值，最終提高經營績效。

2. **以整個企業流程爲範圍**：改善企業內部多個企業流程。企業流程組成的企業價值鏈，包括基礎活動（進貨、生產、製造、入庫、銷售、售後服務）以及支援活動（行政、管理、人力資源、採購、R&D 技術支援），都將影響產品、服務或接觸客戶的方式，如圖 4-8 所示。此企業流程分析即為價值鏈（Value Chain）的運作方式。

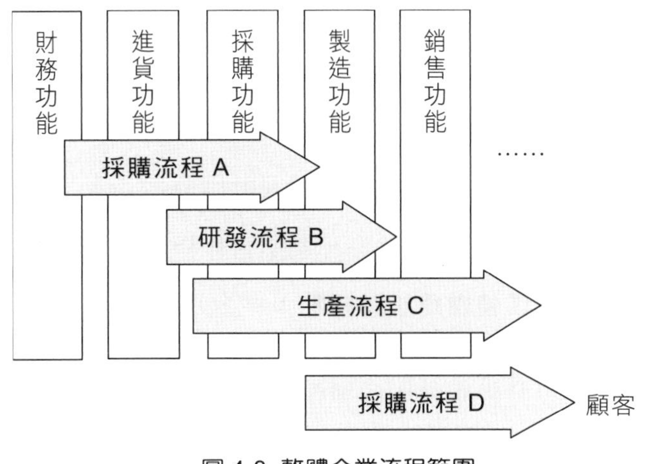

圖 4-8 整體企業流程範圍

3. 企業除了在產品與價格外競爭，需要對營運流程進行整體的分析，找出關鍵的流程加以調整，以創造顧客價值，並在提供顧客服務上進行差異化，使得營運成本合理化，並且高度的顧客肯定。

4. 若企業要導入企業資源規劃（Enterprise Resource Planning, ERP），則以整個企業為範圍進行流程改善。若企業面臨大量顧客流失，必須進行全面性大幅度跨功能流程分析，找出顧客不滿意或有問題的流程，進而了解並改善流失顧客的原因，同時必須分析競爭對手的企業流程，以掌握競爭對手的企業流程是否提供更佳的顧客價值。

5. **多個企業間的範圍**：此為改善企業間的價值體系（inter-organization Value System），而非單純只是企業內部的價值鏈（Value Chain），以增進垂直流程上下游的效率及效能為目標。例如以多個企業間的流程，透過改善供應商、企業和顧客間的整體供應鏈、銷售鏈，整合企業外部的原物料供應商，經過企業內部的採購、生產、配送、行銷、銷售、顧 客服務，再串連經銷商通路，一直到最終消費者，如圖 4-9 所示。

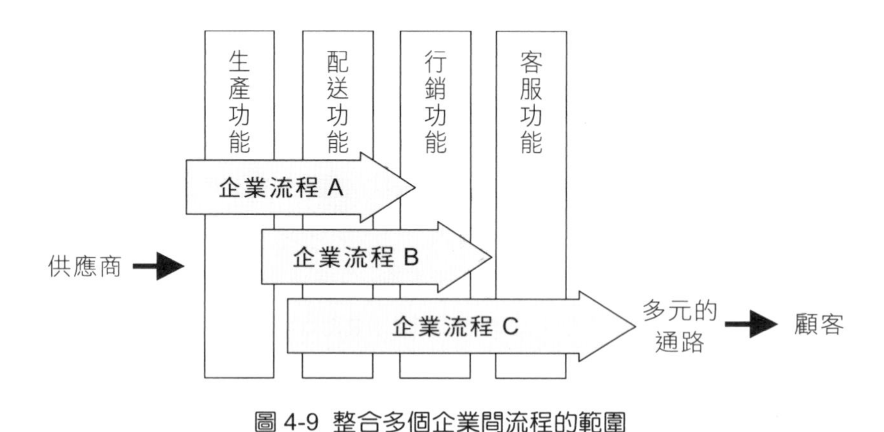

圖 4-9 整合多個企業間流程的範圍

以多個企業間流程為範圍的情境如下：

- 企業希望能與其供應組織形成聯盟體系，以結合多家企業的營運流程和專業能力，產生競爭對手無法輕易複製的核心能力。
- 企業希望能夠降低成本，與聯盟體系共同分擔活動成本。
- 企業希望能夠改善通路的效率，藉由合作機制，達到 1+1>2 的效果。

6. **以最終顧客的需求與價值做爲設計重點**：在上述三種不同的範圍（單一企業流程、整個企業流程、多個企業間流程）中，最終目的就是要滿足顧客的需求與需要，以進行設計供應鏈中的運作流程，將顧客與供應商的價值傳遞達到最佳化。但可以合理化、系統化、整合化、即時化，更可以降低作業成本，提升營運效率，快速反應市場的變動。

4-6 完整的 CRM 運作流程

一個完整的 CRM 運作流程可歸納如下（圖 4-10 所示）：

1. **蒐集顧客互動的所有資料**：從不同管道蒐集顧客背景資料、消費偏好及交易歷史資料，此顧客資料庫可將不同部門的或分公司的顧客資料庫，整合成單一資料庫，並可將資料互相流通，有助於將不同事業的產品銷售給顧客，達到交叉銷售的目的，不但可以幫助企業增加利潤，減少行政成本與行銷成本，更可以鞏固顧客長期良好的關係。

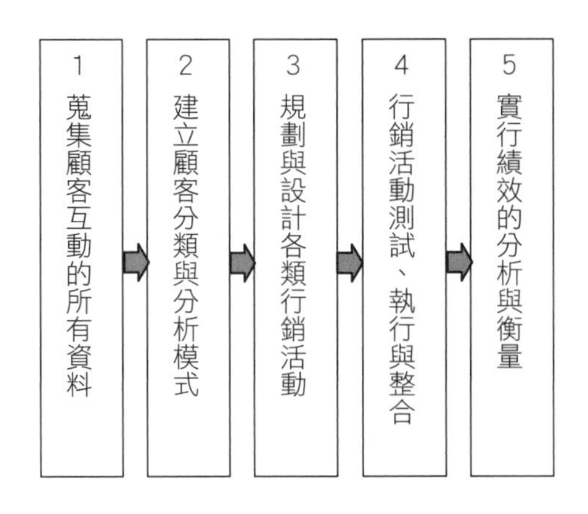

圖 4-10 完整的 CRM 運作流程

2. **建立顧客分類與分析模式**：藉由分析工具和分析程序，將顧客依照各種不同的性質、條件或屬性加以分類，建立每一類的顧客行為模式，以便預測各種方案與行銷活動下，不同消費者的反應行為。例如利用分析工具，可以知道哪些類型顧客較偏好收到促銷活動的 DM？

   知道哪些類型顧客比較喜歡逛門市？知道哪些類型顧客比較會用折價券消費？知道哪些類型顧客比較喜歡哪些產品？哪些客群會常使 Line 或 Facebook 社群？或較偏好瀏覽觀看 E-mail 的廣告信或電子型錄，此有效的前置作業，讓企業能加速找到適當的行銷目標，以有效管理行銷活動的費用與提升活動的成效。

3. **規劃與設計行銷活動**：依上述模式為顧客設計適切的服務與促銷活動。傳統的行銷模式觀念，對於顧客通常一視同仁，且都會定期的舉辦促銷活動。但在 CRM 實務中，傳統的互動模式並不符合經濟效益的；若要將公司資源運用在刀口上，便要規劃與設計最適當的行銷活動給特定的客群，為企業帶來更大的經濟效益。

4. **行銷活動測試、執行與整合**：傳統上推出行銷活動時，通常無法當下即時監控整個活動流程及反應，必須以銷售成績才能斷定。然而，顧客關係管理卻能夠利用過去的行銷活動資料分析，搭配資料庫分析與線上顧客服務中心，即時進行活動的調整及安排。例如在執行某項行銷活動時，透過資料分析的呈現、網站造訪人數或顧客參與的反應統計，行銷部門與銷售部門可以在最短時間增減人力資源調配，以免顧客發生不愉快或意外狀況，產生抱怨或資源的浪費。透過資料庫、網路系統與電子商務、手機 APP、電話做整合，可即時進行交叉行銷，同時又可滿足不同需求的產品或服務。

5. **實行績效的分析與衡量**：最新的顧客關係管理技術，根據活動資料的模式分析結果，找出問題點，並提供相關部門與人員建議。且顧客關係管理可透過各種不同的行銷活動及顧客服務與支援資料的彙總分析，系統建立一套標準化的衡量模式，評估 CRM 活動的成效。

以上五點的程序彼此之間都是環環相扣，並形成一個持續循環的作業流程。如此才能以最適當的通路，在正確的時間點，傳遞最適合的產品與服務給顧客，建立長久且良好的關係，創造顧客價值並營造兩方雙贏局面。

4-7 整合性的 CRM 架構

Kalakota 與 Robinson（1999）指出，顧客關係管理（CRM）可視為運用整合性銷售、行銷與服務策略，所發展出組織的一致性行動。整合當今企業流程與資訊科技之下（如網頁、門市、Call Center、APP 等），找出顧客的真正需求，同時並要求企業內部在產品與服務上力求改進，以致力於顧客滿意與顧客忠誠度的提升。根據 Kalakota 與 Robinson 所提出顧客關係管理的架構，是以顧客生命週期的獲取、增進、維持等三階段為依據，配合不同階段下設計各種功能性解決方案，產生整合性的顧客關係管理應用，如圖 4-11 所示。

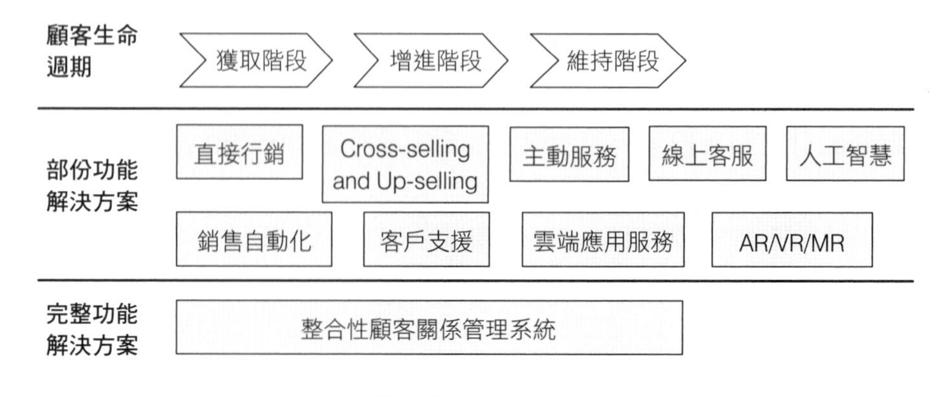

圖 4-11 整合性的顧客關係管理應用

1. **就獲取階段，獲取可能購買的顧客（或潛在顧客）**：對企業而言吸引顧客的第一步，乃藉由具備便利性與創新性的產品與服務，做為推廣產品、獲取新顧客的方式之一。
2. **就增進階段，增進現有顧客的獲利**：有效的運用交叉銷售（Cross Selling）與提升銷售（Up-Selling）的策略，企業能更穩固與顧客發展獲利的關係，進而創造更多利潤。就顧客而言，CRM 系統節省人力解說，產品操作及說明的示範時間、成本、時間與人力的節省，相對降低成本、提高獲利機會，即為企業價值的增進。
3. **就維持階段，維持具有價值的顧客**：顧客價值的創造來自企業主動積極提供需求的產品及服務。企業可透過 CRM 系統，察覺顧客的需求並加以滿足，進而長久維持獲利性的顧客。因此，所謂的顧客維持，事實上即提供適當的產品及服務，亦即企業以顧客需求為優先，而非以市場競爭為服務標的。

發展顧客關係管理的三個階段，彼此之間具有相互的影響關係。在面對不同的顧客與產品特性下，從獲取新顧客到增進與顧客間的互動，提供更好的產品及服務，並維繫舊有顧客的循環週期，業務單位需要更精準的規劃以滿足不同顧客族群的需求，使友善關係能持續延續發展。

4-8 建立以顧客為導向的企業文化

企業經營的目的就是獲得合理的利潤使之能永續經營，獲利的來源是在爭取消費者的支持認同與顧客滿意度。因為顧客在消費時感到滿意、快樂，就能夠建立與顧客間的友好關係，增加企業營收獲利的機會，進而創造股東的價值。顧客導向的經濟法則，若僅得到顧客的注意，並不會真正轉換為交易，只有真正獲取顧客的認同及完成交易，才能轉化為企業獲利。顧客導向的經濟法則是：

1. 顧客擁有交易上的主控權，商業交易成功與否的控制權取決於顧客，有滿意度尚不能保證長期獲利，惟有建立顧客忠誠度是才獲利的保證。
2. 顧客關係代表一切，企業的顧客關係資本，將決定企業價值的高低。
3. 顧客與企業產品或服務的互動經驗，決定了顧客的忠誠度；顧客忠誠度建立在每個互動環節的經驗上，經驗是來自於顧客的認知、歷程、使用以及滿足的程度，並願意推薦企業產品或服務給其他人。
4. 累積雄厚顧客的關係資本及忠誠顧客，是企業永續經營的基礎。

4.8.1 了解顧客個別的需求

隨著資訊時代的進步，顧客的思維也逐漸改變，顧客不像以前只擷取單一銷售通路的訊息，便決定消費與否；顧客學習主動蒐集產品知識，並比較產品內容、價值及功能，甚至想要了解自己想要的產品及服務，公司為了要提供更好的服務品質，將提出縝密思考設計，貼心及感性的服務構想，例如在客人的漫長等待中，提供讓顧客愉悅等待的環境；或是提供舒適的座椅、放鬆心情的音樂、電視牆的資訊播放、一杯宜人可口的飲料或清涼舒服的擦拭紙巾等。

究竟顧客想要什麼？調查結果最多的是：效率（Efficiency）、誠實（Honesty）、有禮貌（Politeness）、受尊重（Respect），這些都代表顧客希望在與企業互動的過程中，獲得最有效率的商品、品質與友善的互動溝通，因為效率符合顧客對於滿意的要求；顧客被誠實且公平、公正的對待；當顧客被服務人員有禮貌地對待時，心情會感到愉悅；而在接受及享受服務的過程中，有備受尊重、禮遇的感覺時，會讓顧客對企業形象更上一層樓。

顧客購買的經驗往往來自於認知、感覺與需求的滿足，企業所提供的服務就是在滿足顧客需求與附加價值。企業可利用下列五種管道，來滿足顧客需求，如圖 4-12 所示。

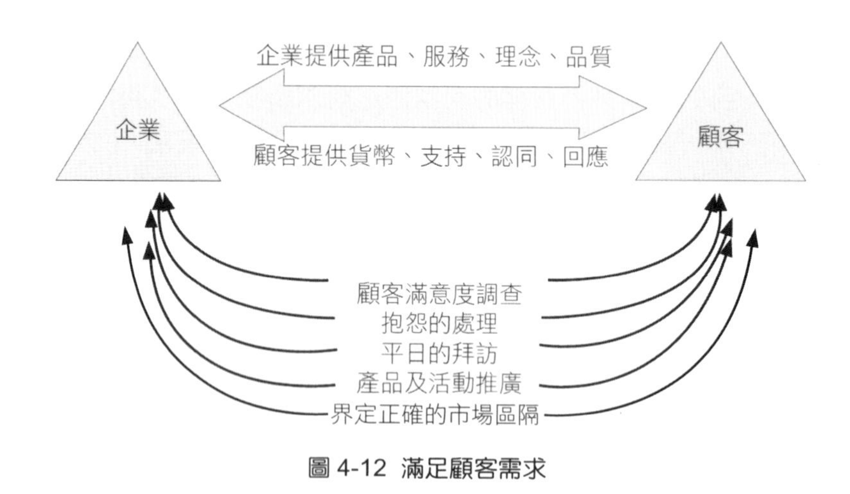

圖 4-12 滿足顧客需求

1. **平日的拜訪**：業務人員主動的進行實地拜訪，了解企業產品與顧客使用差距，以調整內部作業與服務流程的規劃。
2. **顧客抱怨的處理**：透過主動去電聯繫或被動顧客來電等方式，針對顧客的抱怨或不滿，甚至改進的意見，積極進行回應及改善問題。

3. **顧客滿意度調查**：經由企業自行實施或委託專門調查機構，進行顧客滿意度調查事項，透過統計分析結果與解釋數字背後的意涵，比較預期與實際結果的落差，並做為主管下一步策略規劃的依據。
4. **進行適當的產品及活動推廣**。
5. **不定期關懷及問候**：透過雲端應用服務自動發送關懷信件與問候卡片，讓顧客感受公司的重視與用心。

4.8.2 關心顧客滿意狀況

顧客的消費型態，因科技的進步、經濟能力的提高、時代潮流轉變，與以往有很大的不同，在競爭激烈時代要感動消費者並非易事，除了要讓顧客需求獲得滿足、增加購買愉悅感外，而且也要讓顧客對公司產品或服務懷有期待以及好奇，以增加黏著度，更再次，而滿意的顧客會以其自身消費經驗或自己特有的想法，提供給企業在研發設計時的想法與建議。當企業與顧客成為夥伴關係時，將會共同努力以創造企業的成長與繁榮。因此企業中最有價值的資產就是顧客，而產品銷售目標就是要滿足顧客需求。

4.8.3 服務內容與流程

顧客關係管理要建立以「品質」為中心的企業文化，是指企業擁有好的服務品質及服務素養，包含服務流程所有的一切細節；例如能夠傾聽顧客的心聲，依照顧客的喜好提供更多元的選擇，並且營造出主動親近顧客的感覺或認知，服務本身雖然無形，但可藉由暖心感性的傳遞達到最好的感受。例如近幾年在觀光勝地崛起的無菜單料理，所標榜的即是透過在地特色食材、當令蔬果，以「超越期待」的料理提供給消費者驚奇的飲食饗宴，經由廚師與顧客的友善互動、提供誠實食材、良好溝通說明、述說產品由來，適時限量供應給用餐客人，以創造出最大觀光休閒、用餐價值及滿足顧客食的需求。

一個好的顧客服務系統，應該符合下列十點要素：

1. **品質（Quality）**：擁有高效率、高品質、高效能的產品與服務流程。
2. **友善（Friendliness）**：創造一個擁有快樂及同理心的工作團隊。
3. **信賴（Reliability）**：能獲得顧客信任與託付。
4. **溝通（Communication）**：願意傾聽顧客心聲，並樂於說明解釋。
5. **誠實（Honesty）**：當面對顧客或夥伴，都能秉持公平、公正性。
6. **適時性（Timeliness）**：在適當的時間提供顧客產品與服務。

7. **價值性（Value）**：創造產品效能及利益大於成本及付出。
8. **彈性化（Flexibility）**：提供客製化彈性服務以滿足顧客需求。
9. **問題的解決（Problems）**：快速、友善、熱心做好客訴處理的回應機制。
10. **超越期望（Expectations）**：除了滿足顧客需求，更能提供超越顧客期待的「驚喜」與「新奇」。

課後個案　基山鐘錶公司

老字號開創新服務 Vital CRM 重新定義客戶服務

個案學習重點

1. 學習透過 Vital CRM 自訂標籤及擴充欄位功能，分類鐘錶品牌及款式。
2. 學習透過 Vital CRM 將重要資料同步更新至雲端，讓每間分店在最短時間內同步最新資訊，做好產品管理與接收訊息。
3. 學習完整記載每位客戶的基本資料與消費行為等，門市人員能清楚瞭解客戶的購買歷程及偏好，落實客戶關係管理。
4. 學習利用內建行銷郵件設定發送優惠訊息，延續售後服務，刺激客戶回購與交流。
5. 學習建立一套標準的管理流程，包括服務管理及新客戶管理，讓客戶經營達到最完善。

基山鐘錶公司成立於 1950 年，於基隆深根近 60 多年，坐落於基隆最精華熱鬧的市中心 -基隆廟口。基山鐘錶代理數眾多瑞士專業鐘錶品牌，長期以來提限量的錶款、專業腕錶資訊、舒適環境、貼心售後服務為宗旨。憑著對鐘錶工藝的熱愛與執著，於基隆地區奠定了穩固的基礎與知名度，素有大基隆地區鐘錶龍頭之稱。

基山鐘錶從開始使用 Vital CRM 開始，便計劃性地從客戶經營、內部流程、消費記錄、分眾行銷到精準行銷建立一套標準的管理流程，並套用到既有客戶服務管理和新客戶的關係建立，並計劃將來進行節慶行銷與異業合作，讓服務更多元、更精緻！基山鐘錶是一家蘊含歷史的老字號鐘錶店，迄今仍屹立不搖絕非僥倖，除了深厚的專業服務及維修技能，客戶的互動與關懷更是成就基山鐘錶的核心價值。

無效的客戶關懷面臨客戶經營困境

過去一甲子的客戶經營過程中，基山鐘錶不外乎透過紙本記錄、電話連絡維繫客戶關係，而 VIP 客戶則是進一步手寫卡片進行關懷，但這些客戶關懷僅針對特定的高階族群，不但人力、費用的成本高、回饋效益低，還無法照顧為數眾多的一般客戶，導致客戶回購率偏低，這是基山鐘錶在客戶經營上面臨最大挑戰。

Vital CRM 解決 9 成以上客戶經營與營運管理問題

基山鐘錶第二代老闆朱維綱生於資訊世代，深刻體認資訊管理的重要性，朱老闆曾在 CRM（客戶關係管理）與 POS（銷售時點情報系統）兩個資訊系統間抉擇，經過多次的評比與研究，朱老闆考量了導入成本、雲端靈活度及公司信譽等因素，最後決定導入叡揚資訊的『標籤分眾行銷』。朱老闆：「Vital CRM 能幫我解決 9 成以上的客戶經營與營運管理問題，光這點就足以讓我動心！」。由於叡揚資訊的 Vital CRM 提供免費試用、客服支援及實機操作課程，而友善的使用介面，讓朱老闆在導入前即可深入了解產品是否符合公司需求，以最合理的成本實現最高的效益！

產品管理、客戶關係管理、客戶經營 三管齊下

目前基山鐘錶擁有三間店面，朱老闆的應用可分為以下三項：

1. **產品管理方面**：需依據鐘錶品牌及價格級距劃分，但由於鐘錶品牌及款式種類繁多，因此要能同時兼顧產品分類及同步非常困難。但透過 Vital CRM 的自訂標籤及擴充欄位，可針對品牌及款式精確分類，並同步至雲端，讓每間店在最短時間同步最新資訊。

2. **客戶關係管理**：透過 Vital CRM 完整記載每位客戶的基本資料、喜好品牌、款式類型、消費行為及服務內容…等，讓門市人員在第一時間能清楚了解客戶的購買歷程及偏好。

3. **在客戶經營方面**：利用行銷郵件寄送保養通知，並針對客戶的生日設定發送優惠訊息，延續售後服務，刺激客戶回購與交流！

系統性建立管理流程 向更多元與精緻服務邁進

朱老闆進一步指出：「鐘錶的回購與保養週期大約在 1 年至 1 年半間，雖然目前還無法準確評估 Vital CRM 實質營收是否有顯著的幫助，但值得肯定的是我們節省了行政管理的時間與營運成本，以及作業流程的改善，相對而言真是太有價值了！」

「我們 60 年來都沒有做好行銷！」朱老闆笑著說。即便如此，朱老闆卻非常清楚行銷的重要性。所以，基山鐘錶打從使用 Vital CRM 開始，便計劃性地從客戶經營、內部流程、消費、標籤分眾行銷到精準行銷建立一套標準的管理流程，並套用到既有客戶服務管理和新客戶的關係建立，並計劃將來進行節慶行銷與異業合作，讓服務更多元、更精緻！

- 資料來源：
  https://www.gsscloud.com/tw/user-story/124-search-result/742-vital-crm-kpn

個案問題討論

1. 請上網搜尋有關基山鐘錶公司的介紹，與提供的產品與服務有哪些？
2. 請探討如何克服客戶回購率偏低的問題？亦即做到一般客戶，特定客戶的關懷可以分別設計，增加回購率。
3. 請探討利用紙本、電話、手寫卡片關懷客戶與使用雲端 Vital CRM 的優缺點比較？
4. 請探討如何在最短時間可以將鐘錶品牌及種類繁多款式，即時且同步更新產品資訊給三家門市？
5. 請探討基山鐘錶在建立顧客關係管理導向的策略規劃有哪些？

本章回顧

以顧客導向的策略規劃及分析，是企業經營管理過程中重要的一環。為了讓企業擁有新氣象及新思維，必須要建立以顧客為中心的觀念，進而使核心價值落實在每個行動方案上。如果企業要使顧客關係更好，即時流程整合 CRM 系統是一條必經之路，訂定 CRM 策略計劃，促使企業走向以「顧客導向經濟」，當企業與顧客關係維繫良好，擁有穩定業績便能為企業帶來豐厚的收益，而「顧客資本」將是評量企業價值的重要指標。

本章節所介紹的顧客關係管理導向的策略規劃，主要提供學習者了解：

1. **爲何要訂定 CRM 策略規劃及 CRM 策略執行**：介紹企業訂定 CRM 策略的重要性以及企業該如何訂定 CRM 策略？如何執行 CRM 策略？讓學習者了解 CRM 策略的必要性。
2. **良好顧客關係管理可爲企業帶來競爭優勢**：介紹企業與顧客共同創造價值，營造雙贏格局產生最大效益。讓學習者了解建立完整顧客關係管理所產生的企業優勢。
3. **以顧客爲導向的企業文化**：企業轉型再造從以「產品為導向」的中心文化，走向以「顧客為導向」的中心文化，讓學習者知曉兩者的差異處 以及企業未來將如何發展「顧客為導向」的企業文化。

試題演練

1. (　　) 傳統經濟與顧客經濟之比較，在績效衡量上何者正確？
   (1)顧客經濟注重財務資本　(2)顧客經濟注重短期財務收現
   (3)傳統經濟注重短期財務收現　(4)傳統經濟注重長期友善關係

2. (　　) 以下何種類型 CRM 可協助企業整合不同顧客的接觸方式與溝通的管道，以增進彼此交流、互動的功能為主，並蒐集顧客資料、意見、問題、抱怨等？
   (1)作業型 CRM（Operational CRM）
   (2)溝通型 CRM（Communication CRM）
   (3)分析型 CRM（Analytical CRM）
   (4)社交型 CRM（Social CRM）

3. (　　) Kalakota 與 Robinson 所提出顧客關係管理的架構，是以顧客生命週期的哪三階段為依據，配合不同階段下設計各種功能性解決方案，以產生整合性的顧客關係管理應用？
   (1)開發、維繫、再回流　(2)獲取、增進、維持
   (3)規劃、分析、行動　(4)辦活動、問卷調查、寄活動 DM

4. (　　) 希望客戶在生日時可以在前一天提醒我，這時候在「幾天前」提醒的空格中應該填寫多少數字？
   (1)1　(2)-0　(3)0　(4)2

設計顧客服務與支援管理的新流程

5

課前個案　三生盟國際事業有限公司

快速回應客戶需求，高效率工作流程
採用 Vital CRM 內外管理一把罩

個案學習重點

1. 學習 Vital CRM 客戶記事、消費紀錄、客戶情況回報等功能，協助快速回應客戶需求或問題。
2. 學習應用 Vital CRM 標籤功能協助業務開發、活動紀錄等需求。
3. 學習如何提高業務、財務、行銷等跨部門的溝通效率，使工作流程可以更清晰掌握三生盟國際事業有限公司。

在臺灣美容產業超過 20 年經驗的三生盟,為國內自然療法之身、心、靈 SPA 先驅，更透過代理國際名牌美容產品其客戶遍及全亞洲。三生盟技術長謝欣芫表示，以往公司常遇到無法即時回應客戶需求的困境。採用 Vital CRM 後不但讓公司功能專業分流、業務客服即時回應客戶要求，也透過標籤的註記大幅提高工作效能，對於公司內部及外部管理產生極大助益。

三生盟國際事業有限公司主要提供臺灣知名 SPA 連鎖店，包括自然療法系列產品、教育課程、專業諮詢等，透過代理歐洲第一線保養品牌，提供芳療及天然美容護膚品。其服務項目如，1.提供原廠天然有機 SPA 產品及芳療精油產品之銷售；2.為各種不同風格 SPA 連鎖體系,量身訂做進口 SPA 產品（ODM)-包括產品 包裝、目錄配套計、療程規劃…等；3.引進歐美最新風尚之療程及課程規劃；4.專業培訓 SPA 從業人員及芳療師；5.定期推出海外美容技術考察團及芳療交流團；6. 輔導店家開業及 SPA 市場諮詢規劃等。

三生盟技術長謝欣芫表示，以往公司利用財會軟體管理客戶，常會遇到無法即時回應客戶需求的困境。在採用 Vital CRM 後不但可讓公司功能專業分流，業務客服即時回應客戶問題及要求，並透過標籤註記大幅提高工作效能，對於內外管理產生極大助益。

公司 e 化目標明確 由上而下超強執行力造就營運高效能

三生盟技術長謝欣芫表示，由於公司客戶遍布亞洲，為解決過去對客戶即時服務回饋的問題，執行長下定決心推動公司 e 化。不僅如此，為讓平常沒有使用經驗的北、中、南各地員工熟悉 Vital CRM 的運用，公司更利用種子教官分小組進行三地分區教學，確保員工對系統了解後才全面上線實施。謝欣芫說，剛開始推行真的有很多員工使用不習慣及抱怨，但因為執行長由上而下強烈的執行意志，讓系統成功的被員工接受並運作，謝欣芫說，從現在客戶的滿意及工作效率來看，當時的堅持及辛苦都是值得的。

Vital CRM 標籤功能是業務最高效的客戶管理利器

擁有上萬筆客戶資料的三生盟，Vital CRM 是顧客關係管理的重要助手，謝欣芫指出，過去用會計軟體管理客戶時，客戶打電話進來常因沒有即時的客戶資料無法提供立即的回饋，現在 Vital CRM 提供的包括客戶記事、消費紀錄、客戶情況回報等功能讓業務在第一時間了解該客戶過往紀錄，能夠快速回應需求。此外，公司包括北中南區域業務、講師等更透過 Vital CRM 強大的標籤功能進行業務開發、活動紀錄等應用，也可透過內外勤的共用，讓包括業務、財務、行銷等跨部門的溝通即時又有效。

Vital CRM 不只管理客戶 更提高內部工作效率

除了讓外部客戶獲得滿意的服務，即時滿足客戶的需求，Vital CRM 更大幅提升公司內部工作流程的效率，謝欣芫指出，以前公司內部都透過 email 溝通，不僅耗時更無法即時回應，增加許多不必要的溝通成本，透過 Vital CRM 的使用，不僅可透過標籤讓管理者一目了然，更讓各部門都可同步了解相關資訊，讓三生盟明顯感受工作流程的高效率。未來三生盟將持續強化 Vital CRM 在行銷等工具的使用，相信對業績提升將有更明顯的助益。

■ 資料來源：
https://www.gsscloud.com/tw/user-story/124-search-result/860-vital-crm-kpn

個案問題討論

1. 請上網搜尋三生盟國際事業有限公司的相關資料，以了解公司產品與服務資訊。
2. 請討論使用財會軟體管理客戶與雲端 Vital CRM 管理客戶的優缺點比較。
3. 本個案公司北中南員工對於 e 化較無概念及使用經驗，試討論如何順利導入 CRM？
4. 請討論組織跨部門溝通為何需要有雲端 Vital CRM 的協助？
5. 本章為設計顧客服務與支援管理流程，請討論三生盟國際如何使工作流程提高效率？

5-1 顧客服務管理

5.1.1 服務的定義

Wiki 百科對服務的定義是：「履行某一項任務或是擔任某種業務，也將它當作為公眾做事，替他人勞動之意涵。」有學者認為服務涵蓋所有買賣交易過程，並提供後續效用來滿足客戶的一種無形產業。而服務雖然無形，但是卻足以影響顧客購買決策，還有決定未來是否回購，它與有形產品同等重要，因為當今產品生產程序趨於標準化、制式化，皆經過嚴格控管的過程，因此要創造感動人心的附加價值，服務管理的設計絕對是首當其衝。好的服務流程不僅可以吸引顧客消費，更重要的是服務可以有彈性、感性、訴諸故事的靈活呈現。

5.1.2 顧客服務的定義

顧客服務是企業對購買者提供一連串處理流程，包括銷售前服務、銷售中服務和銷售後服務，服務可依據產品、種類及顧客群而不同。例如，老顧客與新顧客比較下可能需要較少的售前服務（如提供建議、產品說明、功能介紹等）。顧客服務除了可由銷售人員提供外，也可由自助式服務來完成，例如加油站、加水站、無人銀行、無人商店…等類型。顧客服務是顧客價值體系中一個重要部分，可為企業增加競爭優勢。

服務屬於一種無形的資產，雖然不可見，但可以經由服務傳遞給顧客溫暖窩心的感覺，尤其是全國電子「揪甘心」的口號更是擄獲台灣許多家庭購買者的心，讓冰冷、強調功能的家電擁有更多人性考慮、溫情的一面。當企業擁有好的顧客服務時，將是經營一大特色及競爭力，雖然各企業所規劃的顧客服務不盡相同，當為顧客服務時，服務人員可以利用下列六點當基準之依據：

1. 應正確地、精準地、誠實地描述產品特色及功能。
2. 避免給顧客高度購買壓力，以產生負面形象。
3. 幫助顧客制定滿意的購買決策。
4. 評估顧客條件，提供適當的、符合實際需求的產品。
5. 提供良好的服務以滿足顧客需求。
6. 避免使用操弄性技倆，或誇大不實的廣告，左右顧客購買的決策。

5.1.3 貼心與完善顧客建立

建置一個服務體系，可以使企業在追求顧客滿意度時，達到最佳的顧客服務。企業在與顧客建立長期友善關係的同時，服務與支援體系的建立，成為企業在追求顧客滿意度與創造利潤時的重要任務。企業所提供顧客的服務可分為下列三個階段：

1. **銷售前置服務（銷售前）**：購買行為開始之前，企業對無論是原有的顧客還是潛在顧客或是新顧客，均需致力於企業營造產品的良好形象，對於銷售人員的教育訓練應包括解釋說明產品的特色、功能、注意事項、產品開發過程、設計理念、價位、使用限制…等，以及與顧客建立互動的關係。由於開發新顧客的成本是維繫原有顧客成本的2～5倍，因此，留住舊顧客、開發新顧客同等重要。
2. **銷售現場服務（銷售中）**：企業與顧客之間互動的現場。服務人員所需提供的項目為：產品實際的操作與解說、顧客需求的確認、銷售交易處理，均為必要的服務，銷售現場服務應該透過人員、環境、DM、手冊、產品展示，營造出最有有利顧客消費或購買的情境。
3. **銷售後續服務（銷售後）**：售後服務包含保固期間內的維修服務、產品使用諮詢問題回覆、客訴抱怨處理及顧客滿意度調查等。擁有良好的售後服務，不僅可讓顧客降低對產品的不滿意，更可以增加顧客對企業的忠誠度，同時創造企業的良好口碑形象。

顧客滿意度調查，除了可作為未來銷售服務參考之用，也可作為往後管理的修正與檢討。就企業本身而言，如何將前置服務、現場服務、後續服務三個不同階段的顧客服務，設計成標準作業流程（SOP）或單一專業處理窗口，將是顧客關係管理在服務管理時的重要任務。當企業在建立此服務體系時，需藉由服務流程設計與服務傳遞兩大程序為之基準：

1. **服務流程設計**：在設計服務流程，須考量到產品的本身作業及所適用的服務內容及型態。同時，在建立後續支援時，也須考量到產品與服務的連貫性及流暢度。亦即在執行服務流程時，需要依照顧客 需求設計出良好且方便的流程，例如統一超商 City Café 咖啡的服務理念是能讓消費者在 24 小時及最快速的時間下能夠喝到原豆現磨現煮的咖啡，而且要利用小小的櫃台空間來做結帳、轉身、拿杯子、煮咖啡、提供加糖及攪拌棒、裝保護紙圈、包裝等動作服務，需考量到實體環境及人因工程，整個櫃位和處理流程都要細心設計，才能提升店員的服務效率，讓消費者有好的購買體驗，此外還需增設舒適、乾淨、衛生、寬敞的用餐休憩區域，讓消費者感受業者的用心與貼心。

2. **服務品質傳遞**：企業為了確保能有一致性的服務品質，通常會制訂 一套完整的服務流程或專責部門，以確保服務品質能夠維持一定水 準及要求。例如新加坡 OSIM 公司銷售按摩椅，在銷售現場提供專 人解說，並鼓勵顧客親身試站、試坐、試用其產品，以增加顧客對產品功能的了解與認識，透過實際操作與體驗感受產品的優點，以刺激購買慾望，增加對服務品質的肯定。

總體來說，服務流程設計及服務品質傳遞，以建立適當服務體系為目標，以確保顧客滿意度的實現。

5-2 服務品質

5.2.1 服務的定義與特性

學者 Kotler（1996）對服務的特性有四點說明：

1. **無形性（Intangibility）**：大多數的服務是不可數、無法衡量、沒有存貨，此無形性造成有時顧客無法預先判斷服務品質的優劣，增加顧客消費的風險，例如醫師問診、看病、開藥方，不同醫師的診斷，會因臨床經驗、醫學訓練、學經歷背景、專業年資等因素造成診斷判斷的差異。
2. **異質性（Heterogeneity）**：服務具高度可變化性，特別是與人接觸互動頻繁的服務業。服務人員的行為表現並無法達到完全一致性，服務的績效也會因提供者及接受者互動方式、時間、地點及環境的不同而隨之改變，例如同樣是餐飲業，服務人員的鞠躬度數、講話口氣、服裝儀容，對進退的禮儀而給顧客有不同的感受，此外白天、晚上、室內、戶外、季節都會考驗服務提供者會以什麼方式呈現最好的顧客感受。
3. **不可分割性（Inseparability）**：許多服務的產生及消費（或使用）兩者之間是無法分割的。服務不同於產品，產品必須經由生產製造、儲存、配送、銷售才得以消費，而服務的消費與產生是同時進行。例如上補習班學習外語，老師授課教學的過程與學生聽課學習的過程是同時發生，無法被分割。
4. **易消滅性（Perishability）**：服務本身具無法儲存的特性。服務必須在交易發生當下所產生，不像實體產品可以先行製造、庫存、等待出售，服務業者無法利用存貨概念來解決過多的服務需求。

5.2.2　服務品質的概念性模式

服務品質多年來都有許多學者加以探討，其中 Parasuraman、Zeithaml 與 Berry 於 1985 年所提出很重要的服務品質概念性模式（PZB Model）最廣人知，如圖 5-1 所示，簡稱 PZB 模式，此模式主要在解釋服務業者的服務品質為何無法滿足顧客需求，中間存在某些落差或是缺口，此架構主要針對四種服務業（銀行、證券經紀商、信用卡公司、產品維修業）進行管理階層的人員訪談，以具代表性的產業進行研究，所提出觀念性模式認為服務品質需擁有三項基本要素：

1. 對消費者來說，服務品質比實際產品品質更難以衡量評估。

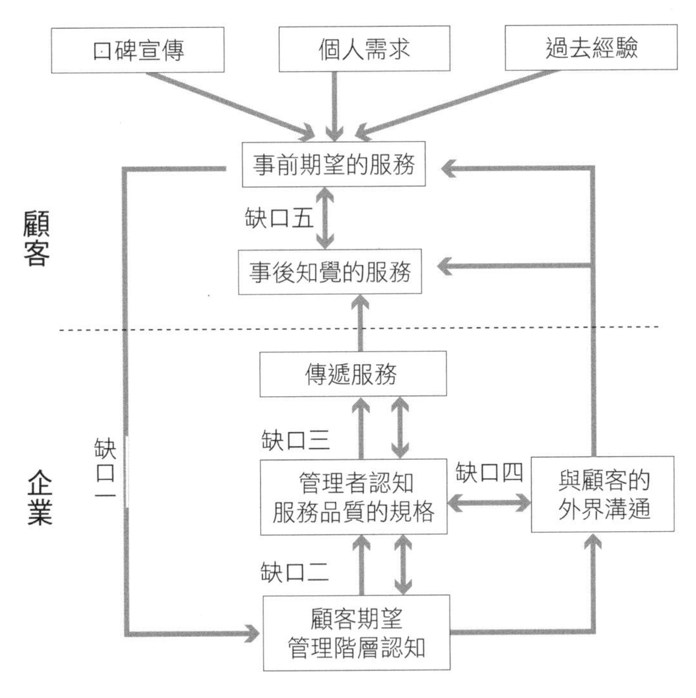

圖 5-1　服務品質的概念性模式

2. 對服務品質的感知是由消費者的預期與實際感受服務後比較得來的。
3. 對品質的評估不單純是服務的結果，也涉及了服務流程與服務傳遞的評估。

企業為了要滿足顧客需求，須彌補五個缺口，而每一缺口的大小及方向皆會影響服務品質。所以當企業要滿足顧客需求時，必定需要將這五道缺口改善及縮小；而這五道缺口，前四道缺口是業者提供服務時的障礙，第五道缺口則是，顧客期望值希望業者達成，所形成的缺口。

缺口一：顧客期望—管理者認知缺口：管理者認知與顧客期望的會有所差異。但大多企業管理者認知顧客的期望服務品質能與顧客期望的消費服務品質一致。此缺口屬於外部問題，企業應對顧客需求，定期檢視。

缺口二：管理者認知—服務品質規格缺口：在各種不同因素，如企業制度與作業程序規範、來源限制、市場考量等，與管理者認知觀念產生差距，極有可能無法達成原訂的服務政策，因而產生無法讓顧客需求獲得滿足。此項缺口屬於內部問題。

缺口三：傳遞服務與服務品質的缺口：企業訂定服務流程與服務規範，但服務人員可能因為事前教育訓練不足或無法正確完整的執行此項服務流程與服務規範，此缺口屬於內部問題。

缺口四：傳遞服務與外界溝通的缺口：企業的廣告、行銷活動或其他溝通方式會影響顧客的期望。外在的溝通不只影響顧客對服務的期望，還包括顧客對傳遞服務時的認知所產生的落差，且傳遞服務與外界溝通不一致時，還會影響服務品質的顧客認知。此缺口屬於內部問題。

缺口五：事前期望服務與事後知覺服務缺口：顧客的期待出現落差，可能因為事前對於企業的期望太高，此缺口屬於外部問題。

5.2.3 售後服務管理

所謂的售後服務，即銷售結束後公司提供給顧客後續的服務項目，如保固、維修、更換…等。對企業而言，只要有不滿意的顧客，代表顧客流失的可能發生。尤其在今天資訊爆炸的年代，企業有負面評價，媒體傳播速度之快速，將會造成無法想像的程度，例如網路賣家，只要消費者給過負面評價，此網路賣家的商譽，將會遭到影響，業績就難以蒸蒸日上，往往需要一段時間來平復或彌補商譽。倘若企業售後服務完善貼心，也將被廣為宣傳及肯定讚賞，優異的售後服務是留住顧客最好的利器，也是維繫顧客關係的關鍵，並可增加顧客的忠誠度。售後服務可以有下列三項策略：全面售後服務策略、特殊售後服務策略、恰如其分售後服務策略。另外售後服務管理，還可分為滿意度提升的額外服務，以及顧客抱怨的售後服務。

全面售後服務策略

指企業提供消費者產品售後所需要的全部服務或提供定期保固、維修的零組件，這種策略非常適用於經濟價值高、產品壽命週期長、結構複雜度高、技術性強的產品，同時提供涵蓋最大範圍的服務以獲得消費者的滿意，增強市場的競爭力，將帶給企業實質的經濟效益和創造良好的社會形象。

最典型的產品售後服務，以汽車最具代表性，在七十年代初，日本的汽車廠商急於打開廣大的歐洲市場，為了提高日本汽車的知名度，贏得歐洲顧客的青睞，採取了積極的廣告宣傳攻勢，提出優質價廉的產品策略，卻因忽視了售後服務，因此始終達不到銷售滿意的效果，市場佔有率僅為 12%。經過檢討分析，日本汽車廠商調整產品服務策略，在歐洲各地建立了眾多汽車服務和維修據點，採取全面售後服務策略，消弭原先顧客的不滿意及售後服務的疑慮，進而提高日本汽車的知名度和銷售量，使市場佔 有率大幅提升達到 43%，並超出了預期的成效。

特殊售後服務策略

指企業向消費者提供大多數其他企業（同行）沒有提供的售後服務，以最大程度滿足消費者的需要，此策略適用於經濟價值較高，產品壽命週期不長的產品，特別是季節性和專利性產品。此策略具有兩個特點：

1. 可反映企業的產品特殊性和獨特的服務項目，在滿足顧客產品需要的同時，在使用上也獲得充分的支援，例如 i-Phone6 手機擁有多項國際專利，提供售後維修的換機方式，與其他手機廠牌作法明顯差異。
2. 滿足特定族群消費需要，就地理環境、認知、心理和文化背景的不同，消費者具有某些特殊服務的要求，例如專業登山者因應不同海拔高度，地理環境、地勢平坦程度、完成困難度，其攜帶裝備會有不同，企業應提供相對服務與滿足顧客需求，而產品售後服務的競爭，往往是經營者長年累積的經驗與觀察，透過創新的方式呈現，使產品銷售因搭配卓越特殊的服務，贏得消費者的認同及肯定。

恰如其分的售後服務策略

指企業根據經營目標、市場環境，產品特點和消費者需求，僅僅對購買者的部分服務項目提供特定的服務，此策略普遍適合中小型企業採用。因中小企業受到人力、物力、財力的限制，為了控制生產成本和服務成本，只能為大多數消費者提供適當的售後服務項目，否則產品的服務成本將會大幅度提高。此種售後服務策略只提供消費者提出、有限的售後服務項目。如衣服提供調整長度、腰圍的小幅修改，鞋子提供高度、鞋面寬度的些微調整，使顧客使用上可以更合身，或是購買中草藥後的代煎服務，買花籃指定地點代送服務策略。

簡言之，採取適當的售後服務策略，其優點是可以有效地減少，控制服務成本，將企業有限的人力、物力，做最大有效的發揮。因此，在運用上述各種策略時，需要謹慎評估確定公司可以做得到而且可以做得好的服務項目。明確規範服務內容和服務對象，同時隨著企業成長和市場需求的不斷變化，公司應該適時地改善或調整售後服務策略。

5.2.4 顧客滿意度的調查評估

企業對已完成購買程序的消費者應該在最短的時間做滿意度調查，並採取主動關心與聯繫，確認產品使用狀況與滿意程度。通常以電話訪談或問卷填答方式進行。在企業主動實施滿意度調查時，可依照顧客購買產品的不同而有不同的設計內容，除營造禮貌的感覺，更重要透過產品的滿意，願意推薦給周遭認識的親朋好友、同事等等，可區分為下列幾種方式：

1. **產品使用滿意度調查**：此為最常見也最普遍的做法，大多數的企業基本上都有此方法，有些企業將產品滿意度調查表附於產品包裝盒內，或是購買時由服務人員提供調查表給消費者填答，鼓勵消費者提供對產品的意見或對服務人員的寶貴意見，此種方法還可以得到消費者的個人相關資訊。此調查方式，著重於顧客使用狀況的意見回饋，讓企業掌握產品本身或服務人員需改進之處，也可作為企業未來新產品研發的參考依據。
2. **郵寄感謝函**：當顧客成為產品消費者或加入會員後，企業可發送個人化感謝簡訊，或在特定節慶如生日、母親節、父親節、中秋節、春節寄送問候卡片，並可依據購買之產品，送上相關延伸性產品或產品優惠券，以鼓勵顧客回流，再度購買企業相關的產品，讓顧客感受到企業用心與貼心。以上做法，可以提升顧客對產品或企業的認同感，讓顧客藉由卡片關懷或優惠券延續下次銷售的機會。
3. **電話訪問**：為普遍售後調查方式，由企業的電訪人員，直接透過電話詢問來了解顧客滿意度。經由電訪人員的詢問，企業將可最直接的獲得與產品或服務相關的看法與建議，同時企業也可藉此評估服務人員的表現，顧客在購買產品時，有無不滿意的地方。通常電話訪問在時間、成本、精力比郵寄信函高出許多，加上避免對顧客造成過多的打擾，部分企業會實施此種做法。

5-3 顧客抱怨

在顧客抱怨處理，一般企業會遵循下列幾點原則，以達到補救功能及提升顧客滿意之效益。

1. **先平緩顧客不安的情緒**：客服人員在接獲顧客抱怨電話、留言或文字訊息時，最好的因應方式是以委婉的抱歉及緩和的口氣或文字先撫平顧客的情緒。因唯有在顧客情緒平緩時，方能理性解決問題，雙方能就事論事並針對不滿意之處提出說明，良好的應對態度與積極問題解決，才有機會重建產品與服務的信心。

2. **不延誤處理顧客的抱怨**：當顧客不滿沒有受到重視，往後對企業造成的損害甚至將必須付出多倍的代價，如現場顧客排隊引發的糾紛，當下服務生如能說明規則，以妥善處理、和悅態度解釋清楚，就不會發生不歡而散的現象。因此，在接獲顧客抱怨時，客服人員應以重要事件處理，使大問題化為小問題，小問題化為可立即改善的行動。

3. **同理心關懷的表現**：在顧客服務的處理程序中，客服人員所表現出的態度與表現，往往左右了顧客的感受及觀感。若客服人員在處理抱怨問題時，應表現出理解顧客的同理心，而非一味的為自身的企業辯護。

4. **實施補償手段**：為了彌補及挽救企業在顧客心中的形象，最即時及最具體的做法即贈送顧客象徵性的補償，如折價券、VIP 會員卡、優惠券或延長保固期等，斟酌當時問題輕重而定。此種可讓顧客得到實質與心理的補償，可藉此展現企業處理問題的誠意，以鞏固顧客忠誠度。

5. **追蹤後續調查**：在售後服務完成時，應有後續的追蹤服務。例如，產品的技術問題，技術人員應於事後再次確認顧客在使用上是否真正解決，客服人員也可再次致電詢問顧客滿意狀況，並關心是否還有其他問題，做好與顧客互動的每個環節部分。

5.3.1　服務補救的意涵

國外 Tax & Brown 將服務補救定義為一種管理過程，首先要發現服務失誤，分析失誤原因，利用定量分析的基礎，對服務失誤進行評估並採取恰當的管理措施予以解決。服務補救（Service Recovery）概念最早由 Hart 等人於 1990 年提出的，不同的學者對服務補救的概念有不同的表述。其目的是通過服務補救反應，重新建立顧客對公司產品的信心。服務補救是一種對失誤所做出的反應，企業在出現服務失誤時，對顧客的不滿和抱怨所做出的反應。服務補救雖然有成本的負擔，但可視為改善服務系統的重要機會，可帶來更多顧客滿意，同時從良性循環的觀點而言，經由服務傳遞系統的改善，克服服務流程缺失，相對帶來另一種成本的降低。

表 5-1 服務補救策略優缺點

方式	達成目標	實際做法與產生效益
1. 建立監控與辨識服務失誤的系統	企業需要建立監控與辨識服務失誤的系統，使其成為挽救顧客信心和企業保持關係的良機。有效的服務補救策略需要企業通過聽取顧客意見來確定企業服務失誤之所在。即不僅被動地聽取顧客的抱怨，還要主動地查找那些潛在的服務失誤。	透過市場調查、蒐集顧客批評、聽取顧客抱怨，接受顧客投訴。告知明確的服務承諾和設置顧客意見箱也可以使企業發掘不易覺察的問題。透過細心觀察、廣泛蒐集顧客的反應，使公司能更能貼近顧客的真正想法。
2. 重視顧客現場發生的問題	通常最有效的補救方法，就是企業第一線服務員工能主動地出現在現場，承認問題的存在，向顧客道歉（在恰當的時候可加以解釋），並將問題當面解決。	實際作法如退款、服務升級。如零售業的無條件退貨，或顧客在租用已預訂的 Nissan 車時，發現該車已被租出，租車公司將公司的 Luxgen車以Nissan車的租價租給該顧客以平息糾紛。
3. 把握黃金時間迅速解決問題	當下發現服務失誤，服務人員必須在失誤發生的同時，把握黃金時間迅速解決失誤。否則，未得到妥善解決的服務失誤會很快擴大出去，事後將付出重大的代價。如果服務人員能在問題出現之前預見即將發生問題的嚴重性，便能當機立斷採取適當的措施。	例如，華航班機因天氣惡劣而延遲降落，服務人員預見到乘客們會感到飢餓與不耐煩，特別是兒童。如果服務人員當機立斷先為機上的兒童準備餐點，則兒童飢餓、哭喊的情境將會避免。服務人員預見問題的發生，在問題擴大之前，就先杜絕了問題的發生。
4. 授予第一線服務人員解決問題的權限	企業對於第一線員工，應該有服務補救的培訓練習，員工需要服務補救的技巧、權限和隨機應變的能力。有效的服務補救技巧包括認真傾聽顧客抱怨、掌握解決問題方法、靈活變通的能力、對公司 SOP 作業熟悉。	服務人員必須被授予提供補救措施的權力。雖然該權力使用是受條件限制，但在一定的允許範圍內，可用於解決各種意外情況。第一線員工不該因採取補救行動而受到處罰。
5. 從服務補救中學習寶貴的經驗與教訓	服務補救不僅是彌補服務裂縫、增強與顧客關係的良機，更是一種極有價值，常被忽略或未被重視，但具有建設性的價值。管理者可從中發現服務系統中待解決的問題，並及時修正服務系統中的重要環節，使服務補救問題不再發生。	從補救過程中幫助企業提高服務品質，經由服務補救過程的追蹤及記錄，甚至培訓，降低補救問題的發生。例如建立服務補救個案分析，在教育課程時訓練員工，從中學習寶貴的補救經驗與教訓，以建立公司本身的知識管理的經驗及案例。

列出 5 種服務補救策略的方式：(1)建立監控與辨識服務失誤的系統、(2)重視顧客現場發生的問題、(3)把握黃金時間迅速解決問題、(4)授予第一線服務人員解

決問題的權限、(5)從服務補救中學習寶貴的經驗與教訓，表中亦就策略達成目標、實際做法與效益加以探討。

5.3.2 顧客抱怨處理原則

所有企業在處理顧客抱怨時都應以顧客為中心，且在處理顧客抱怨時，應按照下列四步驟作為參考：

步驟一：以顧客的角度與觀點，了解顧客抱怨的問題與原因。

步驟二：依據公司顧客抱怨處理的標準作業流程（SOP），協助顧客將問題排除。

步驟三：公司先表達致歉的立場，對顧客說：「本公司真是抱歉，帶給您困擾」。

步驟四：化解衝突，包容（強調雙方合作解決問題）、妥協（雙方各退一步）、終止（對於無理取鬧顧客終止買賣關係）。

5-4 顧客服務中心的建置

客服中心（Customer Service Center）建置的主要目的：隨時提供客戶產品諮詢、活動查詢、問題解決、抱怨處理等服務，針對顧客提出的各種疑慮問題、疑難雜症盡力尋求解決之道，以提高顧客滿意度與忠誠度。

5.4.1 客服中心之演進

從時間演進順序來看，目前已經進入到第四代的顧客服務中心。第一代的客服中心與顧客關係是建立於企業流程之上，因此客服中心的服務人員通常只針對某一項產品或服務項目進行負責；第二代的客服中心由於有資訊系統之協助，使得每一位服務人員都能夠處理各種情況的顧客來電；第三代客服中心，其特色在於使顧客的來電可透過各個不同的聯繫管道或空間位置間移轉，獲得充分完整的顧客資料以及處理狀況。而目前已進入到第四代客服中心，在於透過整合行銷網路之資訊傳輸方式，讓服務人員之服務地點不一定要侷限於某個特定的工作環境或場所，而顧客也能透過公司網頁進入客服中心之服務體系，提出需求或意見反映。

傳統的 Call Center 作業通常分為來電（Inbound）及去電（Outbound）二種，若是透過服務人員撥電話給顧客以進行商業活動，稱為去電服務（Outbound），若由顧客來電話到客服中心請求協助稱為來電服務（Inbound）。而隨著業務量增加以及資訊科技進步，目前已演進為電腦電話整合（Computer Telephone

Integration, CTI）的客服中心，未來將朝虛擬客服中心（Virtual Call Center）發展，亦即透過網際網路（Internet）及虛擬實境（Virtual reality）技術來處理客服中心之事務。

綜觀，客服中心的演進，從早期的電話客服中心，透過顧客自行打電話進入客服中心，企業才有機會提供顧客相關的被動式服務，直到公司客服人員去電的主動式電話客服中心服務越來越多元化，如：提供行銷活動的人員邀請、促銷活動、催繳帳款、意見調查等功能，演變到網路式客服中心（Web-Enabled Call Center）。

企業由傳統的電話服務中心走向網路化自助式的階段，設備及相關軟硬體的設施規劃，必須考量如何選定專業客服系統，皆是管理者須注意的小細節。而電腦電話整合系統（CTI）的發展過程，大致分為五個階段：

第一階段：交換機客服中心

此階段屬於單向式的客服中心，企業的客服人員單純就客戶的來電進行服務，且僅應用到交換機的電話交換功能。

第二階段：自動話務分配（Automatic Call Distribution, ACD）客服中心

此階段屬於互動式客戶服務，當客戶與客服中心的互動逐漸頻繁與複雜時，為了加速客戶服務的效率，在交換機上加入了自動話務分配的功能，且在交換機的前端加入互動式語音應答（Interactive Voice Response, IVR），即電腦用戶撥打公司指定的號碼，就可根據語音進行操作。

第三階段：電腦電話整合（CTI）客服中心

此階段的使用設備功能及客服人員素質要求更為提升。由顧客打電話進入客服中心的互動式語音應答（IVR），透過 CTI 系統的電腦螢幕 Pop-Up 功能，顧客資料將傳送至客服人員的電腦畫面上，掌握來電顧客的背景資料與過去交易情形，甚至顧客處理交辦的進度都可以一目了然。此系統服務機制更能提升客服人員的服務品質與進度的時效掌握。

第四階段：顧客關係管理（CRM）客服中心

此階段 CRM 導入與執行，整合銷售管理、行銷計畫、活動管理、產品管理、支援服務…等，運用資料庫技術進行顧客多維度分析，同時提升客服人員的 CRM 系統教育訓練，不論是在人員主動與顧客互

動詢問關懷或顧客來電要求服務，透過 CRM 系統讓客戶感受尊重及禮貌、貼心，也讓企業愈來愈重視各互動細節。

第五階段：顧客經驗管理（CEM）客服中心

此階段 CEM 不僅將銷售自動化（SFA）、支援服務、行銷活動的資訊系統整合，更採策略性管理顧客在產品或服務流程的經驗，注重與顧客每一次互動的接觸，包括售前、進行中、售後等各階段，在各接觸點、接觸流程、接觸平台及通路傳遞公司價值，營造出品牌承諾的企業形象，如「華碩品質，堅若磐石」代表 Asus 產品的耐用與穩固形象，因此顧客經驗管理上須更為細心，以強化顧客感知的價值。

CEM 可以提升服務人員素質以達到企業要求，每個流程依顧客操作需求加以改善，在系統整合功能做到更好，所有顧客經驗將被記錄、儲存及分析，而當前隨著網際網路的普遍應用，Web Enable、自助式服務（Self-Service）的客服中心已成為目前主流的趨勢。

5-5 網路行銷顧客服務

在網路行銷中，無形的服務是構成網路產品行銷的重要組成部分。例如提供問題快速的回覆、客製化的需求、產品功能詳細解說，便捷商品瀏覽及選購，24hrs 宅配物流…等。企業經由網際網路提供的產品服務，將行銷中有形實體產品透過電子商務的形式銷售給顧客，網路行銷是銷售的一個通路或管道，也是一種平台；同時可以向消費者傳遞數位商品、數位服務、數位內容，如音樂、影片、電子書、檢索資料、雜誌線上刊物的網路服務，這些統稱為數位化產品。

1. **企業應透過網路行銷產品，提高附加價值**：有形實體產品透過網路行銷過程，企業可以提高產品附加價值的部分，如會員優惠、最新產品訊息、組合互搭推薦、EDM 推播服務、公司活動通知等，甚至針對顧客本身特定的需求利用網路的即時性快速滿足，例如保險業者與電影院、Pizza、百貨公司、停車場、餐廳進行異業結合，滿足全方位的需求，提高顧客與公司的黏著度與依賴度。

2. **提供數位化產品的服務**：在網路行銷活動中，網路賣家可以利用網際網路的特性，開發多種大眾化的資訊服務的商品，如新產品開發與使用資訊的發佈、生活常識的介紹等；也可以提供專業化的訊息服務，如最新股票訊息、金融理財資訊、網路線上教學等連結；可以提供不同用戶群的娛樂性、消遣性的服務功能，如網路遊戲、線上電視或電影等。

在網際網路的世界可以讓企業與顧客的接觸更為直接且頻繁，因此顧客關係管理在網路普及的時代扮演著更主動、更關鍵、更直接的角色。企業可以善加利用網路技術來實踐更貼心的顧客服務。例如透過網際網路讓顧客自行查詢並解決問題，不需要每次都找業務代表，省下彼此間大量的時間、金錢與成本。讓企業可以運用網際網路的優點應用在顧客服務的實際做法上，以提供最好的支援。

5-6 體驗行銷的重要性

5.6.1 體驗行銷的產生

近年來世界各地雨後春筍般不斷湧現的觀光工廠，如毛巾、汽水、化妝品、牙膏、製酒、蠟筆、糕點、冰淇淋、鉛筆、陶瓷、文創品、巧克力、玩偶衣服…等，提供消費者現場體驗產品，而工廠規畫參觀生產流程導覽動線，以體驗實做方式吸引無數人潮參加，藉由實地了解生產過程與製造方法，博得消費者更多認同及認識，其好處不僅為企業帶來豐厚的額外收入，更可以為自身品牌打廣告建立口碑行銷。

此現象也說明了體驗行銷的熱門與重要。體驗行銷是 1998 年美國戰略地平線 LLP 公司的兩位創始人 B-Josephpine II 和 James Hgilmore 提出的，其對體驗行銷的定義是：「從消費者的感官、情感、思考、行動等四個方面重新定義，加入於設計行銷理念中。」他們認為，消費者消費時是理性和感性兩者兼具的，消費者在消費前、消費中和消費後不同階段的體驗，了解消費者行為與企業品牌經營的關鍵。體驗行銷發展快速的原因，可以歸納以下幾點：

1. **消費者生活水準的持續提高**：隨著資訊化時代來臨與科技進步，國民生活水準和消費需求不斷提升。在農業社會中，人們追求的是溫飽的基本滿足；在工業社會，生活可選擇的產品和服務增加；在後工業社會，消費者更關心產品及生活的品質，關心心理上和精神上的滿足感。而體驗行銷可以是代表此滿足程度的商品。綜觀顧客的消費需求，從生活實用層次轉向體驗商品層次是社會發展的一種趨勢。

2. **力求產品和服務的差異化**：激烈的市場競爭使資訊傳播速度加快，同產業內提供的商品和服務越來越同質化。但商品和服務的相似，將削弱公司商品和服務的特色，若能提出獨特性的感受和親身的實際親臨體驗，才能顯現出體驗行銷的重要性。

3. **資訊科技突破性迅速發展**：現代人們接觸到的線上體驗，如連線遊戲、遊戲角色模擬、Facebook、Line、IG、社交社群、虛擬實境、擴增實境等都是資訊科技急速發展滿足使用者人際關係的體驗需求。網路空間本身就是一個提供體驗的平台，相信在未來幾年裡，電腦、消費性電子、人工智慧、通訊及生物技術將會跨領域整合，提供給消費者體驗的空間將更加廣闊。

4. **標竿企業的帶動與示範**：許多體驗行銷是由少數先進企業引導和示範的，例如 Sony 推出隨身聽之前，消費者並沒有預期聽音樂會如此方便而且精巧容易攜帶；在蘋果公司推出個人電腦之前，消費者沒有期望自己能夠使用如此方便的機器。標竿企業挖掘甚至激發出顧客心中的潛在需求，以至當標竿公司推出新產品時能獲得廣大的迴響、關注與喜好。

企業藉著提供產品或服務，讓消費者親身感受，並實際經由眼睛觀察、舌尖嚐試、鼻子嗅聞、雙手 / 腳觸摸及實做、耳朵聆聽、皮膚擦拭、全身體驗，透過個人的感官，親身體驗產品製造過程及成果，以營造出全面性的新體驗，為顧客帶來各種愉悅的感受，包括：品質、玩樂、美學、美感、設計、包裝，以達到體驗的樂趣及教育意涵。此感受與價值觀，來自於顧客對使用該產品或服務認識、感覺與評估。

課後個案 百吉科技有限公司

兩倍的人數增長，三倍業績爆發
Vital CRM 從容管理，公司成長擴張

個案學習重點

1. 了解業務人員透過手機 APP 記錄拜訪過程，管理階層可以馬上反饋。
2. 了解導入系統後一個助理可處理兩倍以上的業務人員資訊、三倍以上因業務增長帶入的客戶事務。
3. 了解透過 Vital CRM 的強大功能，節省專業資訊人員的編制與其人事成本支出。
4. 了解新科技的運用可以重新設計顧客服務與支援管理的流程。

百吉科技有限公司

百吉科技有限公司主要生產產品是聚胺酯,緩衝材料,PVC 膜 / 聚氯乙烯膜,包裝機械，百吉在用戶與專業的包裝領域中間，架設一個平台，扮演經紀人的角色，提供客戶多重的選項，在包裝效能、成本、以及服務各種角度上，可以自行做出組合與決定，不再被侷限於傳統的運作方法。公司在成長過程，導入 Vital CRM，為百吉創造兩倍的人數增長，三倍業績爆發，從容管理公司成長擴張。

「這個市場只有兩個高端包材的供應商，一家已經 5、60 年，百吉可以說是後起之秀，到了客戶端通常就只有我們跟對手競爭，透過 Vital CRM 客戶管理系統，我們可以快速取得業務回報，管理階層也能即時回饋，讓我們好幾次成功搶下訂單。」百吉科技副總經理鄭苑蕙自豪的表示。以往公司依靠 Excel、Word 甚至 Line 群組管理全台北中南各地的業務，業務每週繳交一次拜訪週報告，主管階層也只能在週末取得當週的業務資訊，每週一進行會議討論。不但失去商業先機，無法第一時間反應商業競爭，資料的統整及傳承，更隨著人員的增加及更替產生落差。現在，業務一拜訪完客戶出來，就可馬上用手機上傳拜訪紀錄及報告，我忙到晚上躺在床上還可以沉澱看報告，不但反應快速，鄭苑蕙笑說，我們現在一季開一次會議就好，Vital CRM 帶給我們有效率的業績成長。

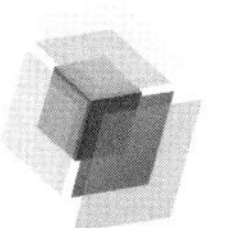

Foamrite

Vital CRM 高效率的業務人員遠距管理

鄭苑蕙表示，百吉科技主要為利用現場發泡緩衝包材及設備提供產品全程的保護，包括航太產業、汽車零配件車燈產業、自動化機器人、電子商務，傳統產業如馬達、泵浦、物流、家具等都是我們的客戶範圍。也因此我們的業務人員遍佈北中南各地，採取遠距工作的管理模式。由於業務每人每週要拜訪 20 家以上的潛在客戶，相當於每人每週就有 80 筆的拜訪紀錄，加上與競爭對手的貼身肉搏，我們體認到業務管理的時效性將會是業績持續成長的瓶頸。

透過網路知道了 Vital CRM，更重要的是透過叡揚業務人員專業細心的解說，讓我們導入 Vital 客戶管理系統一年多來體驗到高效率的遠距業務管理成效，業務可透過智慧手機 APP，在拜訪客戶後可馬上用語音或書寫記錄拜訪過程，讓所有同仁同步知道客戶訊息，Vital CRM 更整合 Google Map 顯示並提醒業務人員附近還有哪些客戶可順道拜訪，讓業務可有效率的在發掘新客戶時同時進行例行的客戶親訪關懷。鄭苑蕙表示，同一個業務助理，在導入系統後可從容處理兩倍以上的業務人員資訊、三倍以上因業務增長帶入的客戶事務，讓我們更有時間專心面對市場的競爭。

交叉分析、標籤搜索、行事曆指派 業務成長的利器

Vital CRM 也是業務情資的重要管理核心，業務資料的交叉分析，例如網路詢價的成交比例、業務拜訪客戶次數及頻率、潛在客戶拜訪的成交比例、維修狀況等，以往透過 Excel 等工具耗時費日的複雜比對，現在只要透過事先標籤的設定，下搜索指令轉為 Excel 檔案即可立即分析處理。記事功能也是管理上的重要利器，利用記事的指派功能可讓內勤人員高效率管理包括像出貨、物流、設備銷售與租賃合約、專利維護等繁雜的行政工作事項。

行銷郵件 細緻維護客戶關係

Vital CRM 除了透過分析讓我們更了解客戶的需求，更可透過行銷郵件的功能與客戶維持關係，包括公司搬家、參展、新品上市等即時訊息我們都希望

第一時間讓客戶知道，Vital CRM 行銷郵件可利用群發郵件省卻許多篩選客戶名單的時間，其中更可跟進收件者是否收到並打開郵件，讓我們可以更了解客戶需求及喜好。鄭苑蕙表示，百吉採扁平化的公司管理，相信透過 Vital CRM 的使用能讓內部更加開放、透明，達到互相激勵及更敏捷的商業反應。

■ 資料來源：
https://www.gsscloud.com/tw/user-story/124-search-result/828-vital-crm-kpn

個案問題討論

1. 請上網搜尋有關百吉科技公司的產品與服務資訊，了解顧客的類型與需求？
2. 請探討百吉公司的業務遍布北中南各地，採遠距工作模式。每人每週有 80 筆以上的拜訪記錄，如何在最短的時間掌握準確的潛在銷售機會？
3. 請探討百吉公司以往用 Excel、Word、Line 群組、Vital CRM 管理全台業務的優缺點比較？
4. 請討論當公司客戶、維修報告等資料的統整分析及傳承，隨著人員更替產生落差時如何克服？
5. 雲端 Vital CRM 可以為百吉公司做到那些關於設計顧客服務與支援管理的新流程？

本章回顧

設計顧客服務流程及建置客服中心，是當今企業基礎建設之一，擁有良好貼心的顧客服務，除了能讓顧客感受到愉悅感外，更能增加顧客忠誠度及再購意願。在現今人人都擁有筆電、智慧型手機及平板的時代，資訊流動快速，透過網路傳遞功能進行顧客服務是不可或缺的一環。若企業想要擁有新的年輕族群，更必須要重視網路顧客，才能讓更多的人看見銷售的產品，為企業帶來新氣象及新面貌。而體驗行銷是現今企業推廣的行銷方式，無論是在文創園區辦展覽，或是設置體驗行銷館甚至觀光工廠的實際體驗，目的都是在於讓更多的顧客了解及接觸公司的產品。

本章節所介紹的設計顧客服務與支援管理的新流程，主要提供學習者了解：

1. **為何要做好顧客服務？**介紹企業若做好顧客服務，能為企業帶來哪些優點？以及提供良好的服務品質，對於企業與顧客間將會建立起更好的關係，並學習顧客服務的重要性。
2. **建構顧客抱怨管道及客服中心能建立企業競爭優勢：**讓學習者了解客服中心之演進及顧客抱怨時應遵循重要原則，此管道除能降低顧客的申訴及不滿外，也能聆聽顧客寶貴的建議，作為企業日後改善之依據。因此必須了解當前客服中心在企業營運的重要性。
3. **了解體驗行銷的趨勢及意義：**主要了解體驗行銷與傳統行銷手法的區別？透過親身體驗或接觸，增添對產品的認識，在行銷活動中加入體驗行銷，能帶給顧客不一樣的視覺、聽覺、嗅覺、味覺、觸覺，甚至其他感受的全新經驗。

試題演練

1. (　　) 顧客服務是顧客價值體系中一個重要部分，可為企業增加競爭優勢，顧客服務是企業對購買者提供一連串處理流程，會因產品、種類及顧客群不同而有不同服務，下列何者不包括在其中？

   (1)銷售前服務

   (2)銷售中服務

   (3)製造過程服務

   (4)銷售後服務

2. (　　) 以下何種類型客服中心是整合銷售管理、行銷計畫、活動管理、產品管理、支援服務…等，運用資料庫技術進行顧客多維度分析，同時提升客服人員 CRM 系統教育訓練？

(1)交換機客服中心

(2)自動話務分配客服中心

(3)電腦電話整合（CTI）客服中心

(4)顧客關係管理（CRM）客服中心

3. (　　) 當企業訂定服務流程與服務規範，但服務人員可能因為事前教育訓練不足或無法正確完整的執行此項服務流程與服務規範，此缺口屬於內部問題，亦即是何種缺口？

(1)傳遞服務與服務品質的缺口

(2)管理者認知—服務品質規格缺口

(3)顧客期望—管理者認知缺口

(4)傳遞服務與外界溝通的缺口

4. (　　) 一般企業在顧客抱怨處理會遵循下列幾點原則，以達到補救功能及提升顧客滿意之效益？【複選題】

(1)先平緩顧客不安的情緒　(2)不延誤處理顧客的抱怨

(3)同理心關懷的表現　(4)實施補償手段

(5)追蹤後續調查　(6)先請顧客離開現場到警察局報案

5. (　　) 企業售後服務若是完善貼心，將被廣為宣傳及肯定讚賞，優異的售後服務是留住顧客最好的利器，也是維繫顧客關係的關鍵，通常售後服務有下列哪三項策略？【複選題】

(1)全面售後服務策略　(2)鈦金級售後服務策略

(3)特殊售後服務策略　(4)白金級售後服務策略

(5)恰如其分售後服務策略　(6)普通級售後服務策略

6. (　　) 小橘拜訪新客戶之後，除了可以用標籤分類客戶之外，還可以利用下列何種功能紀錄客戶需求？

(1)記事、留言　(2)消費記錄　(3)工作指派　(4)發送行銷簡訊

建立顧客經驗與創造顧客價值

6

課前個案 合隆羽藏

合隆首創羽絨寢具清洗寄倉
售後服務透過 Vital CRM 經營品牌力

個案學習重點

1. 合隆羽藏如何對顧客資訊予以數位化，以快速回應客戶需求。
2. 透過 Vital CRM 的標籤功能，清楚了解消費者樣貌及購買行為做進階管理的參考依據。
3. 將消費記錄進行售後服務通知，創造更貼心的顧客感受與優質售後服務。
4. 合隆羽藏運用羽絨相關科技，提供顧客更好的羽絨使用經驗以及保養維護的服務。

締造不凡的新里程碑 第五代經營的合隆羽藏

合隆毛廠，成立於 1908 年，到現在已有 112 年歷史，且是第五代接班的台灣隱形冠軍，是東南亞歷史最悠久、擁有最豐富經驗的羽絨製品製造廠。主要產品為羽絨原料、寢具產品、一般成衣等三大類，包括消費性市場接觸的羽絨被、羽絨枕、睡袋、夾克和背心等都是合隆的生產範圍。合隆優良的生產品質贏得無數獎章及客戶肯定，為台灣獲取無數光榮。2016 年開始，合隆毛廠為了提供台灣消費者更好的羽絨寢具選擇，推出「合隆羽藏」。

用售後服務經營可長可久的品牌力

合隆羽藏品牌總監黃曉萍指出，合隆從 2008 年就開始經營直接面對消費者的電商，到 2016 年在第五代董事長接班後成立「合隆羽藏」品牌，希望將優良品質的羽絨產品讓更多台灣消費者使用，並讓消費者了解自己的需求進而選擇產品，並獲得正確的保養及貼心的售後服務。

黃曉萍總監笑著說，合隆不只對產品很有信心，我們更是業界唯一提供售後清洗與寄倉服務的羽絨寢具品牌。客戶可以透過定期保養，延長羽絨被使用年限，環保減碳。對於家裡沒有冬被儲藏空間的客戶也提供一年的寄倉服務。除了購買後提供一次的免費服務，想要更多次服務的消費者也可以進行購買，讓寢具產品銷售成為可長可久的經營。

Vital CRM 記錄從客戶需求，即時了解客戶樣貌

過去合隆羽藏以電商經營為主，在許多顧客的體驗與回饋下，合隆羽藏開始設立包括台北國館、台北民權、桃園大園、台中草悟道等四家實體體驗中心，更因為體驗中心的開設體驗到顧客關係管理的重要性。「以前消費者購買產品後，我們就幾乎跟他斷了聯繫，當時可能只有用 Excel 或紙本記錄購買的內容。等到客戶哪天有問題打電話過來，我們發現需要翻箱倒櫃才找得他的資料，相當沒有效率。」黃曉萍回憶道。

經過內部討論決定開始經營會員與建立顧客資訊，又在課程中聽到林果良品創辦人曾信儒分享 Vital CRM 的使用後，馬上進行評估導入，且發現 Vital CRM 的整體介面不但設計友善，操作更是容易，讓系統幾乎無痛導入。在導入時最困難的就屬要把過去 Excel 及手寫資料整理匯入系統的過程，但是一旦決定執行，這些也都不是問題，黃曉萍指出，資料轉換進入 Vital CRM 後，消費者只要打電話進來，馬上可以查詢得知過去資訊，效率大幅提升，相當有感。

體驗門市收集客戶資訊 即刻掌握業績與行銷方向

Vital CRM 的標籤功能是合隆相當讚許的功能，可以針對每個消費者屬性與購買行為進行標籤。也由於羽絨寢具屬於購買週期較長的產品，未來也將善用聯繫腳本功能與客戶維持長遠的關係。

黃曉萍說，合隆初期經營幾乎沒有廣告宣傳，靠的都是口碑經營的累積，這也讓公司更加重視產品的推出與售後服務的經營。目前單單床被就有 79 個品項與各種不同種類的客製產品，就是希望滿足每個客戶不同睡眠環境的需求。合隆羽藏更將 RFID 技術應用於每個羽絨被和枕頭，讓清洗與寄倉的服務能夠完善盡美，透過 Vital CRM 的協助，讓合隆除了有好的產品與售後服務，更能進一步掌握顧客喜好，建立即時洞察、掌握市場脈動的競爭力，是相當值得推薦的系統。

■ 資料來源：

1. https://www.gsscloud.com/tw/user-story/1482-copy-vital-crm-hlfwc
2. https://shop.hoplion.com.tw/

個案問題討論

1. 請說明合隆初期使用紙本與 Cxcel 建立顧客資訊的缺點與產生的問題？
2. 請討論為何沒有建立會員制度，無法長久經營顧客關係 ？
3. 請探討合隆羽藏使用那些 Vital CRM 的功能增進與顧客的互動及友善關係？
4. 請上合隆羽藏公司網站探討公司有運用哪些科技提供顧客貼心的服務？
5. 請蒐集資料探討羽絨相關產品可以達成客製化的參數，如支撐度、保暖度。

6-1 顧客經驗管理概念

6.1.1 顧客經驗管理的意義

好的顧客經驗管理（Customer Experience Management,CEM），是創造良好形象、口碑、推薦他人接受公司產品/服務的積極表現，隱藏許多商機與價值，特別該經驗是可以透過傳遞過程，可以與人分享與交流，帶來許多的正面效益，因此必須妥善的管理，尤其是策略性管理顧客對主力產品或企業銷售流程的經驗。顧客經驗管理中以「顧客至上」的「經營」方式，強調員工必須要了解顧客、創造顧客親身的體驗，產生對產品的經驗，對服務流程的體驗並創造更高的認同及滿意度。

經驗是帶給顧客的整體綜合性感受，會直接影響顧客當下以及未來購買的考量及決策，每一次的接觸都會改變或強化顧客原有的消費行為，企業在消費的過程中如果能與顧客建立緊密關係及開心愉悅感受，為其創造出觸動人心、貼心滿意的經驗，顧客將會持續的上門，更重要的是期待顧客會將此消費的經驗分享給周遭親朋好友，為企業創造出更快速、更真實的口碑效果，帶來新的顧客群與實質獲利。

6.1.2　顧客經驗管理的學說

企業建構顧客經驗管理體系，目的在可持續進行產品/服務做調整，以對顧客產生正面影響，並能提供適當方法，讓企業能滿足特定顧客群和特定市場區隔的需求，如圖 6-1 所示。例如 7-11 的涼感衣、發熱衣找國內名模代言，以豐富肢體語言與舒服貼身感覺為訴求，傳達出自身體驗的舒適經驗。

企業要建構顧客經驗管理體系需要遵循三個基本原則：

1. 以顧客需求與期待為中心，規劃並發展顧客經驗的情境設計、流程執行、經驗評估、成效稽核、精進感受，以確保顧客經驗管理經過縝密規劃而達到美好的體驗，在顧客需求與期待以及獲取每個步驟間建立連結。
2. CEM 實施從了解顧客開始，蒐集所有互動管道的線索，以提供顧客經驗平台（CEM）的來源。

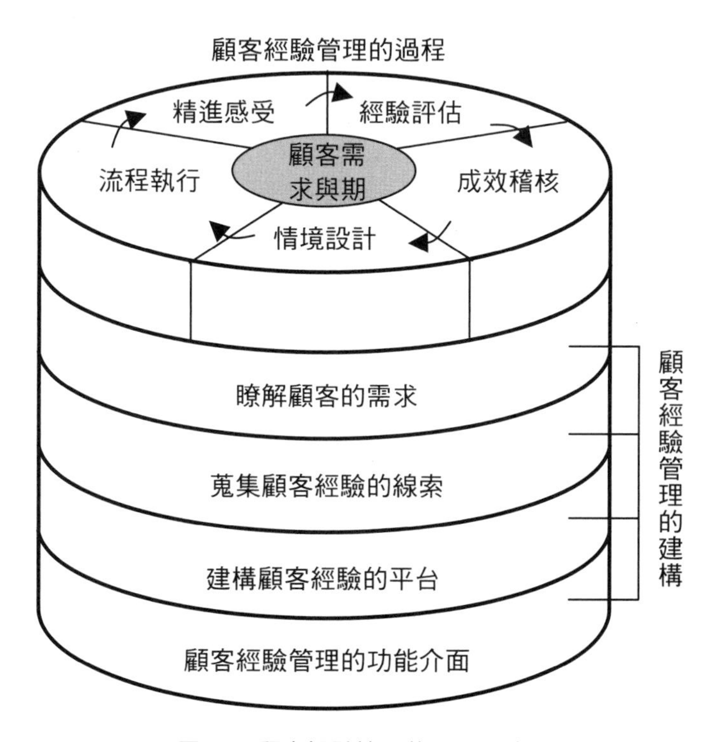

圖 6-1　顧客經驗管理的過程及建構

3. 企業提供給顧客消費的經驗，可以經由消費、情境、流程、活動的安排及設計使得各功能要素間的互動緊密連結，而非僅專注於特定區塊內的行動，以確保提供一致的目標顧客經驗。
4. 設定顧客經驗導向的評估指標，應隨時檢視工作的進度與方向，並作適時的修正。
5. CEM 的執行過程，從分析顧客需求與期待開始，啟動良好的情境設計，並經由提供產品服務流程執行，傳達給顧客，透過活動產生的經驗加以觀察稽核，並進行經驗評估，以做為更精進感受的改善依據。

6-2 顧客經驗管理的五個基本步驟

在導入顧客經驗管理計畫時，企業必須先審慎評估，設定目標並在執行的過程中隨時加以追蹤，顧客經驗涵蓋所有交易過程的活動和經歷的事件，經驗是顧客與企業互動後的整體綜合感受，為了要讓每一次的顧客互動都有良好的互動經歷，顧客經驗管理有五個基本步驟，如圖 6-2 所示。

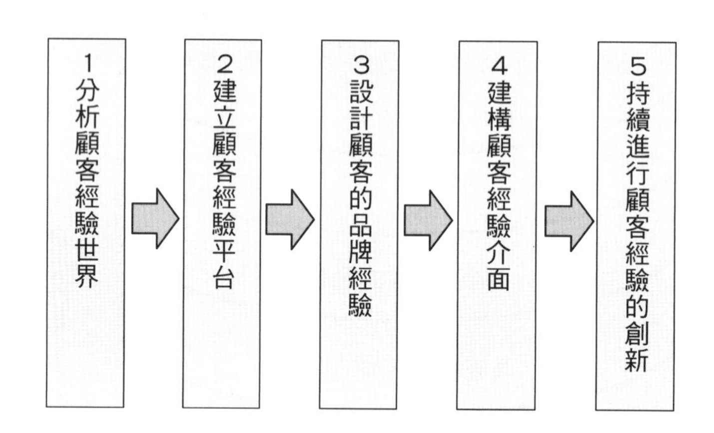

圖 6-2 顧客經驗管理的五個基本步驟

步驟一：分析顧客經驗世界

認識顧客經驗世界是執行顧客經驗管理的步驟中的第一步，企業需要確認各種經驗的目標顧客，再把經驗分成下列四個層次，從涵蓋範圍最大的第一層開始，例如(1)洗髮乳的消費者市場，包括大賣場、連鎖超商及藥妝店所陳列銷售的洗髮乳產品；(2)消費者本身的需求，如有頭皮屑的狀況則必須選擇去頭皮屑的洗髮乳產品；(3)相關以及類似產品如海倫仙度絲、花王、沙宣及飛柔等去頭皮屑的產品；(4)最後由顧客經驗選出自己認為最適合、最符合、最需要的品牌選項，如海倫仙度絲，由外逐漸分析到最內層的品牌經驗層次。

經驗的層次如由外往內的漸層順序為：

1. 與顧客身處的消費者市場或交易環境有關的經驗。
2. 相關或類似消費情境產生的經驗。
3. 經由使用產品所產生的親身經驗。
4. 分析品牌所產生的經驗，包括使用後的感覺，評估期望與實際兩者間的差距。

步驟二：建立顧客經驗平台

經驗平台是提供一種想要達到經驗的感受，所建構的動態、立體、連續和多重感官的體驗，可明確的指出顧客可以預期從某個產品上所獲得的價值感受，透過經驗良窳績效表現，做為協調之後的行銷及宣傳活動，以及將來創新研發的參考依據。

當企業要建構經驗平台時，必須考量(1)經驗定位（Experiential Positioning）、(2)經驗價值承諾（Experiential Value Promise）、(3)整體執行主題（Overall Implementation Theme）三個策略要素，如圖 6-3 所示。所謂經驗定位是說明品牌的意義，亦即在產業中的定位；經驗價值承諾是顧客能夠得到什麼？整體執行主題在於說明一家公司實際執行品牌經驗活動、顧客互動介面設計及持續創新的整個過程。

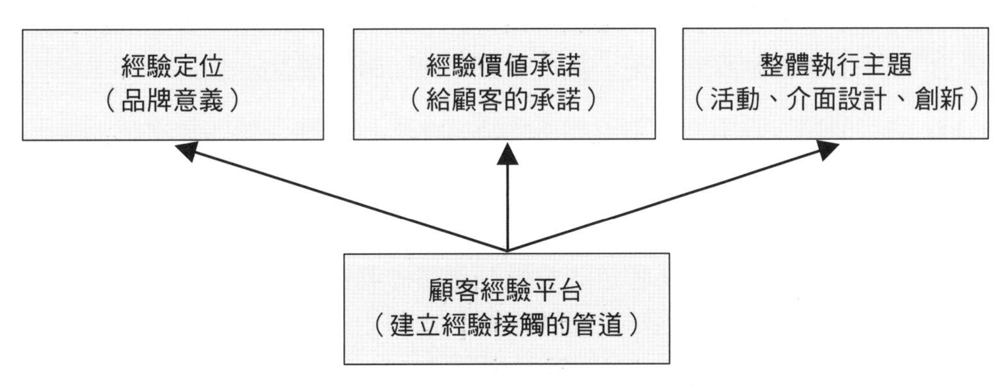

圖 6-3　顧客經驗平台與策略三要素

步驟三：設計品牌經驗

1. **品牌經驗**：指企業採取一種經驗平台進行規劃設計後，此平台必須落實在品牌經驗中。不論消費市場（B to C）或企業市場（B to B），品牌經驗包括行銷特色與產品美學，以做為吸引顧客接觸品牌經驗的起始點。品牌經驗包括設計品牌標章符號、產品包裝、陳列空間、以及廣告、相關宣傳品、網站介紹文章，皆必須傳達恰當的產品最新訊息和形象，以建構完整的品牌經驗。

2. **顧客經驗**：設計顧客經驗考量三個重要的面向，如圖 6-4 所示。

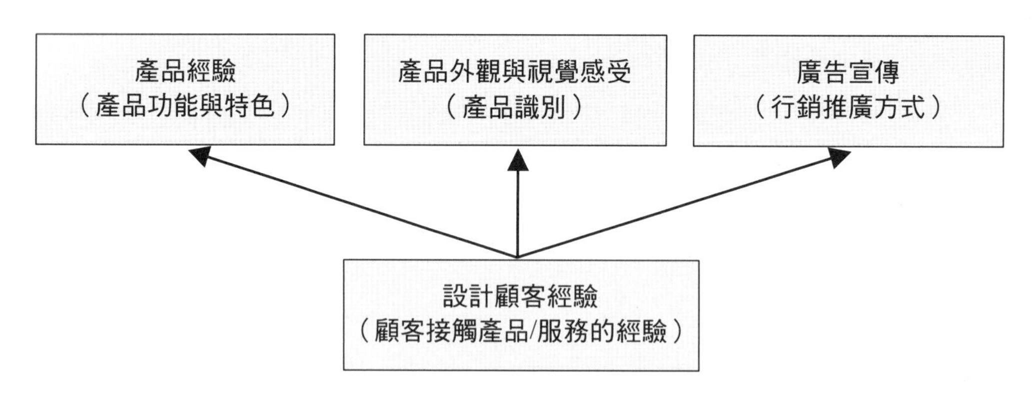

圖 6-4 設計顧客經驗的三個重要面向

(1) 產品經驗：產品是顧客經驗的核心所在，產品經驗包括產品的功能及特色。產品必須整合美學，產品美學包括設計、外觀、色彩、意象、包裝、材質和造型等，必須與產品功能、產品特色及產品操作是否符合人體工學整體考量。

(2) 產品外觀與視覺感受：產品整體的外觀與視覺感受（又稱為產品識別），也是品牌經驗的另一個重要面向。一般而言，產品外觀包括，產品識別（名稱、標章、符號、顏色）、產品包裝、店面設計、商品陳列，以及電子商務網站頁面呈現、網頁頁面間連結與圖像設計等。

(3) 廣告宣傳：說明如何用行銷推廣方式來執行品牌經驗，其連結經驗平台的三個元素：

- 「訴求定位」，用在設定整個行銷推廣的方式，執行時應採取強勢或弱勢的做法？訴求的重點是希望激發顧客的理念、行動或想法，例如環保、愛地球、友善環境、永續生存的理念，付諸行動的作法或節能減碳的想法？
- 「廣告傳遞價值」，用在協助企業確認，廣告要傳達的是什麼樣的顧客經驗，顧客從產品的外觀、品質、便利、價位、包裝、通路…，購買此產品的目標客群中，可以獲得什麼價值？滿足顧客的需求。
- 「廣告媒體的選擇及成效」，廣告和播出的媒體應該採取何種方式，如電視、報章媒體、網路、看板、夾報、簡訊、電子郵件、信件…？採取何類型廣告和媒體計畫最具效果？亦即何種管道最能確保廣告經驗能獲得顧客心中的共鳴與迴響。

步驟四：建構顧客互動介面

顧客互動介面屬於動態的，步驟四涵蓋各種與顧客的動態往來及接觸點。例如在門市面對面溝通、到客戶處進行業務拜訪、透過 E-mail 往來，透過電話交談、透過信件往返、透過郵寄目錄、或透過網頁回覆諮詢、APP 推播公司最新活動。

企業務必妥善建構動態即時的互動內容和進行方式，使顧客得以透過介面取得所需的資訊或服務。建構顧客介面不只於顧客關係管理，顧客介面設計更必須納入彈性考量以因應非預期狀況，並應追求長期及不同接觸點經驗的一致性與一貫性。

企業在建構顧客介面時，必須考量的關鍵議題，如圖 6-5 所示。

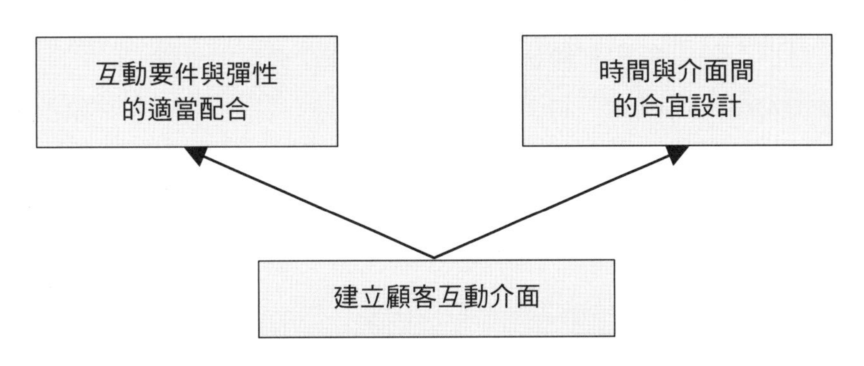

圖 6-5　建構顧客互動介面的關鍵要素

1. **互動要件與彈性的適當配合**：互動要件如互動活動、交流分享、活動企畫等；彈性設計可以使顧客經驗介面顯得自然，同時面臨突發狀況時可以因地制宜，進行調整與顧客互動過程，除藉由活動的舉辦，彈性的靈機應變，機動配合相當重要。
2. **與顧客互動時間與接觸間的合宜設計**：企業與顧客進行互動與交流時應考慮到顧客接觸的階段性問題。初期規劃應思考與顧客如何展開接觸，讓顧客可以得到好的印象留下良好產品或服務的經驗、每次與顧客接觸服務的時間、帶入產品關鍵的議題、引薦商品的恰當時機、邀請顧客再度參與公司舉辦活動、鼓勵顧客再次購買的優惠等，每個階段都需要用心、細心、耐心的與顧客搏感情，以建立良好形象與信賴感。

步驟五：持續進行創新

企業的創新必須反映在經驗平台上，藉由持續創新帶來價值與新奇感，創新包括任何能夠提升或改善顧客的期待或需求，如企業的營運流程、效率提升，也可以到產品全新上市，小則對產品形式、結構、功能的改良，行銷方面的創新則可能是別出心裁的上市活動和宣傳廣告。

創新可以證明企業有能力持續不斷的研發與顧客有關的新經驗、新感受、新體驗，創新的主要目的不僅可以開發新客源，還可以維繫舊顧客，建立產品更高價值，各種類型的創新都必須以提升顧客經驗為目標、進行規劃、管理和評估。以下是

1. **產品開發各階段的經驗管理**：顧客經驗管理的目的即是「持續地進行顧客經驗創新」，其包括對顧客體驗或經驗的改進，無論是來自「突破性的新產品」、「原有產品的小幅改良」、「產品功能、設計或結構改良」或「行銷手法的創新」都涵蓋在內，如表 6-1 所示。

表 6-1 顧客經驗管理下的產品開發六步驟

產品開發階段	顧客經驗管理的做法	案例
1. 市場評估	分析顧客的經驗世界	以 Johnson 的電動跑步機為例，因應一般人或上班族吃多動少運動量不足的現況， 開發出小型、體積輕巧隨時可用的輕量級電動跑步機，可以讓身體有機會動一動，減少脂肪的屯積，增加心肺功能。
2. 構想產生	提出從顧客經驗出發的解決方案	
3. 構想測試	測試產品構想在實際經驗中顧客接受度	
4. 產品設計	把顧客經驗因素融入產品規格中	
5. 產品測試	測試顧客使用新產品的經驗	
6. 正式上市	正式推出新產品上市，創造更多的顧客經驗	

另外 OSIM uShape 摩塑板為例，現代人坐辦公室太久，沒有好好運動，脂肪容易屯積在腹部、腿部、內臟，又礙於時間、空間不易掌握，為了使運動更輕鬆自在，透過強力的全身振動方式，以身體為達到平衡的狀態讓使用者持續運動，OSIM 經由現況的觀察推出新 款式的產品，不論是在按摩系列、健體系列，在縝密規劃過程下進行產品開發，每階段層層把關，在正式上市後都能獲得好評，創造業務的佳績，顧客人數亦不斷攀升，因此在國內創新的室內運動器材，令人印象深刻的 OSIM 首屈一指，其廣告詞「你懶得動，我幫你動」，正是從顧客生活經驗中符合需要的運動需求，並在百貨公司的專櫃門市有專人為你解說以及提供機器現場體驗。

企業要從事產品創新，需要有務實的流程與管理方式，顧客經驗創新除了產品或服務作業流程外，更重視創新顧客經驗、感受為標的，致力於將顧客改善意見或建議融入到研發及客服流程中，以得到顧客接觸點的改進。即是以顧客為導向的持續改善與創新研發。

2. **顧客經驗管理下的組織結構重整**：企業應該建立長期的顧客關係與財務獲利為目標，企業與顧客需要達到公平、誠信且互利的長期商業關係。透過人力結構的設置、組織資源的分配，顧客經驗管理（CEM）能夠與組織結構、財務資源、人力資源、軟硬體設施配合，才能持續地帶給顧客滿意及理想的經驗。此資源適當分配在顧客經驗的範圍，如品牌經驗、互動管道及接觸點、產品不斷研發。

   此外，增進員工經驗上，給予員工學習與成長的培訓，使其更有創造力、執行力提供高品質的服務流程，達到以學習為導向的人力資源管理，並提供經驗 / 體驗行銷讓員工為顧客營造更有說服力的真實經驗，如圖 6-6 所示。

   例如 Toyota 公司所生產的汽車鼓勵自己的員工購買，讓公司內部的顧客創造如同外部消費者的經驗，如此對公司業務的推廣更具有說服力，從平衡計分卡的概念，創造出往上一層的價值。從內部員工的學習及成長，到企業內部營運流程的創新及控管，提供顧客有更好的互動平台與品牌經驗，最終達到獲利盈收的財務價值，如圖 6-6 圖示流程。

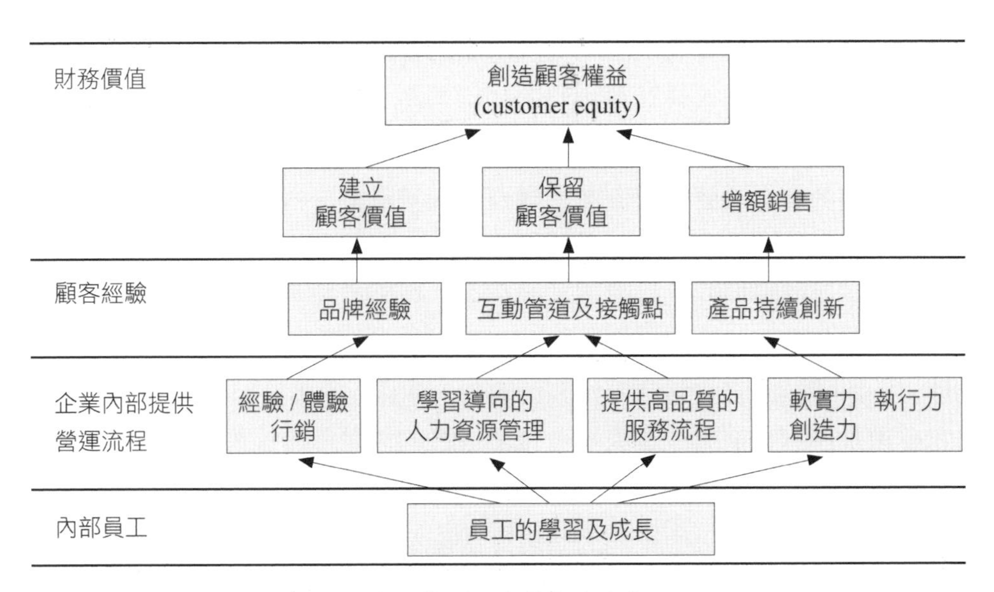

圖 6-6 從平衡計分卡的觀念建立 CEM

6-3 創造完美整體顧客經驗

從八大行動來創造整體顧客經驗，以下分別說明：

1. **編寫動人的品牌故事**：塑造品牌個性，感人、令人印象深刻的故事行銷是一大賣點。故事最能打動人心，也最能引起共鳴，好的故事可以激發消費者的感性層面，對內心產生認同感，進而發揮影響力，但要注意故事必須符合人性、契合社會脈動、感性訴求，才能勾起共同的記憶，觸動內心世界。

2. **透過多元管道營造一致性的顧客經驗**：邁入新經濟時代，企業應該提供更便捷、更多選擇的通路、虛擬與實體必須緊密結合，當前實體商店更須架設網站，給顧客多一個接觸平台並與實體零售通路整合，而純網路公司則應開設實體門市或營運據點、提供客戶退換貨或體驗的服務。

3. **認識顧客與關心顧客**：擁有健全財務報表的公司在顧客導向經濟環境中經營，企業必須要花時間去認識顧客、關心顧客、了解顧客的真正需求，並讓顧客覺得受到尊敬、有價值、備受禮遇、受歡迎的。

4. **衡量顧客所重視的關鍵指標**：企業的獲利應建立在顧客希望獲得的產品/服務上，擁有真正主導權的是顧客，企業必須盡量滿足他們的需求，並努力超越顧客的期待，例如信用卡綁定超商結帳，不僅不用帶錢包買東西更可加速服務的時間，一舉數得。

5. **追求卓越營運與實際需求結合**：例如消費者希望超市的日常用品可以直接宅配到家，但大多數實體商店所提供的服務無法達成顧客的物流要求，但網路商店 24hrs 經營，可以在最短時間配送到家，使消費者有更多時間完成自己的工作，而 7-net 成功將 7-11 實體門市與網路商店成功的結合即是最好例證。

6. **省下顧客的寶貴時間**：讓顧客的購買流程更順暢、提供無所不在、方便的互動管道、從顧客的角度來思考流程的設計。例如 Vital CRM 雲端應用服務可以讓店家隨時掌握顧客的消費交易狀況，提供最細膩的服務。

7. **將顧客基因植入公司網絡核心**：贏得顧客忠誠的作法之一，即是掌握顧客屬性、特徵、需求、特定服務等相關的資訊，總稱為顧客基因（Customer DNA），它會啟動所有相關的服務流程，包括慣性的消費行為、固定的偏好選擇、特定的產品需求。

   例如將顧客基因植入由不同的供應商所串聯起來的網絡核心，顧客就可以得到一次購足的便利、個人化的服務，以及節省時間成本的好處。此外還具備另一項特色，即是參與網絡的數量越多，整個網絡所產生的價值就越大。如競標網站上有越多人賣東西，吸引買東西的人也就越多。購買東西的人增多之後，就吸引更多人潮來賣東西，創造出良性循環。

8. **重新設計商業模式**：企業的經營模式隨環境變化產業競爭有可能一年修正多次，當今企業多數都具備高度的適應力，當一個商業模式不成功或有瑕疵問題時，大都能轉換或調整到另一個商業模式。當某個商業模式成功時，也會積極複製並增加一個據點。

6-4 創造顧客價值

當代管理大師彼得．杜拉克（Peter Drucker）曾說：「企業的首要任務是於創造顧客」，而創造顧客包括爭取顧客的信任與創造顧客價值。一般企業將廣大的消費群區類型分為顧客、準顧客、潛在顧客、非顧客等四大類別。顧客是指已經接受公司產品或服務的消費者；準顧客是指正在接觸或洽談中，短期內有可能成為公司正式的消費者；潛在顧客泛指未來有可能成為公司顧客的消費者；而非顧客是指短期內很難或甚至不可能成為公司的顧客。企業競爭的本質是在創造顧客價值，積極增加新顧客，吸引潛在顧客，留住忠誠顧客，加速準顧客的購買行動，淘汰無法挽回的顧客，以提高公司的經營業績及競爭力。

此外，爭取顧客的信任即是降低成本，獲取爭取一位新顧客所付出的成本，遠比留住一位舊顧客的好幾倍，因此如何鞏固顧客、服務顧客、留住顧客就成為 CRM 成功與否的關鍵。創造顧客價值的方式可以透過產品、服務、價格、人員、流程、環境、時間、地點，甚至形象傳達給顧客，讓顧客從所獲得的利益與所付出成本的權衡取決中，感受到價值的存在。

現今企業所面對的顧客，除了精打細算評估比較外，亦會搜尋哪家公司提供給顧客的價值最大，進而加以選擇交易。下列為創造顧客價值的五大途徑，企業可以進行不同搭配組合。

1. **產品本身創造價值**：產品是企業創造顧客價值的首選標的，產品價值包括功能的提升與多樣化選擇項目，例如 Asus 的筆電，雖然外觀大致雷同，但是每款式內含的模組、功能、記憶體容量執行速度、配備…都有差異。
2. **從流程尋找差異化**：以旅館服務業者為例，創造顧客價值的項目，除了提供乾淨、安全、舒適的住宿環境，更進一步在接送、餐飲、會議、運動、健身、休閒、芳療、娛樂、網際網路等設施與環境，讓顧客有賓至如歸的感覺，同時在周邊旅遊景點搭配旅遊行程上尋求差異化，例如義大皇家酒店，提供各式異國料理，並結合各種婚宴整體服務、遊樂設施、國際精品購物、套裝旅遊行程等服務，為顧客設想服務周全。
3. **強調便利性與方便使用**：零售業在創造顧客價值強調為顧客創造最大的經濟效益與便利的購物環境，以及多樣化商品的選擇。便利商店提供給顧客是最便利的價值，包括產品、選擇、時間、地點、取貨、訂購、代繳、提款、代送的便利性等，近來便利超商提供現打果汁、熟食、蔬菜水果、冰淇淋、茶飲，甚至規畫現場料理的簡餐。

4. **提供客製化服務**：企業提供根據顧客需求量身打造客製化的產品及服務，可以滿足消費者的不同需求，提升客戶價值及滿意度，使企業更有競爭力。例如銀行、保險、證券、投資理財、法律服務、顧問諮詢、房地產業者…等，標榜擁有訓練有素的專業團隊，提供量身打造及精緻的客製化服務，以優秀人才為顧客創造專業服務價值，例如銀行理財專員能根據客戶存款的資金，進行投資標的的選擇與投資組合的比例安排，為顧客創造更多的財務價值；王品牛排的熟度選擇、林果良品手工鞋製作、台灣大哥大費率、旅行社行程規劃都可依個人需求加以選擇。

5. **增加信任感與心理價值**：指透過企業形象的塑造，巧妙傳達公司帶給顧客的信任感與心理價值。例如，遠傳電信的「只有遠傳沒有距離」，中華航空公司的「相逢自是有緣，華航以客為尊」、中華電信的「為了你，一直走在最前面」、萬歲牌的「不是萬歲牌，我可是不吃的」、中國信託的「We are family」、7-11 超商的「alway open」、全家超商的「Family Mart」，感性地突顯顧客心目中企業形象的價值。

6-5 顧客價值戰略定位

6.5.1 顧客價值戰略定位概述

當今的顧客對於產品與服務的認識比過去掌握更多的知識與資訊，更熱衷於搜尋新知、勇於嘗試、表達意見、發揮影響力，在日趨廣泛的產品選擇中擁有主動控制權。因此，誰能夠爭取顧客、維繫顧客、留住顧客、創造利潤，誰就能夠獲取持久的競爭優勢，在激烈的市場競爭中立於不敗之地。

自 20 世紀以來，行銷學者和企業經理人不斷地尋求可以掌握形勢變化的銷售新方法，從最初以「產品為中心」的理念，單純注重產品功能及品質，到以「顧客為導向」爭取顧客的滿意度與忠誠度，而創造顧客價值概念的提出，將市場經營方式引導至一個新的里程碑。

與傳統行銷概念相比，顧客價值的創新是由企業站在顧客的角度來思考產品和服務的價值，此價值不是由企業決定的，而是由顧客實際感知及經驗所建立，意為顧客價值即是顧客所感知的價值，是顧客感知獲得利益與付出成本的權衡比較。美國學者特雷西（Treacy）和威爾斯瑪 （Wisersema）將顧客價值描述為：「顧客所得到的收益之總和減去其在獲取產品和服務時所付出的成本。」收益形成了價值，乃指產品或服務提升了顧客的效益或經驗。成本包括購買和維護上的支出，以及花費在投入的金錢、時間和精力，有形與無形的成本抵減了價值。從顧客滿意、顧客忠誠到顧客價值的每一階段，企業經營必須建構如產品品質、服務品質、價格、品牌形象與其他有貢獻的因素，而關係資本的累積亦構成了顧客價值的來源。

注重顧客滿意的企業會關注顧客購買產品和服務後的滿意度，其次關注競爭對手與其顧客的互動情況，過去企業與顧客之間的關係較偏向靜態的，並藉由「滿意度」來獲取現有顧客對產品或服務的忠誠，但有眾多實例證明滿意度不代表忠誠度，兩者關係未必呈現正成長，有高滿意並不保證高忠誠。而注重顧客價值與競爭力相匹配的企業多數是基於本身的價值定位，亦即能夠向目標顧客提供超越競爭對手的價值，而顧客為了獲得的感知價值最大，亦即獲得物超所值或物同所值的經驗，也更願意和企業維持良好友善、長期互動的關係。創造顧客價值則是企業獲取持久競爭優勢的核心所在，提高顧客價值不僅會使顧客滿意，並會提高顧客忠誠度，尤其競爭激烈的新發展市場中，誰能提高顧客滿意，鞏固顧客忠誠、創造顧客價值就能立於市場不敗之地。

6.5.2 顧客價值策略定位的基本原則與方式

基本原則

一般認為，企業建立競爭優勢可以透過兩個途徑實現：(1)模仿同行做法，即從事與競爭對手同樣的事情，卻比對手做得更好。但是創新的、更好的做法很容易會被競爭對手下一波行動所取代，因此單純依靠模仿的運作很難獲得持久的競爭優勢。(2)思考及規劃策略定位，即擬定競爭對手不同的策略，向顧客傳遞與眾不同的價值，透過市場調查及分析，找出最適合公司發展的策略定位，以創造顧客價值，如東京著衣、衣芙日系，以年輕族群為目標，以網路、APP 為平台，銷售新款、流行、時尚的衣服，價位是年輕人可以負擔的金額。

企業以顧客價值為核心的戰略方向，來發展獨特的技能、產品、方法、流程和良好的商譽。需特別注意顧客價值定位是動態的，隨著大環境變化而顧客需求不斷向外延伸，如手搖式電話、類比式電話、數位信號電話、大哥大、黑莓機、智慧型手機，都說明沒有策略性偵測市場大環境的改變是很容易被淘汰的。主要源於兩個方面的事實：(1)顧客的期望是不斷發展變化期望只會越來越高；(2)既有競爭者或市場進入者會創造更新的顧客價值，當一個新的定位獲得顧客認可時，往往就代表著某些舊的方式或規則被打破。因此企業要以前瞻性的運籌帷幄做出理性的預測和判斷，不斷地提升競爭力和改進運作模式，以滿足新型態的顧客價值的要求。

例如電信公司提出的 499、399 吃到飽方案，消費者要求的下載、上傳速度不會因價格降低，而允許通訊服務品質降低，業者要在技術上更精進更突破，提供更快速更清晰的傳輸服務。

顧客價值策略定位的方式

不同的顧客類型產生不同的價值，一個企業礙於自身資源和能力的有限性，很難為所有的顧客提供完美服務。隨著市場標準和顧客期望值的提高，企業只能提前行動來保持領先，即採第一進入者策略，最早實施者擁有開疆闢土的優勢及風險。因此，成功的企業總是依據其所選定的目標顧客群來進行價值定位，如汽車公司會區分休旅車、房車、跑車、貨車…依據不同需求、不同款式、不同功能，提供給不同的目標顧客族群。

一般顧客約略可以大致分為三種類型，而針對不同的顧客類型，又有不同的顧客價值定位的模式：

1. **產品領先型**，顧客偏好最新的、剛上市的產品感興趣，對產品的選擇反映出對時尚品味的追求和對創新技術的期待。滿足這類顧客需求的公司將價值定位於產品領先者，如對於微軟、惠普、英特爾、Asus、APPLE、Samsung、BMW、OPP、小米、索尼公司等公司產品，一推出新品即獲得此層級顧客的注意甚至搶先購買。
2. **成本領導型**，顧客偏好物美價廉的產品，並對購買便利和服務有一定要求，瞄準此顧客群的公司將價值定位於運營卓越，如沃爾瑪、家樂福、美廉社、全聯福利中心、屈臣氏…等，對於產品的價格在意，顧客會貨比三家，確定最有利的價位採買。
3. **品牌偏好型**，顧客可以付出較高的價格或等待的時間，提供產品或服務的公司須致力於提高產品獨特性及身分地位的表徵，如哈雷機車、手工打造汽車、Chanel、Johnson's、L'Oreal Paris、手工鞋、訂製套裝、手工手錶與裝飾品等，主要滿足顧客的特殊需要或身分象徵，此類型顧客通常有品牌愛好及品味特殊要求，雖然價格不菲，但願意持續成為愛好者。

6.5.3 顧客價值策略定位與企業競爭力

企業的核心能力不會直接創造利潤，只有將其轉變為滿足顧客需要的產品和服務才有獲利的可能，此轉機過程要能成功運作才能創造價值。顧客的價值策略定位應與企業的競爭能力互相配適。企業需要從事價值鏈中的每一項價值創造活動，將最終產品和服務提供給顧客，而基礎活動及支援活動的效率及效能即成為競爭優勢的基本來源，而不同價值定位的公司其活動重點將會有所不同；產品領先者會注重產品的創新研發；追求營運卓越的公司則著重在上下游供應鏈和內部運作流程追求降低成本；而追求顧客滿意度的公司則著重滿足顧客服務和產品品質、特殊需求。總之，不論策略定位在產品領先、營運卓越、顧意滿意，都應該在公司各方面表現達到產業的平均水準。

產品領先策略

此策略企業通常瞄準成長中的目標市場，持續不斷地研發出有價值的產品。產品領先企業必須將創新活動、研發投入、創新文化、核心能力串聯起來，而達成產品領先優勢的主要途徑為：

1. 第一領先進入市場：將產品領先作為價值定位的企業多為高科技、技術密集的企業，如 Apple、Samsung、ASUS…。與傳統產業相比，高科技產業的產品和技術的生命週期變得更短，市場處在迅速變化之中。產品領先的公司應迅速切入市場，並制定出適宜的價格定位，以盡可能拉長時間來獲取投資報酬率，以創造藍海市場。隨著產品價格與產品生命週期的快速降低，後續的跟進者將不可避免地進行價格競爭，進入紅海市場，因此保持技術領先的地位就顯得很重要，例如構築專利藩籬提高技術進入障礙。
2. 產品領先的企業必須不斷的創新來鞏固其在市場中的領先地位，透過核心技術創新避免被取代的危機，HP 惠普公司就是產品領先的典型企業，也是勇於創新的佼佼者。該公司曾用最新的彩色噴墨印表機取代了它六個月前剛剛推出的黑白印表機，而當時黑白印表機正在創造著非凡的銷售業績。HP 惠普公司就是經由不斷的創新而搶先進入新的產品領域，在確立了市場領先地位的同時，也獲取了豐厚的利潤回收，如 Canon 的數位相機也是採取相同的策略，領先同業的數位影像技術。

運營卓越策略

選擇營運卓越策略的企業旨在為顧客提供物美價廉的產品和優質的服務，其競爭來源主要是透過供應鏈的有效管理、高效率的存貨週轉和快速物流管理及服務，要達成營運卓越策略的主要途徑為：

1. **控制成本，提高品質**：企業的成本來自從事價值鏈中的各項活動時產生的，影響成本的各項活動彼此相互影響。成本驅動因素是來自某種活動成本的結構性因素，隨著企業對流程的控制程度不同而有差異。成本驅動因素決定某種活動中的成本行為，反映出影響成本行為的相互關係。企業將每種主要活動中的成本費用累計起來，即為企業的相對成本地位。成本優勢的形成在於能夠比競爭對手更有效率地從事特定的活動，如價值鏈中的基礎活動及支援活動透過嚴謹的成本控制，達到降低成本的優勢。

2. **提供良好的服務**：在提供良好的服務方面，當今營運卓越的企業更注重運用資訊科技為顧客提供便利的服務。例如美國通用電氣公司（GE）將經銷商與公司電腦化的倉儲表單直接串連起來，當經銷商接到顧客的訂單後，將訂單與 GE 公司的倉庫直接資訊傳遞、整合與分享，並在 24 小時內完成交貨的服務。此快速便捷的服務達到經銷商的存貨不是在自家的「倉庫」中，而是在 GE 公司的倉庫內，減少經銷商倉庫的庫存成本。

提高顧客滿意度

提高顧客滿意度的公司了解與顧客維持長久、深厚友善關係的重要性，不斷改善顧客關係管理的方法。企業建立顧客滿意度主要透過兩個途徑：

1. **客製化（Customization）服務**：客製化服務的核心是為顧客提供個性化的商品，贏得顧客訂單又能有效達成市場競爭目標。對於客製化生產來講，最核心的就是按照市場需求以啟動組織配合的相關活動，市場驅動的基礎來自顧客需求，並積極尋求目標顧客的滿意和回饋意見，並將其融合到客製化生產與服務的每一個環節。例如當今熱門的「paint 人集團」集合眾家設計師，提供 Q 版圖片、Q 版公仔、Q 版生日禮物、Q 版結婚喜帖、喜糖、Q 版變色馬克杯、個性化商品訂製等，不僅要確認目標顧客的當前需求，而且要清楚掌握顧客的潛在需求，並且要超越期待，可以進行自由的選擇。顧客對產品、價格、購買方式、額外服務等要求都可直接與公司進行對話，主控權完全掌握在顧客手中。當交易結束後，企業仍需與顧客保持聯繫及資訊分享，以了解顧客的滿意程度和未來的需求，獲取更明確、更直接、更精準的客觀數據與意見回饋，達到掌握時勢脈動和客製化產品以領導市場潮流。

2. **品牌忠誠度（Brand Loyalty）**：對顧客來說，品牌名稱和品牌標識可以幫助顧客辨識、記憶與產品或服務有關的資訊，如雀巢、桂格、可口可樂、P&G…等知名品牌，可快速簡化購買決策，亦即不需耗費過多的線索及時間就可以達成選擇的決策，良好的品牌形象有助於降低顧客的購買風險，增強購買信心；信譽良好的品牌可以使顧客獲得超出產品功能之外的社會人際和心理效益，品牌確實會深度影響顧客的選擇和偏好。對服務業來說，企業品牌形象遠比產品的包裝形象更有影響力。強勢品牌可增進顧客對購買的信任感，削減購買前社會和安全的考慮及無形風險，甚至顧客感知的價值就是企業品牌本身所創造。

通常強勢品牌與顧客之間達成一種很有效的「默契」，是競爭對手無法相比的。創建強勢品牌需要長時間蘊釀並以一種獨特的方式將所有的有形與無形核心能力整合起來，即產品或服務必須適合顧客的需要，品牌名稱有吸引力並符合顧客對產品的期望，且包裝和視覺富有吸引力和區別性，合理的定價、便捷、容易接觸的通路…等。

6-6 創造價值比創造利潤重要

企業經營的目的是在有限資源運用下追求最大利潤，亞馬遜（Amazon.com）是一家懂得如何創造市場價值及利潤最大化的網路行銷公司，公司一直以來不斷投資於研發，尤其近年來積極投入雲端平台及基礎設施的開發技術，並採取領先創新的經營策略，其經營目標並不只在於追求利潤，而是更專注於累積企業的價值。所謂企業價值，不僅是有形的資產，還包括無形的知識價值、創新價值、顧客價值與市場價值，甚至於品牌價值。亞馬遜除獲利賺錢外，它所積累的知識資源、顧客資源、市場影響力已在該產業中，位居頂端成為最具成長潛力的網路服務公司，進而創造出非凡的企業價值。

類似亞馬遜類型以創造價值為經營目標的公司，在高科技產業已經開始逐漸成為主流。當無形資產與企業價值成為投資的主要標的，創造企業價值就成為最重要的經營策略。但由於企業價值與其所處市場環境與競爭態勢存在密切關係，因此短時間很難用數字量化的方法加以衡量。未來企業運用策略性的企劃方案與活動設計，創造自己在市場競爭中的重要價值及定位，並與顧客、供應商、合作夥伴、通路商緊密連結，使價值成為企業獲利的來源。

例如，17-life 公司從早期草創的幾個員工到目前數百位員工，涵蓋餐廳美食、甜點飲品、美髮沙龍、休憩專案、展演票券…等商品服務，並與 Family Mart 合作提供線上免費索取商品優惠券活動，使得營業業績突破一年數十億的佳績，17-life 的成功也就是說明公司經營重要的價值來自緊密的顧客及策略夥伴的互利關係所產生。市場的主導者為顧客，有忠誠及滿意的顧客，才是經營成功的不二法門。

課後個案 檜山坊

導入 CRM 優化客戶服務，檜山坊深耕會員迎向未來

個案學習重點

1. 檜山坊面對 COVID-19 疫情衝擊，深化會員服務是推動電商成長的關鍵。
2. 建置完整會員資料，才能針對會員貢獻度提供相應的回饋和感謝。
3. 清楚掌握客戶輪廓，更瞭解每一位會員的喜好和消費行為。
4. 如何進行個人化行銷讓會員覺得服務更貼心。
5. 整合線上和實體，打造檜山坊 O2O 全通路服務。

把森林帶回家，隨時隨地享受森林的氣味

推開檜山坊辦公室的大門，一股清新的香氣撲鼻而來，剎那間彷彿以為自己來到某座山林裡，「這就是我們希望提供給消費者的感受，」站在面前的檜山坊總經理李清勇微笑地說。以環境永續為出發點，讓顧客在家也能享受森林芬多精，以 ESG 概念為號召，讓每筆消費都幫您回饋地球。把森林帶回家，是李清勇創業 10 年至今不變的堅持。當年，他因為父親的一場病而萌生創業的念頭，經過連續 3 年遍訪台灣各地後，終於找到可以實現創業理念的原料供應商，於是，李清勇以檜木傢俱剩下的邊角料及檜木屑，按照 1000:1 的比例，提煉出純正天然的檜木精油，之後又衍生出其他沐浴用品，讓消費者不用親自到山裡，就能享受到森林的氣味。

而隨著網路數位時代來臨，檜山坊因應會員分級制度，開始尋找適合的數位工具，希望能完整蒐集會員資訊、更精準地與會員溝通，而在調查市場上既有的解決方案後發現，叡揚 Vital CRM 是少數由國內業者自行研發、特別針對中小企業需求而設計的 CRM 軟體，與國外大型 CRM 系統相比，Vital CRM 顯然更貼近檜山坊的使用需求，因此成為檜山坊轉型之路的最佳夥伴。

拓展電商市場 第一步從深化會員服務開始

有別於一般精油業者使用漂流木或枯倒木來煉油，檜山坊堅持以檜木邊角和檜木屑為基底所煉出的檜木精油，香味濃郁而獨特，讓人一聞就印象深刻。

也因此，李清勇過往都是帶著產品參加全球各大展覽，以氣味擄獲消費者的心，不只順利打開知名度，更曾經二度被選為國慶外賓贈禮。

然而，原本穩紮穩打的經營模式，在面對 COVID-19 疫情忽然來襲的衝擊後，讓李清勇改變了想法，總經理李清勇認為「我們必須更積極地經營電商通路，而深化會員服務則是推動電商成長的關鍵」。他也進一步指出，檜山坊原本就有會員制度，但礙於資料不夠完整，無法根據會員貢獻度提供相應的回饋和感謝。為此，檜山坊在 2021 年推出會員分級制度，依據消費累計金額，將會員分成種籽、樹苗、大樹、及神木四個等級，每個等級都可享有不同的會員福利。

檜山坊因應會員分級制度，開始尋找適合的數位工具，希望能完整蒐集會員資訊、更精準地與會員互動，而在調查市場上既有解決方案後發現，叡揚資訊的 Vital CRM，特別針對中小企業需求而設計的資訊系統軟體服務，更貼近檜山坊的使用需求，成為檜山坊轉型之路的最佳夥伴。

透過 Vital CRM 描繪清晰的客戶輪廓，才能提供個人化服務

「導入 CRM 之後，最大的成效是可以清楚描繪出客戶的輪廓，」李清勇說，藉由 Vital CRM 系統的標籤功能，讓檜山坊更瞭解每一位會員的喜好和消費行為，據此進行個人化行銷，讓會員覺得服務更貼心。目前，檜山坊使用了很多標籤去記錄客戶資訊，這些標籤大約分成三種，第一是會員個人資料，例如：年齡、性別、居住地區、會員到期日、是否為外國人、希望使用精油解決哪些困擾、喜歡濃郁或清淡的香氣等；第二是產品或消費相關的資訊，例如：消費記錄、偏好商品類型、主要購買的是常態商品或禮盒、較常在哪一個通路

消費、曾經參與的活動檔期等；第三則是客服記錄，會員提出的客訴問題及處理狀況。

如此一來，檜山坊在與會員做行銷溝通時，就可以根據標籤決定要採取什麼樣的方式、發送什麼樣的訊息。例如針對經常購買禮盒的會員，在推出新的節慶禮盒時，就會優先發送訊息給該名會員。在標籤之外，檜山坊也善用 Vital CRM 的簡訊發送功能，在會員升級或生日當月自動發送通知訊息，恭喜會員並提醒領取升等禮物（或生日禮金），讓會員有被主動關懷的貼心感和尊榮感。

整合線上和實體 打造 O2O 全通路服務

此外，在購物官網蒐集會員資料，檜山坊也運用 Vital CRM 整合實體通路的會員資料，提供 O2O 全通路整合的服務。李清勇進一步說明，由於 Vital CRM 的社群媒體功能可以串接 Line 官方帳號，因此，檜山坊在直營櫃位舉辦「加好友送贈品」的常態活動，鼓勵現場顧客加入檜山坊 Line 官方帳號，相關會員資料則會自動輸入至 Vital CRM 系統中，日後，會員無論是在櫃位或是官網購物都能累積消費金額，而檜山坊也可以透過 Line 持續和從直營櫃位來的客戶互動。未來，檜山坊計劃引進 Vital CRM 系統的 Insight 數據分析模組，希望更深入瞭解會員樣貌，提供更個人化更貼心的服務，並推動會員從單次購買走向長期訂閱，透過商業模式的創新轉型，推動檜山坊邁向下一個十年。

- 資料來源：
  1. https://www.gsscloud.com/tw/user-story/1750-bio-god-vital-crm
  2. https://shop.bio-god.com.tw/

個案問題討論

1. 請先上檜山坊的網站了解該公司所提供的產品與服務。
2. 請討論 Vital CRM 的社群媒體功能串接 Line 官方帳號功能所產生的效益。
3. 請探討檜山坊推動會員從單次購買走向長期訂閱的優缺點。
4. 請說明 Vital CRM 顧客關係管理系統的 Insight 數據分析模組可以做到哪些分析功能？
5. 請討論根據那些標籤資訊，可以決定要與顧客採取什麼樣的互動、發送什麼樣的訊息？

本章回顧

現今的企業經營必須將顧客放在第一順位，了解顧客的需求及偏好，為何要採取這樣的做法呢？原因在於若顧客沒有好的消費經驗，就算企業的產品再好，真的會購買的人也寥寥無幾。倘若將顧客消費經驗做到最好，透過媒體推波助瀾，顧客也很有可能會因良好的顧客經驗而去購買此項產品。當企業創造出良好的顧客價值時，即應建立與維繫顧客經驗，並加以分享及傳遞，此所營造的公司最重要的無形資產之一，倘若企業能為顧客創造大於產品價值，顧客除了滿足想要的產品外，其心靈上也將獲得滿足感，更重要的是能建立起顧客的忠誠度。當顧客對企業的忠誠度愈高時，顧客也愈能為企業做口碑的廣告宣傳，乃為一舉數得的好方法。

本章節所介紹建立顧客經驗及創造顧客價值，主要提供學習者了解：

1. **建立顧客經驗管理能爲企業帶來的優勢：**經驗是帶給顧客的感受，會直接的影響顧客當下以及未來購買的主要因素之一，若企業在消費過程中能與顧客建立友善關係，為顧客創造出觸動人心的經驗，通常顧客就會持續的上門消費。所以做好顧客經驗管理是企業經營中很重要的一環，因為顧客的口耳相傳是企業最好的免費廣告。
2. **創造顧客價值的意義爲何：**讓學習者了解現今企業最重要的工作，除了要有好的產品銷售外，能為顧客創造價值，更為重要。而能創造顧客價值的途徑很多，每個企業所採取的策略也不盡相同，但最終目的都是希望能讓顧客感受企業核心的價值。
3. **利潤與價值哪個重要：**讓學習者了解在過去企業大多著重於利潤，認為有好的利潤，企業的財政報表上才不會出現赤字；而現今， 企業認為創造價值比創造利潤來的更為重要，因企業經營的長 遠，與愈多的忠誠顧客成正比。

試題演練

1. (　　) 彼得·杜拉克（Peter Drucker）曾說：「企業的首要任務在於創造顧客」，而創造顧客包括爭取顧客的信任與創造顧客價值。一般企業將廣大的消費群區類型分為顧客、準顧客、潛在顧客、非顧客等四大類別，下列何者定義有誤？
   (1)潛在顧客泛指未來有可能成為公司顧客的消費者
   (2)準顧客是指正在接觸或洽談中，短期內有可能成為公司正式的消費者
   (3)顧客是指預計接受公司產品或服務的消費者
   (4)非顧客是指短期內很難或甚至不可能成為公司的顧客

2. (　　) 現今企業所面對的顧客，除了精打細算評估比較外，更會搜尋哪家公司提供給顧客的價值最大，進而加以選擇。為創造顧客價值企業可以進行不同搭配組合，下列何者非主要途徑？
   (1)產品本身創造價值
   (2)從顧客中尋找差異化
   (3)強調便利性與方便使用與提供客製化服務
   (4)增加信任感與心理價值

3. (　　) 提高顧客滿意度的公司了解與顧客維持長久、建立深厚友善關係的重要性，企業建立顧客滿意度主要透過哪兩個途徑？
   (1)大量化、品牌忠誠度　(2)客製化、品牌忠誠度
   (3)大量化、品牌滿意度　(4)客製化、品牌滿意度

4. (　　) 企業要建構顧客經驗管理（Customer Experience Management, CEM）體系時，需要遵循的基本原則是？【複選題】
   (1)以解決顧客抱怨為優先
   (2)以顧客需求與期待為中心
   (3)實施從了解顧客開始，蒐集所有互動管道的線索
   (4)提供給顧客的經驗可以經由情境、流程、活動的安排及設計
   (5)設定顧客經驗的評估指標，隨時檢視工作的進度與方向
   (6)從分析顧客需求與期待開始，啟動情境設計並經由流程執行

5. (　　) 成功的企業總是依據其所選定的目標顧客群來進行價值定位，顧客可以大致分為三種類型，而針對不同的顧客類型，又有不同的顧客價值定位的模式因應，下列哪些是一般顧客價值定位的分類？【複選題】

(1)產品領先型，顧客偏好最新的、剛上市的產品

(2)產品領先型，顧客偏好最高品質的、穩定可靠的產品

(3)成本領導型，顧客偏好物美價廉的產品，並對購買便利和服務有一定要求

(4)成本領導型，顧客偏好物美價廉的產品，並對購買便利和服務沒有一定要求

(5)品牌偏好型，顧客可以付出較高的價格或等待的時間，公司提高產品獨特性及身分地位的表徵

(6)品牌偏好型，顧客可以付出較高的成本或嘗試的時間，公司提高產品獨特性及身分地位的表徵

6. (　　) 現今企業所面對的顧客，除了精打細算評估比較外，更會搜尋哪家公司提供給顧客的價值最大，進而加以選擇，創造顧客價值的五大途徑有哪些正確？【複選題】

(1)產品本身創造價值　(2)從流程尋找差異化

(3)強調便利性與方便使用　(4)提供大量一般服務

(5)增加信任感與心理價值　(6)透過所有通路進行推廣

7. (　　) 小芙想在所有客戶生日時送上祝福賀卡，請問下列操作流程何者正確？

(1)功能列「行銷簡訊」→ 新增 → "發送時間" 選「重要日發送」→ 點選「生日」

(2)功能列「行銷郵件」→ 新增 → "發送時間" 選「重要日發送」

(3)功能列「行銷郵件」→ 新增 → "發送時間" 選「重要日發送」→ 點選「生日」

(4)功能列「客戶」→ 對表格客戶 → 發送行銷郵件 → "發送時間" 選「重要日發送」→ 點選「生日」

發展、維繫、強化顧客關係

7

課前個案　奇寶網路有限公司

奇寶強化客戶循環管理
商機強大分析「視覺化標籤」超級棒發明

個案學習重點

1. 學習 Vital CRM 的記事功能，可以經由詳實紀錄，判斷是否有商機或再銷機會等重要訊息，內部訊息即時分享。
2. 瞭解標籤分群功能，能夠快速篩選出符合該季公司業務目標的客戶族群。
3. 學習透過商機管理，即時產出月初目標及月底達成率等相關資訊。
4. 學習清楚掌握續約及應收款項等資料，迅速找出業務未達標的缺口。
5. 瞭解奇寶網路公司如何發展、維繫、強化顧客關係。

奇寶網路有限公司簡介

奇寶網路提供企業行銷數位化服務，包含搜尋行銷、多螢架構網站、績效服務、實時營銷等網路相關服務，KPN 奇寶公司多年來專注在協助客戶建立數位行銷，創造線上業績的服務。2006 年成軍以來已有各界知名品牌與數千家國內外企業使用 KPN 奇寶行銷相關服務，並與 Google、Paypal、中華電信、多家銀行合作推動建立企業數位行銷、線上金流。其搜尋行銷 SEO 協助上千家各式企業搜尋排名成功經驗，2016 年底推出實時數據站內推薦平台【Kerebro 客樂寶】。2014 年成立台北移動學苑提供課程培訓，輔導客戶行銷社群經營。專攻智能自動化，結合各項技術（資料學習推薦、Google、FB、GA、第三方工具及運用 Google 機械學習），並建立企業行銷 DMS（數位行銷系統）。將行銷科學化，以理論分析改善、定位、CRO（轉換率優化）。走向市場國際化，將Google SEO、Kerebro產品服務國際化。

奇寶網路導入 Vital CRM

「不管是奇寶的 Kerebro 客樂寶實時行銷系統或是叡揚資訊的 Vital CRM 客戶管理系統，我們同時都在強調網路行銷上客戶循環性管理的重要性，善加利用，兩套系統絕對相輔相成。」這是奇寶網路總經理 Bordy 對 Vital CRM 所下的註解。奇寶網路在 SEO 網站優化、關鍵字廣告領域擁傑出成績，精於成效優化的奇寶對 Vital CRM 的肯定更顯得特別。

以誠信、創新、價值、熱情及幸福為企業核心價值的奇寶網路成立於2006年，在 SEO 網站優化、關鍵字廣告領域擁傑出成績，更以「虛擬店員」為發想，推出能清楚掌握網路客戶行為的 Kerebro 客樂寶實時行銷系統，客戶橫跨多個產業龍頭，更於2014年獲頒亮點企業的『服務創新』公司，精於成效優化的奇寶對 Vital CRM 的肯定更顯得特別。

種子學員跨部門了解流程 導入最符合公司需求的使用方式

導入 Vital CRM 以前，奇寶基本上透過 Excel、Google 表單及既有資料庫的備註欄位進行客戶管理。由於資訊多散落在不同的同事手中，造成資訊分享、統整上有落差，也不能有效率地篩選出屬性、需求類似的客戶群。隨著客戶數成長，奇寶決定導入客戶管理系統。

奇寶業務經理 Summer 指出，從開始導入 CRM，因為一開始做的規劃流程，在客戶資訊導入後發現跟原先想像有落差。「我們一發現錯誤馬上打掉重做，短短幾個月內打掉重練 2 次。雖然調適的過程的確辛苦，但現在大家都能明顯感受到 Vital CRM 的好用之處。」Summer 笑著表示。而在重新導入的過程中，奇寶先指派一位種子學員了解系統功能及流程設定，並密集訪談各部門實際作業流程跟需求，進而協助發掘系統能如何更有效的輔助各部門在客戶管理上的應用。

落實標籤登記 讓最棒的發明成為最佳的助手

Summer 表示，目前公司包括業務、技術、客戶運營及主管都會使用到 Vital CRM。業務可透過記事功能標註客戶為初訪或複訪、是否有商機及重銷機會等重要訊息；技術部門則可於記事上標註客戶的回饋及產業新知讓訊息的分享無落差，客戶運營部門則可透過自來客的標籤設計了解行銷活動的成效。Summer 強調，Vital CRM 的「標籤」真的是很棒的發明，透過視覺化標籤落實客戶分群，各部門即可透過標籤，快速篩選出符合該季公司業務目標的客戶族群，進行行銷推廣及業務拜訪，並追蹤成效。

善用商機 強大分析管理

商機也是奇寶常用的功能之一。透過商機管理，可明確定義客戶狀態，進而快速產出月初目標及月底達成率等相關資訊，Summer 受訪的同時秀出多種類型的報表，引起訪者驚呼太強大！「我們利用 Vital CRM 產生的資訊發展成各種不同面向的分析報表，讓我們的執行更有效率，這是我們以前所做不到的。」此外，Summer 指出，商機也是「循環帳管理」的利器，將固定循環帳資訊鍵入系統，業務主管可清楚掌握續約及應收款項等資料，迅速找出業務缺口，讓整體營運更加順暢！

■ 資料來源：
https://www.gsscloud.com/tw/user-story/124-search-result/1018-vital-crm-kpn

個案問題討論

1. 請上網搜尋奇寶網路的相關資料，以了解公司提供的服務以及所創造的顧客價值。
2. 一般公司的各種資訊，分散在不同的人手中，造成分享、統整、匯集不易，奇寶網路如何克服解決此類問題？
3. 請討論奇寶網路如何解決無法有效率地篩選目標客戶群的問題？
4. 請討論個案公司如何透過 Vital CRM 做好發展、維繫、強化顧客關係？
5. 請探討本個案如何在視覺化標籤的功能上，做到最大的發揮與運用？

7-1 發展顧客關係

7.1.1 顧客檔案分析

以關係為本的企業會將重心放在認識顧客上，為了解顧客特徵，並分析整理為最完善的顧客檔案，如圖 7-1 所示，此檔案分為四個部分，由外而內為：顧客特徵，分析誰是我們的顧客；顧客購買的動機，分析顧客的需求是什麼？、顧客行為偏好，分析顧客期待什麼？、以及分析顧客重視價值。

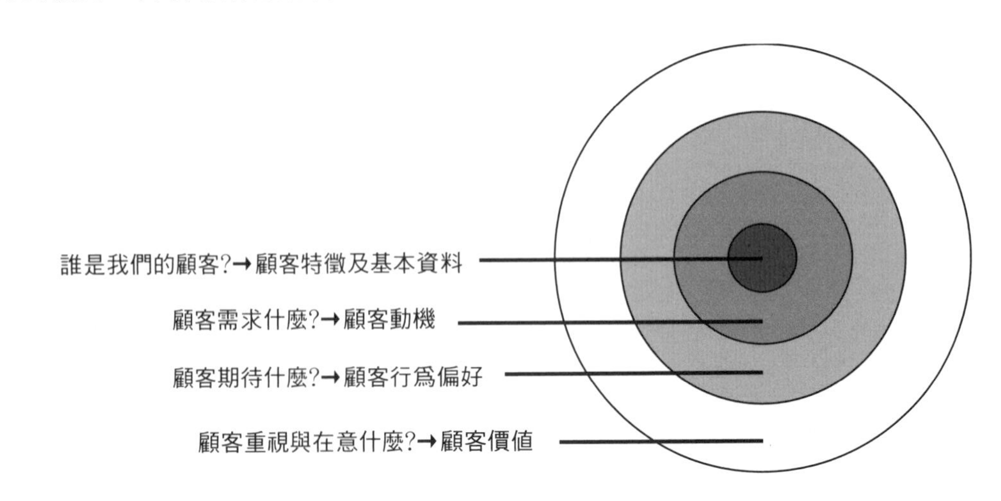

圖 7-1 顧客檔案分析

企業的顧客是誰？在哪裡？屬於哪一個市場區隔？此問題可經由策略性思考加以釐清，企業無法同時滿足所有顧客的需求，不同的顧客有不同的偏好及動機，了解顧客輪廓對企業經營者而言非常重要，目前資料處理速度非常快速，可以在很短時間分析眾多的顧客檔案，使顧客的全貌可以清晰看出各種屬性特徵，有助於 CRM 推動活動時，對於顧客的掌握有十分信心度。例如現在顧客人人都有智慧型手機，可以方便查詢產品、搜尋相關資訊、具定位功能、可迅速比價，甚至訂購後 24 小時內送貨，企業必須積極爭取好的顧客；將企業資源做最大發揮，因應產業競爭者及替代性商品，使企業策略規劃及市場戰術成功達標。

7.1.2 企業與顧客的互動平台

企業建立與顧客互動溝通的平台，目的在於從顧客端獲取最新的資訊，包括顧客特徵、購買動機、行為偏好、重視價值，以獲得重要線索，建立完整的顧客檔案、坊間如銀行業、金融業、醫療健檢、教育服務業、手機業者…，各行各業對顧客資料的建檔都極為重視，對未來下一步互動提供準確的資訊。

在顧客消費的過程中，完整記錄顧客的偏好、行為與希望提供服務，對於未來 CRM 決策將有很大的助益，因為建立顧客的消費行為及偏好習慣需要時間累積及檢視正確度，當顧客檔案的資料庫建立完整後，便能快速在公司各部門間分享顧客的詳細資料，讓銷售人員更能掌握顧客的喜好及期待，研發人員能夠設計出顧客需要的商品，達到顧客客製化或特殊的要求。另外，此顧客檔案資料庫比傳統行銷對顧客的認識，涵蓋更多寶貴的分析結果以及更趨近真實的顧客描述。

7.1.3 顧客檔案分析的步驟

尋找顧客資料、獲取顧客資料、使用顧客資料、儲存顧客資料、處理顧客資料，此五個步驟是屬於一個顧客檔案分析的循環，此五階段說明企業對顧客檔案分析內容了解，讓 CRM 在設計活動和維持關係上有實質的幫助，同時也能幫助業務人員掌握顧客群意向與企業提供服務的最佳時機與適當方式，亦可以幫助員之更精準地掌握產品交易的人、時、地、物，並對顧客忠誠度的變化有更好的了解及掌握。

例如金融服務業者最為人詬病的問題，就是信用卡帳單的諮詢，往往要打好幾通電話才能找到專員處理或是等待時間過長或處理一半斷掉要再重撥，造成顧客不耐煩或抱怨，公司應該實際測量平均處理案件類型與時間，以及是否流暢的語音操作流程，使顧客的不滿意降到最低，真正了解顧客的需求與重視的時間價值，對於關係的建立維繫才有幫助。

7.1.4 顧客與企業互動的平台

當今與過去相較，在溝通平台及管道上有大幅改變且快速的成長，使顧客可以透過多種通訊平台與企業進行交流與互動，例如網站、平板、筆電、手機、門市、電子郵件、FB、Line、各種社群平台…等，通路增加促使行動設備更普及與顧客期望的增加。

找出適合與顧客的溝通方式，最好的方法是將多元互動管道整合設計規劃，提供給廣大的顧客，讓顧客自己選擇互動方式、找出最適合與企業往來的方式，其變化就是將單向的傳遞，改變為多元雙向的溝通模式，溝通管道成為了建立關係的核心重點，等同於產品和服務一樣的重要，主要目的是能快速回應顧客的需求和問題。

7.1.5 顧客的互動階段方式

企業與顧客的互動接觸點，可能來自門市購買、網購、服務人員推薦、或維修據點，例如 ASUS 公司提供製造及組裝筆電、燦坤、三井、順發、NOVA 賣場提供購買以及維修服務的功能、聯強則提供物流、銷售、定點配送服務。對於製造產品的企業來說，在門市購買階段需要產品展示及說明，互動方式著重在仔細、詳盡回答顧客疑問，並實際讓顧客體驗產品的功能，例如 Notebook 的外觀、螢幕尺寸、傳輸速度、重量、電池使用時間、CPU、RAM…等等。顧客關係管理的關鍵是企業針對不同角色與對話型態，就不同消費階段的顧客創造出最適合的價值，倘若公司都能把握每次與顧客互動的階段，不論是在產品解說、訂購、使用後問題答覆、滿意度調查、售後服務、零件維修等時機，留下良好的印象，必能創造顧客回流及再次採購的機會。

7-2 認識潛在顧客

7.2.1 何謂潛在顧客？

潛在顧客是指有購買能力公司的商品或服務，同時有需求存在的一群對象，並可能會成為個人或組織的顧客。在銷售活動中，銷售人員面臨的問題之一就是如何把產品賣給有需要的對象。銷售人員可先從 CRM 系統中過濾篩選出目標客群確定目標族群後，配合活動的安排，寄發邀請卡或簡訊、E-mail 告知訊息，積極邀請參與活動，使其有機會認識公司的產品或服務，因此平時顧客資料庫的建立、儲存、使用、處理、分析就變得很重要，找出最有可能成交的潛在顧客。若尚未確認是目標顧客的個人或組織，即開始進行窮追猛打的推銷，其結果只會造成更大的負面形像。所以，尋找並過濾具商業機會的顧客是銷售工作的重要步驟，也是未來銷售成敗的關鍵所在，找到對的顧客提供對的產品，成交的機率自然會大幅提升。

簡言之，尋找潛在顧客，銷售人員首先根據銷售活動的主軸、屬性、特色，找出潛在顧客的名單，再根據潛在顧客的基本資料，經過各種資料的線索，透過適合管道接觸或邀請顧客，將公司舉辦活動的訊息、新產品上市的訊息加以傳達告知，因為公司已經做過分析，掌握顧客有產品需求，因此參加活動的機率將大大提升。

7.2.2 顧客的潛在價值

顧客的潛在價值將間接影響企業未來的成敗，所謂顧客潛在價值是指顧意願意提出如建議、推薦產品或服務、改善方法、意見或影響其他人決策的能力，所以檢視顧客所創造出的利潤、營收、貢獻都是屬於重要績效。若能讓顧客參與企業產品的設計和製造甚至研發的新構想，就能分享訊息讓更多顧客知道公司的產品及服務。

以關係為本的企業會建立顧客特徵、背景資料、交易歷程、顧客偏好，在進行分析後，就能提供企業一個完整、實際的顧客價值架構，讓業務部門評估投資在顧客關係是否有效，也能預測出企業能與顧客維持多久時間，以下就顧客價值分析加以探討。

1. **顧客潛在價值的來源**：每一位顧客所創造價值除了實質獲利之外，尚包括無形的部分，例如顧客提供的靈感、口碑、推薦、信賴、想法、意見、改善的建議等，所以企業應該在顧客關係中產生對公司更有利的價值。
2. **企業對顧客的優先順序**：依據對顧客關係所預期的獲利擬定投資的優先順序。因每類顧客群所產生的顧客價值有所不同，所以企業對關係的維持因不同而有所調整。為了建立以關係為本的企業，企業必須審慎評估投入在投資組合的費用，同時了解顧客投資組合對目前及未來價值的變化，而重要顧客（VIP）的意見更需納入重要 CRM 決策中。
3. **掌握顧客價值的改變**：在變化快速的商業環境中，要注意顧客人數的起伏波動，同時應該長期追蹤顧客價值的潛力。導入 CRM 系統的目的就是要全面性維繫顧客，加強彼此的關係，以增加顧客的「終身價值」及「營收貢獻」，以此角度可以幫助企業評估不同顧客關係間可預期的獲利。

4. **如何增加顧客潛在價值**：顧客的潛在價值與所產生的利益通常是動態的，如同顧客關係本身也會受到外界因素的影響而改變，以關係為本的企業不只是追蹤掌握顧客改變，並和顧客一起長期合作，讓顧客更了解公司的運作及優勢，以增加顧客的潛在價值，並對競爭產品及服務有免疫效果。

總之，顧客潛在價值是顧客關係延伸的表現，有良好關係的基礎才能具體表現潛在價值的行動化。

7-3 發展深度顧客洞察力

企業在發展顧客洞察力之前，首先應了解：

1. **透過顧客檔案分析進行全面性的審視**：企業在蒐集顧客資料或資訊前，應先了解要蒐集哪些資料？這些資料可以進行何種分析？要從哪些通路取得資料？確保資料的合法性及正確性，以下建立顧客檔案的三個步驟：
   - 掌握企業已知的資料或資訊，建置在本身資料庫的資料。
   - 找出企業應該知道，卻還不完備的資料或資訊落差，加以蒐集及補足。
   - 用適當的技術、方法及管道來補強企業所缺乏的資料。
2. **了解並預測顧客行爲**：當企業蒐集適當的顧客資料或資訊時，就需善用這些資料或資訊，進一步了解並預測顧客行為。當企業落實運用資料或資訊，才能改進與顧客之間的互動，而這些資料或資訊是需要定義使用的規則。規則主要有以下兩種形式：
   - 個人資料的歷程追蹤：記錄每一次與顧客的互動，在各個接觸點，提供持續、即時、相關的個人化互動記錄，並注意遵守個人資料保護法所訂定的限制及使用範圍。
   - 外部資料的轉移整合：指非經由顧客接觸所得到的資料，乃是從外部資料庫或第三方匯入資料，應加以整合到顧客資料庫系統中，作為進一步接觸互動的名單中。
   - 人脈網絡圖所呈現的相關潛在顧客名單。
3. **發展深度的顧客洞察力**：首先先建立顧客的背景資料或人口統計資料，顧客背景資料能讓企業掌握顧客的特徵及屬性，以利接續轉換為實施策略，當中有二個來源管道必須掌握，企業便能擬定周詳計畫與使用適當工具來發展深度的顧客洞察力：

1. 蒐集所有顧客接觸點的互動及交易歷程資料。
2. 建立並紀錄與顧客互動方式，確保 CRM 活動執行可以落實推動。
3. 建立顧客意見及紀錄檔案，並定期檢討追蹤改善狀況。

7-4 利用及善用顧客資料

7.4.1 運用顧客重要資料

運用顧客資料庫是建立顧客關係的第一步，尤其強調可運用資料的品質而非資料的數量。蒐集資料前企業要先知道為何要蒐集資料？蒐集哪些資料才能得到分析的結果？何處能得到重要的資料？以及如何應用這些資料？對於 CRM 決策有哪些的助益？

1. 界定資料的範疇，搜尋顧客資料的三大步驟：
   (1) 從企業已有的資料開始：清楚界定企業對其顧客所知的部分。例如顧客消費紀錄、時間（R）、頻率（F）、金額（M）的分析、交易資料、人口統計資料、交易信用狀況，以及互動的管道。企業須對不同來源管道的資料加以整合、比對，過濾有問題或不正確的資料，使之真正掌握顧客的輪廓特徵，以作為後續運用資料的基礎。
   (2) 根據活動性質找出適合的顧客：企業蒐集的顧客資料都有特定目的，而特定目的可能為行銷活動的參與、促銷活動的受邀者，找出可參與每一個計畫所需的顧客名單，有足夠需求的潛在顧客是成功辦理活動的基本要件。
   (3) 找出目標族群的互動管道：找出適合活動的對象針對其適合通路予以邀請參加，例如現在熱門的智慧型手機的 APP、簡訊、E-mail、電子卡片、QR CODE，…等等，並利用既有的資料來分析顧客，將特徵相似的顧客歸為一類，再針對消費行為、交易紀錄、了解購買動機以及產品或服務需求。
2. 補強企業顧客檔案的落差：顧客相關資料最佳的來源通常是企業內部，向外部資料庫購買的資料，適合度通常只有 30%～70%有時更差，意即向外購買顧客資料中約有三分之一以上是不正確或不適用的。
3. 整合所有來源資料，建立以顧客為中心的服務流程與組織結構。

4. 了解每一群顧客所在意的價值與利潤貢獻，可以透過以下三種方法讓企業來了解顧客：

   (1) 顧客利潤率：不同類型或層次的顧客對企業的獲利貢獻不相同，企業可以針對顧客的營收與利潤率，即「顧客長期價值」（Customer Long-Term Value, CLV）加以分析貢獻度即有明確的掌握，CLV 是一種衡量顧客貢獻價值的方法，也是未來整體營收淨利減去與顧客相關的成本的結果。影響 CLV 的因素有：顧客獲取率、顧客流失率、購買的產品與服務、獲取成本、銷售成本、服務成本，以及顧客存留期間等。

   (2) 顧客購買價值的準則：分析顧客的購買決策的因子，並與特定產品與服務策略相結合，亦即進行「顧客購買價值分析」（Customer Buyer Values Analysis），步驟包括：

   Step1： 找出影響顧客購買行為的關鍵價值準則。

   Step2： 了解顧客偏好以及顧客所願意支付的價格。

   Step3： 根據顧客價值標準進行產品區隔分析。

   Step4： 發展符合不同類別的行銷組合策略－產品、通路、定價、促銷，以及相關服務或附加價值。

   (3) 從服務顧客流程、人員、實體環境、公共關係等區隔劃分，透過資料探勘技術可以了解「以顧客為核心」的趨勢與變化，結合「以資料為基礎」的顧客滿意度調查，了解「以顧客價值為中心」的經營模式，資料探勘的目的在於發掘數字背後代表的意義，而調查的目的希望更了解不同類別的顧客所重視價值類型，有助於企業擬定適合的 CRM 策略。

7.4.2 善用顧客資料所帶來的效益

1. 具有深度顧客洞察力的企業，在以下幾個方面的表現會優於其他同業：

   (1) 策略性專注：企業能夠在資源有限的情況下，做資源最適當的發揮及配置，將重心放在最有價值的顧客群上。

   (2) 顧客知識的創造：透過業務員與顧客間、顧客之間或業務員之間的溝通互動，如面對面、視訊、電話的交談，或是文件資料，包括業務檔案、說明會、手冊、統計報表、訂單等來源加以彙整、萃取出顧客知識的內容，並透過交易過程資訊來了解顧客，以強化顧客忠誠度。

   (3) 組織理念文化的革新：大幅改造企業文化以顧客為中心、洞悉並掌握顧客的喜好與期望的水準，並進行組織重整，讓企業以顧客為主軸經營。

2. 結合交易流程與分析顧客檔案，是取得顧客知識的最佳方式。建立顧客知識管理的企業，應該廣泛多面向蒐集顧客的詳盡資料，同時利用交易衍生的相關知識與顧客檔案的分析加以整合，使交易過程之具有決策參考的價值。

3. 顧客檔案資料依據顧客的特徵與企業擬定方案進行設計，當顧客區分在某二類或某項特徵時，企業就應採取相對應的活動，例如常來 VIP 群是營收主要貢獻者，或偶爾來但對公司營收佔相當的比例，或是常來但對營收貢獻不太大，或是不常來也貢獻很少者，其提出的活動方案都將隨顧客檔案的內容呈現而有所不同活動設計，以使互動過程中有最清楚的掌握。每一次重複循環的活動都是一個增加與顧客互動、維繫顧客關係的重要機會，如圖 7-2 所示。

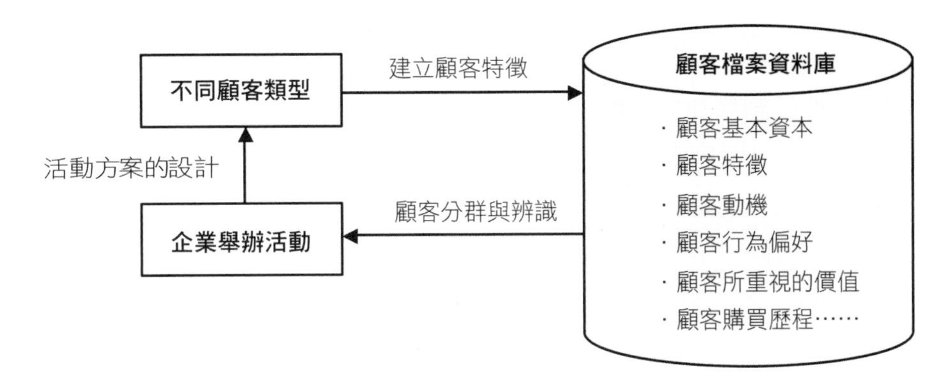

圖 7-2 顧客檔案資料庫建置過程

7-5 整合顧客觀點

7.5.1 透過 CRM 系統取得更高價值

顧客關係管理的資訊系統應該能夠即時整合所有的顧客來源的資料，包括交易、服務、銷售、參與活動、意見…等，從資料的蒐集、儲存、處理、分析的過程，掌握以下重要的資訊，例如產品偏好呈現排行榜，產品使用滿意度排名，顧客交易量排名…等，將顧客、營收、產品、行銷活動、人員、科技、服務流程加以連結就是整合性顧客觀點，亦即匯集企業與顧客所有接觸點得到的情報。

7.5.2 一致性的解決方案

建構整合顧客資料一致性的解決方案如下：

1. 連接顧客接觸點的流程，確保每個顧客接獨點能夠取得完整資料，並進一步發展深度的顧客檔案分析。

2. CRM 科技的運用，以持續、即時、整合的方式，傳遞必要資訊給業務部門及相關人員。
3. 建立一套 CRM 活動與監控機制，將行銷企畫活動應用於各個業務單位與各個接觸點，使活動成效能夠即時掌握，並針對不佳 CRM 活動提出改善因應的解決方法，達到有效監控機制。
4. 建立 CRM 全面流程重要資訊即時的整合，與組織內部分享的機制。

7.5.3 整合顧客觀點的三大因素

以顧客為中心的整合性觀點，涵蓋的三個重點因素：

1. **資料（Data）**：包括企業內部業務、行銷、門市、客服、維護、支援等部門所蒐集的顧客資料，雖然來自不同單位，但由於是相同顧客，就應該加以匯整及記錄，以明確掌握該顧客與公司所有交易互動的過程。
2. **規則（Rule）**：利用資料分析可提出下一次顧客接觸互動時的指導方針。整合性顧客觀點的規則主要有兩種形式：(1)個人化、(2)資料應用。個人化規則，決定哪些資訊必須提供給顧客，以及要蒐集顧客哪些重要的資訊？資料應用規則，則決定非從顧客接觸的活動所獲得的資料要如何應用。
3. **脈絡（Context）**：脈絡是將顧客策略轉化為執行方案的線索及方向。脈絡有兩個重要的面向：
   (1) 必須全盤掌握了解所有潛在顧客與企業的互動，將每一次互動的紀錄活動，以及互動結果加以分析或統計，得到結果將影響下一次的互動，或是發展顧客關係的依據。例如汽車公司舉辦新車上市試乘活動，業務員應該主動蒐集顧客試乘的反應並紀錄對該車的評價意見，且詢問其換車的意願，當總公司匯集所有營業據點的意見時便能全盤了解潛在顧客的需求和想法。
   (2) 當執行某一規則、做出一項的決策時，脈絡可以將因果關係釐清，也可以進一步根據脈絡發展新的知識及行動方案。

7-6 顧客維持之道

7.6.1 顧客維繫的起源

近年來，隨著市場競爭的日益加劇，企業越來越深刻的體認到，顧客關係管理是現代企業成功的關鍵因素，是企業競爭優勢的重要來源。首先，在現代市場競爭中要取勝，僅依靠企業再造工程（BPR）是不足夠的，更重要的是如何爭取到長期願意交易的顧客。企業固然要努力爭取新顧客，但保留老顧客比爭取新顧客更加重要。80/20 法則指出企業爭取一個新顧客的成本是保留老顧客成本的 5 倍左右；亦即一個公司若能將顧客流失率降低 5%，其利潤就能增加 25%～85%；一個滿意的顧客會帶來 9 筆潛在的商業機會，一個不滿意的顧客則可能影響其他 25 個人的購買意願，現在網路社群廣泛流行，影響的人數會更高；如果忽略對老顧客的關注，大多數企業會在 5 年內流失一半的顧客甚至更多。因此，保留既有好的顧客比爭取新顧客更為重要。最後，不同消費等級的顧客對企業的貢獻是不一樣的，有些產業 20%的 VIP 顧客為企業創造了 80%的利潤，所以針對不同價值顧客的資源安排和互動因應方式，都應細心加以區隔，並使所有顧客都能感受到公司用心、尊重、禮遇的對待。

7.6.2 維繫顧客的實務作法

對於維繫顧客的方法，實務上可朝下列方向進行：

1. **力求親切和善的服務態度**：以服務業來說，服務人員的態度是最難的要求，也是最難控制，卻也是影響經營成功與否的關鍵。例如王品集團旗下的餐廳，對於服務人員的應對進退禮儀有一定要求及訓練，「王品牛排」標榜尊貴款待心中最重要的人，服務生須 15 度鞠躬，並保持淺淺微笑；「陶板屋」強調日本精神，須彎身 30 度；「西堤」訴求年輕、熱情，服務生要露出 8 顆牙齒的開朗微笑，招呼用語是活潑的「嗨，你好，歡迎光臨 Tasty！」。

2. **有彈性的服務時間**：當顧客提出服務時間不在固定上班時間，此時若能額外提供服務，讓顧客銘刻在心有備受重視的感覺。服務時間的彈性化，可從房仲業、投資理財業服務、直銷業、金融業、保險業或 TutorABC 語言學習等行業，可以針對顧客方便，或指定時間配合服務，目的在於爭取成功的業績或對 VIP 客群有特殊要求的滿足。現今以客為尊，服務時間彈性客製化，就是要順應顧客的需求，來調整公司的服務規範和方式。

3. **服務等待時間縮短**：消費者在等待服務的時間要盡量縮短，服務等待時間通常是評估一家企業服務流程的效率，麥當勞得來速、定食 8 的訂餐後超過 15 分鐘免費，目的在於提高商品流動週轉率，以及顧客滿意度，使商品在訂購後在最短時間內，遞送到顧客手中，完成交易的流程。

4. **提供額外附加服務**：所謂的額外服務，是指公司經營的項目之外，額外提供給顧客的服務，而這項服務通常都是免費的，例如王品集團內各餐飲事業提供生日小禮物、拍照、唱生日快樂歌，讓顧客留下難忘溫馨的回憶。額外附加服務可分為本業附加服務和非本業附加服務：

(1) 本業額外服務：企業本身經營的商品體系相關聯部分，提供給顧客其他服務，以強化雙方的關係。例如加湯加麵免費的服務，對於大食量的男生族群很受喜愛，或是白飯吃到飽的快炒店、火鍋店、自助餐店都能獲得食量較大族群的青睞。

(2) 非本業額外服務：此項服務是指與本業無其他明顯相關，但業者以其能夠提供的資源、時間、經驗所提供之額外服務。

例如 A 家早餐店，老闆本身愛騎腳踏車，當初只是為方便愛騎腳踏車同好方便，早餐店內貼心提供免費打氣、簡易維修保養、補充飲料茶水，如外帶大杯飲料算中杯價、內用無限暢飲等服務，想不到後來 A 早餐店變成各路車友假日相約騎腳踏車的聚集地點、早餐用餐消費、補充飲料茶水都在店內完成，有時替車友或車友們所發起團購單車用品，A 早餐店自然成為提供到店取貨服務的最佳地點，因此早餐店因為提供額外非本業附加服務導致假日生意特別興隆忙不完。

7-7 顧客流失與顧客保留

顧客和企業到達不再繼續光顧或終止交易的過程為「顧客生命週期」，如圖 7-3 所示。

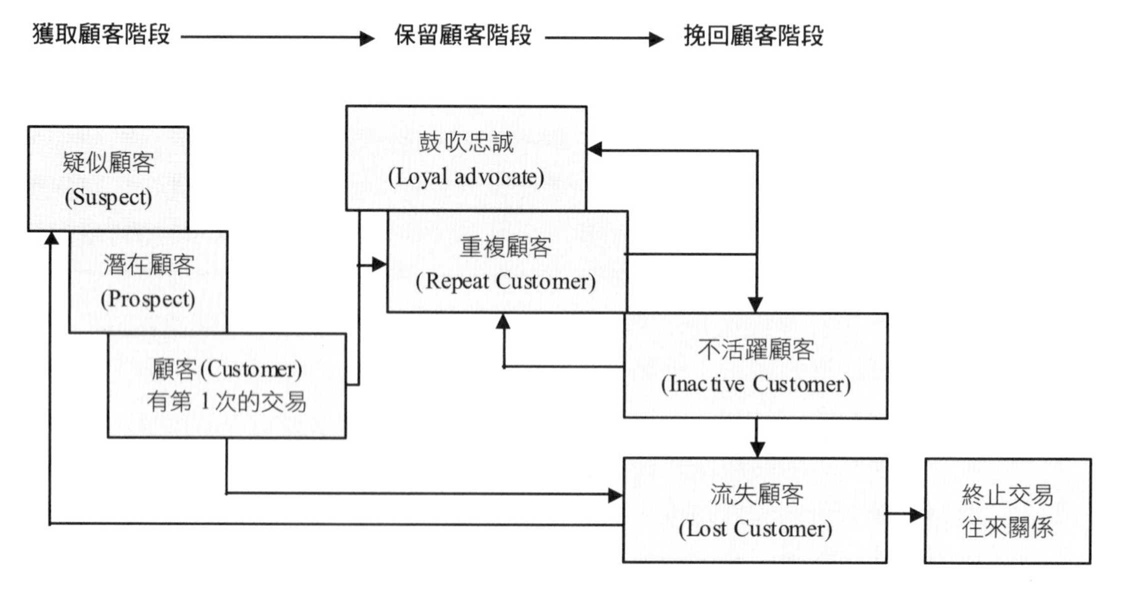

圖 7-3 顧客生命週期

7.7.1 顧客保留策略

以下提出幾項顧客保留策略，其目的即是透過禮遇、尊重、貼心、關懷、認同的方式博取顧客繼續往來的意願。

1. **歡迎策略（Welcome）**：例如意外驚喜、第一次光顧的贈品或折扣、新加入會員的優惠等措施，另外必須避免顧客購買前後的認知失調現象。
2. **可靠性（Reliability）**：提供可信賴的顧客服務品質。例如，不同的 7-11 門市傳達出相同的顧客服務品質。
3. **回應性（Responsiveness）**：回應企業關心顧客的需求與感覺。例如，企業訓練第一線接觸顧客的員工，提供貼心服務，回應現場的要求，關心顧客的需求與感受等禮儀態度。
4. **肯定（Recognition）**：認同顧客的觀點或行為，肯定正向的出發點，如自帶杯子、筷子、環保袋予以折扣或優惠的措施。
5. **個人化（Personalization）**：依其所需提供產品與服務，提供量身訂做的打造。

7.7.2 顧客流失的原因

以下探討幾個顧客流失的原因：

1. **顧客喜新厭舊的習性**：通常消費者都有喜歡追求新奇、新穎、新式樣產品的習性，並不是企業的顧客服務或顧客關係不完善，而是消費者希望公司的產品能有更多意想不到的驚奇與驚喜。
2. **未達到顧客的預期**：實際獲得的效益低於消費者心理的預期認知，而引發顧客流失。
3. **競爭對手所產生相對優勢**：同行的競爭對手提供顧客更好的產品效益或顧客價值而引發流失。
4. **理念或觀點衝突**：顧客的觀點與企業的觀點不一致時，產生認知差異所造成的流失，例如環保的觀點，有些飯店不提供盥洗用具或丟棄式清潔用品，或不更換床單的服務，如果消費者不認同此理念觀點，也會有流失的現象，若能採鼓勵性、自費式、選擇性或漸近方式，則有彈性較不易短期流失。
5. **顧客對公司失去信任**：買賣雙方因某些負面、缺失、損害、不悅、不符原先要求、傷害等原因而相互失去信任，所造成的顧客流失。
6. **非顧客所要的需求**：企業提供的產品或服務不是顧客的需求。

7. **企業形象重創**：指企業原先營運良好，與顧客維持一定關係，但被遭爆料原料或成分有問題，經查證屬實，不僅要負賠償責任，更重創企業形象，例如胖達人麵包、鼎王鍋品都是活生生的案例。

7.7.3 挽留顧客

經研究調查顯示，企業一年大約會流失 20%～40%的顧客，因此對於挽留顧客應設計提升回流/回購/回廠的活動，經由關心、鼓勵、優惠等活動，活絡雙方停滯的往來。挽回顧客是指企業努力重新活化具有價值的顧客，企業要挽回顧客，必須仔細規劃活絡的方案，以激發顧客回流的意願，如圖 7-4 所示的問題。

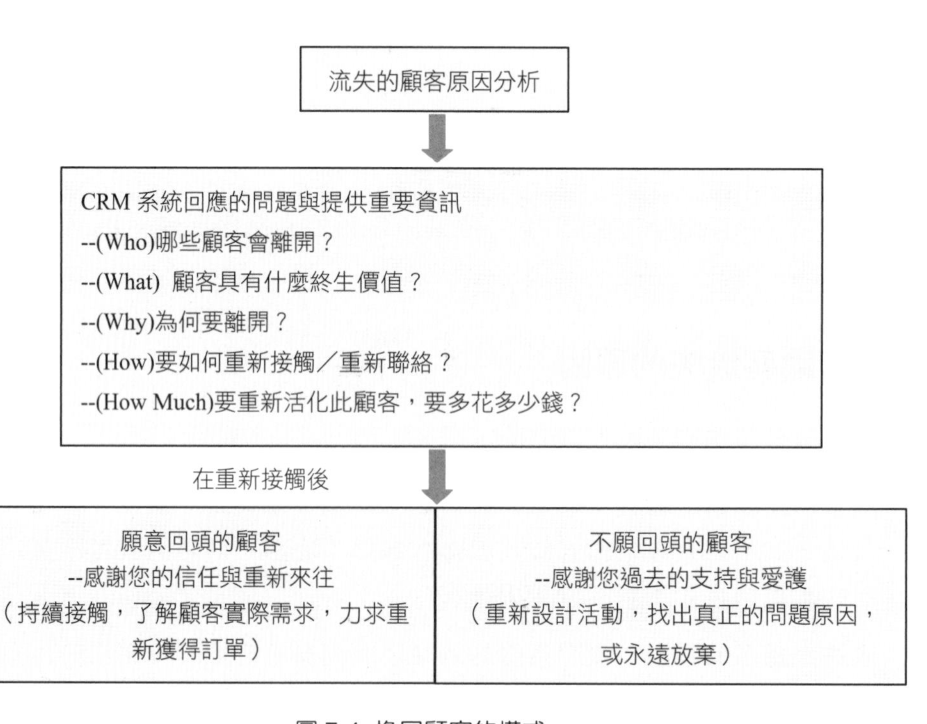

圖 7-4 挽回顧客的模式

7-8 將價值帶給顧客－組織結構調整

以顧客關係為中心的企業，企業組織結構必須要兼顧對內整合與對外連結的需要，整體組織結構要因應顧客服務水準，產品/服務的性質，地理位置方便性，可以自我調整、彈性應對。

1. **明確的顧客定位方針**：可以讓企業組織以外的顧客，了解到企業是重視顧客的。顧客定位方針需要在企業內外廣泛宣傳，以改變企業的文化與經營風格。以過去來說，許多的企業都把重心放在降低成本、提升效率、內部研發或供應鏈效率上，然而以關係為本的企業則把重心放在讓顧客看到企業對產品或服務的承諾及品質，同時，也需要考慮能達到股東的期望。

2. **親近顧客**：企業之所以存在的價值，就是要滿足顧客的需要與需求，實際解決顧客問題，親近聆聽真正的聲音，才能發現重要的警訊或肯定的讚賞。

3. **為顧客提供個人化的服務**：個人化服務等於將服務的主導權交給顧客，由顧客決定適合的產品與服務。

7.8.1 設計以顧客與股東為中心的組織結構

以下針對四種組織結構型態、四種顧客型態與顧客關係組合，在本質上，每種顧客關係都受到三種因素影響，包括：企業組織型態、顧客類型以及顧客關係型態，如圖 7-5 所示。

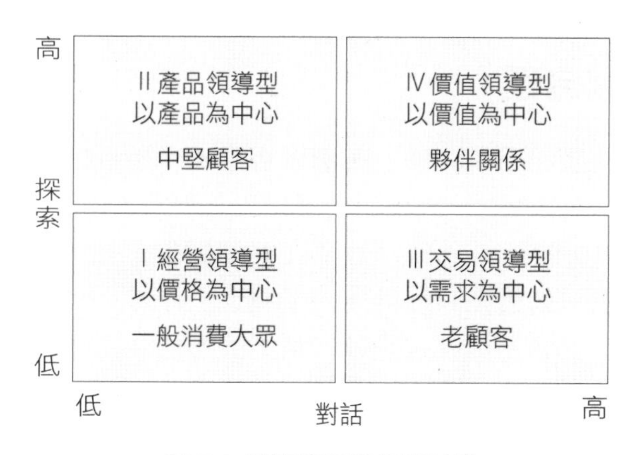

圖 7-5 顧客關係與組織結構

I. **經營領導型態**：以一般消費大眾為主體，其組織結構專為此顧客類別進行有限的溝通。由於沒有促進顧客關係的需要，因此較不蒐集此類的顧客資料，如加油站的散客（非會員）加完油即離開，無法預測下次服務的機會，通常提供的產品或服務非常標準化。

II. **產品領導型態**：以中堅客戶為主體，主要目的在於公司與中堅顧客進行客製化產品的溝通與對話，根據顧客特定需求提供產品，如訂做眼鏡、西裝訂製、新生兒鞋子、特殊規格產品訂做…等。

III. **交易領導型態**：以老顧客為主體，其主要的目的在於和老顧客透過持續的互動對話滿足其需求，如購買國際牌淨水器的顧客，長期對濾心更換有需求，但不需訂做家庭用的淨水器，以快速完成交易為主，主力訴求在與顧客互動對話公司產品的優點特色與能長期服務老顧客。

IV. **價值領導型態**：以夥伴關係者為主體，將顧客視為經營的夥伴關係，提供企業解決方案並密切與夥伴交流對話，通常是參與產品或服務方案的設計和討論且一起和企業分享資源和知識。價值領導型可以由公司與夥伴決定互動的時間、地點與方式，進行持續而頻繁的對話，如直銷產品上下游關係，夥伴與企業共同承擔風險與享受經營的成果。

7.8.2 本土化與全球化的選擇

未來企業力求在區域與全球發展尋找商業機會及平衡，一個企業組織如何能在提升區域市場，也能兼顧全球品牌的擴展，其中的關鍵在於，由全球化策略來主導或依循產品、服務及規格、功能的標準化，而本土化策略則負責產品與服務的客製化，甚至量身訂做，例如 Acer、ASUS、麥當勞、星巴克、85°C 在本土化及全球化策略都有相當傑出的表現，藉由立足台灣穩紮穩打推廣到全世界。

7.8.3 設計服務流程

企業建置 CRM 資訊系統，除了考慮顧客需求舉辦各類促進關係活動外，也必須重視執行 CRM 員工能力。「找到合適的人去執行 CRM，比科技工具本身更重要」。企業若要成功做好 CRM，強化員工顧客關係認知、教育訓練及熟悉程度佔了 60%以上，科技工具最多只提供 40%的幫助。導入 CRM，對於組織的變動、改革是必然的，所以必須考慮到實際執行員工的想法。研究指出，許多的企業導入 CRM，卻使內部員工負荷倍增更加辛勞，增加工作負荷卻未能實際提升服務效率，因此更需要謹慎規劃慎選 CRM 平台。

7-9 強化顧客關係管理

目前企業不只重視生產導向和品質導向，並強調以顧客導向為經營理念已是生存重要法則。隨著資訊科技與現代化管理技術的提升，使得企業經營較以往更有效率，連帶也改變了傳統的產品行銷觀念，目的不只是提高銷售，而是能提供顧客需要的產品與服務且重視顧客服務的行銷模式，更重要的是能對顧客偏好行為掌握十分清楚，是促成顧客關係管理被廣為重視與運用的原因。

CRM 系統不僅只是單純的提供顧客產品與服務而已，還包含顧客所要求服務的相關資料進行蒐集、儲存、處理、分析，並經由萃取、探勘了解顧客需求趨勢，進而輔助管理者做決策，達到滿足顧客需求及獲利能力。

對於改善與顧客關係的重要性，企業都有共識，但從統計資料及案例得知，一般企業仍會忽略以下幾點現象：

1. 根據 80/20 法則，80%的業績來自 20%的關鍵顧客的營收貢獻，但要找出哪些才是關鍵的 VIP 級顧客？
2. 旋轉門效應（Revolving-Door Effect）可知，當企業費盡心思的將新顧客拉進來時，原有的顧客卻走掉了。規畫獲取新顧客時，應先守住原有的舊顧客。
3. 美國 Fortune 500 大企業平均五年內流失 50%的顧客，甚至更多。
4. 開發新顧客的成本遠高於維持既有的顧客的成本，其成本比約為 5:1，甚至更高。
5. 70%的商品是老顧客所購買的，顧客長期購買，對產品價格較不敏感，公司花較少的解釋時間及人員投入，並且透過口碑行銷帶來新顧客。
6. 當投資在顧客的成本多於回收時，可以進一步考慮是否該放棄該顧客，以免浪費企業的資源（例如 DM、型錄、折價券等）。
7. 挽留舊顧客的比率只要增加 5%，獲利就可提升 60%～80%。
8. 透過電話服務中心提供顧客服務的成本約為透過網際網路服務 6 倍。
9. 1 位不滿意的顧客會告訴其他的 11 個人，甚至更多。
10. 100 個不滿意的顧客中，真正只有 4 個人會表達抱怨。1 個人的不滿，代表另外還有 25 個人也會不滿。
11. 當有顧客抱怨時，企業妥善處理會讓 70%的抱怨者回流。
12. 網路社群的負面評價分享的影響力往往比想像中更嚴重

由於顧客關係管理最主要的目的在於滿足顧客的需求，維繫良好的關係並提升顧客整體的財務貢獻及利潤。因此，做好顧客關係管理不但要了解顧客的購買行為與了解影響購買的因素，並且要針對這些活動來設計顧客關係管理的模式、成立顧客服務中心（Customer Service Center），而且考慮從採購前到結束產品使用的過程，以規劃公司的顧客關係管理作業，亦即從顧客資料的收集、儲存、分析應用妥善運用，如圖 7-6 所示。

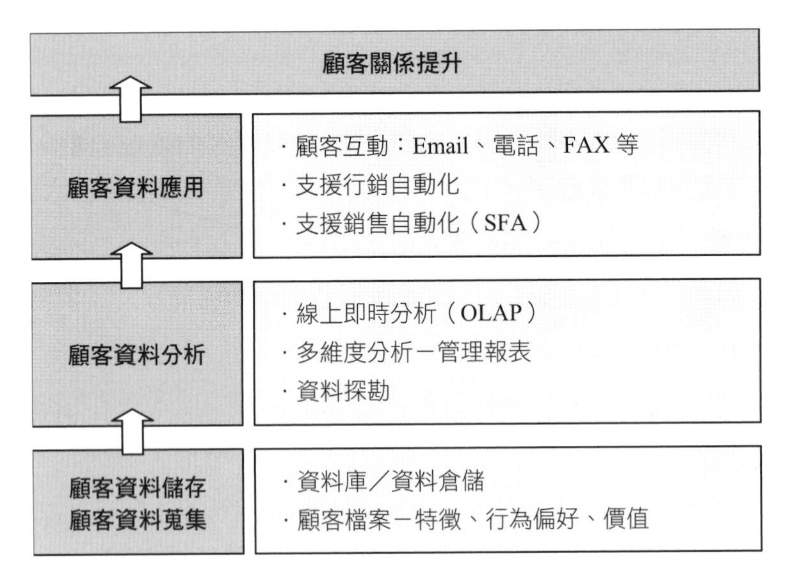

圖 7-6 顧客關係提升模式

由於企業的市場經營觀念，再加上如網際網路、資料倉儲、資料探勘、線上分析處理（OLAP）、多媒體處理等資訊科技的快速進步且廣泛的應用，使得 CRM 成為繼企業資源規劃（ERP）、供應鏈管理（SCM）、知識管理（KM）後，企業最重要的核心資訊系統之一，加上近年來推廣的雲端科技，使得 CRM 系統不再侷限工作地點，以智慧型手機 APP 即可使用 CRM 系統功能。公司應將組織結構、人力資源、市場策略、經營模式與作業流程等構面整合起來，充分的利用資訊科技落實顧客關係管理，建立以顧客為導向雙方互利的關係，例如 Vital CRM 的雲端應用服務可以建置在行動設備上，落實走到那用到那，業務或服務人員與客戶緊密連結，隨時提供貼心關懷與問候，使雙方互動、交易的推展，不受限地點與時間，讓公司產品與顧客做最有效的交流與服務。

課後個案　中來國際旅行社

緊抓核心客群 創造成長動力
中來採用 Vital CRM 業績成長翻倍

個案學習重點

1. 學習運用 Vital CRM 的標籤、記事功能，協助核心客戶精準管理業績，讓成長翻倍。
2. 學習運用簡單易用的雲端服務 Vital CRM，讓員工管理效率提升。
3. 學習運用工作指派功能，使內部員工無縫工作交接，交辦事情不漏接。
4. 學習中來國際旅行社如何做到標籤管理，深化顧客服務口碑。
5. 學習旅遊業如何發展、維繫、強化顧客關係，與建立公司特色與競爭利基。

中來國際旅行社簡介

中來國際旅遊的經營理念為「中心服務，來客至尊，國內國外，際遇通達，旅行五 洲，遊遍世界」，並秉持誠信經營原則，追求永續經營 的目標，處處以顧客權益為重。中來國際旅遊的經營目標，在國內，提起旅遊，就讓人聯想到「中來」、提到「中來」就等於「中價位團費」、「高品質服務」、「旅遊有保障」，使得「中來」幾乎等於旅行業之代名詞。

"中來旅遊"以及"七星郵輪假期""7 STAR CRUISE HOLIDAY"為隸屬於（台灣）中來國際旅行社之專屬旅遊品牌，於美國已經成立中來國際旅行社之美國分公司 WELCOME TOUR USA，目前代理 18 家國際頂級郵輪公司，亦為國際郵輪協會 CLIA 之正式註冊會員，中文品牌名稱為"美麗星郵輪代理商"，由楊永誠先生創立中來國際旅行社。

中來國際旅行社成立 20 幾年來專精於長程旅遊安排及郵輪代理，不同於一般國內旅行社，完全不做廣告，透過服務口碑建立上萬名的客戶群。鑒於對客戶管理的高度需求，於 2014 年底導入 Vital CRM。採用 3 年後，業績翻倍！中來國際旅行社總經理楊永誠指出，Vital CRM 是他多家比較後覺得應用靈活度最大的系統，在採用 3 年後，公司因為業績擴增由原來的 6 人增為 12 人，而且仍持續招募新人，業績翻倍，Vital CRM 對公司的管理協助功不可沒。

Vital CRM 應用靈活度高 免費試用不怕走錯路

楊永誠總經理指出公司之前主要採用 Excel、Word、Google Calendar 等工作進行客戶及員工管理，也曾經請人寫過資料庫，但隨著客戶群的日漸擴增，客戶資料缺乏行銷及管理的內涵讓他決定著手尋找適合公司的 CRM 系統，在眾多產品中，他看中叡揚資訊 Vital CRM 的產品功能，經過一個月免費試用期的驗證決定導入公司正式使用。楊總經理指出，Vital CRM 除了多種包括標籤、搜尋、記事及行銷等客戶管理的利器，更重要的是它擁有其他系統所無法提供的應用靈活性，讓客戶擁有高度自主權，但這也同時考驗客戶對管理架構的邏輯思考，是一個提供管理者更深度審視公司流程架構的機會。而目前叡揚資訊也同時集結各種產業別經驗製作應用範例，協助更多產業的快速上手。

Vital CRM 標籤管理深化服務口碑 掌握核心客群

擁有一萬多筆客戶資料的中來，Vital CRM 是顧客關係管理的重要助手，楊總經理指出，跟所有行業一樣，20% 的客戶貢獻 80% 的業績，Vital CRM 透過標籤分類功能可以清楚標示客戶參加過那些團、喜好地點、出國頻率等，在每次有相關行程時可輕鬆透過篩選進行精準行銷，成功掌握核心客群，創造明顯業績成長。

此外，Vital CRM 更可透過記事提醒等功能將重要的客戶資訊進行記錄，達到公司以高服務品質為宗旨的核心價值，並可透過包括簡訊通知、紀念日關懷等功能協助公司業務保持與客戶的緊密互動，協助中來持續在回購市場中獨占鰲頭。

不僅外部客戶管理 內部員工效率大為提升

楊總經理更指出 Vital CRM 除了可以透過客戶管理看到明顯的業績成長，另外讓他意外的是看到員工的效率也大幅提升，以往透過不同的表單及系統進行管理，總是有管理上的時效落差，現在統一透過 Vital CRM 進行管理，管理者可以輕鬆統整並即時回應內部員工的工作報告，員工效率大幅增進。而工作指派的功能也讓公司員工在工作交接上可無縫接軌。

Vital CRM 擁有旅遊業絕對需要的行銷利器

在資訊爆炸的時代，楊總經理認為台灣旅遊業很需要 Vital CRM 提供針對客戶的精準行銷及管理功能，惟目前許多旅行社客戶資料仍須與會計帳做串接，楊總經理建議 Vital CRM 可在未來考慮將會計軟體置於架構中或提供相互介接功能，協助更多中小型旅行社透過客戶管理創造業績新動能。

- 資料來源：
  https://www.gsscloud.com/tw/user-story/124-search-result/853-vital-crm-kpn

個案問題討論

1. 請上網搜尋中來國際旅行社的相關資料，以了解公司旅遊服務特色以及如何建立客戶長期友善關係？
2. 請探討個案公司如何解決因口碑佳、回流客戶數量日漸龐大，早期使用 Excel、Word 等工具無法應付的問題？
3. 當公司建置的客戶資料庫缺乏有效應用及行銷功能時，如何克服該類問題？
4. 請就 Vital CRM 的產品功能，描繪並討論旅遊產業功能應用的心智圖，發掘更多的運用機會點。
5. 請討論中來國際旅行社如何透過資訊科技做好發展、維繫、強化顧客關係？

當企業獲取新顧客後，就必須從事發展、維繫及強化顧客的關係，並建立顧客忠誠度。現今的顧客愈來愈注重與企業互動細節的地方，例如銷售人員的服務態度、產品的附加價值、產品及服務的安全把關等。過去企業都不是那麼注重顧客關係，認為顧客結束消費行為，就與企業不相關了，但事實上，顧客會記得在消費行為中的一切，包含銷售人員的態度、消費經驗、互動過程、售後服務等。因此建立顧客資料庫及消費歷程檔案，相當重要。擁有健全的顧客資料庫，才能讓企業內部人員做好配合的服務，同時也能降低顧客流失率。

本章節所介紹的發展維繫強化三階段的顧客關係，主要提供學習者了解：

1. **為何要發展顧客關係**：確定企業的顧客是誰？才能完整且有效率地發展顧客關係，因擁有完整地良好的顧客關係，才能讓企業長久的發展及營運。了解發展顧客關係，為企業長久經營的首要步驟。
2. **善用顧客資料以維持顧客之道**：介紹善用顧客資料能對企業帶來哪些的優勢？若顧客資料運用得當，還能藉此維持與顧客的良好關係以及尋求未來的商業機會。
3. **強化顧客關係可讓顧客流失率降低**：企業若能強化顧客關係，則可讓顧客流失率降低。而強化顧客關係有許多的途徑，例如做到顧客所要求服務 的相關資料及資訊做蒐集、儲存、採勘等，並經由分析了解顧客需 求趨勢，進而輔助管理者做決策，達到滿足顧客及獲利能力。

試題演練

1. (　　) 以關係為本的企業將重心放在認識顧客上，以了解顧客特徵，並加以分析整理為最新的顧客檔案，此檔案分為四個部分，下列何者非？
   (1)顧客重視價值　(2)顧客購買的動機
   (3)顧客行為偏好　(4)顧客外觀輪廓

2. (　　) 以下何者非顧客流失的原因？
   (1)顧客喜舊厭新的習性　(2)未達到顧客的預期
   (3)競爭對手所產生相對優勢　(4)顧客對公司失去信任

3. (　　) 以夥伴關係者為主體，將顧客視為經營的夥伴關係，提供企業解決方案並密切與夥伴交流對話，通常是參與產品或服務方案的設計和討論且一起和企業分享資源和知識。此為何種型態？
   (1)交易領導型態　(2)價值領導型態
   (3)經營領導型態　(4)產品領導型態

4. (　　) 對於改善與顧客關係的重要性，企業都有共識，但從統計資料及案例得知，一般企業仍會忽略以下幾點現象？【複選題】
   (1)80/20 法則找出關鍵的 VIP 級顧客
   (2)旋轉門效應（Revolving-Door Effect）
   (3)開發新顧客的成本遠低於維持既有的顧客的成本
   (4)70%的商品是新顧客所購買的
   (5)挽留舊顧客的比率增加 5%以上，獲利就可大幅提升
   (6)1 位不滿意的顧客會告訴其他的 5 個人

5. (　　) 企業在發展顧客洞察力之前，首先應了解並掌握哪些重要資訊？【複選題】
   (1)供應廠商商譽與原料品質
   (2)了解並預測顧客行為
   (3)發展深度的顧客洞察力
   (4)透過顧客檔案分析進行全面性的審視
   (5)了解並預測競爭者行為
   (6)發展深度的產業變化趨勢洞察力

6. (　　) 具有深度顧客洞察力的企業，通常在以下幾個方面的表現會優於其他同業？【複選題】

(1)顧客流失率　　(2)策略性專注
(3)顧客知識的創造　　(4)組織文化的革新
(5)顧客抱怨率　　(6)企業獲利表現亮麗

7. (　　) 樂樂每天都會利用系統紀錄客戶來電的需求內容，但是需求的種類太多，他要怎麼處理將其分類呢？

(1)新增客戶擴充欄位，記錄客戶常詢問的屬性
(2)新增標籤，在客戶資料上面貼上合適的標籤做記錄
(3)新增記事類別，將各種記事做分類
(4)在客戶資料的備註欄做駐記

8. (　　) 若想要在 APP 上對客戶賴小霖進行標籤分類（有潛力客戶 / 持續追蹤/待成交），需要 4 個操作步驟：1. 手機功能選項>客戶　2. 查詢賴小霖>進入賴小霖手機版頁面　3. 存檔設定完成　4. 標籤>選擇有潛力、持續追蹤及待成交標籤檔。下列何者為正確的步驟順序？

(1)1 → 2 → 3 → 4　　(2)2 → 3 → 4 → 1
(3)1 → 2 → 4 → 3　　(4)3 → 1 → 4 → 2

9. (　　) 小葉想要進行客戶分類，請問他可以用哪些方式為客戶貼上標籤？【複選題】

(1)標籤樹 → 點擊標籤旁的倒三角圖示 → 管理標籤
(2)客戶資料 → 貼標籤 → 管理標籤
(3)標籤樹 → 我的最愛 → 管理標籤
(4)列表「公司」→ 對表格公司 → 增加標籤 → 管理標籤
(5)列表「客戶」→ 對表格客戶 → 加入標籤 → 管理標籤
(6)管理 → 資料 → 標籤

10. (　　) 如果您是一位老闆，您可以在哪種情況下於系統中指派工作給員工呢？【複選題】

(1)首頁 →「記事」頁籤 → 點選記事上的 "轉工作" 連結
(2)功能列「行事曆」→ 新增
(3)首頁 →「新增記事」的同時轉工作
(4)首頁 →「新增行事曆事項」按鈕
(5)功能列「客戶」→「新增行事曆」
(6)功能列「客戶」→「對表格客戶」→「新增行事曆事項」

建立顧客忠誠度計畫 8

課前個案 勤友光電

致力打造國產自主化先進設備，勤友光電攜手叡揚資訊數位轉型

個案學習重點

1. 探討勤友光電從商業模式轉型、數位優化，再到數位化的過程。
2. 勤友光電在數位轉型過程所使用到的資訊工具或平台。
3. 如何將組織重要知識的共享、管理及傳承。
4. 如何在最短的時間處理顧客資料建檔與聯繫互動。
5. 了解 Vital CRM 的延伸模組 - 整合社群媒體(Line@)的效益。

疫情衝擊台灣製造業，中小企業該如何使用數位轉型突破重圍？勤友光電攜手叡揚資訊，踏上數位轉型之路，打破組織慣性，成功推升營收成長。半導體先進設備商勤友光電，今年營收不但未受疫情衝擊，反而逆勢成長，光是今年上半年營收就已超過去年營收的 1.5 倍，他們怎麼做到的？

勤友光電在 2013 年成立，希望打造國產自主化的先進設備。從初期的真空鍍膜設備為基礎，進一步投入半導體先進封裝的雷射製程設備，連續幾年獲得傑出光電產品獎。近兩年研發佈局第三代半導體、Micro LED、第三代太陽能等關鍵設備，已獲得顯著成果，勤友光電慢慢走出自己的創新路，現在設有台南廠及桃園廠，主要產品包括大型連續式鍍膜設備，以及 IBM 共同開發的晶圓暫時貼合及雷射剝離設備(Si/Si Carrier, Si/Glass Carrier)，多用於半導體先進封裝製程、先進 LED 製程及光電製程。

數位轉型兩大階段：商業模式、數位科技

2019 年，勤友光電遇上經營層面的挑戰。勤友光電總經理陳志政表示，「當時希望能盡快獲利，讓公司在產品營收成長有大幅度的進步。」勤友光電副董事長兼策略長陳來助是數位轉型的推手，他將勤友光電的數位轉型分成商業模式轉型和數位科技兩大階段。

「為了數位化而數位化，是企業數位轉型失敗的主因！勤友光電的數位轉型進程，與一般企業不同，先從商模轉型、數位優化，再到數位化。」陳來助分析，重點不在於導入最流行的新科技，而是先從組織變革開始，再適切地應用數位工具，才能讓數位魔法包發揮作用，「像魔法一樣推動企業的數位轉型。」

勤友光電數位轉型的第一階段是商業模式轉型，依據產業的走向，啟動組織變革。花一年時間盤點企業的願景以及數位轉型的方向，從原來賣設備的商業模式，轉為提供「Equipment+」的解決方案，提升設備的價值。第二階段，從組織、流程、系統著手，依企業三大產品的屬性將部門 BU 化，把成本中心變成利潤中心，重新盤整組織設計及業務流程，再進而評估組織變革過程中需要導入哪些數位管理工具。

勤友光電啟動數位轉型，找上叡揚資訊

勤友光電主動找上叡揚資訊協助企業內部做數位轉型。勤友光電行政副總經理暨財務長，同時也身兼數位系統小組組長的阮斐琪表示，「我們先盤點公司內部數位工具及人力資源，再進行系統的導入。」這樣不僅成立數位系統小

組，更從團隊中挑出每個系統的負責人，實施教育訓練。而各部門的種子員工再跟數位小組一起學習，循序漸進分階段導入系統。

陳來助強調，數位轉型最大的考驗，是組織的慣性和惰性。一般企業的數位轉型通常要磨個兩、三年，「勤友光電是年輕的團隊，才能在不到一年時間就克服組織的慣性。」根據勤友光電的企業現況，選擇先導入客戶管理系統 Vital CRM、 Vital BizForm 雲端智慧表單、知識管理系統 Vital Knowledge 等三大數位工具。

陳志政指出，「導入客戶管理系統 Vital CRM，對營運的幫助很大，大量節省業務人員重複作業的時間，讓業務人員能把時間用在經營客戶。」透過 Vital CRM，上百張名片可以用 App 快速掃描建檔，讓業務人員維護客戶時更加方便。Vital CRM 還進一步結合 LINE@，客戶只要掃描加入公司的 LINE@ 帳號，就能直接將客戶分類，大幅改善了業務流程。

數位系統小組成員表示，Vital CRM 增加了資料效率、正確性及風險控管，不再只憑業務人員的記憶和經驗經營客戶。例如每年三大節送禮，以往都需提前一、兩個月準備，翻找名片本或 Excel 盤點需送禮的客戶，在導入 Vital CRM 後，在 1、2 天內就整理出送禮的客戶名單。此外，勤友光電每年都會參加半導體展會，可透過 Vital CRM 為不同客戶發送客製化的展覽邀請函，根據客戶來訪時間，即時安排場次、調配人力。

因此組織改變，流程也會跟著改變。過去的簽核流程，如採購、請購單、人事薪資、人員資料異動等表單，都透過 E-mail 傳送，由各主管層層回覆，當主管簽核時要把所有 E-mail 都點開審閱，而行政人員整理表單的作業也很繁複。現在導入簽核系統智慧表單後，公司所有的專案資訊一目了然，原本需時兩天的簽核流程縮短為當天完成。即便主管在外與客戶開會，也能隨時檢閱所有簽核表單回覆完成。且 PM 還能隨時調出所有請購項目，方便掌握專案進度。

串連所有決策，讓流程變簡單，也推動勤友光電的組織商業模式轉型，阮斐琪表示，「導入智慧表單最大的好處是，協助我們優化行政流程，組織扁平化，大幅節省行政流程的時間。」

此外，設備業重視知識產權，需要知識管理系統 Vital Knowledge 協助管理。過去以部門分類，依各自權限存取公共資料夾，但卻難以共享、管理及傳承資料。使用 Vital Knowledge 可做到知識傳承，讓員工與現有工作連結，分享腦中的知識，不論是專案歷程、客戶提出的問題、會議記錄，都能依照權限、版本及時效來妥善管理。員工可隨時閱覽公司的資料，掌握公司大方向、新計畫進度，讓勤友光電的透明度大幅增加。未來透過 Vital Knowledge，可讓新進員工快速進入狀況，減少人資教育訓練的時間。

導入系統的過程中，叡揚資訊提供許多協助，除了推薦合適的系統、系統的教育訓練，線上客服也能即時協助排解問題。勤友光電第一階段的數位轉型，展現初步成果，從數位化、數位優化到商業模式轉型，一步到位。數位工具讓工作流程更順暢，減少許多重覆作業的時間，根據內部的數位工具模式滿意度調查，正面評價達 85.6%。此外，人力運用效益也顯見進步，今年七月工時運用率成長了 13.3%，節省的人力將再投入新技術開發及數位培訓。

數位轉型也讓勤友光電在面對疫情衝擊時，擁有彈性應變的能力，讓企業營運未受影響，逆勢為勤友光電創造比去年還優異的營收成長。奠基數位轉型成果，下個階段，勤友光電希望能打造「數位總部」，讓台灣、海外的不同據點都能透過數位總部串連。並且結合其他企業跨界協同運作，進一步發展解決方案的新商業模式。展望未來，勤友光電除了導入數位科技之外，更將朝向低碳商模轉型，利用產品創新協助客戶解決未來面臨 2050 碳中和的挑戰。

- 資料來源：
  1. https://bit.ly/3R3Iw3z
  2. https://www.kyopt.com

個案問題討論

1. 請先上勤友光電公司的網站了解該公司提供的產品與服務。
2. 請討論 Vital CRM 如何串連業務團隊的溝通效率，強化服務流程？
3. 請探討公司憑業務人員的記憶和經驗經營客戶的問題與風險？
4. 請說明 Vital CRM 顧客關係管理、Vital BizForm 優化行政流程、Vital Knowledge 知識管理對勤友光電所產生的效益？
5. 請盤點 Vital CRM APP 的功能，對於業務團隊即時性的助益有哪些？

8-1 顧客忠誠度

8.1.1 顧客忠誠度

「忠誠度」普遍的認知是能夠提供顧客購買並愛用，能使顧客成為「常客」的產品或服務。忠誠度可以使顧客產生熱情、良好印象、滿意、自發性支持企業活動，甚至產生再購買行為。忠誠顧客通常是品牌傳播者和品牌的喜愛或依賴者，可以提升企業營收和利潤，忠誠度比滿意度對企業經營而言更為重要。

8.1.2 顧客忠誠度的產生

顧客忠誠度有兩個表徵，一個是表現在行為忠誠，另一個是表現在態度忠誠。顧客忠誠度，不僅是質化也是一個可量化的評估指標。影響顧客忠誠度的因素如品牌、品質、價格、服務、員工態度等，它會促使顧客對某一企業的產品或服務產生認同或喜好，願意長期重覆購買該企業產品或服務的程度。

資深行銷專家 Jill Griffin（1995）認為顧客忠誠度與購買行為有關聯，具有忠誠度的消費行為是經常性重複購買、喜歡企業所提供的產品或服務、建立正面口碑、對同業競爭者的促銷優惠活動有免疫能力，甚至會樂意推薦給親朋好友。而忠誠顧客所表現出的購買行為，是透過某種信念、偏好、支持、認同，產生有目的的購買，例如有機蔬果雖然價格比一般慣行農法所種植蔬果普遍貴 2-3 成，但基於健康、自然、生機、友善土地的理念，購買的消費者大有人在。提升顧客忠誠度是企業獲利的保證，也是經營穩固的基礎，所以必須相當重視。

通常忠誠顧客具備四個條件：經常性的購買行為、願意使用企業提供的產品或服務、建立良好口碑、對競爭者的促銷活動有免疫能力。而忠誠度產生的行為表現包括：非常滿意、再次購買、推薦他人的三種呈現，如圖 8-1 所示。

8.1.3 顧客的忠誠度階段

依據 Raphel（1995）認為顧客忠誠度依照發展階段的不同，將顧客分為五個階段，若能好好經營每一階段的顧客，使其往更上一階段發展，是企業經營的成功之道。如表 8-1 所示。其發展方向從潛在顧客→購買者→顧客→老顧客→廣告代表人。

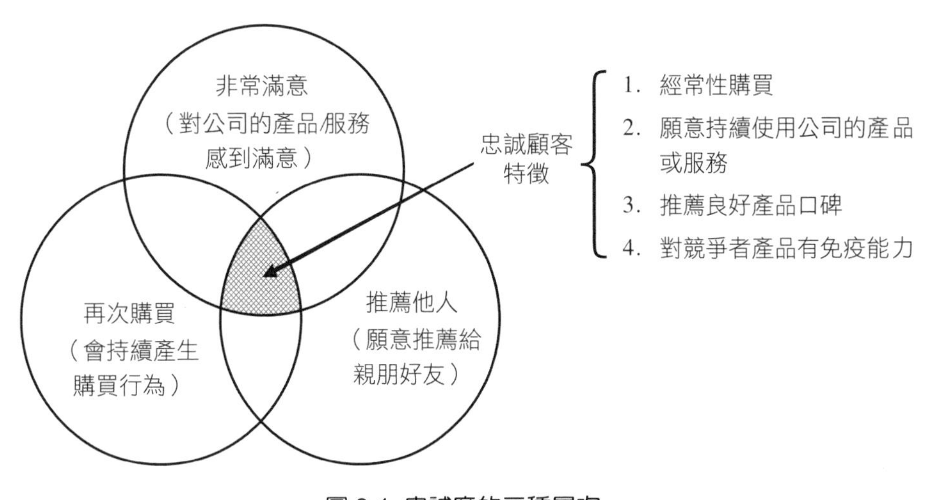

圖 8-1 忠誠度的三種層次

表 8-1 顧客忠誠度階段

顧客忠誠階段	說明	舉例
潛在顧客 （Prospect）	對公司所銷售商品或服務的購買有興趣並有支付能力，有可能成為企業的個人或組織顧客，即有意願了解且有需求存在的潛在顧客。	對 APPLE 智慧型手機有興趣了解使用的需求，並有購買能力。
購物者 （Shopper）	向銷售人員購買一次的個人或組織。 在忠誠度階梯上，購物者比潛在顧客要高一階；即是能到門市或銷售據點購買產品的對象。	到 APPLE 門市實際購買 iPhone Xs 智慧型手機。
顧客 （Customer）	向企業購買產品的個人或組織。 產生消費行為的原因： 1. 對產品認知良好 2. 可以解決問題 3. 若要能滿足以上其中一項需求，就可以完成一筆交易；及擁有一位顧客。	APPLE 顧客產生消費行為的原因 1. 對 APPLE 品牌認知良好 2. 可以解決通信聯絡溝通的問題
老顧客 （Client）	持續定期到公司購物的顧客。 一位顧客成為老顧客或顧客忠誠度提升到「向公司購買一系列銷售的商品，而顧客也能用到的產品」。此階段之誘因為：讓顧客覺得自己對公司很重要，常用的方式為「獎勵」、「維繫良好關係」。	當 APPLE 顧客換手機或再購買新機時仍以 APPLE 為標的選購一系列的產品。
廣告代言人 （Advocate）	向大眾述說貴公司產品有優點的顧客。廣告代言人可刺激企業的營業成長，出於自願性的證詞，是宣傳手法中最強而有力的表達方式，藉由代言吸引更多潛在顧客 的注意及消費。	向週遭的親朋好友推薦 APPLE 手機的優點並親身說明其優異的功能，或展示使用的成果，經由實際的使用感受，影響家人、同事、朋友也一起加入。

8-2 忠誠顧客養成計畫

8.2.1 何謂顧客忠誠計畫？

商業環境中的顧客忠誠計畫定義為顧客消費行為的持續性，指顧客對企業產品或服務建立信賴和認同，達到長期購買和使用該產品或服務，即使出現了價格更低、提供相同功能或服務的替代品、或有更好的優惠或促銷活動，顧客也不會輕易轉換到競爭廠商，甚至還願意向別人推薦該企業的產品或服務。

顧客忠誠度可細分為行為忠誠、意識忠誠和情感忠誠。「行為忠誠」是顧客實際表現出「重覆購買行為」；「意識忠誠」是指客戶在「未來可能的購買意向」；「情感忠誠」則是顧客對企業及其產品或服務的「支持態度」，包括顧客積極向周圍的人推薦企業的產品和服務。事實上，只有企業在維持高度顧客滿意和提高顧客對產品依賴度與黏密度，甚至參觀或了解生產製造流程，才能制定出有效的忠誠計畫。

滿意顧客不等於忠誠顧客

就傳統認知，當顧客需求被滿足時，經由顧客滿意來營造顧客忠誠，此過程構成滿足需求→顧客滿意→顧客忠誠三步驟。因此，顧客滿意必然造就顧客忠誠，但是並非滿意的顧客就是忠誠的顧客，根據美國貝恩管理顧問公司（Bianca）的研究發現，40%對產品和服務完全滿意的顧客也會種種因素投向競爭對手的陣營中。

根據全國 40 多個不同行業 390 多家企業的調查，顧客滿意度高的企業其顧客忠誠並不高，因此更有深入探討及了解原因的必要，為何兩者未必呈現正向關聯？有高度滿意未必造就高度的忠誠，大致上影響因素如產品本身（耐久品、民生用品）、競爭者策略（4P、8P、12P）、價格（明顯差距）、大環境改變（經濟條件）、選擇多元化、服務速度、網購、揪團改變過去消費方式…等因素。

顧客的滿意度和顧客的忠誠度兩者的差異

滿意度衡量的是顧客當時或消費後的期望和感受被滿足的程度，而忠誠度則是反應顧客未來的購買行動和購買承諾。顧客滿意度反應顧客對過去消費及購買經驗的感覺，只能針對過去的時間及行為，不能作為未來購買行為的可靠、準確預測。但忠誠度調查，基於長期性、反覆性、連續性購買行為，所以可以較準確預測顧客未來可能想買什麼產品？約略什麼時候買？唯有顧客實際的購買行為才可以產生銷售收入，因此預測顧客回流正確性便顯得重要。

顧客滿意度和實際購買行為之間不一定有直接的關聯性，滿意的顧客不一定保證他們始終會對企業忠誠，產生重覆購買的行為，例如價格敏感的民生用品，衛生紙、米、冰品、茶飲料、碳酸汽水為例，差幾元可能就會造成選擇決策的重新考慮，甚至立即投向競爭者。在《客戶滿意價值有限，客戶忠誠至高無價》（Customer Satisfaction Is Worthless., Customer Loyalty Is Priceless）中探討「顧客忠誠」，內容提及：「顧客滿意一錢不值，因為滿意的客戶仍然購買其他企業的產品。對交易過程的每個環節都十分滿意的顧客也會因為一個更好的價格更換供應商，而有時儘管顧客對你的產品和服務不是絕對的滿意，你卻能一直鎖定這個客戶。」要營造這樣的成果，並非易事，可能必須要有縝密規劃的鎖定策略，或高度轉換成本才能達到目標。

例如，有一定比例用戶對微軟的產品有相當的意見和不滿，但是如果更換使用其他品牌要付出相當大的轉換成本，包括學習新系統的時間與精力，所以會繼續使用微軟的產品。目前電信業競爭十分激烈，不惜重金找名人代言，還與各手機生產業者合作，將門號與最高端新推出智慧型手機綁一起，以吸引顧客，如推出 12 個月、24 個月、36 個月、48 個月的資費選擇方案，目的即在確保顧客長期的持有及使用，使公司能擁有一定的客群及明確期間的鎖定顧客。

一般而言，顧客滿意度是促成重覆購買最重要的因素之一，當滿意度達到某一程度，將造成忠誠度的大幅提高，如圖 8-2 所示。獲得顧客忠誠度的必須達到一定的顧客滿意水準，在滿意度水準線下，忠誠度將明顯低落。但是，顧客滿意度卻不是顧客忠誠度的必然要件，亦即要有搭配的活動方案、持久友善關係、提供額外附加價值、吸引人的鎖定策略才能使顧客忠誠度逐步建立。

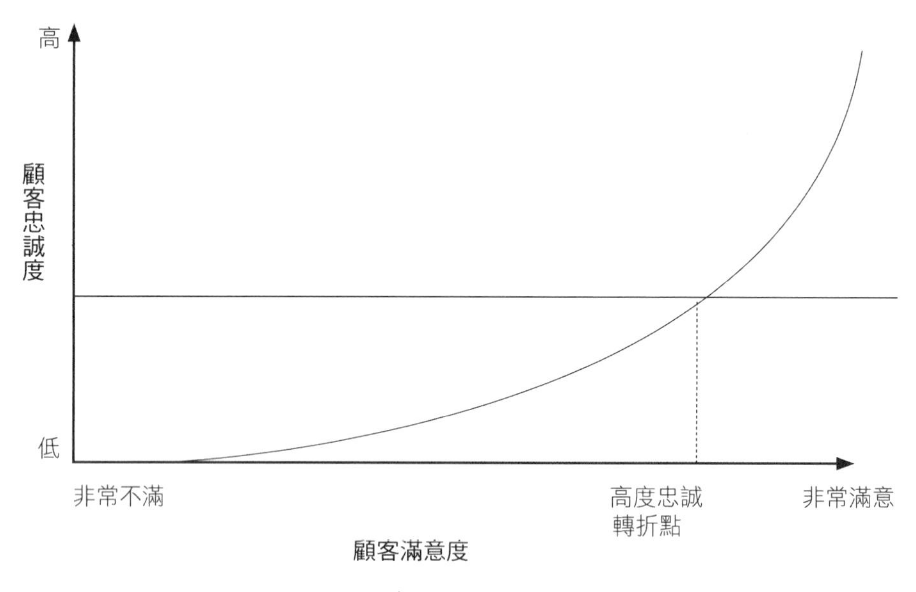

圖 8-2 顧客忠誠度與滿意度比例

滿意度與顧客留存率的關係

在顧客滿意度與公司績效之間，要建立清楚而穩固的績效連結並不容易，當行銷經理人逐漸轉變以「顧客留存率」為長期目標。透過顧客留存率，以及每年獲利金額加以保留及篩選有獲利及價值的老顧客，強化雙方的互動，以鞏固市場利基。一、保留舊顧客的成本遠低於開發新顧客的成本，亦即表示業務成本的降低，二、舊顧客持續購買公司產品或服務時，即能確保公司獲利的穩定來源，強調顧客滿意度，並以留住舊顧客為經營的基礎，如租用雲端軟體服務、手機門號使用、線上遊戲軟體、線上電子書…都有類似特性。

如圖 8-3 所示即為經過研究調查而得到顧客滿意度及顧客留存率的曲線輪廓，此虛線與曲線有一定的距離，但兩者維持相同方向進行。

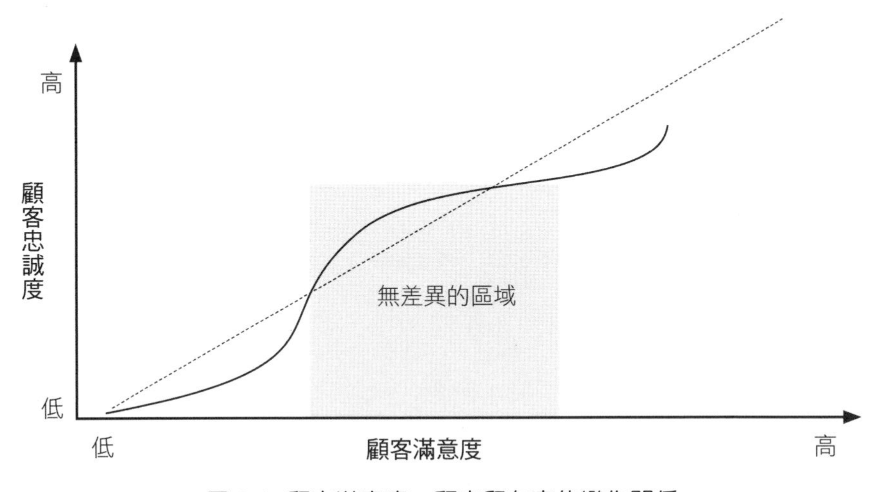

圖 8-3　顧客滿意度－顧客留存率的變化關係

其圖示變化顯示，顧客滿意度與留存率間的連結並非對稱的；對於顧客留存率，不滿意比滿意度更具影響力。當顧客在進行採購選擇時，滿意度高的顧客仍然受到許多因素影響，即使有高水準的滿意度，也不保證有高的留存率，因為有可能其他產品也能讓顧客感受到相同的滿意度；反之亦然，若顧客不滿意，其他的產品就會變得很有吸引力。這個連結關係非線性的，尤其在無差異的區域，亦即滿意度即使再增加，顧客留存率仍維持在一定範圍內。而落在曲線中間平面部分則被稱為無差異的區域。有些因素會影響曲線的轉折（圖 8-3），影響因素如產業競爭強度、轉換成本高低，以及風險水準等因素，例如化妝品市場，在百貨公司年中慶銷售特賣會中，同時有三、四十種品牌與其競爭強度大，在轉換成本低，風險水準低的情況下，雖然顧客之前使用品牌的滿意度高，但現場很容易受到促銷贈品、價格誘因、附贈禮物、當場試用、專櫃小姐鼓吹、優惠條件等氛圍下影響購買者的決策，甚至最後導致顧客使用品牌轉換，諸如此類的例子不勝枚舉。

如何維持一定水準的滿意度，又能控制成本支出，使顧客留存率能維持在理想目標範圍內，就成為行銷經理人必須認真思考及規劃。在如圖 8-4 中，若要顧客再次購買相同的品牌，在高度競爭的企業中必須維持相當高的滿意度；例如若是選擇不同品牌印表機時，消費者可能必須承擔轉換成本。

轉換成本是因為不同公司的墨水匣或碳粉匣使用、設計規格不同，因此要放棄原先的機台，另外如航空公司的里程累積或銀行信用卡的現金回饋都有類似的現象，當轉換到別家公司時，原先的福利優惠累計都將停滯甚至歸零，因此就算公司僅有中高度的滿意度，仍有一定的業績表現。

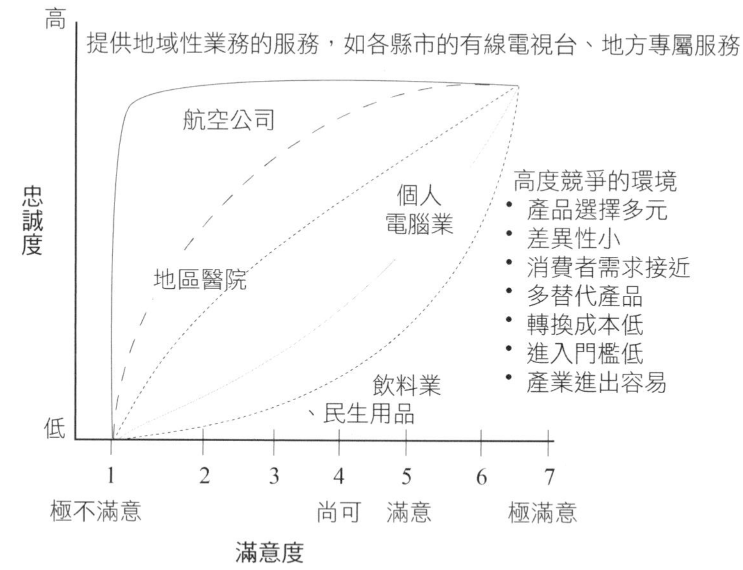

圖 8-4 各產業滿意度、忠誠度比較圖

8.2.2 顧客忠誠計畫的實施步驟

隨著市場競爭的詭譎多變，顧客忠誠度已成為影響企業利潤高低的決定性因素。以顧客忠誠度為觀察標的及評估，會比以顧客數量多寡來衡量的市場佔有率更有意義，因此企業經理人將行銷管理的重點轉向顧客忠誠度的檢視，使公司在激烈的競爭中獲得關鍵性的優勢。以下為顧客忠誠計畫的實施步驟：

1. **明確的計畫目標**：首先應先明確知道要解決的問題，以掌握要達成的目標，目標是希望增加顧客訂貨數量或訂貨次數？是希望與顧客建立友善關係？是希望阻止品牌的轉換？是希望吸引新顧客？每一種目標都會導致不同顧客忠誠計畫的擬定與實施。

2. **擬定有效的鎖住策略**：所謂鎖住策略，即思考產品對顧客所產生的價值，有哪些部份可以創造更多的依賴及滿足需求，找出提供附加服務或價值的機會，例如到府收衣、回廠洗衣、烘衣、燙衣再送回的服務，緊密的服務流程使顧客難以切換到其他洗衣店，或每週配送蔬果箱，依據家庭人口數、年齡、性別、喜好、提供搭配均衡足夠的五行蔬果，也能有效鎖定客群，婆婆媽媽可以省去提重物，費時費心的採買食物。

3. **執行忠誠度計畫所需的軟硬體設施**：軟體包含人員的培訓、辨識真正的老顧客、員工素質的提升，包括引進 CRM 系統、實施忠誠計畫所必要的硬體環境，當軟硬體齊備後，自然在忠誠度計畫的推動及計畫的落實上更有品質，可以更細緻。

4. **衡量並評估忠誠計畫的績效**：一個成功的顧客忠誠度策略將呈現顧客明顯感受到產品及服務價值、再回流次數的增加，如果無法傳遞價值的提升，則策略上勢必有改進的空間，欲增加產品及服務的價值，就必須向顧客提供其需要的利益或效益（如節省時間、方便、價位、品質、特色、便捷等），而不是商業機構希望提供的利益（如利潤、人數、營收、財報）。

8.2.3 實施顧客忠誠計畫的具體方法

以下提出幾項實施顧客忠誠度的具體作法：

1. **建立詳實顧客資料**：要獲得顧客的忠誠，企業就必須建立詳實清楚的顧客資料，如交易紀錄、個人偏好、個人背景、消費歷程、滿度度、互動管道、抱怨意見等資料，並做好員工教育訓練加強與顧客的聯繫。此外，高層業務主管應該拜訪有價值的 VIP 顧客，和顧客多進行交流及溝通。

2. **了解顧客想法及重視顧客關係**：顧客忠誠度高的企業都相當重視顧客需求，積極掌握變化的方法，包括採取(1)滿意度調查、(2)客服中心意見、(3)網頁留言板、(4)其他形式的反應、(5)主動拜訪與邀請，使主管決策時能參考顧客的意見提出更完善的措施及服務。

3. **與顧客建立廣泛的互動與聯繫**：顧客與企業之間應該建立全方位的聯繫管道，包括 0800 客服專線、網頁、線上客服、APP、簡訊、電子郵件等。

4. **滿足顧客需求，以顧客爲中心**：建立一個「以顧客為中心」的企業文化，尊重顧客的選擇以禮貌及誠心對待顧客，盡力達成顧客的需求，並創造顧客所在意的價值，以達到高度滿意為目標。

5. **以會員制度緊密連結顧客**：企業與顧客建立重要的聯繫機制，通常都是採取成立愛用者社群、老顧客相見歡、會員俱樂部、會員中心，透過定期舉行活動的方式，強化與會員的長期穩定關係，如優惠訊息優先給會員，提供產品的最新資訊，以爭取會員的認同及支持，甚至回饋會員種種的獎勵贈品、鼓勵方案，以強化雙方的互動友好關係。

6. **與顧客共創雙贏的局面**：培養忠誠顧客與企業長期經營共同體的觀念，使顧客意識到其支持購買的行為，與企業傑出品牌的表現是相互輝映及依賴，企業成長最需要的一部分。

8-3 顧客忠誠計畫的衡量與評估

8.3.1 顧客忠誠度的衡量

忠誠度可反應顧客未來的購買需求、購買行動和購買承諾，透過忠誠度調查可以預測顧客最想買什麼產品？什麼時候買？產生多少銷售收入？作為消費者未來行為的可靠預測。因此，一個有效的「忠誠計畫」其所帶來的結果和價值必須是可衡量和評估的。衡量忠誠計畫的關鍵評估指標如下：

1. **顧客重覆購買次數**：在一定時期內，顧客重覆購買公司產品的次數，次數或數量越多，代表對公司品牌的忠誠度就越高，反之，則要探討其原因。由於企業的地理位置、商品種類、商品本身性質（如耐久品、非耐久品）等因素也會影響重覆購買的次數，因此應該確認此指標合理範圍，根據不同產業的平均值加以判斷。此外，也可以加入推薦其他人購買的次數與頻率，併入分析更為客觀。

2. **顧客商品選購考量時間**：一般來說，顧客挑選考慮時間越短，代表對產品品牌的忠誠度越高；例如購買三合一即溶咖啡，消費者不假思索就挑選雀巢咖啡，儘管賣場上還有眾多咖啡產品的品牌可以選擇，代表是雀巢咖啡的忠實顧客。

   或是顧客長期喝原萃綠茶，並形成品牌偏愛，產生高度的依賴，在購買時優先指定，在顧客購買挑選時間評估指標時，也要考慮一些因素如產品結構、產品用途、金額大小、對產品了解程度，若對產品需要了解程度越高，則越需要時間加以比較差異及判斷，才能選出最後的結果，例如高單價的傢俱、大型家電、精品…等。

3. **顧客對價格的敏感程度**：對於喜愛和依賴的企業產品，通常消費者對其價格波動的承受能力強，即敏感度低，如迪士尼卡通人物、Hello Kitty 家族哆拉A 夢、商品都有一定價位及品質；而對於非偏好和依賴程度低的產品，消費者對其價格波動的接受能力較弱，即敏感度高。運用此衡量時需要注意產品對於人們的必要程度、產品供需狀況、產品競爭程度三個因素的影響。

4. **顧客對競爭品牌的態度**：根據顧客對競爭產品的態度，能夠從反面判斷其對一家企業的忠誠度。如果顧客對競爭品牌有好感，說明對公司產品有危機感，購買時很有可能被競爭者取代；如果顧客對競爭品牌沒有太大興趣或購買意願，則對企業的忠誠度相對較高，購買行為較明確穩定。

5. **顧客對產品服務瑕疵的承受能力**：任何一種產品都有風險存在，甚至在不確定、機率很低情況下產生瑕疵，即使是知名名牌產品也很難完全避免。顧客若對某一品牌的忠誠度高，對出現的產品品質瑕疵，會以寬容和諒解的態度去對待，不會因此而拒絕這公司的產品甚至創造負面話題。當然，運用在評估衡量顧客對忠誠度時，特別要注意區別產品品質瑕疵問題，即屬於嚴重狀況還是一般性狀況，是經常發生的問題還是偶然發生的狀況，如 Toyota 汽車召回 50 萬輛有剎車瑕疵的一款車子，狀況發生時難免會造成顧客的高度恐慌，但經過公司妥善的處理及耐心解說，讓社會大眾對該公司品牌仍持續保有一定安全品質的產品形象。

6. **顧客成長幅度與獲取率**：顧客成長幅度是指新增加的顧客數量與目前全體顧客之比。顧客獲取率，即實際成為顧客的人數佔所有新顧客的總人數之比。此主要是衡量實施顧客忠誠計畫後帶來的效果，例如辦理試吃/試用/試乘/試聽…等活動所獲取的顧客，在正式成交購買的比例，可加以統計與觀察。

7. **顧客流失率分析**：流失率顯示顧客數量變動的增減情況，流失分析對經營管理者應該是重要警訊也是改善的依據，對於數字背後其所代表的意涵，需要認真檢討並加以因應。倘若顧客已確定無法挽回，了解流失真正原因，避免相同問題重複發生。

8.3.2　顧客忠誠活動的評估實施

有效的忠誠計畫應該考慮下面幾個關鍵因素：(1)將忠誠計畫融入企業文化中；分析既有顧客的特性和輪廓，進一步了解顧客，以獲取顧客的認同及肯定；(2)在適當時機，將忠誠計畫具體實施並將訊息傳遞給適當的顧客；(3)設立可獲得目標；(4)衡量計畫的結果。

顧客忠誠活動的成效取決於幾個部份，包括：產品或服務的推廣活動落實、顧客購買產品（或服務）的頻率及成交量分析，企業對顧客的忠誠獎勵方案。在實施顧客忠誠計畫時，企業管理者應該要思考並釐清計畫的目的。

一個成功的顧客忠誠計畫最重要的目標之一，就是要讓顧客可以明顯感受到產品及服務價值的提升，如果無法達成，則忠誠計畫容易導致失敗。增加價值的途徑，包括服務快速、合理價格、產品有特色、高規格的對待、特殊禮遇、高品質的產品、滿足需求、創造價值…等。

1. 忠誠計畫的目標是什麼？希望增加顧客平均購買量或購買次數？希望阻止品牌轉換？希望吸引新顧客上門？或是希望顧客回流？不同目標可能會導致不同顧客忠誠計畫的安排。
2. 找出目標對象的顧客。
3. 企業應當制定一種有效的溝通策略以推動計畫的實施。例如透過大眾傳播、智慧型手機的 APP、電子看板、網站宣傳、微電影、社群平台、粉絲專頁…等管道。
4. 企業應當有一套實施的教戰守則，確保員工受到良好的教育訓練，並做好計畫實施的準備。
5. 企業應當衡量並稽核忠誠計畫的成效，以保證忠誠計畫能以合理的成本達成事前規劃的目標。

8-4 顧客忠誠的補救

任何企業都有可能面臨到突發或偶然的失誤，也很難確保不會引起顧客的不滿和投訴，例如顧客想要 A 公司自行現炸的黃金薯條，但因為點餐的時間太晚了油鍋已經關閉。而服務人員到附近速食店購買薯條充當自家的產品提供給顧客，事後引發軒然大波，一來消費者認為這不是他要的；二來價格不相同，速食店的薯條比較便宜，公司是否應該補差價退還給顧客，當然這樣的處置方式並不妥當。如果當下公司能夠委婉向顧客解釋說明，並用優惠券作為下次再光顧的補償，則必能安撫情緒，顧客也較能接受這樣的處置方式。服務失誤時若能進行及時補救可以大大降低顧客不滿率，當下迅速積極的服務處置得宜還能夠挽回顧客，甚至進一步提升顧客 忠誠。Philip Kotler 認為，如果顧客的投訴得到妥善處理因應，有 54%到 70%的顧客會選擇再次購買或回流，如果處理得十分迅速得當，選擇再次 購買的顧客會達到 95%。忠誠補救策略就是從失誤事件快速處理及回應顧客，圓滿地解決顧客投訴或抱怨，進而提高顧客的滿意度和忠誠度。

8.4.1 實施顧客服務失誤補救的判別

主動判別可能失誤的「關鍵時刻」

顧客服務失誤原因主要來自顧客服務過程所發生，並影響顧客的當時感受及想法。顧客與企業接觸的每一個時點，都是「關鍵時刻」，例如第一線人員的態度、行為、互動，提供產品/服務，都會影響顧客對服務品質的整體感覺。因此，在對服務失誤的判別上，需要對互動時刻的服務提高警覺，一旦發生失誤，就需要立即著手進行補救，若等顧客回頭抱怨或申訴，通常都已經造成不悅或爆料。

1. **需要確定哪些是最能影響顧客服務的「關鍵時刻」**。並非所有的「關鍵時刻」對顧客服務都同等重要，哪些重要的「關鍵時刻」能夠顯著提高或降低顧客對服務品質的感受，對顧客的忠誠度體驗將產生重大影響，企業需要對這些服務環節給予格外的關注，並為這些「關鍵時刻」準備補救方案，例如服務生不注意將用過的餐盤盛東西給下一位客人，因為服務生在昏黃的燈光下未察覺盤子已經用過，雖然看起來並沒有太大差異，但是顧客眼睛是雪亮的一些小失誤會嚴重影響顧客的觀感。
2. **要特別注意複雜服務的「關鍵時刻」**。複雜服務涉及很多服務流程步驟，比簡單服務包含更多的「關鍵時刻」，所以更有可能需要補救。例如，旅館住宿服務就比 ATM 提款機取款更容易出現差錯。現代企業一般傾向於把複雜的服務流程盡可能地簡化，把絕大部分工作放在後台處理，減少與顧客的接觸點，以降低服務失敗的可能性及問題發生。
3. **確定「關鍵時刻」中的顧客關注點**。對特定的「關鍵時刻」還可以進一步細分，每個「關鍵時刻」都包含著幾個不同的顧客關注點。例如，向顧客作產品介紹，顧客關注點就包括服務人員的語言表達、語調、微笑、手勢，宣傳材料的設計、印製，以及服務台的陳設、布置等。

接受顧客投訴

投訴若是正面、有建設性、可以幫助公司發展的，都應該被重視，儘管企業可以事先找出可能出現的服務問題，但是仍有很多企業並沒有想到的問題發生，特別是對於不同顧客，相同的服務也可能會產生不同的服務感受，所以，顧客投訴是使企業發現服務問題或失誤的另一個重要來源，以下提出幾個顧客投訴建議事項。

1. 企業鼓勵和引導顧客投訴，許多研究指出不滿意的顧客之中只有 10%左右的人投訴，另外 90%的顧客雖心懷不滿卻並不向企業投訴，因為認為投訴沒有用，或嫌投訴太麻煩，或者不知道如何投訴？只是把自己不愉快的經歷告訴親戚、朋友、同事，不再選擇購買該企業的產品，快速轉向其他競爭品牌，使企業損失了現有顧客和未來潛在顧客。但如果顧客選擇投訴，代表這名顧客還有「挽回」的機會可以回應其抱怨或不滿，其他不投訴的顧客，可以不會有第二次的光顧。

2. 為顧客提供方便的投訴管道，顧客不願意投訴的主要原因是投訴的成本和效益。寫信、打電話或直接找經理，既費唇舌又耗費時間、精力，甚至要鉅細靡遺交待清楚，而是否真正會改善並沒有把握。因此，企業應設計方便、易用、快速的顧客投訴管道，甚至對於投訴者予以肯定及感謝。

3. 對投訴顧客予以實質的獎賞，顧客投訴本身已經付出了成本，投訴對企業服務改進、維繫顧客忠誠都有莫大裨益，因此，企業應該把顧客投訴看作是顧客送給企業最好的禮物，只要投訴是正面、積極，有建設性都應該受理，就應及時給予回報，如象徵性的紀念品或優惠券。對顧客而言，代表對願意投訴行為的肯定，例如提供客訴顧客折價券、參觀工廠、贈送 紀念品、禮物等，肯定願意告訴公司不足的地方。

積極主動徵詢顧客意見

積極徵詢顧客意見的目的，在於化被動為主動，尤其是有部分不滿意顧客，雖然企業鼓勵甚至獎勵客訴，也準備各種方便易用投訴的管道，但仍有比例顧客不會採用，因此若能透過主動關懷，徵詢意見與顧客互動，將有更好的企業形象及聽見顧客的聲音。徵詢內容除了禮貌性問候外，也可詢問顧客使用產品或服務的滿意情形。如此，即便是顧客沒有特別挑剔的，也會感受到企業誠意與尊敬，相較之下容易形成情感的交流與關係的鞏固，增進對企業的忠誠與信任。

8.4.2 顧客服務補救的程序

顧客服務補救最終目的是要使投訴或抱怨的顧客，由不滿意轉變為尚可甚至到滿意。企業要挽回流失或不滿的顧客，必須要有一套縝密沙盤推演的計畫。一個完整的客服補救應該包括以下五個步驟，每一個步驟的啟動都建立在前一個步驟的基礎上。

1. **表達誠摯口頭致歉**：補救的第一步通常是道歉，「道歉」代表著對服務失敗的承認和對顧客投訴的認同，能夠使顧客深切感受到企業對投訴的理解與重視。道歉是必要的行動，但僅有道歉或許不足，例如服務現場出現問題，要以最謙遜的態度立即說聲「抱歉」，以緩和現場顧客的情緒。

2. **立即迅速緊急處理**：即迅速採取行動，提出改善，為不滿的顧客迫切期望的。通過緊急補救，盡可能地減少服務失誤所造成的損失，使顧客損失在一定程度上得到補償。企業的回應速度代表對問題重視程度，與顧客忠誠的彌補有直接的正向關聯。若企業延遲或遲鈍的反應只會加深顧客的不滿，增加補救的困難度。

3. **企業表現同理心情**：顧客在遭遇服務失誤後，通常會產生不滿意、焦慮、挫折感，企業應當在顧客精神上的傷害給予彌補。服務人員對於投訴顧客進行耐心的溝通說明，站在顧客的立場去想，對顧客的抱怨和憤怒表示理解，對服務失誤所帶來的不便誠懇地表示由衷的歉意，最終從心理上化解顧客的不滿情緒。

4. **提出並落實實質補償**：在對顧客表示抱歉、理解和認同後，需要以實際形式對顧客進行等值金錢、約估損失、損害鑑定後補償。例如，相對的費用、折價券、贈送優惠禮券、免費甜點、飲料等方式，對顧客服務損失進行實質補償。通過實際性或象徵性補償，讓顧客了解公司對於顧客服務的重視，願意為服務失誤承擔一切的損失。

5. **後續的追蹤及檢視**：對企業是否成功挽回顧客忠誠度的檢視，可以透過口頭詢問、電話回訪、寄信或 E-mail、再次登門等形式，對忠誠度補救進行追蹤，確認顧客對服務的不滿意情緒，是否從心理上得到解決，同時也向顧客傳達企業願意對本身服務不佳或失誤負責到底並力圖改善，為博取顧客忠誠作最後的努力。

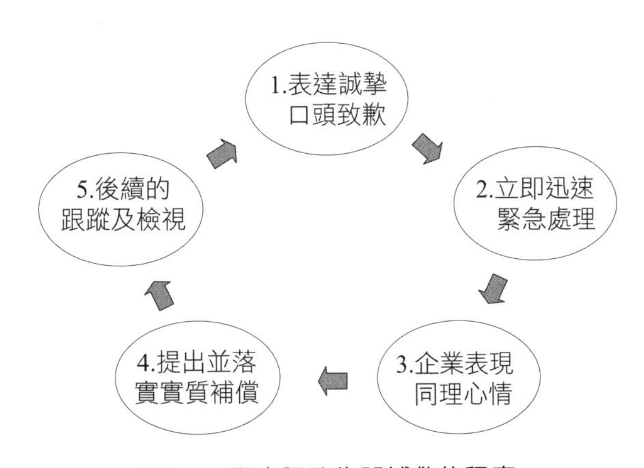

圖 8-5　顧客服務失誤補救的程序

8.4.3　顧客服務補救的原則

不同的客服補救時機和方式都會造成顧客認知感受的差異，客服補救拖延的時間越長，友好關係修復的難度越大，有補救甚至比不採取任何補救措施還要嚴重，最後造成顧客對服務品質與補救期望的加速崩離。因此，服務失誤發生後，企業必須採取強有力的補救措施，迅速果斷地解決客服問題。

1. **當機立斷即時反應**：補救忠誠度強調迅速。對顧客的不滿或抱怨，一定要在第一時間做出反應。回應的時間越快，越有利於問題的解決。對顧客投訴的第一反應先釐清問題、釐清來龍去脈事實，若是公司或員工的疏失，就立即行動，延遲回應往往事後要付出代價更大。

2. **說明原委誠懇反應**：顧客要求企業的產品和服務必須可靠、安全有品質，企業必須能夠滿足其所有要求，如果顧客的不滿是由事前疏忽而造成無法避免的因素引起的，或是要求超出了企業所能夠提供的範圍，則必須據實以答，對服務的失誤做出真誠坦然的回覆，說明真正理由，如此反而會贏得顧客的理解，甚至幫助。切忌在服務現場已經出現失誤的時候隱瞞真相，一旦被發覺，顧客會頭也不回選擇離開，如鼎王的不實鍋品成份及蔬菜農藥殘留都是應留意反思的案例。

3. **釐清歸屬進行良好溝通**：在客服補救的過程中，必須要與顧客保持良好溝通，釐清責任歸屬，如無法短時間釐清，也應該先溝通說明處理的進度，例如復興航空的澎湖空難，業者應該在最迅速回應下將調查狀況回報給旅客的親屬得知。在理解顧客心理感受的同時，也使顧客能夠理解問題處理的進度及困難處。公司要明確表示願意承擔所有責任，如果顧客也有責任，應該有第三方公正單位或司法機關來認定裁決。當出現溝通障礙時，應該在對顧客澄清誤會並且進行檢討，失誤通常來自人員沒有向顧客溝通清楚所致，即便責任在顧客端，也必須小心因應力求說明。為了確保彼此溝通順暢，服務人員應該要培養重述顧客要求，然後做最後確認。

8.4.4 顧客服務補救的成效

一般而言，補救是在遭遇顧客服務問題時，企業必然採行的一種措施，如果補救迅速措施得當，可以收到以下的成效：

1. **可維繫顧客忠誠度**：客服補救的最直接目的就是重新贏得顧客的滿意，留住顧客避免流失。過去研究發現，求助於補救的顧客比不投訴顧客更可能建立忠誠度，如果忠誠度補救成功，則投訴的顧客中將 60%有－70%會繼續購買。如果盡快解決，比率將會上升到 95%。國外調查顯示能夠成功的挽回能夠大幅度地提升顧客忠誠，被迅速補救的顧客回流率達到 82%到 95%。

2. **改進服務流程的品質**：挽回忠誠度不僅僅是對服務失誤的補償和對顧客的挽回，更重要的是，通過客服補救可以推動對公司整個服務流程改進，甚至整個後勤支援系統的改善，可提升整體服務品質。

3. 投訴一般都是針對服務中出現的各種問題而提出來的，對忠誠度挽回狀況應進行分類整理，從中可以分析出服務失誤的根源所在，發現企業服務流程或人員訓練不足的問題。尤其顧客投訴時，通常會把企業的產品和服務與其曾經的消費經驗相對比，能夠提供給企業非常有價值的產品和市場資訊與情報，為顧客服務系統的改進提出一個明確方向與參考依據，有些投訴就是企業的改變措施的前身。正因為有這些的反應，才能使客服更加進步與完善，在實施客服挽回的過程中，企業員工可以和顧客深入地進行交流溝通，了解到很多平時接觸不到的顧客想法及意見。

4. **增加企業獲利的機會**：企業如果能提供有效的補償服務，不僅能避免一些訴訟官司、法律糾紛，還能促使顧客為企業進行口碑宣傳。此時，企業從顧客身上獲得的效益，將是處理抱怨補償、進行法律程序所付出成本的數十倍。英國航空公司管理人員在進行客服補救時，得出了幾條重要結論：第一，作出反應的時間越短，達到顧客滿意所需的金錢補償越少；第二，當服務專線的顧客滿意度達到 95%時，顧客所需的賠償會降低 8%；第三，公司每投入 1 英鎊用於維繫顧客，就可以減少 2 英鎊的損失。例如國內王品集團旗下的事業別，不管是牛排、西餐、日式料理、咖啡、蔬食、鐵板燒、火鍋都非常重視顧客反應及抱怨，如果問卷調查反應不佳，都將被一一檢討與回應顧客的問題，以便讓顧客知道王品餐飲集團的用心，因此，顧客服務的補救措施，事實上就是在維繫顧客關係與提高顧客忠誠，倘若沒有良好的忠誠基礎，那良好形象、產品口碑、重購率、滿意度、推薦他人就形同是口號了。

課後個案 永承診所

診所善用 CRM 大幅提升回診黏著度

個案學習重點

1. 瞭解乳癌篩檢專業醫療診所如何與顧客互動，規劃不同用途的聯繫內容，依設定的時間告知受檢者回診追蹤。
2. 瞭解永承診所有步驟地進行顧客系統管理，免去紙本病歷以及 Excel 檔的不便。
3. 瞭解不同產業的欄位名稱、標籤、工作類別皆可自行定義，介面簡單易懂，不需花費太多時間學習，減輕工作人員工作量。
4. 瞭解無須投入 IT 人力及大量經費，在極短時間內迅速開通享受服務，完全符合診所人力資金之需求。
5. 瞭解永承診所顧客忠誠度的提升與大幅提升回診黏著度。

永承診所－長島乳房影像醫學中心簡介

NBIC 長島乳房醫學影像中心，是專為女性量身打造的乳癌篩檢專業醫療診所，全程由專業的醫療人員服務，以最先進的精密檢測儀器，無觸碰式的檢查流程，沒有尷尬與害羞，更不需耗時等待，讓妳隨時想來呵護自已。NBIC 的核心價值是提供女性一個選擇且是最好的選擇，並期望女性“不要因為乳癌失去乳房，因為乳房失去生命”。服務項目包括：全自動乳房斷層掃描、乳房紅外線檢查、乳房 X 光攝影、乳房切片檢查、甲狀腺超音波檢查、基因檢測、功能醫學檢測、…等等醫療服務。

有步驟地進行顧客系統管理

「每天，我們都會提醒該複診及定期追蹤檢查的女性同胞。而可以精準且高效地關心每一位客戶，完全要感謝叡揚資訊 Vital CRM（雲端客戶關係維繫服務）。」Bunny 感性地說，過往在觀念宣傳上需要花費許多人力及時間，透過雲端 Vital CRM 這套 CRM 服務之後，「終於可以有步驟地進行系統管理，免去紙本病歷以及 Excel 檔的不便。」而且重要的是，無須投入 IT 人力及大量經費，在極短時間內迅速開通享受服務，完全符合診所人力資金之需求。

台灣每年新增近 9,000 名女性罹患乳癌，它已經躍居女性癌症發生率第一位、死亡率第四位。而最大問題就是沒有落實定期檢查，「所以常常發生來電詢問自己上次做檢查是何年何月的普遍現象。」永承診所護理長 Bunny 笑笑地說。

永承診所是台灣第一家專門進行乳癌篩檢的醫療診所，護理長 Bunny 強調「我們希望傳達乳癌防治的觀念給台灣的女性，因為只要及早發現，0 期乳癌治癒率幾乎可達百分之百。唯國人缺乏自我檢查與乳癌篩檢之健檢習慣，加上乳癌有年輕化趨勢，所以我們努力推廣 20 歲後女性就應有定期檢查之觀念。」

極短時間內迅速開通享受雲端服務

「每天，我們都會提醒該複診及定期追蹤檢查的女性同胞。而可以精準且高效地關心每一位客戶，完全要感謝叡揚資訊 Vital CRM（雲端客戶關係維繫服務）。」Bunny 感性地說，過往在觀念宣傳上需要花費許多人力及時間，透過雲端 Vital CRM 這套 CRM 服務之後，「終於可以有步驟地進行系統管理，免去紙本病歷以及 Excel 檔的不便。」而且重要的是，無須投入 IT 人力及大量經費，在極短時間內迅速開通享受服務，完全符合診所人力資金之需求。

聯繫腳本是提醒受檢者記得回診的最佳幫手

診所善用 CRM 大幅提升回診黏著度依據衛生署國民健康局的建議，45~49 歲的婦女每兩年需作一次乳房 X 光攝影檢查，但因現代女性傾向晚婚晚育的情況可能會影響乳房健康，也因此 20 歲以上的女性即需開始進行檢查。而以上的檢查都有定期追蹤及複診的時間，最短的追蹤療程為三個月期。Vital CRM 中的聯繫腳本更是提醒受檢者記得回診的最佳幫手，Bunny 開心地分享「只要我們先行設計好不同用途的聯繫內容，再將欲聯絡的客戶加入，系統即可透過 Email 或是簡訊的方式依我們設定的時間告知受檢者需要回診追蹤囉！」

欄位名稱、標籤、工作類別皆可自定義，介面又簡單易懂

永承診所剛使用 Vital CRM 時，也曾擔心這套系統會不會比較適合一般商家，不符合醫療院所之需求，但真正使用後因為 Vital CRM 中的欄位名稱、標籤、工作類別皆可自定義，介面又簡單易懂，不需花費太多時間學習，減輕工作人員工作量。另外，永承診所也會透過 Vital CRM 定期發送 EDM 給受檢者，宣導許多女性相關健康知識以及其定期舉辦的「乳醫講座」報名時間，Bunny 笑笑地說，「Vital CRM 提供幾十種高設計質感的 EDM 範本，一來解決診所無美工編輯及 IT 人員之苦，二來透過 Vital CRM 發送 EDM 大幅提升官網以及 Facebook 瀏覽量。」

永承診所最大的宗旨就是在守護台灣女性的健康，如同一位粉紅天使用愛和呵護為出發，而 Vital CRM 就如同帶領天使飛翔的翅膀般，協助永承診所提供及時、適合的關懷給受檢者，讓女性同胞們面對乳房檢查這個議題不再感到困窘及害怕。

■ 資料來源：
https://www.gsscloud.com/tw/user-story/124-search-result/464-vital-crm-kpn

個案問題討論

1. 請上網搜尋永承診所（長島乳房影像醫學中心）的相關資料，以了解該機構提供的醫療服務，以及網站衛教資訊。
2. 請討論全台首間專為女性打造，以專業醫療與溫暖、舒適空間並存的乳癌篩檢專業醫療診所如何與顧客互動？
3. 請討論 Vital CRM 的聯繫腳本、寄發簡訊與 E-mail 可以為個案診所提供那些效益？
4. 請設計一張可以提供及時、適合的關懷給受檢者，讓女性同胞們面對乳房檢查這個議題不再感到困窘及害怕的電子卡片。
5. 請討論試想如果你是永承診所的顧客，透過 Vital CRM 雲端應用服務，你希望獲得甚麼資訊以建立顧客忠誠？

本章回顧

任何的企業都希望培養出一批忠誠顧客，但培養忠誠顧客並非易事，如同經營粉絲團，是必須要有縝密規劃及長期投入的工程，包括長時間的培養感情、成本的花費，尤其是每天都有推陳出新的光速時代，其耗費的時間與成本將會比以往來的更多。培養忠誠顧客，是企業行銷管理的重要關鍵任務，也是一大利器，忠誠顧客不但能讓企業有亮麗的業績表現，也比較不易被同業搶走，所以培養忠誠顧客，企業一定要訂定出一套好的實施計畫。

本章節所介紹建立顧客忠誠度計畫，主要讓學習者了解到：

1. **忠誠顧客能爲企業帶來的競爭優勢**：介紹忠誠顧客能為企業帶來的利益，並非一時，而是長久且固定的，倘若企業能長久的維繫與忠誠顧客的關係，忠誠顧客不但能為企業做免費的宣傳，而且能使企業有穩定的利潤。
2. **瞭解顧客忠誠養成計畫**：在過去的市場上，部分企業會佔著產品擁有獨佔性或寡佔性，不會刻意營造與顧客長期友善關係，因為顧客仍會繼續交易，但隨著時代的轉變，現今的市場，已不能靠著商品擁有獨佔性或寡佔性來長期擁有顧客，而是要靠主動出擊建立關係，所以培養顧客忠誠的計畫，將需被徹底落實方能站穩市場地位。

3. **挽回忠誠顧客**：若顧客非忠誠顧客、企業該如何補救？此外，少有完美呈現不會出錯的百分百企業，但若在互動過程與顧客發生失誤？企業該 如何挽救？甚至是重新贏回一筆新的訂單。讓學習者了解，不是企 業都是完美的，但若能事先規劃、預先防範，將補救措施做得好， 對企業來說更是一個宣傳口碑的好機會。

試題演練

1. (　　) 建立顧客忠誠度是企業獲利的保證，也是經營穩固的基礎，所以企業都相當重視，通常忠誠顧客具備四個條件，何者有誤？

   (1)建立良好口碑　(2)願意使用企業提供的產品或服務
   (3)無法預測的購買行為　(4)對競爭者的促銷活動有免疫能力

2. (　　) 顧客忠誠度有兩個表徵，一個是表現在行為忠誠，另一個是表現在態度忠誠，不僅是質化也是一個可量化的評估指標。顧客忠誠度產生的行為表現何者有誤？

   (1)對產品或服務非常滿意　(2)會再次購買
   (3)推薦他人使用　(4)比較後有可能選擇競爭品牌

3. (　　) 顧客滿意度與留存率間的連結並非對稱，顧客即使有高水準的滿意度也不保證有高的留存率，亦即滿意度即使再增加，顧客留存率仍維持在一定範圍內，此現象的區域稱為？

   (1)轉折的區域　(2)對比的區域　(3)蟄伏的區域　(4)無差異的區域

4. (　　) 隨著市場競爭的詭譎多變，顧客忠誠度已成為影響企業利潤高低的決定性因素，為使公司在激烈的競爭中獲得關鍵性的優勢，以下哪些是顧客忠誠計畫的是必須的步驟？【複選題】

   (1)明確的計畫目標　(2)擬定有效的鎖住策略　(3)執行忠誠度計畫所需的軟硬體設施建置　(4)衡量並評估忠誠計畫的績效　(5)向大眾與顧客說明忠誠度計畫　(6)參考競爭品牌做法並加以模仿

5. (　　) 實施顧客忠誠計畫的具體方法，以下何者有誤？【複選題】

   (1)建立詳實顧客資料　(2)了解顧客想法與重視股東關係　(3)與顧客建立廣泛的互動與聯繫　(4)滿足顧客需求以競爭者為中心　(5)以直銷制度緊密連結顧客　(6)與顧客共創雙贏的局面

9 顧客不滿意與抱怨的處理

課前個案 百豐國際有限公司

整合客戶資訊高效率內外工作溝通平台 Vital CRM 是公司可以長期使用的重要系統

個案學習重點

1. 瞭解不同部門如業務、內勤都使用記事功能，即時的資訊共享成為內部重要的溝通平台。
2. 學習運用記事搜尋、工作日誌協助管理者了解業務狀態。
3. 學習運用行銷郵件可篩選整理正確客戶名單，讓業績目標更可達到宣傳廣告的效果。
4. 學習運用 Google 表單匯入快速，導入時間縮短，標籤修改容易，並可建立整體性的標籤系統。
5. 學習運用整合客戶資訊，提高內外部工作溝通效率，以提高顧客滿意度與處理速度。

百豐國際有限公司簡介

百豐公司為綜合商品批發代理商，百豐國際有限公司（內銷部門），3D 印表機產品開發及銷售、碳粉匣批發、零售影印機、傳真機、事務機等出租、零售、批發。此外設立百富全球有限公司（外銷部門），主要經營歐洲市場，以個人工安產品、手工具、工作服為大宗外銷產品，目前更增加礦產市場的開發，2016 年起更加入阿里巴巴網路拓銷，以多國語言的網站，公司成長為多面向的綜合貿易商。

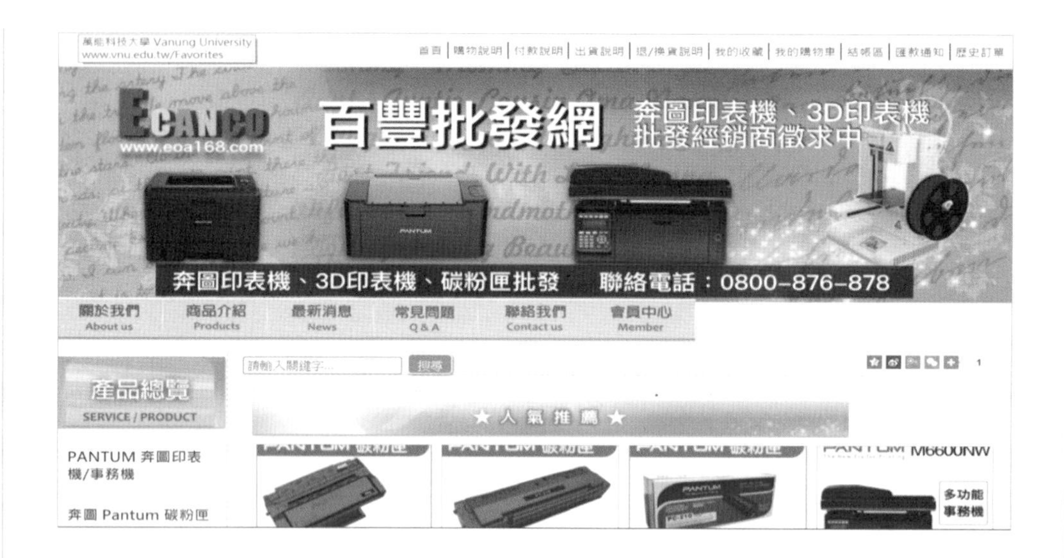

百豐國際有限公司自 1999 年成立以來，內銷部門即專注於辦公室自動化產品的銷售與維修，秉持讓消費者買的安心、用的放心，結合網路購物，配合實體公司通路經營，承擔客戶向公司購買產品，並由公司負責服務責任，增加消費者的方便性，並不斷擴充公司經營規模，目前全省實體通路配合服務點超過 300 家，往後更積極聯合更多經銷商共同經營。百豐總經理陳榮宗表示，公司深知客戶管理的重要性，Vital CRM 不僅擁有雲端的便利性，更可以輕鬆將公司內外工作流程及資訊統整，加上行銷業務的功能，對百豐幫助真的很大，絕對是可以長期投資使用的工作系統。

穩定長期使用的系統是公司的重要考量

陳榮宗提到，公司最早使用政府補助的免費 CRM 軟體，但由於政府補助方案不穩定，將重要客戶資訊放在上頭很不安心。而後買單機版 CRM 進行使用，更面臨無法隨時共享，以及電腦升級、故障或連線等問題，讓有心透過 CRM 管理客戶的百豐國際決定更換一套可以長期使用的系統。當時搜尋很多家 CRM，不是費用高不可攀就是功能不符合需求，直到下載 Vital CRM 試用版，不但擁有雲端的即時分享性，包括標籤、記事、業務行銷功能完備，因而決定導入公司運作，成為協助公司一同成長的重要夥伴。

剛開始導入的確需要花費較多時間探索使用方式，標籤也因缺乏整體規劃而顯得雜亂，但由於過往資料匯入 Vital CRM 很容易，加上修改便利，正好藉此機會做總整理，並整體分類，以利長久使用與維護。

內外勤即時記事百豐內部重要的溝通平台

百豐國際對於記事、標籤、行銷郵件的功能非常倚重。陳榮宗說，不管業務或內勤都會針對客戶狀況進行記事，包括客戶拜訪、叫修、報價等情況都可以即時紀錄，讓資訊透明，成為百豐內部重要的溝通平台。此外，記事搜尋也是陳榮宗常用的功能，可藉此了解每個業務的工作狀態，之後更可匯出工作日誌，提供管理者掌握整體的營運狀況。

另外，以往利用 Line 群組交派工作常遇到資料難以追蹤搜尋的窘境，透過 Vital CRM 的工作指派功能，內勤人員在收到客戶需求後即可指派工作並推播到相關負責人手機，完成後負責人更可透過系統即時回報，讓整體工作流程無縫接軌、效率自然大幅提升。

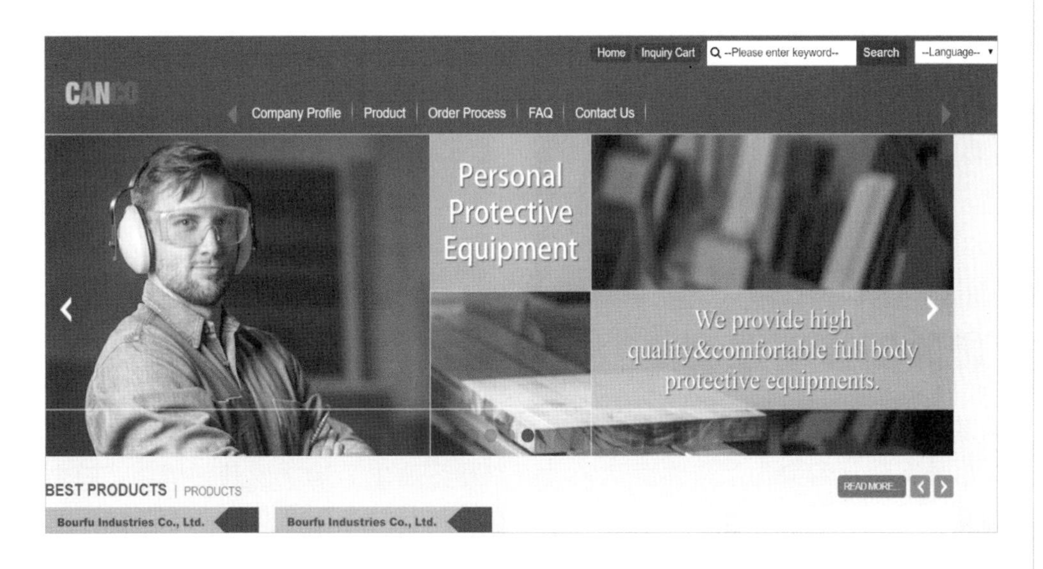

善用行銷郵件篩選客戶名單

行銷郵件對百豐的業務行銷更是大有幫助。擁有上萬名經銷商及直銷客戶的百豐，可先透過標籤將目標客戶進行分類，視其需求發送 E-dm。藉由 E-dm 發送狀況可以達到以下目標：

1. 藉由開信及信件傳送狀況更新客戶 e-mail 名單
2. 達成廣告宣傳的效果，是百豐常使用的行銷工具

此外，APP 中的附近客戶功能可讓業務有效率地同時拜訪集中在附近的客戶。

對百豐國際而言，Vital CRM 還有很多功能可以讓管理客戶更方便即時，百豐未來將持續發掘並使用，相信 Vital CRM 絕對能為公司帶來更多驚豔的績效。

■ 資料來源：
https://www.gsscloud.com/tw/user-story/115-blog/966-ecanco

個案問題討論

1. 請上網搜尋百豐國際有限公司、百富全球有限公司的相關資料，以了解該企業提供的產品與服務，以及各類的顧客群。
2. 請討論使用政府補助企業軟體使用的優缺點。
3. 請討論比較使用單機 CRM 軟體、雲端 Vital CRM 的優缺點。
4. 請討論如何透過雲端應用服務的 CRM 降低顧客的不滿意與抱怨。
5. 請討論百豐國際公司有內銷與外銷業務，如何兼顧兩個不同的顧客類型與需求，使顧客服務做到最大化。

9-1 您的顧客滿意嗎？

當顧客消費產品，卻發生服務疏失，其顧客產生的行為如圖 9-1 所示。當企業服務顧客時，若發生了失誤或疏失，導致顧客產生不愉快或負面情緒，將會有兩個反應，一是透過抱怨行動，將抱怨透過四個方式，具體表達，(1)訴諸法律途徑，藉由司法討回公道；(2)是直接向業者抱怨反應，希望獲得重視或補償；(3)向媒體傳遞負面形象或口碑，經由爆料讓社會大眾得知新聞；(4)影響週遭的第三者，如告知親朋好友，影響他們的選擇考量。以上的表達會使抱怨的顧客最後以三種方式影響關係，(1)選擇離開，不再購買公司產品或服務；(2)轉換到別家的品牌或產品，不再與公司往來；(3)勉強留下來，繼續觀望公司後續的狀況，但關係趨於保守及冷淡，前兩者則關係結束。若沒有抱怨行動的顧客，最終也會以這三種方式呈現與公司的關係，因此業者對於顧客的不滿及抱怨，不能不謹慎因應，因為與顧客關係的良窳是影響公司能否正常經營，永續存在的關鍵。

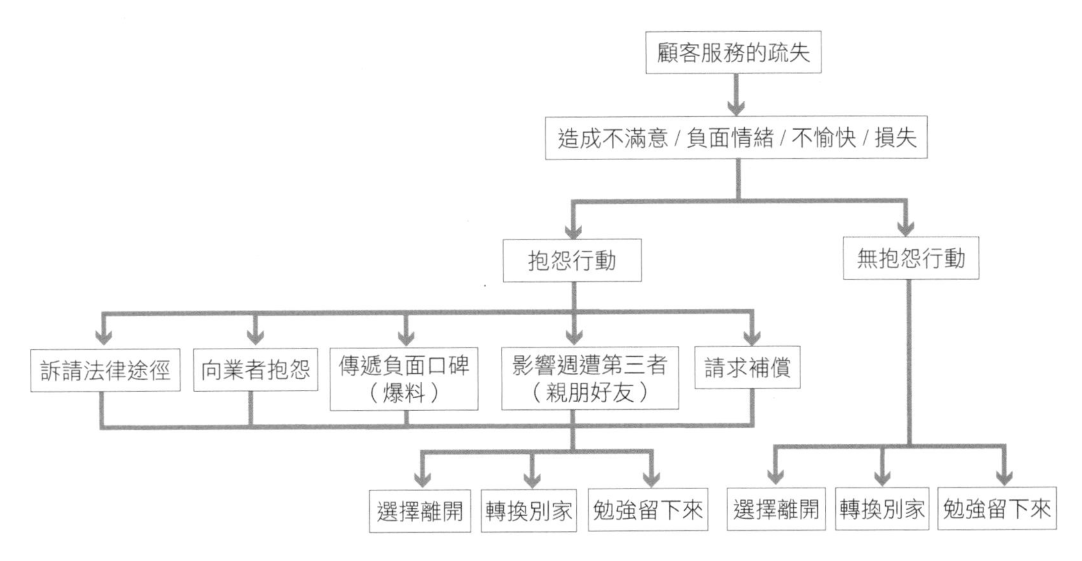

圖 9-1 服務疏失後顧客產生的行為分析

9.1.1 顧客滿意度的定義

Philip Kotler 認為，「顧客滿意是指一個顧客對產品的感知效果與期望間兩者的比較，所形成的愉悅或失望的感覺狀態。」

Henry Assael 也認為，當商品的實際消費效果達到消費者的預期時，會產生顧客滿意，反之亦然，若沒達到消費者預期時，會導致顧客不滿意的產生。

由上述的定義可得知，滿意水準是感知實際結果和事先期望之間的落差衡量。簡言之，如果消費或使用後效果低於期望，顧客就會產生不滿意；如果感知的效果與期望相等，顧客就會到達滿意；如果感知效果高於期望，顧客就會產生物超所值的感受，認知上也會有愉悅感及好的滿意度。

一般而言，顧客滿意是顧客對企業及員工所提供產品和服務的綜合性評價，也是顧客對企業、產品、服務和員工服務的認可。顧客根據他們的價值判斷來評價產品和服務，因此，Kotler 認為：「滿意，是一種人的感覺狀態的水平，它源於對一件產品所設想的績效或產出，與人們的期望所進行的比較」。從企業的角度來說，顧客服務的目標並不僅僅止於使顧客滿意更要創造顧客價值；使顧客滿意是良好關係管理的第一步。

9-2 顧客滿意度調查

顧客滿意度調查可用來測量一家企業在滿足或超越顧客對產品的期望所達到的程度，一般測量顧客滿意度的工具就是顧客滿意度調查。它可以找出與顧客滿意或不滿意有關的重要因素（若用評估指標來呈現就稱為績效指標），根據顧客對這些因素的看法而得到真正影響的數據，進而得到綜合的顧客滿意度指標。它也是近年來市場行銷調查中應用最廣泛的調查技術。

9.2.1 顧客滿意度調查的目標

顧客滿意度調查的目的主要有幾項，(1)瞭解企業提供的產品與顧客期望兩者的落差，是超越、持平，還是落後可以做為調整的依據，同時經由調查的過程，可以蒐集從顧客端的回應並了解真正的心聲。(2)檢核 CRM 策略的正確性，從策略目標到行動方案的推動是否落實？由上而下的實施過程方向有無偏誤？若顧客不滿意度高就應該檢討改善，修正方向及流程，使顧客期望與公司提供產品符合需求。(3)資源有效發揮，對於顧客重視的部份予以加強，使之做得更好，提高整體的經濟效益。

以下是顧客滿意度調查的目標：

1. **具體落實「以顧客爲中心」的理念**：企業需以顧客為中心，因此應理解顧客當前和未來的需求，滿足顧客需求並積極超越顧客期望，透過調查可以掌握顧客期望與公司實際提供兩者的落差，落差為負就應檢討改善，以做為重新設計產品或服務流程的依據。而且顧客的需求和期望是隨大環境不斷變化，因此客觀公正的調查非常重要。
2. **掌握顧客關係管理策略方向的正確性**：企業進行顧客滿意度調查，不只是為了得到一個統計分析結果，而是要通過調查活動，發現影響顧客滿意度的關鍵因素，以便提高顧客滿意度的過程中能對症下藥，制定有效的顧客滿意策略，從策略、目標、行動方案，確保能落實執行。
3. **資源有效發揮以提高經濟效益**：顧客滿意度調查需要涵蓋企業經營的全部流程，從研發設計產品階段即考慮顧客的需求和期望，使提供的產品或服務得到顧客的認同及購買，並獲得使用上滿意。爾後，在定期的顧客滿意度追蹤分析，企業會越來越了解顧客偏好及市場趨勢，更準確地預測顧客的需求和市場的變化。

9.2.2 顧客滿意度調查的方法

以下提出幾項顧客滿意度調查的方法，包括(1)設立顧客投訴與建議管道，尤其蒐集顧客不滿意的部份。(2)顧客滿意度量表調查，主要是採李克特量表（Likert Scale），是一種心理認知測量量表，如 1～5 分具體指出對該項產品或服務的認同程度，給予最不同意到最同意分數的勾選。(3)喬裝神祕客，尤其餐飲業、服務業，經常用來使用測量現場人員對顧客的應對或問題解決能力，神祕客也會蒐集不滿意的表現，以作為後續改善的參考。(4)進行流失顧客的分析，以了解顧客為何會終止與企業的往來及交易的真正原因，對於未來建構顧客滿意的產品、人員服務態度、價位、空間、服務據點活動、設計、包裝…，有更精準的掌握。

1. **設立顧客投訴與建議管道**：以顧客為中心的企業建立便於顧客傳遞建議和投訴的管道，此管道可以廣泛收集到顧客的意見和建議。例如，王品集團旗下餐飲事業，如王品、西堤牛排、夏慕尼、藝奇新日本料理、舒果、原燒、聚北海道昆布、陶板屋、石二鍋、hot 7、品田牧場、ITA 義塔、PUTIEN 莆田、COOKBEEF、麻佬大川味麻辣燙、沐越越式料理、青花驕、享鴨（2019），都有顧客滿意度調查與 0800-071-198 免付費意見專線。

2. **顧客滿意度量表調查**：企業不僅要建立顧客投訴與建議管道，更要全面了解顧客的滿意和不滿意的原因。量表調查是目前最廣為使用調查滿意度的方法，可以針對公司需要加以設計問卷題目，以蒐集顧客意見。

   企業可以透過電話、問卷、E-mail、信件、傳真、線上網頁方式調查顧客滿意度。顧客滿意度的調查問卷或量表可以從以下兩方面進行設計：(1)列出重要可能影響顧客滿意的因素，然後按照重要程度排列，最後選出顧客最關心的幾個因素，讓顧客決定因素的重要程度，以提供給企業參考；(2)就所選擇要評價的重要因素滿意度讓受訪者做出評定，一般以 5 點或 7 點量表的等級為主，如極滿意(7)、 很滿意(6)、滿意(5)、無意見(4)、不滿意(3)、很不滿意(2)、極不滿意(1)。此為評定顧客滿意心理認知的一種方法，企業將利用這些資訊來改進它下一階段的工作。

3. **喬裝神秘客**：另一種了解顧客不滿意的有效方法，採取雇用人員喬裝為購買者，回報他們在購買企業和競爭者產品的過程中所發現的差異和問題。這些喬裝神秘客甚至可以故意設計使用上、服務上的問題，以考驗服務人員能否應對良好，遵循公司規定處理，圓滿將問題解決好。企業亦可以雇用佯裝購物者，管理者也應該行動管理，實際到自家門市和競爭同業門市從事蒐集情報與比較差異，以對市場競爭狀況有清楚掌握。

4. **進行流失顧客的分析**：當顧客停止購買公司產品或轉向其他競爭品牌，企業應該進行調查，了解為什麼會發生流失狀況？如 IBM 企業定期對流失顧客進行分析，探討顧客流失的原因。流失原因是因為價格太高、系統穩定度，服務人員態度、產品穩定度、品質問題…等，進行「顧客流失調查」並控制「顧客流失率」的上升，使顧客滿意度能維持良好水準。

9.2.3 執行顧客滿意度調查的步驟

執行滿意度調查的步驟，(1)首先要確定調查的目標與決定調查的範疇，當目標範疇明確，問卷設計所呈現的題目亦跟著調整，如針對產品的使用滿意度調查，服務人員的滿意度調查，新產品上市滿意度調查其內容題目都不同。(2)滿意度問卷的量化或賦予權重，目的在於將顧客心理認知轉換為數字等級呈現，以利進一步統計分析之用。(3)選擇適當的調查對象，找出適當的顧客填寫或回應，得到的分析結果，方能具有可靠性及正確性。(4)回收問卷數據並加以解讀及分析，了解數字背後代表的意義。(5)擬定未來改進計畫和推動執行，使調查結果成為企業向上提升的可靠來源。

1. **確定調查的目標與決定問卷內容**：企業展開顧客滿意度調查研究，必須首先確認調查的目標及欲解決的問題範圍，以展開顧客滿意度調查的內容。不同的產品擁有不同的顧客，其需求結構的著重點亦不相同，例如顧客所在意的核心，有的著重於服務，有的著重於功能等。一般來說，調查的內容主要包括以下幾個方面：產品的品質構面，包括產品性能、可靠性、穩定度、可維護性、安全性等；產品功能需求包括使用功能、輔助功能（舒適性等）；產品服務需求包括售前和售後服務需求。產品延伸需求包括零組件供應、產品維修及保養、產品升級或更新、教育訓練、產品外觀、包裝、防護需求、產品汰舊換新…等。

2. **滿意度問卷的量化或賦予權重**：顧客滿意度調查的本質是一個定量分析的過程，即用數字去反映顧客心理認知的程度。顧客滿意度調查了解的是顧客對產品、服務或人員態度，滿意程度的等級一般採用五尺度等級：很滿意、滿意、尚可、不滿意、很不滿意，分數越高代表滿意程度愈高。相對應的代表數值值為 5、4、3、2、1。另外，第二種評估方法非 Likert 尺度的衡量而是採取權重的方式加以計算，如顧客滿意度中最重視價格，則此項的權重值會最高，以此類推不同產業的滿意度調查重點不一樣，例如 3C 家電著重售後服務、維修快速、到府收件自動更換，對耐用品家電產業而言是非常重要的指標，但是對於民生日用品產業則不是重點。

   因此，相同的指標在不同產業中其權重亦不同，根據產業的特性擬定適當 的評估指標及題項並賦予適當的權重，才能客觀真實地反映出顧客滿意度， 權重的加總恒為 1，公司可以因應實際的需求，列出各指標的權重值。

3. **選擇適當的調查對象**：企業在確定執行滿意度調查後要決定適合調查的對象，並非以關係好壞作為篩選的標準，而是以有實際使用產品或服務的消費者或顧客為填寫的對象。

4. **回收問卷數據並加以解讀及分析**：顧客滿意度數據的收集可以透過書面、網頁、口頭的詢問、電話、面對面的訪談，若有公司調查專屬網頁，也可以進行網路線上顧客滿意度調查。通常調查中包含問題或陳述說明，受調查者根據預先設計好的題目表格勾選問題後面的相對應衡量尺度，若問卷採取開放式回答，能夠獲取更詳細的資料，以及有價值資訊。顧客滿意度調查從個人認知感受為出發點來評估企業的服務品質、服務態度、產品、價格、活動、通路、促銷…等滿意水準。

5. **擬定改進計畫和推動執行**：對蒐集的顧客滿意度結果進行統計分析後，企業就可以檢查整體服務流程，在「以顧客為中心」的原則下展開調整服務流程以及稽核管制，找出不符合顧客滿意管理的環節，制定企業的改進方案，並動員全體員工進行變革，以達到顧客滿意的理想目標。

9-3 管理顧客抱怨

9.3.1 何謂顧客抱怨？

顧客對產品或服務的不滿和責難怨言稱為顧客抱怨。通常顧客的抱怨行為是對公司產品或服務的不滿意而引起，所以抱怨行為是不滿意的具體反應。顧客對服務或產品抱怨，意即企業所提供的產品或服務沒有達到顧客期望、未能滿足顧客需求。另一方面，藉由抱怨來改善服務品質。疏導顧客抱怨的目的就是為了挽回顧客的信心及恢復企業形象。

顧客抱怨可分為私人行為和公開行為。私人行為包括不再購買該品牌、轉買同業的產品、使用替代性產品、終止往來交易的關係、私下傳遞該品牌或企業的負面形象等；公開行為包括向公司、製造廠商、經銷商等相關單位進行公開傳遞不滿消息、訴諸報章媒體，或要求賠償以彌補金錢或精神上的損失。

9.3.2 顧客抱怨心理

顧客在消費過程中，抱怨所帶來的不良後果不容忽視，因為顧客抱怨的內心感受及想法，會反應在實際行為上，客戶抱怨的心理會產生下列三個層次，最輕微的是善意提醒，其次是抗議抱怨，接下就是付諸抗爭要求彌補損失。

1. **第一個層次：善意提醒**

   通常顧客當場感到不滿意時，會給服務人員提醒告知狀況，一開始會希望服務人員注意或改善，願意給服務人員時間處理，若顧客感受被尊重，也得到積極回應及處理，服務人員通常可獲得顧客的肯定及讚賞，也能藉此經驗預防問題再次發生。善意的提醒一般發生在服務流程的細節中，沒有注意時，很容易招致輕微的抱怨。例如住宿旅館，客人發現缺乏某項應提供的物資，扛到櫃台請求供應，若能最短時間處理，一般都能獲得諒解。

2. **第二個層次：抗議抱怨**

倘若顧客在抱怨的當下，無法得到該有尊重及積極回應，則會進入第二階段，轉變成抗議責難階段，會要求服務人員給予相對的報償及損失的代價，因為已經造成顧客的損失及不悅，此階段主要未能妥善應對問題，通常顧客會訴諸媒體或網路社群。抗議抱怨通常發生在善意的提醒並沒有受重視且未回應情況下，顧客權益明顯受到損害，例如用餐點菜，全部菜餚差一道料理未上菜，反應多次並等待一段時間都未處理，顧客最後取消這道菜，並向店經理抗議抱怨，如果處置得宜或許顧客還是有機會回來，否則留下不愉快的用餐經驗。

3. **第三個層次：抗爭彌補損失**

當反應被漠視，此時顧客的行為有可能會轉變成激烈的報復或抗爭行為。例如，到處投訴或公開接受採訪，當進入做到第三個層次時，代表顧客已經累積相當不滿情緒，倘若顧客已達到此層次，對企業的形象是最大的傷害，而最後局面通常處於雙輸的階段，顧客必須自立救濟才能得到該有的賠償，企業形象受損，甚至無法正常營運，兩敗俱傷收場。

例如用餐時老鼠從天花板上掉下來，落在客人的餐桌上，餐廳沒有立即安撫情緒及合理的補償，客人將髒亂環境 PO 在社群網路上，讓更多的人知道這家餐廳的負面形象，影響未來客人上門消費的意願。

9.3.3 了解顧客抱怨對企業的內涵意義

通常企業認為顧客抱怨只會帶來的負面影響，實際上，這種觀念是不完全正確。從某種角度來看，顧客的抱怨是帶給企業提升、問題解決能力的機會、改進服務流程、改進服務品質、找出顧客不滿意度的機會，只要能夠虛心檢討，落實改善行動，反而是有益於企業經營。

高顧客忠誠度的企業代表四個意涵，(1)企業與顧客關係良好；(2)願意再次交易；(3)願意推薦公司的產品及服務；(4)對公司產品及服務相當滿意。為了建立忠誠度，對於顧客的不滿與抱怨，應採取積極處理，重視反應的態度，有效積極作為以降低消費者的抱怨，對於服務、產品、人員、溝通等原因所帶來的問題必須進行及時補救，以幫助企業維持良好的信譽，提高危機處理能力，維持業務的正常營運。顧客抱怨對企業的正向意涵如下：

1. **企業知名度短時爆增**：顧客抱怨若是透過公開的抱怨行動，企業負面知名度會大大提高。例如胖達人被踢爆使用化學香料（精）後，一夕之間全國皆知，不僅小 S 廣告代言、高價位、高品質、天然健康酵素、高檔食材的事實破滅且形象被破壞，後續更無法經營運作，一切起源都來自不實的欺騙，但王品牛排也曾有組合肉事件被踢爆，企業緊急下架，暫停營運重整後再重新出發，誠實承認疏失及錯誤、公開道歉、立即改善，最後還是贏得顧客的信心。
2. **如履薄冰小心因應可獲得顧客忠誠**：研究結果發現，提出抱怨的顧客，若問題獲得圓滿解決且確實改善，其忠誠度會比從來沒遇到問題的顧客要來得高，因為抱怨獲得重視及改善，代表公司具誠信用心經營，值得持續交易往來。因此，顧客的抱怨並不麻煩，麻煩的是不能有效地化解抱怨，如履薄冰小心因應，才能建立顧客忠誠度。
3. **顧客抱怨是企業的砭石良藥**：顧客抱怨表面上讓企業及員工受責難或不舒服，但實際上卻給企業最好的砭石良藥，使工作的環節存在待改進之處能被發現問題並試圖解除，贏得更多的顧客。同時保留著忠誠顧客，將是企業的經營夥伴，善意的監督、批評、建議，關心企業的成長及變化。從正向意涵來看，顧客抱怨帶來建設性的意見能讓企業經營能更往上發展。

9.3.4 顧客抱怨處理原則

在處理顧客抱怨應把握下列五項原則：

1. **先處理心情，再處理事情**：當在接受顧客抱怨時，應先處理顧客的心情，讓顧客在心平氣和下，說明抱怨的原因及事項，並應立即紀錄、接受的陳情內容。若顧客當下站著，可讓顧客先坐下，遞上茶水紙巾，請顧客先冷靜下來，必要時由主管出面處理。
2. **以信任顧客為前提**：請勿以懷疑或否定的語氣與顧客對話，要先信任顧客，回應的應答應該是「好的，了解」、「是的」、「謝謝您的告知」、「不好意思，讓您久等」、「對不起，造成您的不方便」及「我們會盡快處理」等字句回應，讓顧客感覺到公司是信任他，並且會以最認真的態度來處理發生的問題。
3. **態度必須誠懇有禮應對**：要先以關懷的字句出發，不要一開始就出現責備或不耐煩的語氣，回應態度要誠懇有禮貌，更不可有輕浮的挑釁字眼，應盡可能同理顧客的心情，員工態度誠懇，禮貌回應是化解衝突抱怨的基本要求。

4. **把握第一時間積極處理**：黃金處理時間以當天為宜，以越快越好為原則，若在當天完成有處理上的困難，應主動讓顧客了解處理進度且主動告知，並解決顧客因抱怨事項所造成的不方便或損失，讓顧客清楚知道企業已經著手處理中，並明確告知處理進度的與預期完成日期。

5. **當事人迴避原則**：顧客若抱怨服務人員的態度與應對不周的問題，被指名的當事人應先迴避為原則，因為顧客針對服務人員抱怨，若由當事人處理情況或許會更糟，主管應先仔細傾聽顧客的陳述，並確認顧客抱怨的事情發生經過，若能雙方分開說明原委，較能做出正確的回應。

9.3.5 預防顧客抱怨的問題來源

在預防顧客抱怨的實務上，員工服務品質的教育訓練是最根本的要求，有好的員工素質與禮儀訓練，與顧客應對進退上便能有更精準的拿捏，再配合以下的問題解決之道，自然顧客抱怨將明顯降低，其作法包括確保產品交易銀貨兩訖、確實履行售後服務、主動執行產品維護，優惠活動及訊息、主動提醒，員工積極服務心態。

1. **確保產品交易銀貨兩訖**：在服務時，當著顧客的面前，仔細確認商品規格、品名、數量、價格及使用方法，確認交易過程、使用解說都無慮，並點交清楚現鈔零錢或完成刷卡程序及提供收據或發票，必要時可以書面或拍照存證。

2. **確實履行售後服務**：應在顧客購買後的最短時間內確認使用狀況，關心顧客使用產品狀況與售後滿意度調查，讓顧客感覺到企業不僅是交易更重視售後服務，而非購買行為結束後就與企業沒有關聯。

3. **主動執行產品維護**：在顧客購買一段時間後，若在商品或服務的正常維護週期，企業應主動實施維護及服務的工作。如櫻花牌熱水器、抽油煙機都有固定期間的巡檢及換網的服務，以達安全的使用並提升顧客滿意度，此外各廠牌汽車在銷售之後進行問候，提醒回廠保養維修，維持行車安全與正常使用，都採主動預約及告知車況，企業定期主動向顧客關心使用情況，保持與顧客的聯繫關係。

4. **優惠活動及訊息主動提醒**：對於產品後續更新或升級服務或優惠方案，都應積極主動告知顧客，可透過廣告、網站、媒體、人員、文宣、簡訊、推播工具等管道大力宣傳，以增加顧客的好感及回流機會。

5. **員工積極服務心態**：有時顧客抱怨是因服務人員的態度不佳，企業在事前就應該做好教育訓練，並反覆不斷練習，舉止動作、肢體語言，甚至化理念成習慣，習慣成自然。若服務人員在顧客前後表裡不一，商業禮儀差，道德觀念薄弱，如此不佳的服務品質與應對進退企業遲早會被淘汰。

9-4 顧客抱怨所衍生出的顧客投訴

9.4.1 顧客抱怨投訴（Customer Complaints）

所謂顧客投訴，是指顧客對企業品質或服務上的不滿意，進而提出的書面或口頭上的抱怨、抗議、索賠和要求解決問題等行為。

顧客投訴是每一個企業都會遇到的問題，它是顧客對管理和服務不滿的表達方式，也是有價值的訊息來源，將為企業帶來反省及檢討的機會。因此，如何透過處理顧客投訴的時機而贏得顧客的信任，把顧客的不滿轉化成顧客滿意，需要有溝通的智慧與執行改善的落實，方能化解難題，例如乖乖曾爆發產品已經過期還在賣場上銷售事件，被爆料後賣場立即下架，並且乖乖願意接受退貨、退款以及賠償損失等道德作為。大統長基販賣黑心油事件，油品成份皆是化學合成調製，長期使用將造成人體肝腎負擔及危害健康，事後被踢爆後，除面對司法賠償外，對公司營運亦造成最大的危機。

9.4.2 顧客投訴給企業帶來的影響

企業處理顧客投訴問題的能力是決定未來能否留住顧客？能否從投訴中找出問題癥結並改進品質的重要線索，即使服務傑出經營成功的企業也必須認真看待顧客的不滿。成功化解顧客投訴有幾個優點，如下列的探討。

1. **降低顧客流失率**：當企業所提供的產品或服務低於顧客期望時，將造成顧客不滿意，進而導致顧客抱怨或投訴。顧客投訴使企業受到重視，並獲得直接的補救機會，提供不滿顧客投訴並妥善處理，能夠降低顧客流失的發生，例如公車、遊覽車、大貨車、宅配貨車車後都有司機姓名以及申訴電話，百貨公司專櫃小姐也有名牌及客服專線，目的就是當司機或服務人員行為不當時，提供一個申訴的管道。

2. **減少企業負面形象**：不滿意的顧客不但會終止購買企業的產品或服務，甚至解除契約關係，轉向購買同業的競爭對手品牌，而且會向第三者訴說自己的遭遇與不滿，給企業帶來非常不利的口碑傳播。據研究發現一個不滿意的顧客會把他們的經歷告訴其他至少 9 名週遭的人亦即影響身旁的人，但今天網路社群的盛行普遍使用 PO 一篇文章可能影響成成千上百的人，其造成負面傳播，更可以在短時間內迅速流竄。

如果企業能夠鼓勵顧客在產生不滿時，向負責單位或專線投訴，為顧客們提供直接抱怨的機會，使顧客不滿和抱怨處於企業可控制處理情境之下，就能減少顧客尋找替代性宣洩管道反應和向他人訴說的機會。且許多投訴實際案例裡，顧客投訴若能夠得到迅速且圓滿的解決，顧客的滿意度就會大幅度提高，且顧客的忠誠度會比先前有不滿意時更高，不僅如此，這些得到滿意回覆的顧客，有的會為公司免費的宣傳或鼓勵其他顧客也購買企業產品。

3. **提供重要的市場訊息**：投訴是企業聯繫顧客的重要樞紐，它能為企業提供許多有益的資訊。Moller 提及：「我們相信顧客的抱怨是珍貴的禮物。我們認為顧客有耐心願意提出抱怨、投訴，就是把公司在服務或產品上的疏忽之處告訴我們。如果公司把這些意見和建議彙總，就能更好地滿足顧客的需求」。國內相當多企業都很重視顧客的聲音，用心聆聽是 CRM 的基本訓練，越是用心經營的企業，其客服的應對訓練越重視。

   公司新產品研發源自於用戶需要，顧客投訴一方面有利於調整企業銷售過程中的問題與失誤，另一方面還可以反應企業產品和服務不足之處，仔細分析需要的落差缺口，可有效地幫助企業改善產品缺失甚至開拓新市場。而顧客投訴，實際上是常被企業忽視的，它是一個非常有價值且回饋的重要訊息來源，顧客的投訴往往比顧客的讚美有更大的益處，企業應該要建議蒐集投訴的資訊並進一步問題分類與解決。

4. **化解危機成轉機**：平均顧客在每 4～5 次購買中會有 1 次不滿意，而只有 5% 以下的不滿意顧客會投訴。所以，企業要重視珍惜顧客的投訴，因為這些線索可能會讓企業發現之前從未發現的問題。例如，從收到的投訴中，發現產品有嚴重的品質問題，應立即收回產品，此行為從表面看來是損害了企業的短期財務效益，但是在長期上卻避免了問題產品可能給顧客帶來的重大傷害或其他損害所造成的糾紛與官司。例如汽車安全間距設計除溼機防過熱設計、熱水器強制排氣的設計…等等，都事關生命財產安全，企業必須負完全責任確保使用者的安全。

9-5 顧客投訴的管理

9.5.1 管理顧客投訴

以下就(1)為顧客投訴提供便利條件的管理方式；(2)建立積極處理客訴的作法；(3)服務人員應有效地掌握回應技巧，等加以探討。

1. **爲顧客投訴提供便利條件的管理方式：**

   (1) 制訂明確的產品和服務標準及補償措施：企業通過制訂產品和服務標準，可以使顧客了解自己購買的產品、接受的服務是否符合標準，如何進行投訴以及投訴後所得到的補償。例如高鐵、台鐵班車延誤或飛機上行李遺失、或快遞未按時間到達，損害到顧客權益的部份，應該力求明確給予補償。

   (2) 引導顧客如何進行投訴：企業應在出廠產品資料上詳細說明顧客投訴的方法，包括投訴電話、網址，其投訴的步驟、負責受理單位、如何提出意見和受理時間等，以引導顧客正確向企業投訴。

   (3) 建立方便顧客投訴的途徑：企業應盡可能降低顧客投訴的成本，包括投訴上的時間、精力、費用、心理負擔，使顧客的投訴工作容易進行，投訴受理不能向客戶要求過多的文件證據和額外的配合。企業需要了解客戶方便用什麼管道投訴，如郵寄、公司網頁、客服專線、手機 APP、留言板、電話、電子郵件、傳真、當面投訴，提供給顧客方便使用的投訴管道，以表達真心願意接受改進的建議。

2. **全力解決顧客投訴問題，建立積極處理顧客投訴的作法：**

   (1) 制定和發展員工的服務標準和教育訓練，訂製標準作業流程（SOP）和教育訓練課程，目的在於協助服務人員如遇到企業的服務或產品使顧客不滿意或問題時，應做的回應以及後續處理工作。

   (2) 制定後續處理的指導方針，以達到顧客公平對待和提高顧客滿意。

   (3) 移除顧客投訴不便的障礙，降低顧客投訴的成本，建立有效的反應機制。包括授權給第一線現場服務的員工，使其有一定權限對公司有瑕疵的產品和服務做出更換、補償及因應。

   (4) 維繫顧客關係和建立投訴檔案，將顧客投訴詳細記錄在檔案中，使企業可以即時傳送給解決該問題所牽涉到的相關業務的同仁，分析顧客投訴的類型及判斷造成原因，並且進一步調整原先的作法或是更有效的改進。

3. **服務人員應有效地掌握回應技巧**：服務人員面對顧客投訴時，應把握好處理技巧，將可降低糾紛與不必要的誤解。

   (1) 真誠的安撫和道歉：先平緩顧客當時的心情，不管顧客在投訴時的態度如何？受理人員要做的第一件事就應該先平息緩和顧客的情緒，降低不愉快的氣氛並向顧客表示歉意，服務人員有義務告知顧客，公司會負責處理顧客的投訴問題，釐清原由狀況後將盡速回應及處理。

(2) 重述顧客的投訴內容：用自己的表達把顧客的抱怨重複一遍，確信已經理解顧客抱怨的原由，而且與顧客達成問題認知的一致性。務必給顧客信任，公司願意盡力來解決顧客提出的問題。

(3) 妥善的實際補償：對投訴顧客進行必要的且合適的補償，包括心理補償和物質補償。心理補償是指服務人員承認問題確實存在，也確實造成了顧客損失，並誠懇的道歉。物質補償是指實際解決問題的補償，包括經濟賠償、調換產品、換新退回、對產品進行維修等，盡企業合理處理方式來滿足顧客。在解決了顧客的抱怨後，還可送給顧客下次回來服務的機會，例如優惠券、折價券、免費招待券、小禮物等，以示妥善完成補償。

(4) 處理的後續追蹤：顧客離開前，觀察顧客是否已經滿足？在解決投訴後，並在數天、一週內，打電話或寫封信聯繫顧客，了解顧客是否滿意？可在信封中夾入優惠券或折價券等，務必與顧客保持聯繫，讓投訴轉化為下次再銷售的機會，顧客投訴得到了令人滿意的解決之後，就是再次銷售的最佳時機。

9.5.2 顧客投訴資料庫的設立

企業應該把過去累積的顧客投訴、建議或詢問等紀錄並儲存到一個投訴知識資料庫內，進行問題研判分類和分析，日積月累後便具有相當參考的價值，在成立 Q&A 的機制下，可以更縝密回答顧客的問題。包括顧客投訴的接觸點、使用產品/服務、日期時間、事件當時情況、後續解決追蹤、負責承辦人員，顧客通常在購買產品或接受服務的地方提出投訴。少部份不滿的消費者直接向門市或到總部辦公室投訴，因此在各接觸點設置投訴信箱或設置 QRCODE 專屬網頁有其必要性。

9.5.3 顧客投訴原因分析

- 以下就顧客投訴原因略作探討及分析，就企業產品及服務的部分

原因 1： 產品品質無法滿足顧客

良好的品質是顧客塑造滿意度的直接因素，服務的品質評估，服務從交易起始到結束貫穿全部的歷程，因此每一個互動環節都應 該重視產品與服務品質。

原因 2：　無法達到顧客的期望

當顧客期望與實際接觸產品及服務後兩者有落差，即價格超越產品本身時便會有不滿的認知產生。即對顧客期望與企業提供服務的水準不一致，導致顧客對於產品或服務的期望值高於企業導致客訴。包括產品功能、服務要求…等。

原因 3：　服務人員的互動缺失

服務本身是一種歷程，在服務過程中的顧客滿意與否，有時取決於某一個接觸的環節，例如 KTV 唱歌時顧客不滿意，有時不是環境設備、飲料、餐點、點歌系統，而是服務人員的態度回應的禮節上，因此需要找出不滿的真正原因。

■ 就顧客的投訴原因部分

原因 1：　達成彌補損失部分

顧客往往出於兩種動機提出投訴，一是為了獲得損失財務的賠償，退款或者免費再次獲得該產品及服務作為補償；另一種是挽回自尊，當顧客遭遇不滿意產品或服務時，不僅承受的是金錢損失，還經常伴隨遭遇不公平對待，為彌補自尊心、自信心、不當處理或互動所造成的傷害。

原因 2：　顧客個性的差異

不同類型顧客對於「滿意或不滿意」的認知不盡相同，理智型的顧客遇到不滿意的對待，會據理相爭、冷靜以對；急躁型的顧客遇到不滿意的服務必會大聲反應，急速想把事情擴大，相對無法控制場面；憂鬱型的顧客遇到不滿意的服務，沈默以對、可能無聲離去、不採投訴，但不會再來惠顧。

■ 就環境因素

大環境因素是指顧客與企業所不能控制的，在短期內難以改變的因素，包括經濟、政治、法律、社會、文化、科技等方面，甚至國際情勢、兩岸關係、中美貿易大戰…等，都可能有直接或間接的影響。當前物價飆張，薪水小調，調整幅度根本追不上物價的上漲，連帶房子、車子、生活用品、薪資水準退回 20 年前的準位，以相同價位、產品和服務明顯縮水，顧客只能多掏腰包增加消費或減少使用，此大環境的變遷非少數人能主導，因此短期內較難以改變事實。

課後個案 御皇米企業有限公司

業績提升三倍回購率成長 5 成
採用 Vital CRM 創造百年新巔峰

個案學習重點

1. 瞭解透過 Vital CRMVital CRM 整合前端 POS 系統，進行會員分類傳送行銷簡訊，回購率高達 5 成，縮短回購週期。
2. 學習運用 Vital CRM，緊密連結顧客，創造忠誠客戶群。
3. 觀察御皇米導入 Vital CRM 兩年，整體業績成長 2-3 倍的成效。
4. 學習運用標籤功能的輔助，進行消費者區塊及消費習慣等分類。
5. 觀察百年老店如何透過雲端顧客關係管理，鞏固顧客消費提升效益。

御皇米由來

富里鄉的米聞名遐邇，而富里鄉的東里村則是富里地區最早開闢成庄人口最多的地方，因此古名有「大庄」之稱。坐擁發源於都蘭山系的阿眉溪—也就是秀姑巒溪的上游，水質清澈富含礦物質，所生產的御皇米品質優良、口感香Q、米質黏密，御皇米的稻米產區接近北迴歸線，日照充足，日夜溫差顯著，全年溫度及雨量分佈平均，年均溫約 23℃。御皇米東里產銷專業地區契作面積 800 公頃，年產量可達 4800 萬多公噸，110 年的東里碾米廠為台灣地區悠久的稻穀產區的深具歷史之米廠，古名為「大庄水車」，由於水質，土地，氣候的極其優異加上用心的照顧，使御皇米成為〔東區良質米品質競賽〕冠亞軍的常勝軍。

御皇米企業有限公司導入 Vital CRM

御皇米不但是「東區良質米品質競賽」的常勝軍，更榮獲日本鑑定競賽米食味鑑定國際賽特優，是百年米廠品牌的成功代表。累積上萬名會員的御皇米導入 Vital CRM，並整合前端 POS 系統，將會員資訊統整、分類，更透過簡訊行銷方式，成功創造 4-5 成的回購業績成長，採用 Vital CRM 兩年後，整體營收更提升 2-3 倍，永續經營成為台灣之光！

名聞遐邇的富里鄉米，由都蘭山上水質清澈的阿眉溪所灌溉，在水質、土壤、氣候等自然優勢加上農民的用心耕植之下孕育的御皇米，口感香 Q、米質黏密，不但是「東區良質米品質競賽」冠亞軍的常勝軍，更獲日本鑑定競賽米食味鑑定國際賽特優，為百年米廠品牌的成功代表。累積上萬名會員的御皇米不但用最專業的技術及態度經營品牌，更於兩年前引進叡揚資訊的雲端 Vital CRM 系統，透過與前端 POS 系統的整合，不但將上萬筆會員資訊統整、分類，更透過簡訊行銷方式，成功創造 4-5 成的回購業績成長，採用 Vital CRM 兩年後整體營收更提升 2-3 倍，永續經營成為台灣之光。

整合 POS 及 Vital CRM 提供完整會員資訊

御皇米資訊人員邱勝祥指出，以前御皇米並沒有專門的會員管理系統，主要透過門市或網路銷售的 POS 系統進行會員資料登錄，但以銷售為核心的 POS 系統對於會員資料並無法提供有效的管理及行銷，所以當時經過一番搜尋找到 Vital CRM 系統。經過試用發現不但功能齊全並且實用，因而決定導入。Vital CRM 的主要使用者邱勝祥指出，系統導入的過程相當順利，最辛苦的就是第一次把 POS 系統內上萬筆的會員資料進行一次性的整理、分類、並匯入 CRM 中，但由於 Vital CRM 的介面非常友善，後續的應用管理都非常順利。

分類行銷簡訊創造回購新成長

邱勝祥說，同時提供 4 家實體店面及網購進行銷售的御皇米，目前都由 POS 系統進行第一層的客戶資料收集，邱勝祥會定期至 POS 將資料匯入 CRM 系統進行管理。邱勝祥指出，以往御皇米行銷方式都以紙本親筆會員信為主，沒有去嘗試新的行銷手法，經過許多次內部同仁的建議決定嘗試新方式。透過 Vital

CRM 的行銷簡訊發送功能，竟然出乎意料看到非常明顯的銷售業績回升，不但回購成長率高達 5 成，更有許多很久沒有回購的消費者打電話來詢問相關內容，縮短回購週期，透過會員管理進行的行銷簡訊效益令御皇米團隊相當驚艷。

標籤功能的輔助則讓行銷簡訊的功能更加完整，邱勝祥指出，透過 Vital CRM 的標籤功能可以進行消費者區塊及消費習慣等分類，不管在行銷簡訊或 EDM 的發送上可以針對受眾進行分區行銷，效果比之前一次全發的狀況更好。邱勝祥更指出，由於現在固定會透過簡訊通知活動，也強化了消費者的忠誠度，有些客戶還會因為一段時間沒收到簡訊打電話來詢問，客戶黏著度的增加明顯可見。

深化農民合作管理 建立溝通新模式

自 2015 年導入 Vital CRM 以來，會員的有效管理及行銷讓御皇米的業績看到 2-3 倍的明顯成長，邱勝祥說，未來將會把合作農民的管理也放進 CRM 系統中，許多合作農民因為工作忙碌有時候並沒有辦法透過電話進行所有資訊的溝通，未來也將善用簡訊功能進行包括會議、生產履歷通知、農委會補助等相關資料的提醒與溝通，讓御皇米與農民的合作更無間，提供給消費者更高品質的產品與服務。

■ 資料來源：
https://www.gsscloud.com/tw/user-story/124-search-result/950-vital-crm-kpn

個案問題討論

1. 請上網搜尋御皇米的相關資料，以了解一系列米商品行銷與種植資訊，以及其他推廣服務，如稻田認養、插秧體驗、御皇米食譜、…。
2. 請討論個案公司早期上萬筆會員資訊只記載於 POS 系統中，無法有效的管理及行銷，後續如何解決此問題？
3. 請討論個案公司過往只能透過紙本簽名信進行行銷溝通，現在使用 Vital CRM 發送行銷簡訊，前後改變所帶來的效益。
4. 請上網搜尋東區良質米品質競賽的其他競爭品牌，在顧客互動上的做法為何？與御皇米的差異？
5. 請定義以下重要 CRM 指標：回購週期、客戶黏著度、客戶忠誠度。

當前各行各業皆奉行「顧客至上」，「以客為尊」的待客原則，顧客滿意與否跟企業獲利有直接相關，倘若顧客不滿意，將衍生後續的許多問題，不僅要付出後續處理的時間及成本，並要付出相當大的代價才能停止抱怨及糾紛，無論是顧客抱怨或顧客流失，對於經理人來說都是不樂見的。企業必須將顧客不滿意及為何會流失？放進績效考核檢討中，作為加強改善的首要工作；一旦顧客流失率下降，創造盈收獲利，對於企業來說才是永續經營的證明，因為它代表著，忠誠顧客的數量正在有效地上升中。

本章節所介紹顧客不滿意與抱怨的處理，主要提供學習者了解：

1. **企業了解顧客滿意嗎？**一個消費行為的過程產生中，除了要讓顧客感受到良好的服務態度及產品品質外，還要了解顧客對於互動過程中細節的滿意度。無論是活動企劃、購物環境、通路、服務流程、付款程序及產品價格等，顧客是否能夠產生認知上的滿足感，達到心中的期望？
2. **顧客滿意度調查：**一般企業對於顧客滿意度，都是非常重視，其中最普遍顧客的滿意度調查方法，即是以問題方式（傳真、簡訊或網路方式）請顧客填寫或填答，填寫填答完後，再進行統計分析與解釋，做為企業內部，改善之依據。

3. **顧客投訴**：不滿意的顧客不一定會進行投訴，但投訴的顧客代表公司有改進的空間。顧客投訴主要希望他們所投訴的內容，企業能積極改善，期 待下次再光臨消費時，能夠有更好的產品及服務品質；在顧客投訴 時，企業應當虛心接受，思索解決之道並加以改進，如此一來， 企業才能不斷的向前邁進。

試題演練

1. (　　) 在處理顧客抱怨時應該把握下列原則，何者為非？
   (1)先處理心情，再處理事情
   (2)以信任顧客為前提，態度必須誠懇有禮應對
   (3)在空檔不忙時間在進行客訴處理
   (4)當事人迴避原則

2. (　　) 企業處理顧客投訴問題的能力決定能否留住顧客？從投訴中找出問題癥結並作為品質改進的重要線索，成功化解顧客投訴有幾個優點，下列哪個不是？
   (1)減少企業負面形象　(2)提高顧客的轉換成本
   (3)提供重要的市場訊息　(4)化解危機成轉機

3. (　　) 服務人員面對顧客投訴時，應把握好處理技巧，將可降低糾紛與不必要的誤解，以下何者有誤？
   (1)處理完後的歸檔結案　(2)重述顧客的投訴內容
   (3)妥善的實際補償措施　(4)真誠的安撫和道歉

4. (　　) 企業要進行顧客滿意度調查的方法，有下列哪些方法？【複選題】
   (1)設立顧客投訴與建議管道
   (2)顧客滿意度量表調查
   (3)到顧客上班或住家處進行調查
   (4)每週持續發 email 請顧客填寫問卷調查
   (5)喬裝神秘客
   (6)進行流失顧客的分析

5. (　　) 服務傑出經營成功的企業必須認真看待顧客的不滿，倘若能夠成功化解顧客投訴有哪幾個優點？【複選題】

(1)降低顧客流失率　　(2)提高顧客轉換率
(3)減少企業負面形象　　(4)提供重要的市場訊息
(5)增加企業負面形象　　(6)化解危機成轉機

6. (　　) 在預防顧客抱怨的實務上，員工服務品質的教育訓練是最根本的要求，有好的員工素質，與顧客應對進退上便能有更精準的拿捏，再配合以下的哪些要求？【複選題】

(1)確保產品交易銀貨兩訖　　(2)確實履行售後服務
(3)有問題再執行產品維護　　(4)優惠活動主動提醒
(5)員工積極服務心態　　(6)商品準時出貨

7. (　　) Wish 想要匯出「工作日誌」，請問日誌中包含哪些種類的資料？

(1)記事、待辦工作及已完成工作
(2)記事和待辦工作
(3)記事、新客戶及已完成工作
(4)記事、新客戶及待辦工作

8. (　　) 農農要準備一份工作匯報，他可以如何匯出個人工作？

(1)行事曆 → 查詢 → 匯出 Excel
(2)請於「個人專區」\「匯出工作」
(3)列表下「客戶」\「對表格客戶」\「匯出工作」
(4)請於「個人專區」\「我的工作日誌」\「工作\匯出 Excel」

顧客關係管理的評估與衡量

10

課前個案 悅夢床坊

Vital CRM 協助新創業者
快速提高營業額

個案學習重點

1. 瞭解悅夢床坊擴張公司服務據點、迅速累積消費顧客的利器—Vital CRM。
2. 瞭解悅夢床坊透過 Vital CRM 馬上就可以知道總店以及分店的營運情形。
3. 瞭解悅夢床坊自訂需求的客戶標籤，清楚將顧客分類，容易搜尋、管理與互動。
4. 瞭解悅夢床坊使用 Vital CRM 在派工上更具彈性，出貨狀況一目了然。
5. 瞭解中小企業導入雲端，重要考量:費用容易負擔，價格是 Vital CRM 的優勢。

悅夢床坊簡介

民國 74 年起床墊工廠即在台灣床業界耕耘至今,並為因應市場變化，深耕消費者市場，建立優質台灣床墊服務品牌，於民國 99 年新創台灣自有品牌“悅夢床墊”品牌門市。並成立公司致力深耕於末端消費者市場拓展與經營。台灣悅夢床墊以低管銷、高品質、優勢用心的姿態結合科技專業的服務管理方針，2 年來迅速獲得消費市場青睞，在飯店、企業、部落客、媒體、在地客群、網友間建立起品牌知名度。未來悅夢床墊將繼續深耕於台灣在地床墊品牌文化的建立，並以低管銷、迅速彈性兼具專業的姿態持續拓展在地市場，回饋社會，並認真重視服務每一位客戶朋友，落實創新思維、以人為本的服務理念。

悅夢床坊導入雲端 CRM

「一套好用的 CRM 管理工具可以帶你上天堂！」悅夢床坊負責人邱挺瑜笑笑地說，創業不到兩年的時間，營業額成長兩倍，對邱挺瑜來說 CRM 的確是服務業最根本的關鍵。

實際上，雲端版 CRM 才是我最理想的生財利器！邱挺瑜強調，創業一定會越做越大，隨著版圖的擴張，不可能所有分店沒有統整的 CRM 系統，而雲端 CRM 不但可以省去安裝 Client 端的麻煩，達到即時同步化，只要有網路馬上就可以知道總店以及分店的營運情形！

「一用就會，不是只有我，連其他員工也相當熟練！」對於叡揚 Vital CRM 這套雲端 CRM，邱挺瑜可是讚不絕口，第一，Vital CRM 畫面活潑、簡單明瞭。第二，Vital CRM 的彈性客制化功能，客戶標籤隨你定義，「VIP、有潛力、已下訂未出貨、客訴、本月成交…等，都可以非常清楚的標選出來，讓工作更有效率」。第三，搜尋功能隨心用，一搜就到。「所以當我要看所有已出貨的客人名單，打已出貨就可以快速找到，功能實在強大。」

另外價格也是叡揚 Vital CRM 的優勢，一人一年不到三千元，不用買任何設備，電腦、智慧型手機、平板都適用，對於錢花在刀口上的中小企業來說，真的是佛心價。所以 Vital CRM 讓管理者花費小小的錢，卻擁有最大的自由。並且可根據不同行業別，自定義標籤分類，專屬打造的雲端 CRM。

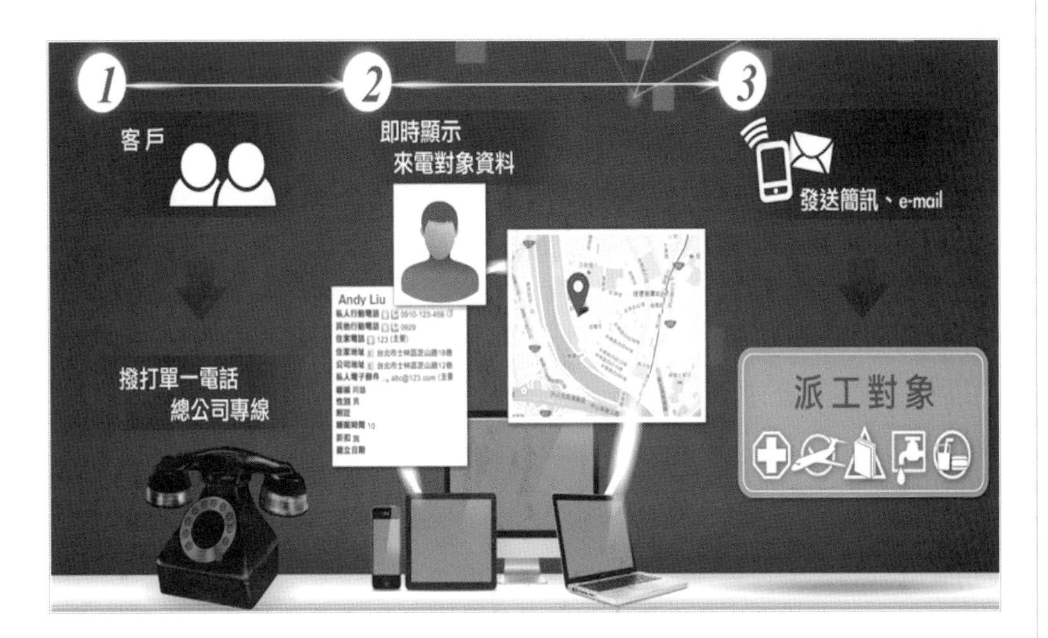

- 資料來源：
  https://www.gsscloud.com/tw/user-story/124-search-result/27-vital-crm-kpn

個案問題討論

1. 請上網搜尋悅夢床坊的相關資料，以了解該公司提供的產品與服務，以及網頁上相關產品知識、認證、保養、周邊商品、全省營業據點、製造過程、…等資訊。
2. 請討論悅夢床坊使用 Vital CRM 對經營的幫助有哪些？
3. 請討論中小企業使用雲端 CRM 的考量因素有哪些？
4. 請討論悅夢床坊能夠持續成長的因素有哪些？

10-1 顧客關係管理的評估與衡量

企業在導入一個 CRM 專案或資訊系統後，接續會注意系統對經營成效的改變，此時有效的評估與衡量很重要，客觀與正確的評估會指出問題點與不足之處。CRM 評估的目的在於比較導入系統前後的差異，有無達成預期的目標，若有則繼續實施，沒有就必須檢討，找出問題的癥結，並運用資源去解決。CRM 衡量的目的，是透過重要足以呈現準確、可靠的指標加以計算或比較分析，以使下一步企業經營更能緊密契合顧客的需求及期望。以下將會列舉出幾個 CRM 常用的比率或指標，說明其定義及代表意涵。例如錢包的大小，係指購買者在某一品類的金額，而企業是對錢包較大的顧客更應積極推廣有興趣商品。

錢包佔有率（Share of Wallet, SW）是指一品牌或一企業在消費者採購中所佔之品類的比例；從個人層級來看，係指一消費者在某品項品牌中所佔之品項價格的比例，代表顧客認為某品牌或某一企業能在某品項中滿足其需求程度，企業可以利用錢包大小及錢包佔有率的資訊，將資源做最適當的分配。

此外，商品品項的需求佔有率（Share of Category Requirements, SCR）是一種綜合性的衡量指標，是指某品牌或某企業在整個品項銷售量中所佔之比例。另一個指標則是終身價值（Life Time Value, LTV），是顧客長期的經濟終身價值，為整個觀察期中，扣除稅後貢獻毛利的總合。而所貢獻的毛利可以由銷售金額、直接成本與行銷成本來計算，一家企業所有的顧客終身價值總和，代表一個企業的顧客資產，此指標代表在特定時間點上企業的價值，亦即是經營顧客努力的成果，而這個指標與企業的股東價值有關聯。顧客權益的計算公式包含一企業的平均顧客保留率，企業會使用不同的選擇策略來鎖定正確的顧客。

推力分析、顧客族群分析、與累積推力分析是企業用來評估選擇顧客策略的技術。推力可以指出相較於平均績效，模式可以提升多少績效，其計算公式是：（每個顧客族群的回應率）/（整體的回應率）×100。在區塊分析中，顧客是被分成十等分。對於一個好的模式而言，在前面第一個顧客族群中的顧客有最高的回應率，依序回應率會逐漸下滑。累積推力的計算公式是：（累積的回應率）/（整體的回應率）×100，它能說明透過此模式，在鎖定的顧客族群中所得到的回應比率。

10-2 傳統的行銷績效指標

傳統的行銷績效指標有：市場佔有率及銷售成長率，以下說明市場佔有率及銷售成長率的內涵。

10.2.1　市場佔有率

在衡量行銷績效時，市場佔有率是最常見的指標之一。其定義是在企業某一種產品的銷售額相對於該產業所有企業之銷售額的比率，其中也包含了特定市場中所有的顧客。市場佔有率是涵蓋各類顧客的綜合性指標，以百分比來衡量，也可以用金額或銷售量來呈現。

市場佔有率是衡量最常見的指標之一，因為它傳遞了公司產品對整個市場佔有比例的重要資訊，它也是典型的產品行銷衡量指標。但對銷售量在顧客間是如何分佈的資訊，行銷績效難以提供；它所提供的是品項績效的綜合呈現。例如某市場佔有率的形成可能是佔極少百分比的顧客群，卻有大量的銷售，或是市場中高比例的人都購買此項少量的商品。

10.2.2　銷售成長率

一個品牌、產品或企業的銷售成長率是一種簡易的衡量指標，是比較某一期的銷售量或銷售金額相較於前一期或更多期之間的銷售量或銷售金額的增減。它以百分比來衡量。它能指出兩期或更多期之間銷售績效的改善程度，也是業務管理的一個重要參考指標。當銷售成長率呈現負值或銷售成長低於市場中的平均值，需有所警覺並進一步檢討造成的原因。

銷售成長率是企業體質現況的短期呈現，如果與市場中其他競爭者的銷售成長率相較時，它亦是績效的相對衡量指標。然而，銷售成長率並未指明哪一個顧客或哪一個市場區隔成長或哪一個顧客衰退。如果要進一步做顧客層級的行銷活動規劃，這些資訊是必需的。

10-3　主要的顧客評估指標

10.3.1　獲取新顧客的衡量指標

新顧客獲取的衡量指標在新產品、新市場、新服務的開拓上是相當重要的。管理者在新顧客的獲取與舊顧客的保留之間要取得平衡，甚至在投入資源比例分配上，需要更謹慎運用，因為維持舊顧客的成本通常比開發新客源要低很多，因此經理人應該思考活動辦理是要吸引新客群或留住老顧客，其資料的運用與關係互動上作法不相同。為了評估顧客的獲取，使用兩個重要的概念：獲取率與獲取成本。

1. **獲取率**：當企業想要獲取新顧客時，會鎖定潛在顧客的某特定族群。例如台灣的信用卡業者可能會鎖定百貨公司聯名卡市場，成功的顧客獲取活動，主要的績效指標是獲取率，即是潛在顧客轉成真正顧客的比率，計算方式是獲取的顧客數除以鎖定的潛在顧客數，並以百分比來衡量。

$$獲取率（\%）=\left[\frac{獲取的顧客數}{鎖定的潛在顧客數}\right]\times 100$$

2. **顧客獲取**：對於顧客獲取以活動邀請卡為例，當新的邀請卡寄發給潛在顧客，若有回覆並參加活動留下資料即可留下個人或組織的資料。然而，有可能是顧客只因為對促銷的誘因有興趣，所以才參加活動，有可能不會留下個人資料。因此公司應該定義出兩種獲取的層次：邀請活動與實際交易。

   在沒有合約的前提下，獲取率通常是定義為第一次的購買，或是在第一次規定的時間內所進行的採購；因獲取率是很重要的評估指標，可就活動辦理成效的加以評量，獲取率越高，相對代表活動吸引新顧客的成效越好，越能建立新的顧客關係與連結。

3. **獲取成本**：在新顧客獲取中，獲取成本是第二重要的指標。獲取率的衡量是對某一活動的新顧客數量，但並不見得每一次的活動都符合成本效益。獲取成本的定義是獲取活動所投入的費用除上所獲取顧客數目。獲取成本是以貨幣的單位來衡量。

$$獲取成本（\$）=\frac{投入的費用（\$）}{所獲取的顧客數}$$

4. **評估顧客常用的分析指標**：如顧客流失率、顧客抱怨率、每年新顧客比例，既有顧客的收益成長率、潛在銷售開發率。

表 10-1 評估顧客常用的分析指標

指標名稱 / 意涵	指標定義與公式	因應措施
1. 顧客流失比例（Percentage of Customer churn） ※ 流失比例要越低越好，代表顧客能持續肯定及購買公司的產品 / 服務。	定義：在一定期間內，失去的顧客總數相對於該期間顧客總數之比例。 公式：失去的顧客總數 ÷ 總顧客總數 ×100%	1. 過高要檢討顧客流失的原因，為何停止與公司的交易或往來？流失顧客中哪些是 VIP？主管應該親自拜訪，聆聽顧客的聲音，並試圖挽回重要顧客。
2. 顧客抱怨比例（Percentage of Customer Complaints） ※ 抱怨比例應該要逐期降低，以代表顧客不滿被解決，對於顧客抱怨企業應該了解其癥結所在。	定義：在一定期間內，有產生抱怨的顧客總數相對於該期間顧客總數之比例。 公式：抱怨的顧客 ÷ 總數總顧客總數 ×100%	2. 顧客抱怨的問題點在哪？能否在短時間加以改善，留住舊顧客。

指標名稱 / 意涵	指標定義與公式	因應措施
3. 每年新顧客比例（Percentage of New Customer Per Year） ※ 依據公司編列年度預算，投入爭取新顧客，開發新顧客代表存在新的商業機會	定義：每一年新顧客的總數，相對於年底時，該年顧客總數比例。 公式：每年的新顧客總數÷總年年底顧客總數×100%	3. 對公司發展新產品或開拓新市場每一年新增加的顧客比例，針對新顧客力求晉升老顧客忠誠顧客。
4. 既有顧客的收益成長比例（Percentage of Revenue Growth-existing Customers） ※ 留住既有顧客，相較於開發新顧客的成本低很多，而既有顧客的收益成長代表公司經營顧客有顯著效益，此比例越高越能顯示回購回流的成長。	定義：在一定的期間內，該企業由既有顧客所帶來的收益成長，相對於前一期既有顧客所帶來的收益成長比例。 公式：（當期既有顧客所帶來的收益成長－前期由既有顧客所帶來的收益成成長）÷前期由既有顧客所帶來的收益成長×100%	4. 既有顧客的收益成長著重打開荷包佔有率，使原先購買商品的種類與金額能夠大幅增加。
5. 銷售潛力開發比例（Percentage of Sales Potential Exploitation） ※ 例如在六個月期間，有 25% 的預估 Case 被實現。	定義：在一定的特定期間，有多少比例的預估銷售機會已經被實現。 公式：實際的銷售效益÷預估的銷售潛力×100% 如（25 萬/100 萬）×100%	5. 銷售潛力代表業務人員根據顧客的需求及能力研判後並實際成交的業績量的比較。越高代表開發成效良好，否則便要檢討中間的落差。

10.3.2　顧客活動的衡量

當潛在顧客變成是正式顧客，顧客與企業關係的建立即啟動，衡量顧客與企業關係的活動狀態是個非常重要的觀察。如果顧客還有購買行為，就是真正的顧客。然而，再深入仔細思考，究竟一個活絡的關係是如何維繫的？甚至，一個活絡關係的方式會因產業而異。顧客與企業有很多的互動階段，購買前的查詢、正式購買交易、購買後的服務、產品的使用、滿意的推薦給其他人、尋求支援或售後維修等，所有的互動歷程才會組成顧客與企業關係的全貌。即使是普通的雜貨店購物，其中的每一筆消費彼此的互動都對於買賣雙方有一定的影響關係。許多的互動會增加或減少關係的程度，例如與服務人員友善互動、店員對顧客的溝通方式、顧客反應所獲得的回覆或處理、以及各種管道採購的經驗。

事實上，顧客與企業互動過程中包含許多元素，這些元素構成關係網絡的亮度，亮度越明顯代表網絡越活躍越有生命力。在實務的案例中，下單購買成交與否一般用來定義關係是否存在？所謂顧客蟄伏（Customer Dormancy）的現象，就是指活動力低、參與度不活絡或是很長一段時間沒有與公司有任何交易上的往來的顧客。顧客沒有任何交易活動，存在關係被中斷或停頓參與任何活動，此時便會產生蟄伏的現象。例如在物價飆漲，薪水漲幅有限的大環境下，消費型態勢必有所改變。M 型化社會使得財富的分配越來越呈現金字塔型方式消費，因此找出真正的客群，提供公司的產品與服務，多經由推廣活動喚起、維持與顧客關係。

討論顧客活絡衡量的原因有兩個，首先，了解顧客（或市場區塊）的活動對於行銷活動的推動很重要。一個顧客導向的組織應該試圖將資源的分派與管理顧客行為連結在一起。與其採用大眾行銷或大眾化廣告的方式，不如根據真實的顧客需求與期望來調整活動上的規劃，反而較能獲得實際的效益與顧客的迴響。

衡量顧客活動的第二個原因，對於行銷部門而言，如何將價值的效益發揮到最大，必須隨時評估顧客價值的變化。因此，在此評估價值的流程中，衡量顧客活動是一個重要的評估步驟。

此部分包含幾種的顧客活動：(1)平均採購間隔。(2)顧客保留率與流失率。(3)顧客生命長度。(4)活動率。(5)贏回顧客概念。每一個指標都有其目的與優缺點。因此管理者的任務是要根據顧客與公司實際情境，找出最適合的指標。

平均採購間隔

平均採購間隔（Average Inter-purchase Time, AIT）所代表的是兩次採購之間的平均時間。它是以時間單位來衡量（如天、週、月、季、年等）。AIT 指標會因產品特性及產業不同而有差異，例如耐久品、民生用品，AIT 便有相當大的不同，對於汽車的購買，AIT 應該根據產業平均數據判斷一台車子平均使用時間再予以事前推廣其成效較佳，然而民生日用品，高頻率密集的推銷廣告則易獲得注意。

保留率與流失率

如果從字面來看顧客保留率與流失率，兩者可以互相推導，保留率是針對一群顧客來定義，亦即一個市場區隔。保留率的定義是在前一期間（t－1）時，顧客有購買的行為，而在其間（t）顧客再次購買的機率。

保留率與流失率都是以百分比來衡量，所得到的保留率是一群或一個市場區隔顧客的平均保留率。保留率越高代表顧客對公司產品及服務的認同與支持，亦即相對較低的業務成本，也潛藏更多的商業機會。

顧客平均保留率（％）＝1－平均流失率

在使用公式來推算保留率時，是假設事先已知顧客平均生命長度。

$$顧客平均生命長度 = \frac{1}{(1-平均保留率)}$$

例如，如果某一群體的顧客之平均生命長度為四年，平均流失率為 0.3，則平均保留率就是 1－0.3＝0.7 或是一年 70%。亦即在下一期間，平均有 70%的顧客還會持續留下來。如果從長時期來觀察一群顧客的消長，即會發現第一年若有 100 位顧客，若到了第五年年底只剩餘 17 位，顧客到了第 15 年底將剩餘 0 人，因此，顧客流失如果無法避免，行銷部門持續的新企劃活動就變得重要，而關係的維繫必須經過長期的耕耘，才能開花結果。

此外留住既有顧客亦不容忽視，如何與顧客建立友善、和諧、信賴、互利、長期、互信關係就必須有賴 CRM 系統自動化的協助，光靠人力、記憶、情緒要長久維繫關係有其限制及困難，所以藉由生日慶賀、關懷問候、活動邀約、心得分享…等有形活動與無形服務以建立鞏固關係，便很重要，不可忽視。

第一年開始的顧客數目＝100 位

第一年年底還留下來的顧客數目＝70(0.7 × 100)位

第二年年底還留下來的顧客數目＝49(0.7 × 70)位

第三年年底還留下來的顧客數目＝34.30(0.7 × 49)位

第四年年底還留下來的顧客數目＝24.01(0.7 × 34.3)位

第五年年底還留下來的顧客數目＝16.81(0.7 × 24.01)位

要注意顧客保留率並不等同於顧客忠誠度，評估忠誠度有更嚴謹的條件規範，例如某顧客忠於某間企業或某一品牌，顧客對於該品牌就會存在正面的情感或是認知上的偏好，所以忠誠度通常可以確保交易成功、提供營運獲利的明確結果，更樂於推薦他人加入使用。

顧客生命週期

一般是在沒有合約規範或簽約的情況下，一位顧客能與企業保持多久的交易關係。由於不是很容易明確指出或計算，因此利用觀察顧客消費行為與其他重要的因素，可以較精確預測顧客生命週期，以便計算顧客的終身價值。

計算顧客生命週期，可分成兩種不同的情境：第一種情境是有完整的顧客購買資訊可供參考，在此種情境下，假設已經知道顧客的第一次採購與最後一次的採購時間日期；而第二種情境是資訊不完整的狀況，可能是顧客的第一次採購時間，或是最後一次採購時間，甚至是這兩者都是未知的狀況，只能以平均值粗估計算。

就顧客生命長度，並非所有產業別的維持期限的關係都是一樣。還必須考量實際狀況，如合約規範。下列有三種不同的情境：

1. **合約規範型**：是指消費者在規範的一定期間內會執行特定的承諾。

   此承諾可以預測生命長度或使用程度的合約關係，手機門號的合約就是屬於指定使用期間的合約關係如 12 個月、24 個月、36 個月、48 個月不等的期間合約。

   或是如雲端應用服務，租用以年為單位，費用高低與使用資源有關，如帳號數目、記憶體容量、發送簡訊或 Email 封數都有關連。

2. **多元選擇型**：是指消費者不論是在使用期限或未來購買決策上，都沒有作出任何的承諾。在百貨公司、航空公司、門市、賣場的採購，都屬於此類範例。因為顧客在某個期限內，可能同時在數個超商、大賣場進行選購，這類關係也被稱為非合約型。

3. **只買一次型（One-off Purchase）**：係指購買者與企業只產生一次的交易行為，例如大部分購置不動產房子或大型高價的資產的消費者。一般此類型的金額龐大，非短期內可以償還，多數會透過金融機構貸款方式購買，再以每月攤還本金加利息。

活動率

就沒有合約規範的情境中，倘若知道某位顧客在特定期間內交易狀況，對經理人而言是有用的。例如想要知道在公司舉辦活動期間之內，顧客是活躍的機率及活動率。顧客活躍的機率越高代表會回流到公司的機會相對提高，在舉辦產品相關活動上可以更定期安排，而顧客參與活動率越高，意即成交機率的相對提高。

贏回顧客的概念

贏回顧客是重新獲取顧客過程中的一環，贏回顧客可以應用到合約規範型與沒有合約型的狀況。若企業要挽回早期所流失的顧客。可以經由產品與服務的重大創新改變或滿足顧客需求的改變，以成功的因應市場的變化，例如中秋節有到府 BBQ 燒烤服務，生啤酒行動車到府提供需求，都是因應現代人忙碌無法細心準備應節的採購所衍生新型的服務型態，事實上，訂單證明市場需求的確存在。贏回率（Win-back-rate）被視為企業轉變成功的指標，為了確保贏回顧客的目標達成，企業必須一一檢視流失的顧客，並應積極安排活動使其重回有交易紀錄的名單中。

10-4 重要的顧客價值指標

企業採用的顧客價值衡量指標，目的在於找出顧客所認為重要性的順序，以便能分配適當比例的資源給未來能產生較大獲利的顧客。因此實務上建議經理人應以權重分配方式，將這些指標與顧客價值的指標連結，唯有將顧客重視的價值與衡量指標連結產生關聯才可能產生令人滿意的績效結果，評估指標也能落實在執行上。例如顧客非常重視速度的價值，希望在下訂單內 24hrs 或 12hrs 甚至 4hrs 內即可取貨，企業為達成此目標，經由評估現行流程重新設計改良後，以摩托車或小飛行機送貨到府方式，爭取顧客滿意與回購的機會，因此找出顧客所真正最在意的價值，重新規劃提供最滿意的商品及服務交易模式。

10.4.1 顧客錢包的大小

所謂錢包的大小是指購買者在一品項中的總消費金額。簡言之，即顧客針對一家企業在某一產品別的銷售額，且錢包是以貨幣為單位來衡量。

錢包大小的資訊可以從一些管道獲取，對於大眾顧客而言，可以透過官方統計數字資料或市場調查研究，或是透過問卷調查題項填答，問卷內容是「在品類（項）A 中，平均每個月你花費多少錢？」企業獲取市場區隔層級的資訊再分別設計與調查是最適當的。錢包大小是以顧客為導向組織的重要衡量指標，當企業想要建立與維持可獲利的顧客關係時，在擬定各種活動方案，顧客的購買潛力將有助於推廣。例如可支配所得家庭人數、外食人口、外食平均金額、每月餐飲平均支出、每月平均所得…等數據，都有助於企業的研判。如果顧客錢包每月為 10,000 元的外食支出，而在便利超商的每月三餐採買共 5,000 元，則代表便利超商佔該顧客外食錢包的 50%，可以觀察到顧客依賴並願意支出的程度，準確的預估對於企業活動辨理更有成效。

10.4.2 品類需求的佔有率

所謂品類需求佔有率（Share of Category Requirements, SCR），是指某一品牌或某一企業從消費者資料庫所獲得的銷售量相對於整個品類銷售量的比例。當個別的採購資料無法獲取時，SCR 通常是一種綜合性的衡量指標，亦即了解消費者購買該公司商品佔整個產業該品類的多寡。

品類需求佔有率也可以針對個別顧客來計算，以在個別顧客分析層級中，該指標是衡量一位顧客在一家企業的品類需求佔有率百分比。例如 A 小姐化妝品對於資生堂品類需求包括潔膚香皂、洗面乳、精華露、粉底、化妝水、口紅、腮紅、眼影，約佔資生堂化妝品公司品類的 1/4，即 25%的品類需求。每一種品類下面都還有各種品項，如潔膚品類下有香皂、洗面乳、洗面霜…。

10.4.3 錢包的佔有率

錢包佔有率（Share of Wallet, SW）的定義是指一家企業在消費者資料庫中所佔之品類價值的比例，可以從個別顧客層級或是綜合層級（例如市場區隔層級或整個顧客庫）衡量。

個人錢包佔有率（Individual Share of Wallet, ISW）：是指一個消費者在一品類，觀察在一家企業所佔之品類價值的比例。可以指出顧客能在一家企業某品類中滿足期望需求的程度。意即若一個消費者購買一家公司產品佔他該項（類）錢包大小的比率，例如 A 小姐在新光三越的資生堂專櫃購買 6,000 元的保養彩妝組，佔 A 小姐花費在化妝品的比例多寡，若一個月花費在化妝品的預算為 10,000 元，則個人錢包佔有率為 60%（6,000 元 / 10,000 元）。

10.4.4 轉換矩陣

轉換矩陣是將顧客長期購買的機率或是品牌購買的機率以表格呈現出來。假設，顧客會隨著其生命週期來經歷各種不同階段的活動。如表 10-2 所示，第一列的數字是說顧客目前是品牌 T 的購買者，而在其下一次的購買 時，有 70%仍然會購買品牌 T，20%會去買品牌 H，而 10%會轉去購買品牌 N。表中對角線的部分代表各公司所算出來的顧客留存率。企業會發現顧客是在各品牌間游移。例如，汽車品牌 T 的個顧客再轉換到品牌 H 後，在第二次轉換時再回鍋到汽車品牌 T 的機率是 2%（20%×10%）。如果每一段期間內，顧客平均購買兩次，那麼可能產生的購買情境是 TT、TH、TN、HT、HH、HN、NT、NH、NN。倘若企業能知道顧客上一次購買的品牌，就能計算出每一種情境的機率；此可提供企業三種品牌的錢包佔有率之期望值。矩陣中的資訊是部分來自於例行性問卷調查的問題回覆。

表 10-2 轉換矩陣

		下一次可能購買的品牌		
		T	H	N
目前所購買的品牌	T	70%	20%	10%
	H	10%	80%	10%
	N	25%	15%	60%

10-5 策略性顧客價值指標

10.5.1 RFM 模型

RFM 代表最近一次的消費日期（Recency）、消費頻率（Frequency）以及消費金額（Monetary）。這三項技術會用到三項指標來評估顧客行為與價值。

1. **最近一次消費（Recency）**：指顧客上一次購買公司產品的時間。而上次消費最近的顧客通常對公司推出的產品或活動最有反應，亦即最有可能關注公司最新的資訊。
2. **消費頻率（Frequency）**：衡量顧客在特定期間內對公司下單購買的次數，通常購買次數較多的顧客，滿意度相對較高，亦即與公司交易意願較高，但需注意不同產業的消費頻率有很大的差異。
3. **消費金額（Monetary）**：是指每次交易顧客所支出的金額，金額多寡亦即佔荷包的比例大小。RFM 模型衡量顧客價值和獲利能力的重要方法，從時間、頻率、金額的三個角度加以觀察消費者的分佈狀況。

計算方法與 RFM 的應用

在目前的實務應用上，RFM 計算的兩種方法常用在獲利預測上，第一種方法將顧客資料庫中的顧客資料排序，使用 RFM 準則，以五等分將資料分類以及分析資料。第二種方法包含利用迴歸技術來賦予 R、F 與 M 等相對的權重，利用權重來計算 RFM 的整合效應。

RFM 的技術不僅協助組織清楚地找出購買機會相對高的寶貴顧客，也能避免對購買機會較低的顧客付出昂貴的溝通與活動成本。RFM 的技術不僅可以應用在舊有的顧客歷史資料分析，也可以應用在潛在顧客的資料，以下加以說明：

1. RFM 計算方法，RFM 編碼以一家雲端資訊廠商有 5,000 名顧客資料庫的企業為例，從顧客資料庫中挑選出 500 名顧客。換言之，在 5,000 名顧客的大型資料庫中，每 10 名顧客挑出 1 位顧客，就會形成 500 名的測試顧客群，以此表進行測試，假設這家公司預計推出價值 300 元折價券的行銷活動，折價券將寄送給顧客。

   (1) 最近一次的消費的編碼：假設這家公司對 500 名測試群的顧客寄出 300 元的折價券，其中有 200 位顧客（約 5,000 人的 4%）有回應。為了了解顧客的近期性資料與回應這次 300 元折價券活動的顧客之間是否有任何的關聯，進行了以下的分析，500 名的測試群顧客根據他們最近一次的採購日期，以遞減的方式進行排序。最接近現在時間的採購者列在清單的最上方，而距離現在最遠的採購者則列在清單的最下方。排序過後的資料分成五等份（即每一分群佔總體的 20%）。最上層的分群被編碼為 5，而接下來的那一分群則在最近一次的消費上編碼為 4，以此類推，一直到最底層被編碼為 1。依照最近一次的消費分群的結果，以及郵寄折價券所得的顧客回應分析，通常郵寄折價券在近期性編碼為 5 的族群中獲得最高的回應，其次是編號 4 的族群，以此類推。

(2) 消費頻率的編碼：頻率的編碼流程與最近一次消費編碼流程一樣，然而，是根據出現頻率這項指標來將 500 名測試群顧客做排序，所以，需要知道顧客每個月平均購買的次數（或特定期限內）；可依照產業的採購頻率來決定適當的期間分類標準。

(3) 消費金額編碼：消費金額編碼流程與最近一次消費編碼及消費頻率編碼的流程一樣。但是根據消費金額指標將 500 名測試群顧客做排序，所以分析時要知道每個月平均購買金額。消費金額也是分析顧客行為的重要指標，和最近一次消費性與消費頻率一樣，顧客消費金額資料要被排序、分群，以及編列 1 至 5 的號碼。

(4) 限制：此方法是將顧客回應資料分別與 R、F 與 M 值連結，然後在將顧客歸類到特定的 RFM 碼中三者若分類的數量不同。此方法在每一個 RFM 碼中所產生的顧客數目可能不相同。

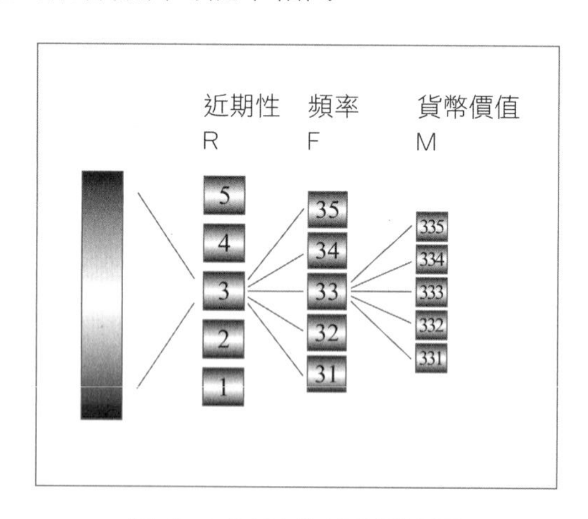

圖 10-1 RFM 的排序示意圖

(5) R、F 與 M 的重要順序。一般而言，產業界是依照最近一次消費、消費頻率，接著是消費金額順序，來使用 RFM 的技術；但不同的產業區塊還是有不同的分類順序，有些 M、F、R 或 F、M、R…，需依實際重要程度排序觀察。

2. 在顧客關係管理（CRM）的分析模式中，RFM 模型是被業界廣泛運用，它是衡量顧客價值和獲利能力的重要工具。該模型主要針對顧客最近一次消費時間、消費頻率以及消費金額等三項指標來呈現顧客的購買行為狀況。RFM 模型可以動態呈現顧客消費的清楚輪廓，尤其是購買公司的產品和服務時，一般的分析型 CRM 著重在對於顧客貢獻度的分析，而 RFM 則強調以顧客的行為來區分等級。善用 RFM 分析可以用來提高顧客的交易次數或引發注意，例如業界常用的直接郵寄（DM）聯繫會員通知公司最新的產品目錄，常常一次寄發成千上萬封的型錄給會員，但其實這並非最有效的策略，根據研究調查結果顯示，針對最近一次消費的構面 R（Recency）區分為五級，最好的第五級回復率（回購率）是第四級的三倍，因為此層的顧客剛完成交易不久，會更注意同一公司的產品資訊，亦即 對活動的反應最有成效及注意。採用相對的分級（例如 R、F、M 都各分為五級）來比較消費者在級別區間的變動，可以顯現出消費行為的分布情形。企業用 R、F 的變化，先推測顧客消費的異動狀況，研判顧客流失的可能性，列出重要顧客名單，如有段時間很久沒來、與公司往來逐漸疏遠、有轉換別家購買跡象的顧客，再從 M（消費金額）的角度加以整理表列，可以把挽回重心放在貢獻度高且已有流失跡象的顧客，進行重點拜訪或緊密聯繫，甚至祭出優惠方案或獎勵措施，以最有效的方式挽回顧客。

因此每一個企業都應該設計最適合的與顧客接觸的頻率與規則，如購買三天或一週內應該發出一個感謝的電話或 Email，並主動關心消費者是否有使用方面的問題，一個月後發出使用是否滿意的詢問，而三個月後則提供交叉銷售的建議，探詢再回流的意願，並開始注意顧客的選擇動向，持續地創造主動接觸顧客的機會，如此才能使 顧客再購買的機會大幅提高。企業在推行 CRM 時，要運用 RFM 模型分析的結果，瞭解顧客的消費日期、消費頻率、消費金額，並融入在策略、目標、專案、活動的實施過程中，才能創造更好的績效與利潤。

10.5.2 過去的顧客價值

一般顧客價值是以過去交易的結果來推算未來的交易機會。根據顧客過去所提供的總利潤來判斷顧客的價值，此模式假設顧客的交易績效能反應未來的獲利數字上；但因為產品與服務在顧客生命週期中的不同時間點購買，因此所有的交易必須依金錢的時間價值來做調整。

10.5.3 顧客終生價值

顧客終生價值（Customer Lifetime Value, CLTV），是 Lifetime Value 的縮寫，也就是一個顧客從第一次到最後一次交易所產生全部的價值稱為「終身價值」。

CLTV 亦為顧客與企業交易持續期間利益的淨現值（Net Present Value, NPV）

表 10-3 顧客終生價值的計算過程(CLTV)

每單位預期價格			= $100
每單位預期成本			= (20)
每單位預期邊際貢獻			= $80
每單位預期直接費用			= (20)
每單位預期分攤成本			= (10)
每單位預期淨利			= $50
每次平均購買量			* 6
預期購買次數			*100
未調整的終生價值			= $30,000
	次數 1	次數 2	次數 3
預期利潤	$ 10,000	$10,000	$10,000
折現率	1	1.05	1.10
終生價值的淨利	$ 10,000	$9,524	$9,091

利潤邊際（Profit Margin）：顧客收入減去顧客成本
保留率（Retention Rate）：顧客持續購買的比率
折現率（Discount Rate）：資金成本的現值
時間（Time）：關係持續的期間

10.5.4 顧客資產與顧客權益佔有率

企業所有顧客的終身價值總和代表該企業的顧客權益（Customer Equity, CE），此指標代表在特定時間點上企業的總價值，與企業的股東價值有關聯。顧客權益佔有率（Customer Equity Share, CES），則是市場佔有 率之外的另一個重要指標。

10-6 評估顧客選擇策略的技術

建構模式的目的可以將顧客資料進行預測或分類，評估模式最常見的方法為將預期的結果與實際績效做比較，並且據此結果來鎖定或維繫顧客，可以對預測模式進行評估。

10.6.1 推力圖

推力可以用來跟蹤模式長期的績效，或是比較不同樣本中模式的績效；為了計算不同資料區塊（或市場利基）的推力，企業需要一系列相關的顧客資料，以及與模式有關的資訊，下列為相關資料：

1. **顧客的累積人數**：係指某一區塊中顧客總人數。
2. **顧客的累積百分比**：係指某一區塊中顧客總人數所佔之百分比。
3. **累積購買人數**：係指某一區塊中購買的總人數。
4. **回應率**：係指每一區塊真正回應率，是由每一區塊中的購買人數除以顧客人數而得。

推力＝（每一區塊的回應率）÷（整體的回應率）×100

　　＝（累積回應率）×（整體的回應率）×100

累積回應率＝累積購買人數÷顧客的累積人數

課後個案 頂尖國際行銷顧問有限公司

精準行銷提高客戶黏著度 頂尖拓展業務超有力

個案學習重點

1. 瞭解人力仲介產業對 CRM 系統需求的兩大關鍵。
2. 觀察頂尖國際如何透過 Vital CRM 做好客戶開發及舊有顧客再行銷。
3. 瞭解頂尖國際行銷使用 Vital CRM 三年，客戶反應問題數明顯下降。
4. 學習運用雲端 CRM 服務，即使客服人員輪調，接替的同仁也能很快上手，不讓服務斷軌。
5. 瞭解 Vital CRM 作分眾行銷，開發新客戶針對不同需求發送不同提案內容，並定期關懷既有客戶及高潛在客戶的作法。

頂尖國際行銷顧問有限公司

頂尖國際行銷顧問有限公司成立於民國 90 年 6 月，最初成立係以『越南培訓中心』而起，專業訓練安養中心機構工、廠工、看護工、幫傭等交由台灣人力仲介分配引進，近年於台灣成立仲介公司以利後續服務品質之提升。頂尖國際專業引進越南、泰國、菲律賓、印尼之優質外籍勞工，外勞分佈已包涵蓋過全省各地，服務的客戶對象有製造業廠商、養護機構與家庭類雇主，至今累計的客戶數已達千家以上。服務項目包括：專業申辦外勞，如廠工、幫傭、監護工、養護中心之外勞申請及引進。事前規劃提案，如針對各安養機構、護理之家、醫療院所專案規劃。個案評估說明，如家庭幫傭、監護工傭用流程、資格說明及輔導。外勞輔助管理，如入境後外勞生活、工作規定、宿舍管理規章訂定、語言翻譯書。機動狀況處理，如勞工入境後各項臨時狀況之協調及翻譯。定期聯繫輔導，如設立客戶服務中心，確實掌握每位外勞在台的工作情形。

頂尖國際行銷導入 Vital CRM

頂尖使用 Vital CRM 三年來，堅持提供貼心、完善之服務，客戶反映問題數明顯下降，即使客服人員輪調，接替的同仁也能很快上手，不讓服務斷軌。未來，頂尖也將規劃 Vital CRM 的教育訓練，讓內部人員更加熟悉應用，並體現於客服管理上，提升流程運作的效能；而駐外業務人員不管是溝通或應對客戶時，都能展現專業形象。

負責外籍勞工仲介業務與專業訓練的頂尖國際行銷顧問有限公司，在競爭激烈的人力仲介市場走過十多個年頭，堅守「合法引進」、「合理收費」、「合情服務」三大保證，因此在人力仲介服務有很好的評價。董事長徐首豪透露：「產業環境及國內外法規皆不斷改變，管理必須 e 化，企業才能與時俱進！」因此頂尖也持續導入會計、行政及業務等各方面資訊軟體，藉此強化企業營運管理。

頂尖主要的服務對象涵括製造業、養護機構與家庭類雇主，成立至今已累積千家以上客戶數。隨著業務量成長，過去倚賴 Excel 管理客戶資料的客服部門，在處理相關事務時耗費心力且事倍功半，徐首豪意識到，即便業績再好，頂尖的「高效率」與「好品質」服務也絕不能變質，於是決定導入雲端 Vital CRM 軟體，提升客服運作效能。

Vital CRM 獲青睞之兩大關鍵

一、省下軟體開發與維護的成本及人力

起初，頂尖曾考慮請公司內部工程師客製一套專屬的顧客關係管理軟體，但受限於需求的急迫性及預算規模而作罷。所幸後來頂尖將客戶關係管理的工作交給 Vital CRM，將龐大的客戶資料進行系統性的整理，也不用擔心軟體維護及軟體升級的問題，這就是雲端服務最大的競爭優勢。

二、支援多種行動裝置

專屬 App 客戶資料帶著走 Vital CRM 能支援多種行動裝置，提供業務使用上的彈性。（一）拜訪客戶前，先將相關資料找出來，快速回顧來往歷程、外籍勞工的工作狀況等，找出需要服務的癥結點。（二）與客戶溝通時，點開 Vital CRM 的 App 可立即記事或預約下次拜訪日。（三）在收訊不佳的地方，一樣可以使用離線功能查詢與記事，讓頂尖的客服處理不再受限於時空。（四）透過地圖功能了解附近有哪些其他客戶，方便業務人員規劃拜訪行程。

依客戶需求對症下藥行銷更準確有效

頂尖非常注重客戶開發及舊有顧客再行銷。在新客戶開發方面，由一位後勤人員專責蒐集客戶名單，如：針對報紙徵才版的需求分類，再提出不同需求的文案內容，並在特定時間發送郵件。而舊有客戶或曾經諮詢過的高潛在客戶，會持續的追蹤與關懷，徐首豪表示：「即使是老人家往生或改由子女照顧等原因而不再任用外籍勞工，我們還是會用聯繫腳本送上生日問候、外籍勞工專業知識、勞基法資訊等，繼續與客戶接觸維持黏著度。」

固定歸納整理客戶名單，使標籤分眾行銷更準確有效，徐首豪強調：「我們很珍惜各種管道獲得的名單，長期累積下來資料越多，行銷的效果自然也就越明顯。有時候，我們的業務人員外出就是直接去簽約，省下很多出門開發客戶的時間。」

Vital CRM 提升企業應變力高效能客服展現專業

頂尖使用 Vital CRM 三年來，堅持提供貼心、完善之服務，客戶反映問題數明顯下降，即使客服人員輪調，接替的同仁也能很快上手，不讓服務斷軌。未來，頂尖也將規劃 Vital CRM 的教育訓練，讓內部人員更加熟悉應用，並體現於客服管理上，提升流程運作的效能；而駐外業務人員不管是溝通或應對客戶時，都能展現專業形象。

徐首豪充滿自信的表示：「儘管國際情勢的高度變化讓我們時常需要配合政策，調整內部營運方針，但 Vital CRM 將客戶資料的管理系統化，給予我們莫大的幫助，不論是人力安排、外勞與雇主間等棘手問題，都能快速找出應變措施，做出最即時並且有效的處理。」

- 資料來源：
  https://www.gsscloud.com/tw/user-story/124-search-result/744-vital-crm-kpn

個案問題討論

1. 請上網搜尋頂尖國際行銷顧問有限公司的相關資料，以了解該企業提供的人力仲介服務，以及各類服務的顧客需求。
2. 請討論雲端 Vital CRM 取代 Excel，可以管理龐大的客戶資料以及更多的互動，以家庭看護顧客而言，需要有哪些提醒與交辦事項？
3. Vital CRM 的 APP 能支援多種行動裝置且容易使用，請搜尋類似的雲端應用 CRM 比較其優劣點。
4. 請就個案公司運用 Vital CRM，如何評估與衡量該雲端服務所創造的效益？如顧客抱怨率、開發新顧客、舊顧客引薦數、舊顧客回流率、…
5. 請討論要經營一個成功的國際人力仲介公司需要具備哪些條件與特質？

管理大師 Kaplan 及 Norton 說：「如果您不能對它進行衡量，您便無法管理它」。隨著產業不斷的轉型，資訊科技的新技術不斷推出，CRM 被各規模層級的企業逐步採用，接續評估及衡量成為主要關鍵。企業在使用各種不同的衡量指標時，可以依照企業實際的需求，列出最應優先掌握的關鍵績效指標的結果，做為未來改善及強化的依據。

本章節所介紹的顧客關係管理的評估與衡量，主要讓學習者了解到：

1. **顧客關係管理（CRM）的評估與衡量**：CRM 有好的評估與衡量指標，才能針對公司經營的成效提出具體的改善方針，也經由持續不斷的優化，讓顧客感覺到企業的用心。讓學習者了解 CRM 評估與衡量是很重要的一項課題。
2. **了解顧客關係管理關鍵績效所代表的意義**：現今企業愈來愈重視顧客關係管理，使得顧客衡量指標，也愈來愈受到關注；管理者在顧客關係的發展，維繫上更需要有明確評估結果才能做為集中資源發揮的最大效益。
3. **認識策略性顧客價值指標**：策略性顧客價值指標，最具代表性的就是 RFM〔R（Recency）、F（Frequency）、M（Monetary）〕，它有三項指標來評估顧客行為與價值；另一項是轉換矩陣，是以狀態來追蹤顧客行為。

試題演練

1. (　　) 將潛在顧客轉成真正顧客的比率，計算方式是獲取的顧客數除以鎖定的潛在顧客數，並以百分比來衡量，此比率稱為？

   (1)市佔率　(2)獲取率　(3)顧客成長率　(4)維持率

2. (　　) 在一定的期間內，企業由既有顧客所帶來的收益成長，相對於前一期既有顧客所帶來的收益成長比例，此比例稱為？

   (1)潛在顧客的收益成長比例

   (2)新進顧客的收益成長比例

   (3)既有顧客的收益成長比例

   (4)回流顧客的收益成長比例

3. (　　) 在一個特定期間，根據顧客的需求及能力預估後，與實際成交的業績量比較，計算多少比例的預估銷售機會被實現，此比例稱為？

   (1)行銷業務開發比例

   (2)潛在業務實現比例

   (3)行銷訂單實現比例

   (4)銷售潛力開發比例

4. (　　) RFM 模型衡量顧客價值和獲利能力的重要方法，從三個角度加以觀察消費者的分佈狀況。RFM 的正確定義為何？【複選題】

   (1)再次消費（Re-consumption）

   (2)最近一次消費（Recency）

   (3)顧客友誼（Friendship）

   (4)消費頻率（Frequency）

   (5)月份分析（Month analysis）

   (6)消費金額（Monetary）

5. (　　) 就顧客生命長度，並非與所有公司維持期限的關係都是一樣，還必須考量實際狀況，通常有下列三種不同狀況？【複選題】

   (1)無合約規範型　(2)單一選擇型

   (3)重複購買型　(4)合約規範型

   (5)多元選擇型　(6)只買一次型

6. (　　) 指某一品牌或某一企業從消費者資料庫所獲得的銷售量相對於整個品類銷售量的比例，當個別的採購資料無法獲取時，它通常是一種綜合性衡量指標，亦即了解消費者購買該公司商品佔整個產業該品類的多寡，此稱為？【複選題】

(1)品類需求佔有率

(2)Share of Category Requirements（SCR）

(3)個人錢包佔有率

(4)Individual Share of Wallet（ISW）

(5)平均採購間隔

(6)Average Inter-purchase Time（AIT）

資料庫行銷與應用 11

課前個案 新肌霓

新肌霓導入 Vital CRM 喚醒沉睡客戶，回購率提升 1.5 倍

個案學習重點

1. 新肌霓透過快速篩選要互動溝通的受眾，掌握顧客的類型與輪廓。
2. 收集消費者資料後透過 Vital CRM 分析，達到精準分眾行銷的效益。
3. 透過線上線下整合消費者的資訊，以快速回應客戶需求。
4. 運用標籤功能寄送客製化訊息，有效提升開信率及轉單率。
5. 善用 Insight 數據分析精準掌握新舊客回購率。

新肌霓（四沐森有限公司）成立於 2017 年，三位創辦人有感於市面上多數保養品「行銷」凌駕於「產品本質」，忽視產品的改善效果，因此期待透過 8 年以上的保養品研發專業，傳遞正確的保養知識，並真實改善消費者的身體肌膚問題。新肌霓從全球唯一獨創的背膜起家，甫推出就廣受媒體、消費者好評，至今熱銷破萬片，是新肌霓的指標性產品。因此到後期的產品研發，如孕期、手部、足部保養等，都有亮眼的銷售成績，甚至銷售海外。

導入 Vital CRM 前沒有合適的平台管理會員，無法進行個人化溝通

新肌霓的社群行銷呂佳穎說明，產品銷售主要是透過網路平台，但隨著經營時間長，會員數也持續增長，在超過兩萬個會員的情況下，卻沒有合適的平台做管理，導致每次要和客戶溝通時，只能憑感覺或是大量發送電子報，相當耗費人力、時間和費用成本。且在進行了一段時間後，更發現開信率下降、封鎖率上升，宣傳行銷活動的效益也不好。因此儘管已累積不少會員數，卻無法

進行更個人化的溝通，因為產品之間的差異性滿大的，例如正在孕期中的會員，可能暫時就不需要美背系列，所以對於產品線分散的新肌霓來說，在推廣時是一大難題。

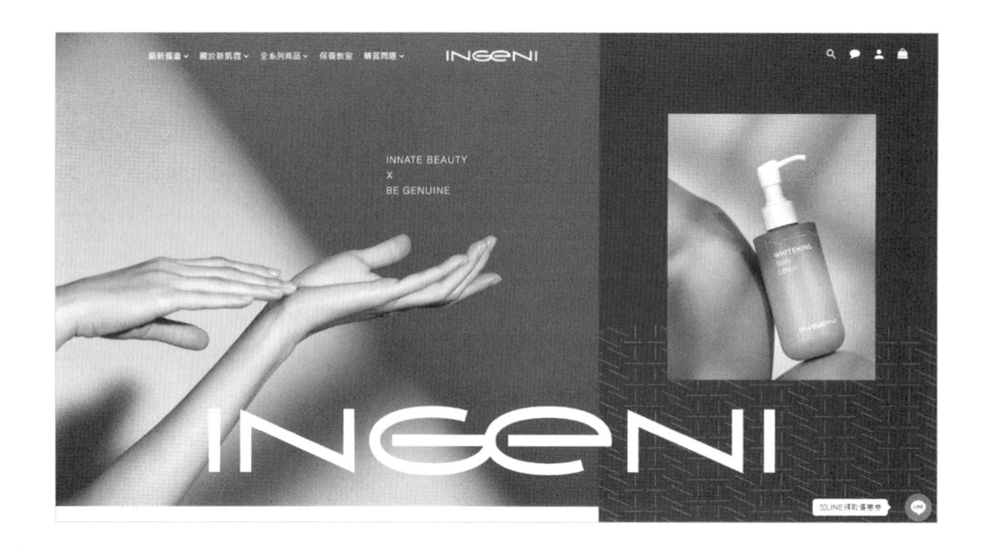

分眾溝通使用客製化訊息，售後關懷更細緻

在評估 CRM 客戶關係管理系統時，新肌霓首要的需求就是針對消費者能有快速的篩選服務，以及能清楚掌握及分析的顧客消費行為，這也是為什麼後來選擇叡揚 Vital CRM 的兩大原因，因為 Vital CRM 的標籤功能、Insight 數據分析恰恰能符合新肌霓最迫切的需求。

Vital CRM 就像是一個大型的資料庫，新肌霓可以快速篩選想要溝通的受眾是什麼樣的類型，省力又省時，更是幫助銷售的最佳利器

Vital CRM 可以針對消費者的消費區間、品項、次數，進行快速篩選，不僅能一次匯出資料，也能做到客製訊息進行個人化的行銷溝通，因為電子郵件是電商在行銷中很重要的一環，將售後關懷電子報設計到更加細緻後，開信率明顯提升並降低退訂率。Vital CRM 還能依據消費者的購買品項，推薦其他商品，例如有買過沐浴露沒有買過背膜的人，因為已對品牌有信任感，就很適合進階推薦相關的品項。

除此之外，在顧客的售後服務上、大型行銷活動、單品限定活動等，標籤的應用也非常廣泛，Vital CRM 就像是一個大型的資料庫，新肌霓可以快速篩選想要溝通的受眾是什麼樣的類型，省力又省時，更是幫助銷售的最佳利器。

透過進階分析消費歷程，做為營運策略擬定的優化指標

呂佳穎提到雖然新肌霓的官網後台也有概略性的回購率數據，但不足以應付分析需求，後來搭配 Vital CRM 的資料分析模組 Insight，這可說是非常詳細的消費者資料庫，且提供超過十大常用分析主題；呂佳穎也分享新舊客回購率和回購週期分析是新肌霓常觀察的報表，對主管在掌控營運上很有幫助，可以了解品牌營運的趨勢是否有成長，並藉由不同時間區段的數據，分析消費者的產品偏好，以及單月活動成效，可做為下一階段的優化指標。

其中 Insight 的 RFM 分析將客戶分成不同類型，新肌霓的目標是提升忠誠客戶數與舊客的消費貢獻金額，因此透過數據報表，讓新肌霓可以找出貢獻值最高的一群客人，針對偏好的品項再去進行溝通、提供專屬福利等操作。

新肌霓今年於信義誠品設櫃後，對於 Vital CRM 的系統完善性更有感，整合線上線下，完全沒有陣痛期，透過客戶收集器的功能，到店的消費者使用手機輕鬆填寫表單後，可直接將客戶資料導入系統中，還可以自動貼上專櫃門市標籤，即時和既有的客戶資料比對，省去許多人工手續，專櫃人員也能迅速回應客戶需求。

Vital CRM 助攻新肌霓行銷活動，創下銷售好成績

對於新肌霓來說，Vital CRM 現階段的應用層面已不再只是蒐集消費者名單的系統，可以更有策略的進行行銷操作，有效喚醒沉睡客戶，達到每次活動的最大效益，甚至創下單月回購率提升 1.5 倍的佳績，未來規劃整合更多數位工具與社群平台，持續善用行銷科技強化品牌力，期待新肌霓打造更多經典產品！

■ 資料來源：

1. https://bit.ly/3PlpiPa
2. https://www.ingeni.com.tw/?gclid=Cj0KCQjwpeaYBhDXARIsAEzItbEduB-jTbkE-KF22f6wklfJORLwZM1hDn37X6iuU-pk1Zb6Lg-VZAIaAnqPEALw_wcB

個案問題討論

1. 請學員先上新肌霓公司的網站了解該公司提供的產品與服務。
2. 請討論 Vital CRM 如何串連業務團隊的溝通效率，強化服務流程？
3. 新肌霓以何種方式及工具有效喚醒沉睡客戶？
4. 新肌霓在 Insight 數據分析經常觀察報表有哪些？
5. 請討論新肌霓要提升忠誠客戶數與舊客的消費貢獻金額，可以運用 Insight 數據分析的何種功能加以觀察及掌握？

11-1 認識資料庫及行銷探索

所謂資料庫是具有一定的格式和組織的記錄檔案所形成，資料庫只要規劃應用得宜，便能將雜亂無章的大量資料，經由資料庫軟體進行有系統的儲存、處理、查詢與分析，使企業部門間的資料，如顧客資料、訂單資料、行銷資料、活動資料、交易資料、產品資料、會計資料、人員資料…等，可以互相分享與使用。

一個資訊系統的應用除了硬體設備外，還包括系統軟體、應用軟體、網際網路、及資料庫的整合運作才能發揮功效。資料庫在當前資訊科技的使用上，是達成企業重要資料運用的最關鍵工具之一，特別在商業交易環境的使用上，幾乎都必須在資料庫管理系統（Data Base Management System, DBMS）環境下執行。亦即企業每天所產生眾多資料的儲存、處理、分析、運算、傳遞、分享，都必須依賴資料庫管理系統才能正確執行、分析、整合及管理，尤其在網際網路與無線通訊的環境中，使企業內部與外部的資料進行蒐集、交換、傳遞、分析、使用等處理動作，達到即時跨國界、跨組織、跨部門、跨團隊資訊分享的目標。

隨著資訊科技以及無線網路的突破，新科技在商業應用上已達到隨時隨手可以流覽購買商品，尤其對行銷領域帶來了很大的衝擊。隨工商社會生活型態及家庭結構改變，連帶使得購買方式也跟著轉變，如手機 APP 線上購物、網路行銷的普及，現今人們生活忙碌，擁有的空閒時間越來越少，所以願意花錢來節省時間，因此提供消費者省時的高效率服務與產品受到歡迎。越來越多行銷人員利用資料庫行銷，建立以個別消費者為基礎的行銷模式，透過良好快速的服務與顧客緊密的關係，提高顧客忠誠度。

11.1.1　80/20 法則

在 1897 年，義大利學者柏拉圖（Pareto）提出了 80/20 法則，觀察並發現十九世紀英國人的財富和受益的模式，發現社會大部分的財富，流向少數人的手中，其中有一個有趣的現象說明人數比例低，卻有很大財務的貢獻度，經由對照數據得知：

- 20%的主力產品，涵蓋 80%的營業額。
- 20%的關鍵顧客，佔組織整體 80%獲利率。

在顧客關係管理學理中，80/20 法則的概念是常見的實務現視：「企業每年整體營業額中，約有 80%利潤來自 20%重量級的顧客所貢獻」，顯示留下最佳的顧客，是公司穩定獲利的保證。然而，行銷人員如何從資料庫中找到最好的顧客，並從中發掘可能的交易機會。CRM 資料庫是相當寶貴的重要資產與顧客資料來源，初次建置成本雖高，但花費的投入成本會隨著使用次數及使用量而獲得效益。

11.1.2　資料庫行銷目標

在解釋「資料庫行銷」的定義之前，需要先了解資料庫行銷能夠解決 CRM 的問題有哪些？資料庫行銷可以回答以下的問題有：

1. **誰（Who）？**→鎖定目標顧客及市場區隔，掌握真正的顧客群。
2. **做什麼（Do what）？**→知道顧客進行的交易內容，採購哪些產品？
3. **在哪裡（Where）？**→透過哪些銷售管道找到顧客，是從網站、APP、門市、行銷人員、分公司，還是郵寄傳單或是電話行銷？
4. **多少錢（How much）？**→每筆採購的金額以及數量？
5. **為什麼（Why）？**→企業舉辦哪些或哪類型活動可以引發顧客產品探詢或進一步的交易行動？

透過資料庫的數據分析，除了了解顧客群的特徵屬性之外，亦能找出潛在的顧客群？並且了解顧客是透過何種管道與企業接觸？最後資料庫能夠經由分析並反映顧客的實際需求及滿意程度。例如要開設一間咖啡簡餐店，分析步驟如下：(1)鎖定方圓 5-10 公里之內的目標顧客了解顧客特徵。(2)判斷是上班族、學生、一般家庭、過路客、…各客層的比例，因不同顧客群對於飲料、餐點的產品組合、價位也有不同接受程度。(3)以散發宣傳單、推銷活動、試吃試喝活動吸引客群，或建置咖啡簡餐店網頁、FB 粉絲專業社群讓更多人知道這家店。(4)分析來購買產品的類別、金額、數量…等資訊，進一步了解顧客的喜好及荷包交易金額。(5)透過平日交易、活動的規劃及舉行推廣店裡的特色咖啡、果汁飲品、各式簡餐，進一步分析顧客偏好，以及了解何種類型的活動較能引發顧客的興趣與購買行為。

11-2 資料庫行銷功能

11.2.1 資料庫行銷的功能與特性

資料庫行銷是企業整個顧客關係管理的一環，通常會與其他的系統整合，如行銷管理、銷售管理、顧客服務管理等子系統相連結，才能發揮最大的功效，形成完整的資料庫決策輔助系統。完整的資料庫行銷功能與特性如表 11-1 所示。

表 11-1 資料庫行銷系統的功能與特性

資料庫行銷系統功能	資料庫行銷系統特性
• 進行市場研究及產品測試報告	• 資料可由不同來源管道取得並整合運用
• 分析市場區隔及銷售目標設定	• 顧客基本資料管理
• 規劃顧客忠誠度及顧客服務計畫	• 紀錄與編輯顧客的互動資料
• 擬定直效行銷	• 鎖定目標客群進行差異化溝通
• 進行交叉銷售與向上銷售分析	• 廣告和促銷活動記錄
• 規劃顧客管理的所有活動	• 個人化檔案與輪廓分析
• 進行顧客價值分析	• 快速而大量的資料處理
• 建置行銷決策支援系統	• 顧客長期追蹤與交易歷程分析

國內林慧晶（1997）將資料庫行銷的功能，分為以下四個部分：

1. **進行顧客價值分析**：資料庫行銷最主要的功能，是針對顧客進行價值分析。雖然企業可以清楚知道每日的銷售額有多少？但是卻很難將個別顧客與銷售情況兩者做連結。透過資料庫行銷的幫助，企業可以容易的對顧客進行價值分析，並針對不同價值的顧客進行不同的資源分配，進一步採取不同的行銷策略。

2. **計算顧客終身價值**：顧客終身價值（Customer Life-time Value, CLV）可視為在未來的時間內，企業從個別顧客所獲得利潤之淨現值。藉由資料庫行銷，企業可以依據資料庫中顧客的交易購買紀錄，計算每位顧客可能貢獻於企業的終身價值。透過顧客終身價值的計算，企業除了可以預測未來的營收情況外，還可確認顧客價值的高低，而擬定不同因應和對待方式以及活動方案。

3. **進行向上銷售（Up-selling）與交叉銷售（Cross-selling）**：所謂的「交叉銷售」（Cross Sale），指針對顧客目前所購買的產品項目，再推廣公司其他相關產品的銷售。而「向上銷售」，指企業可以針對顧客目前所購買的產品項目，推銷其更高階或等級更高的商品。因此，針對資料庫中顧客的購買項目、歷程加以分析，企業可以很輕易達到交叉銷售和向上銷售的目的。

4. **建立行銷決策支援系統**：行銷決策支援系統（Marketing Decision Support System, MDSS）是指將顧客的購買消費紀錄放入模型中分析，再利用模型分析的結果配合專家知識，使管理者能做出最有利的決策。由此可知，顧客資料與模型分析是資料庫行銷的兩大要素。

Kotler（2000）認為，資料庫行銷的功能具有下列四項：

1. **確認潛在顧客**：企業可以建立模型，將資料庫中的資料納入分析，以確認最佳的潛在顧客，然後以個人訪談、電話或郵寄信函等方式來接觸他們，使潛在者轉變為真正的顧客。

2. **決定哪些顧客可銷售特定的商品**：企業在找出特定商品的理想目標顧客時，須建立一些評估的標準。根據此標準搜尋顧客資料庫，以找出與理想類型最相似的顧客。如此分析，亦即企業找出較有利可圖的顧客。接續再進行複雜的行銷組合與服務成本比較分析，以留住真正為公司帶來利潤的顧客。

3. **加強顧客忠誠度**：企業可經由分析資料庫，了解顧客的不同偏好及消費行為，進而提供可以引起顧客好奇、興趣與熱情的產品或服務，包括寄送貼心的小禮物、折價券及有趣的閱讀資料等。

4. **提高顧客的再購率**：企業可以安裝自動郵寄的軟體，寄送生日卡片、週年紀念卡、或淡季促銷活動等訊息給資料庫中的顧客，讓顧客感覺到公司有主動注意並關懷他們，自然就能達到提高顧客再購率的效果。

11.2.2 資料庫行銷的執行架構

一個完整的資料庫行銷必須與企業內部的各部門進行溝通、分享及使用，當企業整體流程重要資訊能被即時整合，才能發揮資料庫的功能，因為企業必須使各部門緊密連結，從財務預算投入各項資源，銷售人員培訓，與顧客接觸及互動，擬定行銷計畫及活動，啟動生產、製造、入庫、出貨程序、產品銷售、售後服務及追蹤，進行滿意度調查，顧客抱怨處理，啟動顧客服務關懷…等流程，都應該蒐集重要資料加以紀錄、分析及運用，以達成組織最終的營運目標。其架構如圖 11-1 所示。

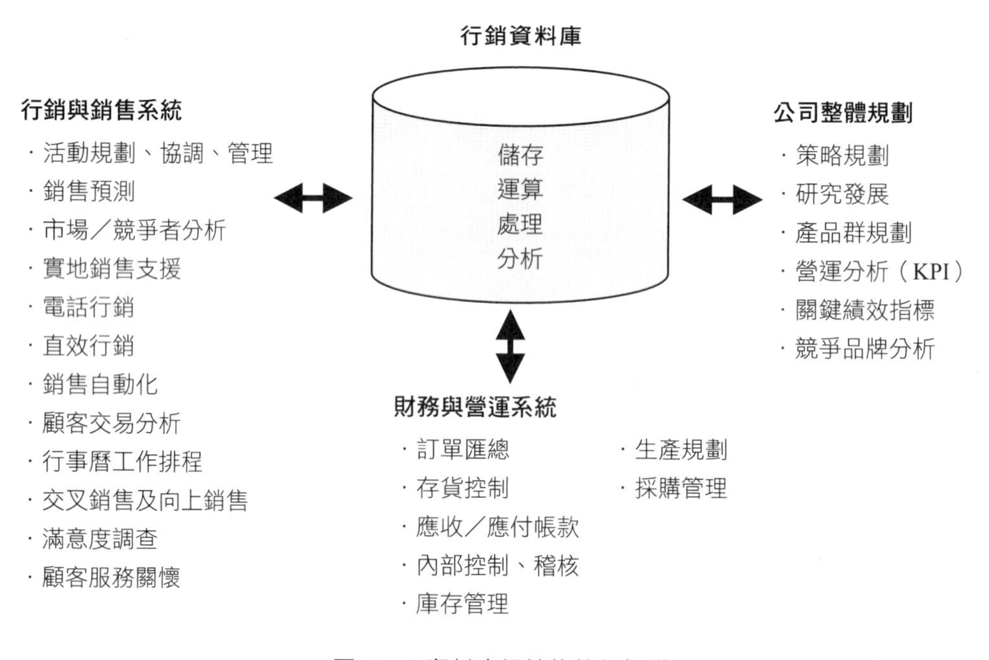

圖 11-1 資料庫行銷的執行架構

11-3 資料庫行銷與顧客關係管理的關係

11.3.1 資料庫行銷與顧客關係管理的關係

顧客關係管理是建立與顧客之間建立長期夥伴關係為最終極「目標」，而「持續關係行銷」為 CRM 的前身，資料庫行銷是實現持續關係行銷的有力工具，先經由資料庫的篩選、過濾，找出適合的顧客，並加以溝通聯繫，透過關係的發掘、維繫、強化、再發展等階段持續循環不已。與顧客互動途徑，如透過各種行銷管道，如手機 APP（Application）、EDM（電子型錄）、Web（網頁）、Email（郵件）、郵寄型錄、面對面溝通、親自拜訪、傳真、打電話…等等，都是與顧客建立友善關係，持續情感加溫的方式，以達到持續關係行銷的目標，如圖 11-2 所示。

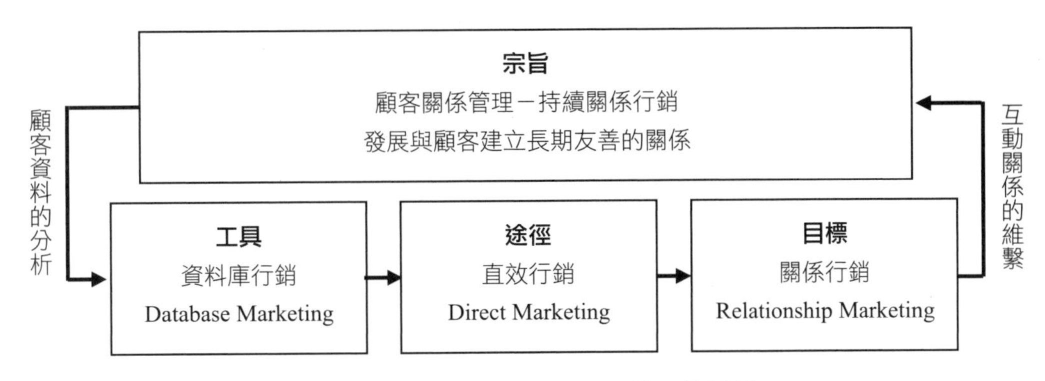

圖 11-2 資料庫行銷與顧客關係管理的關係

當今各行各業透過「資料庫行銷」與雲端應用服務平台結合，更加速促成與顧客互動，突破時間、空間，與地域的限制，更容易也更方便與顧客互動聯繫。從資料庫行銷發展出有效的顧客關係管理計畫，強化顧客與企業的連結與關係，並發揮產品的價值與得到實值的獲利，創造企業與顧客雙贏的局面。

11-4 資料庫行銷的執行

11.4.1 資料庫行銷的顧客資料來源

資料庫行銷開始執行之前必須掌握確認好資料庫內的顧客名單，而顧客名單可分為外部來源獲得與內部自建兩種，以下個別說明兩種的取得方式。

1. **從外部來源獲得的顧客名單包括：**

   (1) 回覆者名單：針對資料庫行銷回應，並進一步查詢或購買產品或服務的顧客，回覆者通常對產品有需求存在，同時想要瞭解產品的意願也會較一般高。

   (2) 閱讀者名單：來自企業電子報或報章雜誌的訂閱者，如天下、遠見、商業週刊、動腦、康健、…，包括企業對顧客（B to C）、企業對企業（B to B）的領域，可與特定目標顧客取得聯繫的好方法。

   (3) 付費篩選名單：此類名單通常由專業資料公司篩選而得，一般按地理區域、人口統計、特徵條件或所得級距，報稅等級分類，經由付費購買方式取得合法名單，如中華徵信所銷售的企業名單。

   (4) 公開企業名單：此類名單的資料來源是公司註冊資料，如各縣市、直轄市政府的工商服務部門等，或中華電信提供的黃頁名單。

2. **內部來源的顧客資料包括：**

    (1) 原有顧客資料（含各部門所蒐集的顧客名單）。

    (2) 舉辦各項活動回應或回覆者的資料，如現場填寫的顧客資料。

    (3) 廣告回函的顧客資料，如折價券、優惠券、摸彩券、保證卡、維修單、…回填的顧客資料。

11.4.2 資料庫行銷的執行方法

就 Denise（1997）等人提出了發展資料庫行銷計畫的步驟，內容如下：

1. **先進行企業需求分析**：首先決定資料庫的使用目標、功能及適切性，以符合企業需求為前提，而分析的另一個議題則在於資料庫系統該要由誰來使用，以及它應該包括哪些資料，同時必須決定用何種方式來建置資料庫內容，都將會影響到未來行銷決策的方向、調整以及執行。

2. **蒐集資料**：一般而言，資料來源可分為內部資料與外部資料。

    (1) 內部資料：內部資料的型態，包括顧客姓名、地址、電話號碼、人口統計變數、個人偏好、過去交易歷史（如 RFM 分析中，最近購買日期、購買頻率以及購買金額），以及付款方式、消費紀錄、交易歷程…等。

    (2) 外部資料：外部資料包括已彙編的資料（總體的人口統計資訊，如行政院主計處的公布訊息）、行為資料（如購買型態、行為模式等），以及模型資料（如預測購買行為的模式）。

3. **初步分析**：資料庫系統是由資料長年累積所構成，必須將資料轉變成有用的資訊才有意義，累積一定程度的顧客知識便成為重要的經營智慧。

4. **定義市場**：資料庫模型有助於企業尋找現有的、潛在的顧客市場機會，利用分析模型找出最有價值的顧客，然後再判斷是否要調整、加碼、減少、或取消顧客群的行銷活動。

5. **發展行銷計畫**：發展行銷計畫最佳的來源是參考過去的範例。不論是成功或失敗的經驗，或其他企業的經驗，都能提供有價值的線索來源。

6. **追蹤結果及研判趨勢**：資料庫行銷最大的優勢在於創造回饋迴路（Feedback Loop），使各種行銷資料經由電腦系統分析後得到正確、準確、可靠的結果，並進一步提供決策者的參考，以調整先前的策略或計畫，使回饋的資訊能幫助企業擬定決策。另一項優勢是可藉由歷史交易資料找出最有價值的顧客，甚至找出最佳及有效銷售型態，與有效追蹤進行中的行銷案件。

11-5 資料庫行銷策略的範圍

資料庫行銷的應用可以由「行銷基礎作業」與「行銷管理決策」兩個方面來討論。

1. 從行銷基礎作業的觀點探討資料庫行銷主要應用在五個方面：
   (1) 分析顧客資料以決定相關的銷售活動以及企劃案，不同類型的顧客，對於產品或服務可能有不同的需求。
   (2) 對銷售成效加以評估及跟蹤，以衡量各個廣告媒體活動或方案所產生的銷售效果是否符合事前的預期。
   (3) 提供銷售支援及顧客服務的作業。
   (4) 運用資料庫分析建立與顧客之間關係的方案。
   (5) 提出貼心、感性、感動的顧客服務。
2. 從行銷管理決策的觀點，資料庫行銷包括應用資料庫來支援行銷組合的各項決策，例如消費趨勢分析、價格敏感度分析、各媒體管道推廣成效分析、各行銷通路成效分析、市場區隔及目標顧客之界定及類型等，表 11-2 整理一般資料庫輔助行銷決策的項目。

在行銷領域上資料庫應用通常可區分在行銷組合（4P）、市場調查、銷售動態、顧客服務、顧客關係等部份，其中 4P 針對產品、價格、推廣、通路的狀況加以擬定決策，例如 (1) 透過資料庫分析可以得知在哪一個價格範圍最容易吸引顧客的注意，成交量也較高，(2) 配搭何種方案進行促銷顧客最買單，(3) 在何種通路銷售顧客回應率最高。而企業每天累積相當可觀的交易資料量，應該從中進一步分析、整理、比較、計算、彙總，對於 CRM 的落實與推動都有正面的效益，例如規劃更精緻的顧客服務與支援，可根據顧客貢獻程度發展長期的友善關係，以及維繫良好顧客情誼。

表 11-2 資料庫輔助行銷決策的項目

<table>
<tr><th></th><th>行銷領域</th><th>資料庫輔助行銷決策的項目</th></tr>
<tr><td rowspan="3">行銷組合 4P</td><td>產品 / 服務
（Product/Service）</td><td>• 利用產品的歷史資料進行趨勢分析。
• 藉由產品與產品線分析銷售範圍。</td></tr>
<tr><td>價格
（Price）</td><td>• 利用價格誘因或刺激帶來獲利顧客的分析。
• 產品對應價格區間的購買量測試。</td></tr>
<tr><td>推廣
（Promotion）</td><td>• 透過活動執行以獲取顧客消費資料。
• 跟蹤及了解各推廣活動的銷售成效。</td></tr>
</table>

	行銷領域	資料庫輔助行銷決策的項目
	通路 （Place）	• 分析各媒體管道促銷成效。 • 顧客喜歡經由何種通路購買產品。
市場調查	行銷研究 （Marketing Research）	• 根據調查研究資料與歷史購物資料，能做到較深度與多維度分析，提供有價值的策略分析數據。使資料庫 的運用在行銷領域研究提供快速精準的分析結果。 • 藉由內部、外部資料庫的來源進行市場調查。
銷售動態	銷售（Sale）分析	• 運用顧客資料庫做特定的促銷活動。 • 分析銷售人員及銷售活動的成效。 • 透過網路蒐集顧客與競爭者的銷售資訊。
顧客服務	顧客服務與支援 （Customer Service and Support）	• 增加顧客滿意度與降低顧客抱怨，目標在於建立忠誠度。 • 訂單處理程序電腦化、網路化、行動化、無紙化、隨時隨地方便化。
顧客關係	發展顧客關係 （Develop Customer Relationship）	• 顧客貢獻度分析。 • 量化獲利數據，並分析各市場區隔以掌握成長的區域， 並鎖定、追蹤成效。 • 建立友善、長期顧客關係，並能反應在財務績效上。
	維繫顧客關係 （Customer Retention Relationship）	• 友誼、夥伴關係的溝通。 • 發自感性對顧客的關懷，如生日賀卡、三節問候、老朋友回購活動。 • 與顧客溝通互動流程網路化、行動化，透過電子商務、網路行銷增加銷售的管道與機會。

此外，Cooke（1994）提出資料庫行銷兩種不同的觀點，分別為「戰術應用方式」及「策略應用方式」，分別以下說明：

1. 資料庫行銷的戰術應用上，從區隔目標市場，進行交叉銷售與新產品的接受度測試，進而提供適當的促銷方案與活動，作為銷售推廣之依據。由於是從企業提供的產品或服務來考量，所以對於本身組織結構不會有大幅度的變動，在戰術應用方式，強調從資源投入中獲取最大的利潤；另一方面，若原先的市場區隔中不再找到有效的產品推廣利基時，將會再尋找其他市場切入。
2. 資料庫行銷的策略應用方面，主要為客製化的實施，將焦點放在顧客身上，並將資料庫分析結果融入到企業策略。由於資訊科技的進步及顧客異質性的增加，以顧客為焦點的策略將是必然的趨勢，尤其是滿足顧客的特定需求、與顧客建立長期合作關係；另外在實施上應結合研發製造技術及顧客的實際需求，使產品及服務更貼近顧客的要求及期待。資料庫行銷的策略應用強調顧客關係的維繫，著重於顧客荷包佔有率的提升，而非僅有市場佔有率的增加。

此外，從關係行銷的觀點來看資料庫行銷，顧客關係注重信賴（Credibility）、可靠（Reliability）、信任（Trust），若顧客對企業形象、品牌或產品，產生忠誠依賴時，便代表關係是穩定持續中，例如燦坤 3C 的 CRM 系統可以透過資料庫做各種會員交易資料的分析，透過百萬會員的產品交易紀錄，很容易設計各類的推廣活動項目，例如母親節推吸塵器配搭按摩棒、父親節推刮鬍刀配搭 3C 小家電、情人節推出成對的可愛版智慧型手機等方案，都是資料庫行銷很好的案例。

11-6 電子郵件的資料庫行銷

目前收發電子郵件是上網使用電腦的主要工具之一，過去傳統的型錄郵寄方式，往往需要花費龐大預算、時間與人力成本，但是透過電子郵件，可以輕鬆發送電子型錄（EDM），利用容易簡單發信的軟體工具，便可進行電子信箱的資料庫行銷，為一般企業與個人工作室快速達成廣告宣傳的目標。電子郵件資料庫行銷須具有下列幾項條件：

1. **建立完整顧客資料庫**：企業利用現有顧客名冊、名片與資料庫，並透過網際網路，將顧客詳細資料予以建檔，利用無線網路、網際網路運用電子郵件進行資料庫行銷，以建立快速且有效率的互動聯繫管道。
2. **選擇適當目標族群**：進行資料庫行銷時，可先用顧客各種屬性做分類，例如貼標籤及分群。正確精準的顧客區隔，可提高使用電子郵件行銷的成功機率。例如壽星依照月份分類，生日前夕可以寄發電子賀卡以及優惠券，一來顧客感覺溫馨受到關懷，二來引發回流購買的機會並創造營業額，因此互動行為的進行有助於顧客與企業的關係維持。此外某款產品有改款更新，企業可以通知舊款顧客回流或舉辦新產品上市的試用試乘活動，拉攏顧客的心。
3. **設定可達成行銷目標**：企業擁有完整顧客資料庫時，就應擬訂對應的行銷企劃，設定可達成的行銷目標，針對增加營業額、銷售量、顧客量，或是降低顧客抱怨、提升顧客滿意度，都必須事先規劃，目標引導後續行動的藍圖，因此目標應該要符合可達成、可衡量，合理，於期限內可完成，明確可實施的原則。
4. **擬定電子郵件行銷的程序與計畫**：規劃電子郵件行銷的程序與計畫，必須以行銷目標為主軸，以顧客區隔為基礎，例如郵購公司利用電子郵件發送公司最新一期的產品目錄，將優惠活動、特價資訊、市場情報給收件顧客，依不同顧客進行文件內容設計，以利達到最佳效果。

5. **撰寫適當的電子郵件內容**：電子郵件行銷的缺點，就是非常容易被誤認為是垃圾郵件；對於真正有需求顧客而言，精準的電子郵件行銷能夠得到注意，甚至進一步達成購買效益，但對大多數收件者而言，有相當程度比例會認為電子型錄是廣告垃圾信件，因此郵件內容應該如何設計就成為關鍵，國內超商龍頭 7-11 旗下的網路商店 7net 與在 7-Eleven 門市的架上產品，在該網站上一樣容易採購，透過電子郵件通知會員提供更多優惠及組合配搭。

6. **提供線上訂閱與取消訂閱的機制**：公司線上網頁必須有允許顧客自行決定是否要接收行銷活動通知的功能選項，讓顧客自行決定是否要訂閱電子報或取消，才是合乎尊重消費者意願與是否選擇的電子郵件行銷方式。

7. **積極創造回饋與互動的機會**：電子郵件行銷是被動式的，顧客僅是接收到行銷活動的內容，並無法給予意見除非願意主動回覆，因此，良好電子郵件行銷的設計，應該能夠與顧客互動，使電子郵件行銷溝通更有效率。例如有會員的制度，先蒐集會員基本資料以及購買商品資料，當有新貨到上架優先通知老顧客嚐鮮，經由每一小段時間的活動安排，讓線上消費的顧客永遠與公司保持一定的溫度及好奇心。

8. **建立信賴感與忠誠度**：許多電子郵件行銷讓顧客感覺厭煩，主要原因是企業都是從銷售產品的角度發信，倘若角度反轉先問候顧客，根據過去的資料顯示提供給他有需求興趣的產品，就不致於立即扔到垃圾桶中。透過電子郵件行銷使顧客先建立好感再建立信賴及忠誠度，是進行電子郵件行銷考量的重要點。例如博客來、Amazon 亞馬遜的電子郵件行銷，根據過去消費紀錄常給予新的活動訊息告知與喜愛產品的訊息，以致長期下來使顧客產生信賴感與培養出忠誠度。

9. **創造附加價值**：電子郵件行銷，不單是一種手段和方法，更重要是思考如何創造附加價值，讓顧客能夠感受到便利、節省時間、快速滿足需求等價值，另外透過額外產品折扣或延長保固期限等，都是創造附加價值的方法，例如 PChome 會推薦顧客購買產品相關商品，優惠推廣，如買 NB 推薦外接充電器以及 NB 其他配件，提供相關產品的需求給顧客選擇。

利用電子郵件行銷也是有負面的缺點，過多或密集的廣告郵件可能會導致消費者反感或不悅，因此要適當進行電子郵件行銷活動；最重要的是，必須要在郵件中主動告知消費者如何取消訂閱的方法，爭取顧客信賴與好感以及避免將用心設計的廣告信件，變成垃圾桶中的郵件，若公司寄發給顧客郵件，能有偵測是否正確接收與開啟閱讀的功能更為重要，可以作為顧客對那些議題較有興趣的判斷。

11-7 資料庫行銷失敗原因

在現實的經營環境中，資料庫行銷失敗的案例很常見，資料庫行銷若能謹慎構思與執行得當，可替企業提升形象、建立顧客忠誠度、增加重複購買率、降低門市開銷成本、提高交叉銷售以及向上銷售的機會。但若是設計不當、粗糙內容、做法錯誤，不但不能引起顧客的興趣與進一步參與活動，還可能會產生極大的負面效果，引發顧客不滿及抱怨，甚至造成顧客流失。通常資料庫行銷的錯誤可歸類出九個原因：

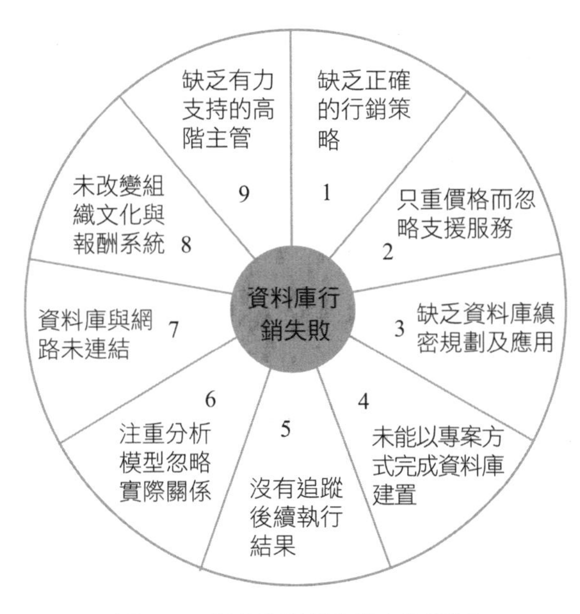

圖 11-3 資料庫行銷失敗九項原因

1. **缺乏正確的行銷策略**：蒐集到的顧客資料該如何正確使用？如何能夠適時的提供正確的產品或服務給需要的顧客？如何擬訂正確的行銷策略？必須透過確實可行的行銷策略達成，包括產品、定價、促銷、通路等構面的分析，如果缺乏正確的行銷策略，無法明確定位產品及服務，找出適合的市場區隔，很容易導致投入行銷資源卻無法達到預期效益。亦是避免資料庫行銷失敗的步一步。

2. **只重價格而忽略支援服務**：企業若僅以低價吸引顧客群，尚不足以長期經營業務，還必須配搭支援售後服務或支援維護等，協助顧客永續服務為最終目標，方能讓公司經營長久維持，現今的一對一行銷與關係行銷，更著重在長期關係以建立顧客忠誠度。例如 Asus 筆電與相關產品，華碩公司與聯強通路合作，有任何硬體問題都能在最短時間內到府取貨、原廠送修、送回顧客，使產品及服務的品質都能做到令人滿意的水準，有堅強的支援服務做後盾，才有永續經營的能力。

3. **缺乏資料庫縝密規劃及應用**：當蒐集到顧客名單後，立即寄出商品型錄給顧客，未必能獲得正面回應，除非顧客有產品或服務的需求，應先考量顧客的狀況，透過資料庫分析顧客所屬的市場區隔、交易歷程、消費偏好以及需求狀況等細節。加以判斷後再採取行動成效應該會更好，若無交易資料，可以先辦理認識產品的活動，邀請潛在顧客參加，判斷需求的強度再予以推薦，顧客接受度將大幅提升，避免強迫式推銷，造成不會再回購的負面結果。

4. **未能以專案方式完成資料庫建置**：建置顧客資料庫的時間以一年以內為適合的期限。若建置拖得過久，可能會隨資料庫科技與技術進步、市場競爭的急迫性、人力與資金的消耗、競爭者取代等因素而失敗。

5. **沒有跟蹤後續執行結果**：許多行銷人員忽略追蹤後續執行的反應，導致於採用資料庫行銷後無法正確得知成效，也是造成容易失敗的原因之一。

6. **注重分析模型忽略實際關係**：行銷人員利用顧客資料庫依統計變數分類、分析，並且建立預測模型，卻忽略與顧客友善關係的建立才是最終目標，而不是單從靜態資料中建立未來互動模式，還須透過人員長期接觸及關懷方能建立信任關係。

7. **資料庫與網路未即時連結**：一般資料庫的建立與儲存在單一電腦主機上，但隨著網際網路的發展，部門之間顧客資料的傳遞與使用要求越來越快，特別是前端的銷售與後端的顧客服務與支援都應整合起來，避免要顧客重新填寫資料，尤其在銷售自動化的過程更是不可或缺，因此，顧客資料庫若未能即時整合網路環境下使用，也是造成失敗主因之一。

8. **未改變組織文化與獎勵系統**：在邁向以顧客為導向的企業變革過程中，以顧客為核心的文化要明確樹立，如何調整組織內部的結構，並且以獎勵方式來激勵員工提升顧客關係管理效益，通常是企業最容易忽略的重點。或是在資料庫行銷過程中發現問題點，並能反應積極尋求解決之道的組織文化。

9. **缺乏有力支持的高階主管**：企業最常見的失敗因素，就是因為高階主管的支持度不足或者方向錯誤，影響到資料庫行銷的策略執行及是否貫徹，因此，高階主管應全力支持資料庫行銷的推動，成立督導委員會定期召開檢討會議，檢視科技使用成效及面臨各種問題及瓶頸的協助與解決，高階主管的全力支持是導入一個科技成功要件之一。

課後個案　天明製藥

天明製藥善用科技力量，推動會員變成忠實顧客

個案學習重點

1. 天明製藥如何將會員變成持續回流消費的回頭客。
2. 觀光藥廠如何達到精準行銷的目標及提供貼心的客戶服務。
3. 認識天明製藥的數位營運金三角。
4. 妥善運用顧客資料與進階分析為天明製藥帶來巨大的效益。
5. Vital CRM 與 FB 社群媒體平台串接掌握全通路的每一筆商機。

沿著高速公路南下來到台灣最南端的屏東，這裡不只可以玩沙、踏浪、吃美食，還能 DIY 做中藥泡澡包或防蚊液，因為全台最大的科學中藥博覽館-天明製藥農科觀光藥廠，就座落在屏東的農業生物科技園區內，每天為上百位遊客介紹中醫藥的原理與製作流程，而將觀光藥廠結合中醫藥推廣教育的關鍵人物，就是天明製藥董事長王伯綸。

從製造、流程到銷售 打造數位營運金三角

王伯綸由中醫診所起家，有感於中醫藥品質的不穩定，因而決定積極投入改善，於 1968 年成立天明製藥集團、投入中醫藥的研發製造，如今全台共有近 5 千家中醫診所與藥局使用天明製藥的產品，包括金門一條根、阿桐柏膀胱丸、許榮助保肝丸等台灣人熟知的中藥成藥，都是由天明製藥代工生產。

在 B2B 代工業務不斷成長的過程中，王伯綸也觀察到，多角化經營對推動企業成長的重要性。正如同中醫藥的「中」字意指中庸之道，藉由體內各器官的調和，讓身體處於最佳平衡的狀態，才能保持身體健康狀態，這個精神也落實在天明製藥的公司治理與運營上。

天明製藥以自有產品科學中藥及知名品牌中成藥代工製造，除了著重在此，同時也從各個不同角度去推動企業成長，因此，在經營 B2B 專業代工業務之餘，天明製藥也耕耘 B2C 市場、成立天明製藥農科觀光藥廠推廣中醫藥教育、結合西醫原理發展免疫細胞療法等，希望中醫藥能發揮更大的力量，幫助更多民眾擁有健康的身體。

而在多角化經營的過程中，數位工具就成為天明製藥提昇經營效率的關鍵，「天明製藥以數位工具為基礎，拚出從生產、流程管理、到銷售的數位營運金三角」王伯綸說。

在製造端，天明製藥早在 10 年前就導入生產管理系統，近年來因應智慧製造浪潮，也正研發如何引進人工智慧(AI)、物聯網(IoT)等技術，提高生產管理效率和產品品質；在流程管理端，藉由系統打造自動化流程，讓業務在外就能完成內部各項作業，提高工作效率，爭取更多拜訪客戶的時間；至於銷售端，則導入叡揚資訊 Vital CRM 客戶關係管理系統，深化與觀光藥廠參訪民眾的互動，讓顧客變成回頭客。

傳統人工作業 行銷困難重重

「觀光藥廠是天明製藥經營 C 端市場很重要的通路」王伯綸指出，民眾可以在觀光藥廠學習中醫藥知識、看到中醫藥製造流程、體驗及購買產品後，天明製藥再藉由會員經營、社群行銷、電商銷售等方式，在參訪民眾返家後持續互動，進而吸引參訪民眾成為忠實顧客，而這個目標在導入 Vital CRM 後變得更容易實現。

「早期我們是請民眾填寫紙本會員資料表，再由同仁手動輸入至系統中」天明製藥農科觀光藥廠館長馮暄茵指出，由於每天來參訪的民眾相當多，一天至少要輸入 200-300 筆資料，也因為資料量太大，使得同仁沒有時間反覆檢查資料有沒有錯誤。

除了資料錯誤風險外，人工作業還存在著兩個問題，其一是可能會錯失商機，其二為很難再行銷。馮暄茵說明，有些時候客戶想再回購之前在觀光藥廠購買的某項商品，但當客戶打電話來詢問時，同仁卻無法在系統裡找到客戶的購買資料，因為同仁還來不及建檔，此時若客戶無法講出完整產品名稱，很可能就錯失了商機。

此外，當行銷同仁想要針對會員進行再行銷時，必須先從系統撈出會員資料並轉成 EXCEL 表格，然後根據再行銷的目標客戶條件，如：年齡 50 歲以上、住在南部縣市等，一筆筆去篩選出符合條件的客戶，光是篩選作業可能就要花上半天到一天的時間，這也讓再行銷變得相當沒有效率。

以 Vital CRM 發展 2 大行銷應用

而 Vital CRM 裡的會員搜集器和標籤功能，恰巧解決了天明製藥在會員經營上的種種難題。藉由 Vital CRM 的會員搜集器，參訪民眾在加入天明製藥的 Line 成為好友的同時，也一併填寫完會員資料，這不只省下天明製藥員工手動輸入的作業時間，行銷人員還可以藉由 Vital CRM 的標籤功能，落實精準行銷的目標，及提供更貼心的客戶服務。

應用 1》落實精準行銷、提高溝通成效

馮暄茵認為，Vital CRM 的標籤功能，大幅簡化分類、及篩選客戶的作業，行銷人員只要移動滑鼠，幾分鐘就能篩選出不同條件的會員，也因此，在行銷上可以真正做到精準行銷、根據客戶需求提供相應的產品和訊息，成交率也因此提高很多。

現在，天明製藥行銷人員想要發佈訊息或推薦商品時，都會依年齡、居住地區、購買商品類別等條件，事先篩選出適合的客戶，再做行銷溝通，例如推出龜鹿二仙膠優惠組合時，因為大多是長輩在購買，所以就會針對 45 歲以上會員，用 Line 、電話或簡訊做溝通。又如 2020 年 5 月疫情緊張期間，就針對台南、高雄與屏東地區居民發送 Line 訊息與電話簡訊，告知觀光藥廠有免費提供次氯酸水。

應用 2》提供貼心服務、提昇黏著度

在精準行銷外，Vital CRM 還協助天明製藥提高客戶服務的貼心指數，增加客戶對品牌的認同與黏著度。舉例來說，在會員生日當月提供優惠代碼，吸引顧客上電商網站購買。又如，找出近一個月曾經來過觀光藥廠的消費者進行客戶關懷，「以前很多客戶買了產品後，回家就忘了使用，常常放到過期」馮暄茵說，現在行銷人員可以主動關懷，提醒客戶記得使用，或是瞭解客戶使用感受，藉此讓客戶感受到天明製藥的用心，進而更能夠認同品牌，更願意持續購物。

「如何讓客戶持續地消費，是企業經營終端市場最重要的課題，而 Vital CRM 則是天明製藥在此課題上找到的最有利工具」王伯綸說，未來天明製藥除了擴大 Vital CRM 應用範圍，更計劃增加 FB 串接服務，與經由網路搜尋而注意到天明製藥的客戶，做更進一步的互動，把握從實體到線上全通路串連的每一筆商機。

- 資料來源：
  1. https://bit.ly/3Ke8wr3
  2. http://timing-pharmacy.com/

個案問題討論

1. 請學員先上天明製藥公司的網站了解該公司提供的產品與服務。
2. 請討論觀光藥廠必須要蒐集哪些顧客資料才可以做到精準回購的目標？
3. 請探討天明製藥網站上眾多產品如何透過 Vital CRM 與目標客群進行產品搭配銷售？
4. 請說明天明製藥除 Vital CRM 應用功能外，更增加 FB 串接服務其目的何在？有何效益？
5. 請討論天明製藥如何做到主動關懷，提醒客戶記得使用與了解客戶體驗感受？

本章回顧

今天在資訊爆炸的時代下，每天都有海量的交易資料產生，但是資料背後代表的意義及潛在機會，很值得進一步分析與解讀，經由資料探勘技術可以找出銷售與顧客彼此之間的關係，進而幫助經理人擬定出適當的顧客關係管理決策。企業在求新求變下，為讓行銷人員能更有效率地掌握顧客的需求，迅速且準確地知道顧客行為偏好提供何種產品或服務顧客才會買單。運用顧客資料庫得當，除了帶來大量的業績外，還會提高顧客忠誠度，因為顧客會覺得無須在挑選產品上浪費時間，而公司又能對產品滿意甚至轉變成忠誠顧客。

本章節將介紹資料庫行銷與應用，主要提供學習者了解：

1. **為何要運用資料庫？**資料庫的可以協助，行銷人員能夠更準確的掌握每個顧客的偏好以及與公司互動的所有歷程，包含購買的商品、時間、頻率、數量、價錢、業務人員等資料。
2. **電子郵件行銷的益處**：現今社會網路發達，無論是平板或智慧型手機，皆有3G 上網與 WIFI 功能，收發電子郵件變得愈來愈普遍，便利性也愈來愈高，所以電子郵件的行銷可以輕鬆達成。
3. **採用資料庫行銷一定會成功？**大多數的人認為只要擁有資料庫行銷，企業便有成功的勝算，但事實上並非如此，企業若執行得當，必將是利器；反之亦然，其中所牽涉的層面還包括遵守個資法條款、消費者個人隱私及公司員工的操守及道德等議題。

試題演練

1. (　　) 企業可以針對顧客目前所購買的產品項目，推銷其更高階或等級更高的商品，此種方式稱為？

   (1)交叉銷售（Cross-selling）

   (2)向上銷售（Up-selling）

   (3)資料庫行銷(Database marketing)

   (4)混和銷售(Mixed-selling)

2. (　　) Cooke 提出資料庫行銷兩種不同的觀點，分別為「戰術應用方式」及「策略應用方式」，下列何者是資料庫行銷的戰術應用？

(1)客製化的實施，將焦點放在顧客身上

(2)將資料庫分析結果融入到企業策略中

(3)區隔目標顧客，進行交叉銷售與新產品的接受度測試

(4)結合研發製造技術及顧客的需求，使產品及服務更貼近顧客的要求及期待

3. (　　) 資料庫行銷若能謹慎構思與執行得當，可替企業提升形象、顧客忠誠度、重複購買率、降低門市開銷成本、提高交叉銷售以及向上銷售的機會，下列何者不是資料庫行銷失敗的原因？

(1)缺乏正確的行銷策略

(2)只重價格而忽略支援服務

(3)未能以專案方式完成資料庫建置

(4)跟蹤後續執行結果

4. (　　) Kotler（2000）認為，資料庫行銷的功能具有下列哪四項功能？【複選題】

(1)確認潛在顧客　(2)提高顧客滿意度

(3)加強顧客忠誠度　(4)容易進行內外部的溝通

(5)提高顧客的再購率　(6)決定哪些顧客以銷售特定的商品

5. (　　) Denise 等人提出了發展資料庫行銷計畫的步驟，以下哪些執行步驟是正確的？【複選題】

(1)進行企業環境分析

(2)蒐集內部資料與外部資料

(3)初步資料分析轉成資訊

(4)定義市場利用分析模型找出最有價值的顧客

(5)發展行銷計畫

(6)預測未來及研判趨勢

6. (　　) 在醫美診所工作的小尤，需要發簡訊提醒病人回診時間，還要在一個月後追蹤病人恢復情況，並且提醒自己執行關懷工作，請問可以使用系統的哪項功能？

(1)消費　(2)客戶

(3)聯繫腳本　(4)行銷郵件

7. (　　) Kenny 是一位業務，他不希望自己的客戶資料被其他業務看到，請問他該如何設定權限？

(1)管理 → 帳號→ 角色權限設定 (2)個人專區 →修改→ 誰能存取權限
(3)管理 → 帳號→群組 (4)管理 → 帳號→網站會員

8. (　　) 正正終於簽下了人生第一份客戶合約，他希望在合約到期的前一週提醒自己，他該怎麼設定比較合適？

(1)新增週期性工作 (2)新增週期性行事曆
(3)新增重要日及工作提醒 (4)設定聯繫腳本

9. (　　) 琳琳是一位客服人員，他要發送關懷簡訊給客戶，希望系統能夠過濾重複的手機號碼以避免重複發送，請問他該如何處理？

(1)將客戶資料匯出 Excel 檔案，依照手機號碼排序，將相同手機號碼排除後，設定標籤，重新匯入，依照該標籤進行發送簡訊
(2)發送簡訊設定雙向簡訊，系統可以進行檢查
(3)發送簡訊勾選「過濾掉相同手機號碼的客戶」
(4)系統進階搜尋，以電話號碼收尋後，將該些號碼貼上另一個標籤，發送簡訊時排除該標籤

10. (　　) 最近公司引進一批產品，小異想要使用系統製作產品型錄給有興趣的客戶，下列操作何者正確？

(1)行銷郵件 → 新增 → 產品照片（JPG）Ctrl+V 貼上
(2)行銷郵件 → 新增 → 我的圖庫 → 上傳檔案 → 點選圖片
(3)行銷郵件 → 線上範本 → 於表格中插入我的圖庫圖片
(4)行銷郵件 → 新增 → 插入圖片

11. (　　) 尹媽媽是一位美甲師，如果她想要在客人完成美甲時之後立刻收到一封感謝簡訊，7 天後又收到一封關懷郵件，請問她該如何設定聯繫腳本？【複選題】

(1)加入郵件 → 發送時間：立即發送
(2)加入工作 → 執行方式：數日後，設定腳本啟用後 7 天
(3)加入郵件 → 發送時間：數日後，設定腳本啟用後 7 天
(4)加入簡訊 → 發送時間：立即發送
(5)聯繫腳本設定好，成交客戶會自動套腳本
(6)聯繫腳本設定好，於每次成交客戶要手動套用腳本

建立顧客資料倉儲與資料探勘

12

課前個案 悅庭牙醫診所

深化客戶關係讓小診所一年擁有上千位高忠誠患者

個案學習重點

1. 瞭解悅庭牙醫診所如何運用 e 化標準作業流程，建立專業形象。
2. 瞭解悅庭牙醫診所建立完整資料庫的重要性，能夠強化醫患關係。
3. 學習運用客製化 EDM 保健知識，受到客戶的肯定與喜愛。
4. 學習運用 Vital CRM 做到查詢方便，簡單快速病歷紀錄流程，加速服務處理。
5. 學習運用 Vital CRM 人脈網絡關係分析，透過熟客引薦新客源，讓服務顧客人數節節攀升。

認識悅庭牙醫診所

悅庭是一間數位牙科診所，秉持著給予高品質的醫療，並擁有一群熱情且專業的團隊夥伴，以及亞洲最具規模的數位牙科教育中心。服務項目有高科技數位牙科服務、完善治療計畫、團隊式醫療照護、安心看診、疼痛控制。落實 JCI（Joint Commission International）精神，企業文化以「**病患安全**」為核心：建立臨床品質及管理品質指標，每月公布結果並進行追蹤及改善。以「人」為本的思考：內部動線及設計須能照顧老、弱、婦、孺之安全。充分的「**職員專業訓練**」：全體人員皆需於期限內完成必備專業訓練，並考取診所指定證照或獲得學分；避免工作傷害，無論是對自己或是病人。有效率的「**內部運作**」：

診所致力於簡化病歷相關行政流程，除必要紙本記錄外，盡力發展電子化系統以精簡流程、提昇效率並降低錯誤率。

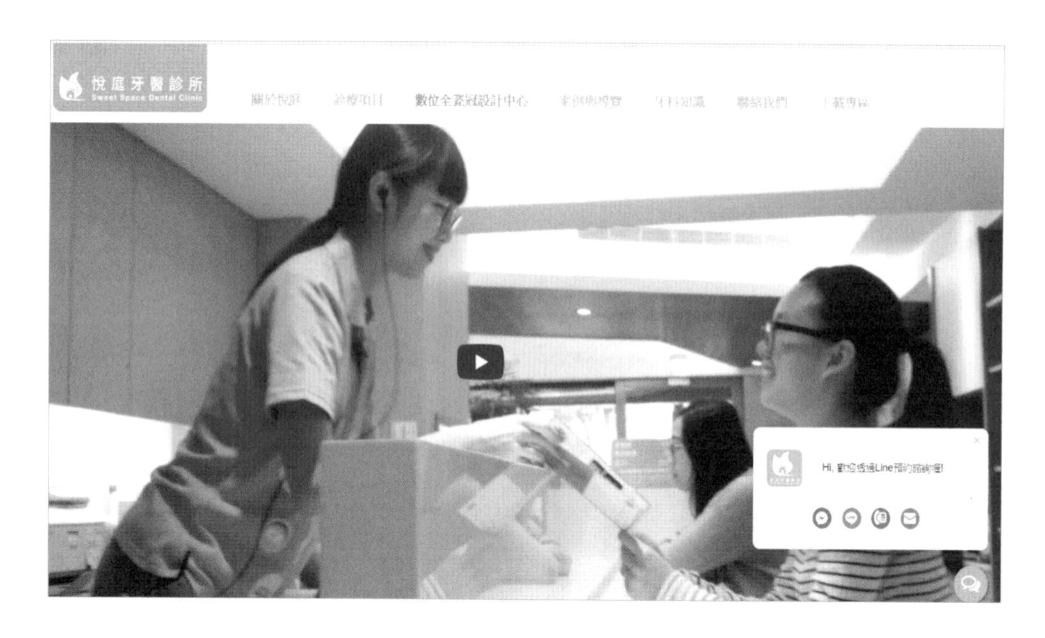

悅庭牙醫導入 Vital CRM

「悅庭牙醫」以深化與患者間的關係作為市場區隔，希望帶給患者醫療以外的感動貼心服務，而 Vital CRM 猶如悅庭牙醫的心臟，串聯了診所內外所有的瑣碎細微環節。讓悅庭牙醫在開幕第一年就擁有 2,500 位高忠誠患者。「除了醫療差異化，我們更以患者為重！以服務差異化讓每位患者都享有 VIP 待遇，這也是 Vital CRM 對我們的最大價值！」柔君露出滿意的笑容說。

悅庭牙醫以深化與患者間的關係作為市場區隔，透過 Vital CRM 的「客戶聚落分析」了解客群屬性、客戶滿意度與推廣活動的效益，適時調整客戶服務品質及行銷推廣方向，而定期利用 Vital CRM「行銷郵件」寄發有趣、健康的會員電子報，更是主動加深與患者關係的行銷方法。

「以患者為重！」當全台牙醫診所數量近達 7-11 的 1.5 倍時，悅庭牙醫以客戶（患者）關係管理的服務差異化，提升客戶滿意度及口碑行銷，在開幕第一年就擁有 2,500 位高忠誠患者。

叡揚 Vital CRM 愛客戶操作簡單好實惠

在台灣牙醫診所競爭如此激烈的市場，曹院長體會到除了給予完整的醫療環境外，更要重視與患者間的關係維繫，以認同和服務打破就醫習慣。因此曾花了八個月導入市面上客製化的 CRM 軟體，但礙於操作的複雜性與售後服務的不完善，無法將病患關係管理發揮到最大化，「接觸了叡揚 Vital CRM 愛客戶這套 CRM 系統後，不但發現操作猶如臉書一樣好上手，又能做到有別於其他診所的主動行銷！」營運長葉柔君讚賞地說。

客製化 EDM 好貼心轉介率大增

不同坊間一般診所只簡單紀錄患者每次的就醫情況，悅庭牙醫從每位患者第一次踏入診所開始就用 Vital CRM 記錄患者的一切，「我們不只簡單記錄就診資訊，也詳記、分類每位病患喜好、特殊需求，與患者間不只多了話題，更拉近了距離。」透過與患者互動強化醫病關係，讓悅庭牙醫的客源有 80% 是轉介紹而來，除了透過 Vital CRM「人脈圖」得知每位患者間的關係之外，也利用「標籤」功能作為客戶轉介的分析依據、了解診所的核心族群，當診所有任何最新消息時，這群核心族群便是首要寄發對象，而每個節日的關懷賀卡更是個人化設置，傳達悅庭的關心與貼心。

Vital CRM 愛客戶好查詢樹立高專業度

營業中不斷地依稀聽見櫃台人員接起電話後，就能說出患者最近的就診情形與特殊狀況，翻轉了以往每次電話諮詢還沒等櫃台翻出就診單就想掛電話的刻板印象，「簡化服務流程，除了讓病患在第一時間得到安心，也能縮短內部溝通的時間。」櫃台人員接到病患的來電後，在電腦上透過 Vital CRM 搜尋患者姓名，就能快速查看其所有就診歷程，在第一時間給予適當建議或轉給相關醫師處理。「在搜尋時，只要輸入姓名，系統還會自動帶出病患的居住區域，讓我們能更精準搜尋不出錯！」Vital CRM 如同悅庭牙醫的心臟，串聯了診所內外所有的瑣碎細微環節。

悅庭牙醫並非有車水馬龍的病患，卻擁有源源不絕的高忠誠患者。「除了醫療差異化，我們更以患者為重！以服務差異化讓每位患者都享有 VIP 待遇，這也是 Vital CRM 對我們的最大價值！」柔君露出滿意的笑容說。

Step1. 讓客戶說：您好神！

平價 CTI 電話客服中心，透過 Vldegree 建立電話客服中心，讓您的客戶一打來就能馬上看到客戶的基本資料、消費歷程；用最平實的價格讓客戶享有大企業等級的客服中心服務。當接起客戶電話前，您已經掌握客戶過往的消費歷程、購物習慣與您細心整理的客戶資訊，甚至是任何關於客戶的工作記事，您的客戶將會對您的服務倍感貼心。

Step2. 貼上標籤，快速找出目標客戶

建立各種標籤與標籤群組，您可以為客戶們貼上代表客戶特性的各種標籤。妥善的利用標籤，您可以在往後不需要鍵入關鍵字，即可立即透過輕鬆的點選找到符合某些您組織中定義好的客戶關鍵標籤。

Step3. 人脈關係圖，一目了然

將客戶的關係與資料建置進入系統中，透過一目了然的關係圖，讓客戶的朋友也變成客戶，趕快去發掘出您客戶中的影響力中心，把時間用在對的人身上，您的生意就會源源不絕的找上門。

Step4. 自行打造您專屬的客戶資料庫

透過彈性的客戶欄位設定，您可以根據你的需求，設定適合您生意的客戶欄位資訊，讓客戶的資料可以真正完整的紀錄到 Vldegree 當中。一旦擁有統一、一致的關鍵客戶資訊，不管分店、或其他合作同仁都能一至掌握客戶的重點資訊！

■ 資料來源：

https://www.gsscloud.com/tw/user-story/124-search-result/466-vital-crm-kpn

個案問題討論

1. 請上網搜尋悅庭牙醫診所的相關資料，以了解該診所提供的醫療服務，以及網站案例、導覽、牙科知識、…等資訊。
2. 請討論如何在有限人力成本下，透過資訊科技達到有效管理、營運、及最佳病患服務？
3. 請討論悅庭牙醫如何開拓源源不絕的顧客人數？
4. 請討論悅庭牙醫如何做到服務差異化，讓每位患者都享有 VIP 待遇？
5. 請討論 Vital CRM 如何使悅庭牙醫串聯診所內外所有的瑣碎細微環節？

12-1 資料倉儲的定義與運作

資料倉儲（Data Warehouse）是一種資料儲存的方法、理論及技術，企業每天產出眾多的資料就 CRM 領域，運用在 IT 技術可預測及解釋消費者行為模式，讓交易資料有利於後續分析處理，以產生有價值的資訊，並依此作為決策的參考依據。利用資料倉儲方式所存放的資料，具有存入便不隨時間而更動的特性，同時存入的資料必定包含時間屬性，通常一個資料倉儲含有大量的歷史性資料，並利用特定分析方式，自其中發掘出具有參考價值的重要資訊，例如挑選出最具潛力或價值最高的顧客。

資料倉儲主要功能是將組織透過資訊系統之線上交易處理（On-Line Transaction Processing, OLTP）如每天交易、顧客訂單、公司業務、會計財務、產品出貨、採購等資料經年累月所累積的大量資料，透過資料倉儲的資料儲存架構，進行有系統的分析整理，以利進一步透過各種分析方法，如線上分析處理（OLAP）、資料探勘（Data Mining）技術，以支援如決策支援系統（DSS）、策略資訊系統（SIS）、行銷資訊系統（MIS）、主管資訊系統（EIS），幫助決策者能在快速有效的從巨量資料中，找出最有價值的資訊，以利主管決策參考及快速回應外在環境的變動，甚至幫助企業建構商業智慧（BI）。

資料倉儲的運作是利用網路、介面程式及分析工具將不同來源、不同資料結構的資料，經過萃取（Extraction）、合併（Consolidation）、過濾（Filtering）、淨化（Cleansing）、轉換（Conversion）及統合（Aggregation）等技術，並將資料儲存在一個儲存器（Repository），提供進一步分析工具進行決策分析。

此外，資料倉儲是將各地方的不同來源、不同型態、不同設備的交易資料、彙總資料、歷史資料，經過整合及過濾程序，排除錯誤或有問題的資料，並透過主題分類、挑選及轉換，至另一資料庫中，提供管理階層可以進行快速複雜查詢及決策參考及分析，因此實務上有相當大的效益。資料倉儲的建置不僅只是資訊技術、分析工具面的運用，在規劃和執行上更需要對產業知識、消費行為、行銷管理、市場定位、策略規劃、顧客關係管理等相關知識及運作有深入的了解，才能真正發揮資料倉儲以及後續分析工具的應用價值，最後方可提升組織決策的競爭力。

12.1.1 資料倉儲與傳統資料庫的比較

一般傳統資料庫系統採取的查詢方式是屬於被動式服務，如關聯式資料庫，而資料倉儲所採取的是主動式服務的查詢，經由資料倉儲系統取得的資訊若來源有變動時，能先處理要求服務的資訊，而傳統資料庫的作法，當下查詢指令時，需要將資料來源內的資料重新處理才能進一步分析的方式不同。表 12-1 為資料倉儲與傳統資料庫的比較分析。

表 12-1 資料倉儲與傳統資料庫比較分析

	資料倉儲（Data Warehouse）	傳統資料庫（Database）
主要功能	可整合內外部資料、不同時間、不同來源的資料	以儲存處理事先規範格式的資料
目的方向	以資料分析及決策擬定為主	以儲存、更新資料為主
資料	大量歷史性資料，長期的正確性	目前，必須保持更新
資料結構	主題導向之星狀 / 雪花	關聯式資料庫
資料模型	多維度資料	正規化資料
資料型式	解析性資料（屬於動態資料）	異動式資料（屬於靜態資料）
資料更新	內容隨資訊增減而產生	內容定期更新才產生
資料重複性	允許	不允許
資料量	龐大（大量歷史資料）	小
服務方式	主動式處理	被動式處理
資料存取	OLAP 與 OLTP	OLTP 為主
資料時間性	跨多年期的歷史資料	存放某一時間點資料

12.1.2　資料倉儲與資料超市

資料超市（Data Mart）是資料倉儲的子集合（Subset），差別在於資料規模與完整性。資料倉儲涵蓋整個企業各種營運系統的資料如行銷、生產、財務、研發、物流…等；而資料超市則只包含某特定範圍或主題的資料，如行銷超市涵蓋與行銷有關的產品、價格、促銷、廣告、銷售、通路、活動、人員等。企業在建立大範圍資料倉儲時，須考慮的是：如何能夠完整而全面地，涵蓋全面營運的資料以及分析的需求；反觀，建立資料超市，只需要蒐集、整理、建構某些主題性的資料（如顧客特徵資料、產品採購資料）等。

當企業規模小或沒有足夠的預算支出，或缺乏技術能力以發展資料倉儲時，就可以先建立主題式的資料超市如行銷、顧客、產品。由於資料超市一樣需要進行資料的萃取、轉換，但因資料數量較少，因此可以在短時間完成；另外，資料超市所涉及的資料不像資料倉儲複雜關聯內容龐大，相對資料超市較單純，可由資訊部門開發，或使用者部門自行管理，且不需投入太多的維護費用。

僅管資料超市的建立較為簡易快速，但並不意謂資料超市的資料量就很少，主要因為聚焦於某些特定業務，所以涉及的資料相對單純。例如，零售業者的顧客交易資料，數量龐大，但因只涉及一主題的資料，因此資料蒐集較為簡單。所以資料超市是為滿足特定營運系統的資訊需求而建立，因此資料超市以營運流程導向為主，目的多為短期性的分析，無法同資料倉儲一樣，兼具有長期性與策略性，以企業總體營運分析為標的。另外資料超市必須搭配特殊應用軟體，才能夠操作使用，總之資料倉儲（Data Warehouse）核心儲存企業整體廣泛的資料，而資料超市（Data Mart）是針對業務單位或需求部門提供分析決策資訊，換言之，資料倉儲是由數個不同主題的資料超市所組成的。

12-2 CRM 建立資料倉儲的目的

12.2.1　建置資料倉儲的考量因素

1. **建置成本**：資料倉儲的建置與維護的成本通常所費不貲，同時必須將舊系統的資料併入，勢必耗費時間以及人力，因此建置資料倉儲時，一定要先進行經費、技術、人力、時間的可行性分析。
2. **建置結構**：資料倉儲最常見的結構有兩種，雙層式與三層式結構。二層結構的設計是一層客戶端，一層伺服器端，終端使用者存取在客戶端執行，而資料來源、資料倉儲和資料市集位於伺服器端。三層結構的設計是將資料倉儲的資料儲存管理，應用處理和客戶端應用分開，以降低工作負荷，使執行效率提升。

3. **資料倉儲放置在企業內部網路**：因資料倉儲的內容可以透過內部網路傳送到企業內部決策者手中，資料倉儲的使用者只需要以網路及瀏覽器即可瀏覽、查詢，以及分析資料並撰寫分析報告。

12-3 資料倉儲的架構及建置

12.3.1 資料倉儲的架構

資料倉儲的架構主要由四大要素組成，圖 12-1 為一典型資料倉儲的架構，其中四項要素之功能如下所述：

1. **資料轉換工具**：將原始資料經由萃取轉換成資料倉儲的格式，並檢查是否有錯誤資料，以確保倉儲系統內資料的正確、完整性。
2. **資料倉儲**：儲存來自各分散之資料來源，包含歷史資料與現在資料、內部資料及外部資料，用以提供決策分析工具。
3. **媒介資料**：儲存倉儲資料的相關資訊，如資料的選用、存放的格式與位置、資料的擁有者使用者、資料可靠度與資料更新頻率等規則定義等。
4. **前端處理工具**：提供圖形使用介面（Graphic User Interface, GUI）以簡易的點按選取方式完成資料查詢與分析的工作，常見的前端使用工具如報表工具、決策支援系統（DSS）、線上分析處理（OLAP）與線上交易處理（OLTP）等。

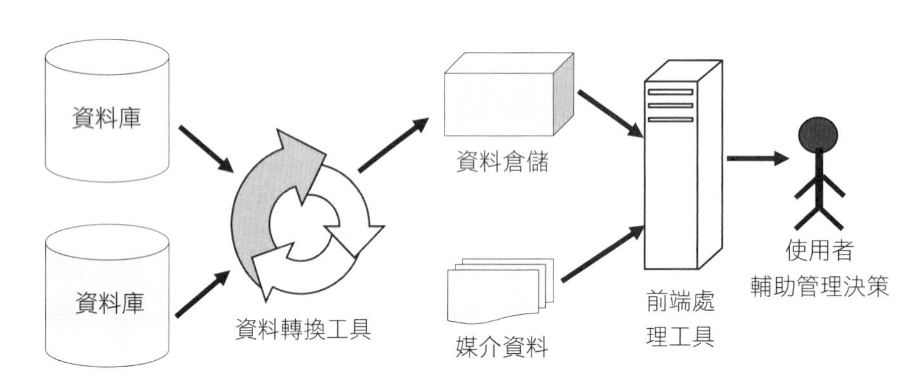

圖 12-1 資料倉儲架構

12.3.2　資料倉儲建置的過程

組織通常匯集不同的資料來源到資料倉儲的建置及使用，其中處理過程包括萃取、合併、過濾、清理、轉換與整合等過程。

1. **萃取（Extraction）**：根據篩選條件將資料由來源資料庫取出，轉換成資料倉儲的格式。
2. **合併（Consolidation）**：將不同來源資料合併為單一資料庫，以利後續分析進行處理。
3. **過濾（Filtering）**：挑選真正使用的資訊，避免重複、錯誤及多餘資料的發生，找出相關的資料。
4. **清理（Cleansing）**：提升資料的精準性與可靠度，同一資料在不同的資料庫可能具有不同的名稱，清理的工作就是為了避免此問題。
5. **轉換（Conversion）**：將原始資料庫傳遞至資料倉儲中，轉成資料倉儲格式。
6. **整合（Aggregation）**：將倉儲系統產生的資料與分析處理的結果，以視覺化介面表達。如將通常以數位儀表板（Digital Dashboard）方式呈現，在螢幕上可以清楚瀏覽各關鍵績效指標（KPI）的狀況，如紅色危險區、黃色警示區、綠色正常區，狀況的掌握提供給管理者做決策的參考。

12-4 資料倉儲的技術基礎

12.4.1　線上交易處理（OLTP）

線上交易處理（On-Line Transaction Processing, OLTP）是指透過網路與資料庫的技術，即時處理交易資料，有別於傳統的批次處理。OLTP 用在自動化的資料處理，適用在交易數量頻繁的情境，如訂單輸入、銀行業務上，結構化問題且例行性的交易處理上。

一般線上交易處理具備快速的交易處理功能與即時存取、新增、異動或刪除資料。線上交易所累積歷史資料，可定期以批次作業方式繪製成管理報表，供管理階層作為決策評估的參考依據，線上交易處理有下述五點特性：

1. 支援主從式架構，使交易能在網路平台上進行。
2. 確保交易資料的正確與完整。
3. 能支援各種網路協定。

4. 系統提供交易的監督與管理工具。
5. 系統必須提供高度可用性（High Availability）與快速反應時間。

12.4.2 線上分析處理（OLAP）

線上分析處理（Online Analytical Processing, OLAP）是指一些使用者在線上完成的分析作業，OLAP 與線上交易處理的不同，在於 OLAP 牽涉到許多關係複雜的資料分析項目，OLAP 的目標之一即是分析其中的關係，並進一步找出模式、趨勢以及例外的狀況。

例如一個 OLAP 資料庫中的銷售資料可以從地區別、產品別，與銷售通路等角度進行三個維度觀察。一個典型的 OLAP 查詢可能在記憶體容量龐大環境下運作，橫跨數年多期的銷售資料，可以查詢各地區在一年中所有產品的銷售量，此外，分析師可以進一步查詢在各地區或各產品別，各銷售通路的績效如何？最後，分析師可查詢每一年或每一季，在每種銷售通路銷售量的比較。查詢流程皆在線上以快速的回應完成。

目前線上分析的技術可分為三種，如多維式 OLAP（MOLAP）、關聯式 OLAP（ROLAP）、混合式 OLAP（HOLAP），表 12-2 為三種分析技術的優缺點分析。

表 12-2 線上分析處理（OLAP）技術的比較

	多維式（MOLAP）	關聯式（ROLAP）	混合式（HOLAP）
優點	1. 查詢速度快。 2. 硬體設備要求較簡單、易用；使用者無須有資訊技術背景即上手。 3. 分析、評比、運算功能強，易於維護。	1. 彈性較佳，變更設計容易，可以支援中大型資料倉儲需求。 2. 適應性良好，對資料比較不挑剔。 3. 建檔速度比較快。 4. 開放式技術，開發人才與工具比較好找。	1. 查詢技術一般介於 MOLAP、ROLAP 兩者之間。 2. 建檔速度極快，擴展性佳，可支援大型資料庫。 3. 資料模組化設計彈性佳，適合 ER Model。
缺點	1. 資料建構速度慢，所以資料庫不能太大。 2. 架構缺乏彈性，如果需要變更設計則需重新建置資料庫。 3. 對資料比較挑剔，不是每種資料都適合 MOLAP。 4. 專屬性技術，開放性差。	1. 一般而言查詢速度較 MOLAP 慢。 2. SQL 查詢是對非資訊背景人員的額外學習。 3. SQL 難以執行許多複雜關係的查詢。 4. 對硬體設備要求比較高。	1. 查詢速度較慢。 2. SQL 難以執行許多複雜 關係的查詢。

從大量資料中萃取出有用的知識，此流程稱為「資料庫的知識發現」（Knowledge Discovery in Database, KDD），KDD 的主要目標是要找出關聯規則、可預測、有用的、可了解的資料模式。整個流程首先在找出在資料倉儲中重要的資料，再針對這些資料進行整理，以提供分析之用。KDD 技術可用在研究顧客消費行為與產品發展，經過一連串分析過程之後得到可參考及輔助決策的成果。目前分析技術都可以讓使用者即時瀏覽分析結果及報表。

12.4.3 多維度資料庫的應用

多維度資料庫（Multidimensional Database）是以多個維度來存放資料，不同的維度構面存放不同的內容，為方便圖形呈現，以三維 X、Y、Z 來說明。例如一家公司以銷售地區別來劃分，全台北中南分別以台北、台中、高雄為主要銷售據點，時間以月份作為劃分，觀察的時間範圍從 1 月～ 4 月，公司產品維度觀察的項目有電氣、服裝、玩具、化妝品等四項，因此全部觀察的變化共有 3*4*4=48 種組合。例如當要觀察公司某一系列的服裝產品 1~4 月全台的銷售時，可以經由切片（Slice）的功能進行觀察，便可得知該系列產品的銷售數量。多維度資料庫在 CRM 的應用上可以提供各種不同角度的分析，如消費時間、消費金額、消費產品、消費管道、顧客身份別、顧客偏好、顧客滿意度…等等，都可以根據經理人實際需要加以挑選觀察條件進行分析，對於了解顧客全貌能有更清晰的輪廓。多維度資料庫的優點有：查詢速度快，以及快速完成交易記錄，如資料的新增、修改、刪除或查詢；而缺點是：資料庫查詢時，但若需要結合不同資料表，執行效能會降低。

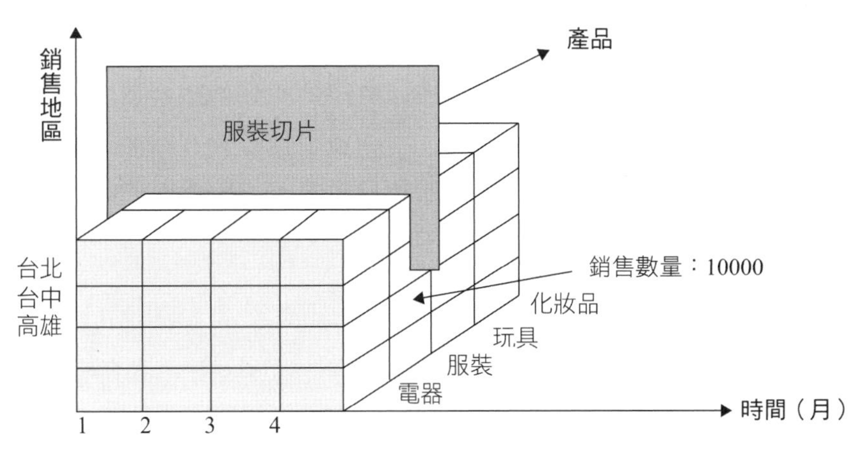

圖 12-2　多維式資料庫的應用

12-5 資料探勘

所謂資料探勘（Data Mining）是指「從大量的資料中找出有關聯的規則或模式（Relevant Patterns）並自動地從中萃取出有用的知識或有價值的商機」，其概念如圖 12-3 所示。

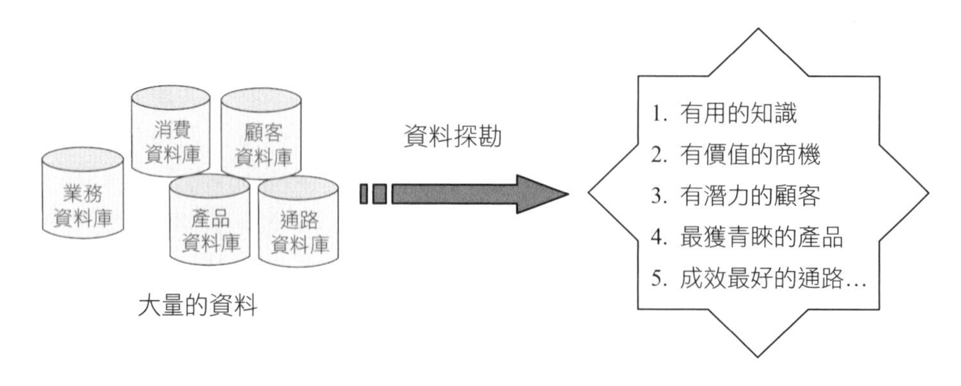

圖 12-3 資料探勘的簡單概念

資料探勘有三個重要的觀念：

1. 找出資料變動的規則或模式：代表資料出現或變動規則會重複出現，或在某情境下產生一種現象。如產品價格資料在多少區間變動、對顧客的需求的影響，以利在促銷期間能夠激起最大的顧客回流。
2. 只需擷取某部分資料樣本，就可以做出推論，而不必用到全部母體資料。在顧客分群的層次中，每層各挑選一定筆數的樣本，進行觀察，並推論到該層顧客的表現。例如：化妝品、保養品、精品、珠寶金飾在年中慶檔期銷售最好，佔整體營業額最高，因此在文宣廣告宣傳上述類別為主軸推廣。
3. 找到一個規則，確定它可以正確執行，接續找出最好的規則或模型。例如百貨公司年中慶，根據業務部門十年來的營業數據，找出最好的銷售組合或促銷方案。

12.5.1 資料探勘的興起

資料探勘的興起源於三大技術的成熟：

1. **巨量資料的蒐集技術**：由於網際網路的廣泛使用、資料庫技術的發展進步，加上全面性資料整合技術的成熟，使得資料的蒐集變得容易及快速。
2. **高效能的多處理器系統架構**：透過平行處理的多處理器架構，促使大量資料的處理及高速運算能在極短的時間內完成任務。

3. **資料探勘演算法的成熟**：諸如統計學（Statistics）、人工智慧（Artificial Intelligence）和機器學習（Machine Learning）等理論發展成熟，以及近年來廣泛應用的基因演算法（Genetic Algorithms）等技術。

12.5.2　資料探勘對於資料倉儲之意義

資料探勘是從巨量的資料倉儲中萃取出有用資訊的一種過程及技術，進行資料探勘前，企業必須先建置資料倉儲（Data Warehouse, DW）。資料倉儲應先行建置完成，資料探勘才能有效率的進行，因為資料倉儲本身所含資料是「淨化」（不會有錯誤的資料摻雜其中）、「完整」的（經過整合的）。如圖 12-4 所示，由資料庫中的資料轉至資料倉儲，必須先經過資料選取及重新清理的過程，因此資料分析師可藉由相關分析工具，例如

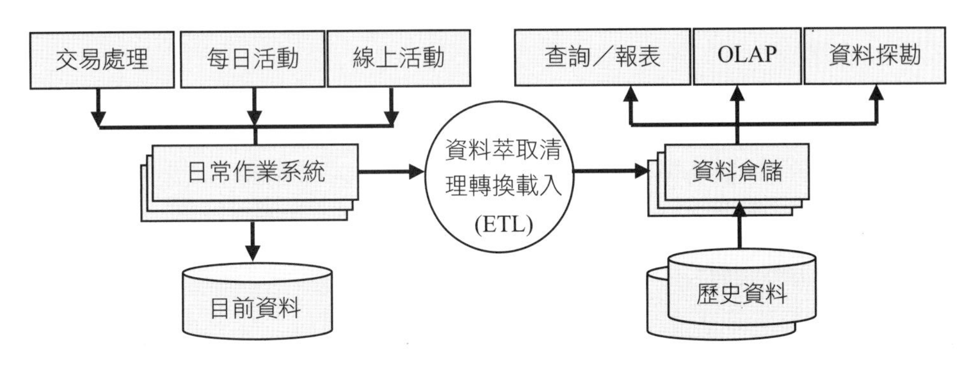

圖 12-4　資料倉儲與資料探勘

查詢/報表、線上分析處理（OLAP）工具、以及資料探勘工具來進行資料分析。如業務資料庫儲存大量的交易紀錄，要萃取出有用的趨勢分析必須經過上述過程的處理以確保資料無誤及具有參考價值。

從表 12-3 中可以看出 OLAP 分析可就目前企業的營運狀況，而資料探勘的分析除了目前企業的營運狀況外，還可以預測以及就未來問題事先研判與提出因應措施。

表 12-3 線上分析處理（OLAP）與資料探勘（Data Mining）之比較

線上分析處理（OLAP）	資料探勘（Data Mining）
郵件廣告的顧客回覆率為何？	哪類型顧客最容易回覆企業之郵件廣告？
新產品銷售與顧客之數量	何種類型的既有顧客較會購買企業新產品？
企業上年度 TOP 10 的顧客	企業上年度獲利率最高的顧客 TOP 10 及貢獻度
哪些顧客上個月並未續約？	哪些顧客較可能在未來半年中不再續約？

線上分析處理（OLAP）	資料探勘（Data Mining）
哪些顧客帳款逾期未付？	哪種類型的顧客期帳款較易逾期？
上一季地區別銷售報表	明年各地區產品可能之銷售收入？
工廠生產線之不良率？	如何提高產品的良率？生產線不良的主要原因？
顧客抱怨事件	哪些類型顧客較會抱怨？抱怨類型的主要成因？

12-6 顧客關係管理與資料探勘

從資料倉儲分析結果可知與顧客相關的重要資訊，也可以特別設計某些行銷活動，爭取顧客回流及提高回購率，例如針對價格敏感度比較高的顧客，提供某種優惠或誘因，激發再購買意願。採取企劃行動後，通常顧客會有一些反應，不管是購買或不購買，這些反應可以持續加以蒐集紀錄並輸入電腦分析，並儲存資料倉儲中，如圖 12-5 所示。

企業經營的核心是以滿足顧客需求，而資料探勘為顧客關係管理之工具之一。資料探勘應用於顧客關係管理的實例可概分為下列幾種層次：

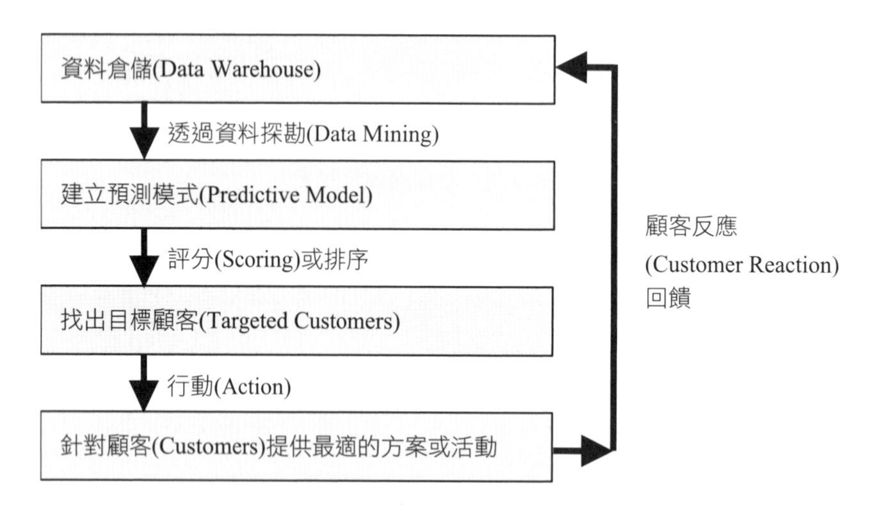

圖 12-5 資料倉儲、資料探勘與顧客關係管理

1. **就顧客獲利率（Customer Profitability）分配資源**：企業利用資料探勘之方法，企業了解不同顧客群之獲利率。從實務觀點來看，企業應針對重要的顧客建議，按照優先順序改善營運流程與資源分配，由於不同的顧客群對商品與服務需求程度不同，企業應就顧客獲利率較高提供更需要的產品及服務。
2. **就顧客獲取（Customer Acquisition）**：傳統的企業獲取顧客的方式多為透過整體行銷策略之規劃，以廣泛的廣告宣傳，來贏取顧客對產品的交易機會，但並非所有顧客有相同的需求，透過資料探勘，找出不同市場區隔的顧客最搭配的產品或服務，例如微型企業、小型企業、中型企業，到大型企業，甚至集團式跨國企業，對於雲端服務平台功能的需求都完全不同。找出最佳的產品策略，才能獲取有需求的顧客。

3. **提高交叉銷售（Cross-Selling）的機會**：提高既有顧客增加購買公司其他產品以擴大營業額與銷售量。交叉銷售提高既有顧客對不同產品之購買量及項目，可減少顧客轉向購買競爭對手之產品的可能性。

4. **提高顧客保留（Customer Retention）**：從行銷成本觀點而言，取得一個新顧客所花費的成本比維持一個既有的顧客平均高出四到五倍之多。因此如何掌握既有顧客群，避免移轉到競爭對手，一直是企業努力的目標之一。藉由資料探勘的應用，企業可以了解顧客轉移的主要原因以及轉移的產品種類，進而使企業進一步分析不同的方案與誘因，吸引顧客回流與持續企業維持良好的關係。

5. **滿足顧客區隔（Customer Segmentation）的需求**：每個市場顧客群存在著不同的特質與屬性，將顧客群有系統的分類，可以協助企業以全面性角度來檢驗公司既有的營運策略，針對不同的顧客需求及特性來提供產品與服務，擬定不同的行銷策略與企劃活動，才能真正打中目標紅心，例如統一集團旗下的統一超商，提供一般消費者的便利需求，強調方便、即時的生活飲食需求，而轉投資的家樂福，以供應家庭，組織為目標群的民生用品，強調齊全、多變化，平價，量販型態為主。

資料探勘除了可以應用在顧客關係管理外，亦可使企業了解自身運作狀況，並藉由整合顧客與產品之資料數據，找出顧客對於企業產品與服務之滿意度。資料探勘同時可增進企業營運效率，創造企業知識之附加價值。

12-7 資料探勘的步驟與技術

12.7.1 知識發現的過程

資料探勘在實務上的效益，在於能夠廣泛的各來源管道蒐集大量資料，並轉換成有用的資訊與知識，進一步應用於顧客關係管理、生產計畫、行銷規劃、研發設計以及其他應用領域上。從資料蒐集、資料管理、資料分析、資料呈現，都是採自動化處理，圖形介面顯示。

資料探勘分析大量資料，以建立有效的規則（Rule）、樣式（Pattern）或模型（Model）或路徑（Path）。當前被視為「資料庫知識發現」（Knowledge Discovery in Database, KDD）。其步驟如圖 12-6 所示。

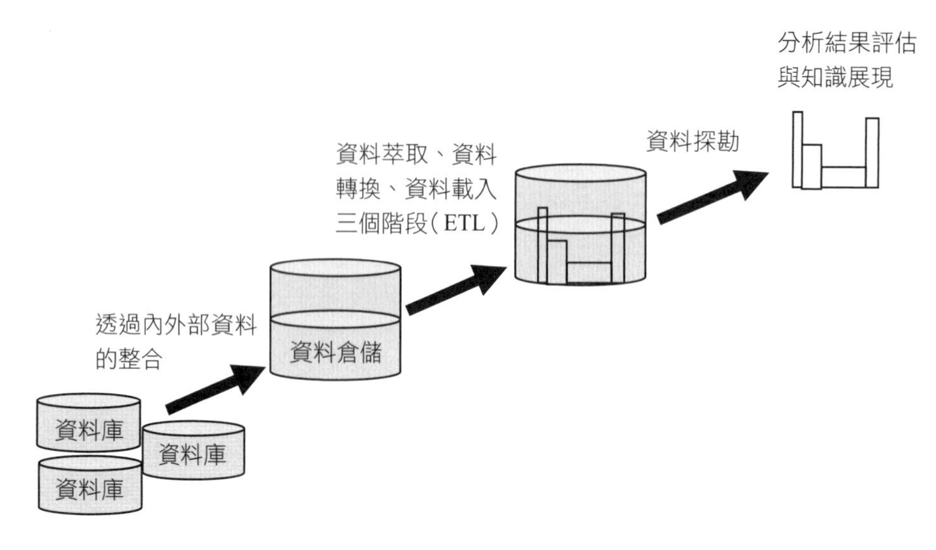

圖 12-6 知識發現的過程

藉由資料探勘，將重要知識、規則性或進階資訊，從資料庫中萃取出來，並以不同的角度（View）加以呈現瀏覽，而且發掘的知識可被應用於決策支援、流程調整、顧客管理等重要資訊並可供線上快速查詢。因此，資料探勘被認為是資料庫系統中最重要的應用領域之一，並且也是在資訊產業中資料庫應用最有潛力的技術。

12.7.2 資料探勘技術在 CRM 相關的應用

下列敘述是常見的資料探勘技術在 CRM 相關的應用，可分為以下數種：

1. **關聯法則（Association Rule）**：關聯法則的功能是去發掘哪些事物會在同時發生。舉例來說，買 A 商品的通常同時也會購買 B 商品。應用資料探勘（Data Mining）做購物籃分析的有名實例是零售連鎖商沃爾瑪（Wal-Mart）百貨所發現的「星期五、尿布和啤酒」；「颱風放假期間草莓捲和報紙」；「看棒球球賽、麥香奶茶和茶葉蛋」。

2. **分類（Classification）**：分類就是分析資料的重要特質，再將其指派至一個現有的集群中。例如在信用卡的等級，發卡銀行會依據顧客的記錄來加以分類成很好、好、中等及不好等信用，藉由分類可以對不同等級的族群給予不同的服務及優惠，如貸款的金額、利率。使用的探勘技術有決策樹（Decision

Tree）、貝氏分類、記憶基礎理解（Memory-Based Reasoning）、類神經網路分類等。

3. **預測（Prediction）**：預測是根據過去的表現去推估未來的趨勢及表現，歷史資料可以用來建立模型以檢視近年來或一段時間觀察值的資料。例如由過去行銷活動所達成的結果來預測未來新活動的回應率，或是由顧客的職業、年齡、收入等人口屬性特質或消費行為來預測可能的奉獻度及存活率等。

4. **叢集（Cluster）**：叢集就是將一群異質的群體區隔為同質性較高的群體或是子群。它與分類（Classification）不同的是，叢集 （Cluster）沒有事先明確定義的類別來進行分類，根據自身的相近性來叢集。因此，叢集（Cluster）可說是分類（Classification）的前置作業，它也是進行市場區隔的第一步，例如學生族群、上班族、粉領族、銀髮族。

5. **順序（Sequential Modeling）**：資料產生或發生的先後順序關係，例如顧客購買公司產品的時間，回流購買的時間、購買產品的順序。

6. **推估（Estimation）**：根據既有連續性數值之屬性資料，從已經獲得的資料去推估某項未知之值，例如按照信用卡申請者的年收入、繳稅證明推估信用卡消費金額或信用卡發卡等級。

7. **複雜型態探勘**：此類探勘所處理的資料型態更為複雜與多元，如空間資料、多媒體資料、網頁資料、專利文件…等，未來是資料探勘的最重要應用之一，包括網頁探勘（Web Mining）、文字探勘（Text Mining）、空間資料探勘、多媒體資料探勘（Multimedia Data Mining）、專利文件探勘。

課後個案 台灣便利倉股份有限公司

台灣便利倉裝進您的需求 愛用 Vital CRM 四年業績激增 4 倍

個案學習重點

1. 瞭解台灣便利倉運用 Vital CRM 找到目標對象，執行精準的行銷手法。
2. 瞭解台灣便利倉運用量化數位行銷工具，落實最佳化行銷策略。
3. 瞭解台灣便利倉使用 Vital CRM 4 年，業績成長 4 倍的原因。

台灣便利倉股份有限公司

便利倉創立人有感於台灣消費者在面對人生轉捩點時（如換屋、裝潢、成家、生子、異地工作或求學、創業），需要一個輕鬆解決物品存放困擾的方案，因此於 2010 年成立『台灣便利倉』。我們期許自己成為個人儲物空間領域的專家，為準備要追求新人生樂章的客戶們，提供一個獨特的空間，陪伴著客戶一同展開嶄新美好生活! 台灣便利倉的品牌價值是: 安全、熱誠、便利，公司承諾給消費者明亮安全的空間、竭誠專業的服務、便捷的交通地點。台灣便利倉目前座落於大台北地區共有七家分店，持續積極拓展營運據點中。

台灣便利倉的創辦人 Jodi，2010 年從美國西部搬回寸土寸金且高樓林立的台北，短短 2 年內搬了 7 次家，讓 Jodi 想到在美國曾經使用過在歐美相當普遍的個人倉庫，而地狹人稠的台北，需要的正是能輕鬆解決物品存放的專屬空間，因此帶入歐美個人倉儲的服務概念，創立了台灣便利倉。

思考如何繼續與既有客戶溝通

台灣便利倉成立之初，便藉著提供安心收藏的空間及快速完善的服務，累積一批忠實客戶。然而，仰賴 Excel 彙整客戶名單的台灣便利倉，隨著客戶數量及營業規模擴增，管理問題逐漸浮現。因此，台灣便利倉總經理侯美瑜（Fanny）了解客戶生命週期維繫的重要，因此他希望解決以下三個問題：

- 問題 1：如何保存客戶歷程資料？
- 問題 2：客戶名單如何有效率地經營管理？
- 問題 3：如何留住既有客戶？

因此，Fanny 選擇叡揚資訊「Vital CRM」雲端客戶關係管理服務，透過 CRM 系統維持客戶的生命週期，並維持台灣便利倉與既有客戶的接觸，解決 Fanny 遭遇到的困境！

提升服務品質 讓每次體驗都是最佳體驗

台灣便利倉在雙北地區有七個倉儲據點，因此導入 Vital CRM 初期，Fanny 便依據區域別、門市據點、管道來源等重要指標，以客製化標籤功能，定義客群並進行多維度的管理。所以各據點僅需依據 Fanny 訂定的流程，將客戶（既有客戶及潛在客戶）的服務資訊記錄在 Vital CRM 的客戶記事上，便可掌握每位客戶的服務歷程。「我們藉由 Vital CRM 維持客戶服務為一個循環，讓所有據點的服務內容都得以延續，提升了管理效益與服務品質，也讓每次的客戶體驗都是最佳體驗！」Fanny 微笑說道。

找對目標對象 精準行銷更有力道

Fanny 進一步提到：「公司的重要公告、節慶問候與促銷活動等，我們會利用 Vital CRM 的、行銷郵件（eDM）或、行銷簡訊，與客戶溝通。舉例來說：在特定節日或促銷期間，我們透過標籤設定對象做精準行銷，選出行銷活動的目標對象，集中活動力道，獲得更好的成效。甚至是追蹤客戶的開信率，Vital CRM 能量化數位行銷工具的成效，如：開信率、點閱率等，藉此不斷修正每次行銷方案，找出最佳行銷策略！」

即時更新 掌握服務實際狀況

除了客戶的管理外，內部協同作業也是 Vital CRM 的強項！台灣便利倉有 10 個使用者帳號，除總公司使用系統管理者等 3 個帳號外，其餘 7 個據點分別使用 7 個帳號，各據點服務人員記錄客戶基本資料、承租內容等相關資訊，總公司可立即得知現場狀況。Fanny 指出：「對外的服務要做到高品質，前提是要做好內部管理與溝通。我們在 Vital CRM 上記錄了每位客戶的服務歷程與諮詢問題，內部同仁彼此了解進度情況，讓整個團隊在高效率管理下做到高品質服務！」

「從 2012 年使用 Vital CRM 至今，我們的業績成長 4 倍！說是 Vital CRM 帶來的成長或許過於牽強，但它卻是陪伴我們開拓市場的最佳良伴！」台灣便利倉長期愛用 Vital CRM，也為 Vital CRM 下了最佳註解。

- 資料來源：
  https://www.gsscloud.com/tw/user-story/124-search-result/785-vital-crm-kpn

個案問題討論

1. 請討論台灣便利倉為何透過 Excel 彙整客戶名單，隨客戶數量增加浮現管理問題？
2. 請討論台灣便利倉要如何做以維繫客戶生命週期，增加或保持與客戶接觸的黏度？
3. 請討論台灣便利倉要如何透過 Vital CRM，以解決保存客戶歷程資料的問題？
4. 請討論台灣便利倉要如何透過 Vital CRM，以解決客戶名單有效率經營管理的問題？
5. 請討論台灣便利倉要如何透過 Vital CRM，以解決留住既有客戶的問題？

本章回顧

隨著資料庫功能與分析技術愈來愈強，許多大型企業從最早的紙本到電腦化檔案到資料庫到資料倉儲的建立，隨著科技的進步不斷汰舊換新，此外透過資料探勘的技術，讓各部門都能夠以最簡單操作的介面進行資訊的快速分享，經由快速分析的功能，得到需要的資訊，當資料倉儲建置得越完整，便能對顧客的需求及偏好越能掌握，亦即代表公司能夠在同業競爭中領先一步。資料倉儲與資料探勘的主要目的是在大量資料中發掘出有價值的商機或有潛力的客群，透過探勘技術找出資料數字背後所代表的意義，以提供行銷決策者做出正確的計畫，活動及方案以確保策略的成功。

本章節所介紹的建立資料倉儲與資料探勘，主要提供學習了解：

1. **企業建立資料倉儲的目的**：最主要的目的在於將散佈各來源管道不一致的資料或不相容的資料格式，能經由自動轉換異質且分散的資料來源，建立其品質、完整性及正確性，讓行銷資料轉換成有用的策略性資訊。
2. **了解資料探勘的重要性**：介紹資料探勘主要目的是在於從大量的資料倉儲中，找出相關聯或可預測、可掌握的分析模式，並自動地從中萃取出有用的資訊。
3. **建立資料倉儲與資料探勘爲企業帶來的優勢**：資料探勘已成為現今經營 管理的熱門話題，更有研究報告指出資料探勘是二十一世紀的明星 產業，它不但可以運用於服務業更可以被應用於製造業、金融業、 通訊業，甚至是醫療服務等。

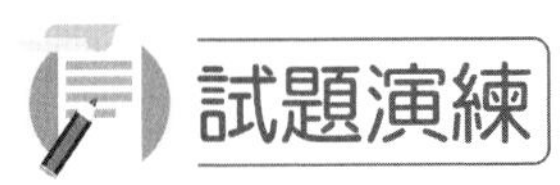

試題演練

1. (　　) 將匯集不同的資料來源到資料倉儲的建置及使用，其正確過程為？

   (1)過濾→清理→轉換→整合→萃取→合併

   (2)合併→過濾→清理→轉換→整合→萃取

   (3)萃取→合併→過濾→清理→轉換→整合

   (4)清理→轉換→整合→萃取→合併→過濾

2. (　　) 透過網路與資料庫的技術，即時處理交易資料，有別於傳統的批次處理，用在自動化的資料處理過程，適用在交易數量頻繁的情境，結構化問題且例行性的交易處理上？

(1)線上分析處理（Online Analytical Processing, OLAP）

(2)線下到線上（Offline to online）

(3)線上到線下（Online to offline）

(4)線上交易處理（On-Line TransACtion Processing, OLTP）

3. (　　) 將各種不同來源、不同型態的交易資料、彙總資料、歷史資料，經過整合及過濾程序，排除錯誤的資料，並透過主題分類、挑選及轉換，至另一資料庫中，提供管理階層可以進行快速複雜查詢及決策分析，此技術稱為

(1)資料倉儲技術　(2)資料庫行銷技術

(3)商業智慧技術　(4)雲端應用服務技術

4. (　　) 企業經營的核心是以滿足顧客需求，而資料探勘為顧客關係管理之工具之一，資料探勘應用於顧客關係管理的應用有哪些？【複選題】

(1)顧客訂單（Customer orders）

(2)顧客獲利率（Customer Profitability）分配資源

(3)顧客獲取（Customer ACquisition）

(4)顧客區隔（Customer Segmentation）

(5)顧客保留（Customer Retention）

(6)產品瑕疵（Product defects）

5. (　　) CRM 建立資料倉儲的主要考量因素有哪些？【複選題】

(1)資料倉儲建置與維護的成本

(2)資料倉儲建置的結構

(3)資料倉儲必須放置在企業內部網路

(4)資料倉儲必須放置在企業與產業間的網路

(5)資料倉儲建置的工程師人力

(6)資料倉儲建置的操作手冊

6. (　　) 資料倉儲的架構主要由四大要素組成，下列要素何者正確？【複選題】
   (1)資料轉換工具：將原始資料經由萃取轉換成資料倉儲的格式
   (2)資料倉儲：儲存來自各分散之資料來源
   (3)資料模型：採取正規化資料方式
   (4)資料型式：異動式資料（屬於靜態資料）
   (5)媒介資料：儲存倉儲資料的相關資訊
   (6)前端處理工具：提供圖形使用介面

7. (　　) 丹尼爾在匯入客戶資料時，發現客戶身上有多個標籤，該用什麼符號將標籤區隔？
   (1)「/」　(2)「,」　(3)「\」　(4)「;」

8. (　　) 訓訓是一個收藏協會的會長，他在新增會員資料時，發現沒有可以填寫收藏品的欄位，如果他想要擴充欄位，請問下列操作流程何者正確？
   (1)管理 → 帳號 → 新增擴充欄位
   (2)管理 → 系統設定 → 擴充欄位 → 新增
   (3)功能列「客戶」→ 新增 → 新增擴充欄位
   (4)管理 → 擴充欄位 → 「客戶」頁籤 → 新增

9. (　　) 匯入資料時，選擇用姓名比對，請問修改陳小花的電話時，匯入完成後，在系統中的資料會怎麼呈現？
   (1)查看陳小花資料裡面有兩項電話資料，一項是錯誤電話，一項是新電話資料
   (2)原陳小花資料刪除，新增一筆陳小花資料
   (3)系統會有兩筆陳小花資料
   (4)陳小花資料無法被匯入，系統會告知資料已存在

10. (　　) 大田正在整理客戶資料，請問他可以使用哪些資料來源進行匯入？【複選題】
   (1)Google 試算表　(2)FaceBook 粉絲團
   (3)Excel 表格　(4)Google 聯絡人
   (5)WeChat　(6)Line@聯絡資料

CRM 的大數據分析 13

課前個案 裕昌機電

裕昌機電台灣隱形冠軍企業，掌握關鍵顧客與趨勢

個案學習重點

※導入 Vital CRM 系統前的狀況

1. 過去並沒有所謂的業務報告需求，主要都是透過業務進銷存系統進行管理顧客資料，且資料多掌握在業務手中。
2. 電腦紀錄有限，無法有效管理。
3. 對於市場狀況與產品開發的反應力的確較為緩慢，無法取得第一手的最新資訊。

※導入 Vital CRM 的 Insight 數據分析效益

1. 顧客資料上系統後，發現一個顧客竟然有非常多個業務窗口，讓業務更便於找到對的人，高效管理顧客。
2. 業務可以快速進行業務拜訪紀錄，讓公司可以了解顧客與市場需求。
3. Insight 數據分析模組透過訂單、回購、交易量等資訊的回饋，讓公司可以善用數據，深度了解誰才是真正重要的關鍵顧客。
4. 透過 Insight 數據分析即時看到整個業務全貌，掌握關鍵顧客與趨勢。

台灣第一大電容器製造商的成功數位轉型

位於台中清水的裕昌機電公司成立於 1967 年，是台灣第一大電容器及相關電氣產品製造廠商，生產的產品行銷全世界各地，更涵蓋航太、國防等重要產業，是台灣重要的隱形冠軍。面對產業的變遷與全球的競爭，目前仍採用 DOS ERP 系統的裕昌電機決定導入 Vital CRM 與 Insight 數據分析模組，這個數位轉型的決定讓顧客與業務管理提升高效且透明化，透過 Insight 數據模組的分析更找出真正的關鍵顧客與掌握產業趨勢。裕昌的數位轉型正展現著台灣傳統產業踏出轉型的過程，絕對是擁有超強產品力的傳統產業值得借鏡學習的好案例。

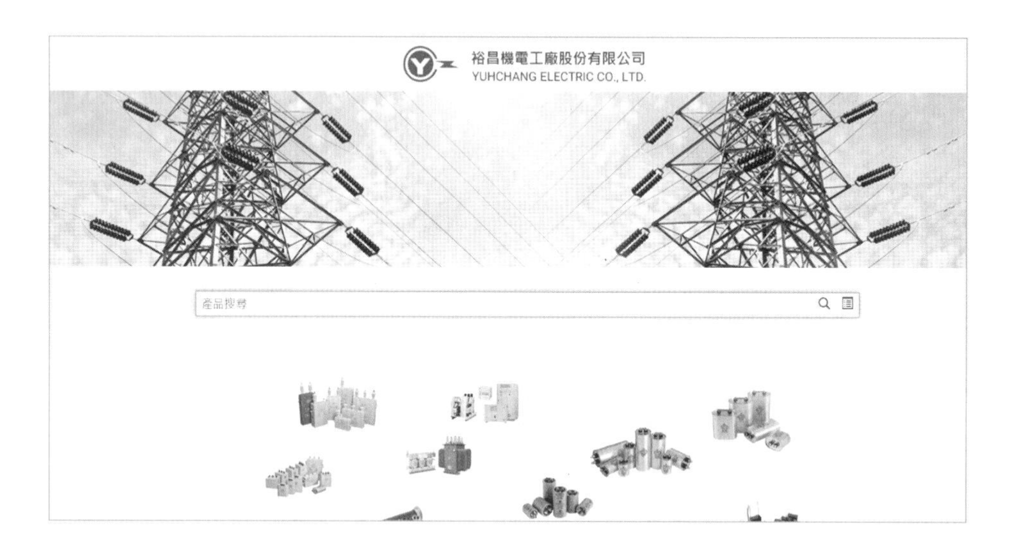

裕昌電機業務部經理林俊宏指出，裕昌在台灣的顧客共有 4、5 千家之多，更不含在外銷近三成的國外業務。由於顧客與業務穩定，所以過去並沒有所謂的業務報告需求，主要都是透過業務經銷存系統進行管理。不僅如此，顧客資料多掌握在業務手中，透過一本厚厚的名片與經驗值累積管理顧客，這種業務管理方式從公司成立運作至今並沒有立即改變的重要性，但公司對於市場狀況與產品開發的反應力的確較為緩慢，無法取得第一手市場資訊，也讓公司開始思考轉型的重要性。

裕昌機電從 Insight 數據分析中看到業務全貌

在導入 Vital CRM 的同時，裕昌也同時加購 Insight 數據分析模組，林俊宏經理表示，Insight 的數據讓他看到以前所沒有注意到的業務全貌。透過訂單、回購、交易量等資訊的回饋，讓管理者可以善用數據，輕易找出對公司才是真正重要的關鍵顧客，此外，更進一步掌握市場變化並做好以顧客需求為導向的庫存管理。

裕昌機電業務林俊宏經理解釋，以前可能常聽業務反覆提到某些顧客，以為他的業務貢獻度很高，等到 Insight 報表出來，才知道這些顧客訂貨後又退貨，根本不是高貢獻度的關鍵顧客，但花太多時間在這些非關鍵顧客，反而稀釋重要顧客的時間。又或是業務花很多時間在顧客的總公司，但透過報表才發現買最多的其實是分公司，透過這些數據的確讓商機管理更加高效透明。不僅如此，過去業務是看公司庫存賣東西給顧客，但透過 Insight 的分析，可以讓公司掌握顧客需求，開發並生產顧客需要的產品，對公司整體營運的幫助也非常大。

個案問題討論

1. 請上網蒐集裕昌機電公司的資料，了解公司的背景與產品及服務。
2. 裕昌機電公司在數位轉型過程需要具備哪些條件？
3. 裕昌機電公司透過 Vital CRM 的 Insight 數據模組產生哪些效益？
4. 裕昌機電公司如何達到掌握市場變化，並以顧客需求為導向的庫存管理？
5. 討論製造業需要進行哪些顧客相關的數據分析？

時代巨輪邁進 21 世紀，我們周遭每天產生海量的資料，在資訊爆炸的環境，如何找出有價值的數字，提升企業經營績效是管理者所關切的議題。當前非常熱門的大數據分析（Big Data Analysis），在許多的產業被運用，如金融、醫療、社群、選舉、教育、電商、製造、政府等，協助擬定決策、改善措施、與行動方案，有明確數字的基礎，更能引導未來發展的方向。顧客關係管理也不例外，CRM 大數據分析的目的在於維繫顧客關係、掌握銷售趨勢與變動、擬定行銷決策的重要參考、預測顧客回流與終身價值、不同產品的活動方案評估、RFM 市場區隔的預測判斷等等，在於希望透過數字的分析，提升整體經營成效及顧客價值。本章節主要介紹顧客關係管理的大數據分析，從 CRM 最有關連的幾個部分加以探討，輔以 Insight 模組的範例站台為應用，認識當前企業最重要的數據分析與實務應用。

近幾年來 Covid-19 新冠病毒疫情全球肆虐，大數據分析的目的最主要是為了減緩病毒快速傳播，通報政策命令之用，數據平台收集大量公共衛生和旅行相關數據，再透過人工智慧演算法進行分析，藉由智慧型手機和定位情報追蹤人們的移動軌跡，同時預測醫院的可能需求，作為後續防疫政策推動的重要依據。此外，在商業用途上，尤其是和企業經營最有直接關聯的顧客消費變化、業務工作進度、顧客關係維繫、銷售營收變化、商機轉換成交、喚醒沈睡顧客、顧客抱怨分析與因應等等，都是經理人每日要解決的核心問題。

本章將從幾個方向探討 CRM 的大數據分析，涵蓋顧客端、銷售分析端、業務與服務管理端、行銷分析端、資料品質分析端進行探討，其數據圖表分析皆從叡揚資訊 Insight 數據分析範例站台（https://www.gsscloud.com/tw/vital-crm/insight/）擷取，學習者可以進一步瀏覽該站台網頁的內容，網站有詳細豐富的介紹。

本章 CRM 的大數據分析，提供學習者了解：

1. 大數據分析的管理意涵，認識大數據的定義
2. 介紹 Vital CRM 的大數據分析 Insight 模組
3. 顧客端的數據分析與應用
4. 銷售端的數據分析與應用
5. 業務與服務管理端的數據分析與應用
6. 行銷端的數據分析與應用
7. 資料品質分析與應用

13-1 大數據分析的管理意涵

現今企業之間競爭非常白熱化，在服務至上時代，與顧客互動的環節若有不良瑕疵，以及流失速度遠快於獲取顧客的速度，因此如何掌握 CRM 執行的重要指標或數據，為所有業主關心的重點。傳統上，靠紙張紀錄、腦力記憶、記試算表的時代已經很難應付每天龐大的數據量，更何況數據之間可能有關聯、因果、交叉的狀況，資料蒐集管道多元，如來自客服、行銷、業務、門市、公司網站、問卷調查、電訪、社群平台等，倘若牽涉到未來準確的預測，則問題將會更複雜，因此有 CRM 大數據分析相當著重於五個面向。

1. 掌握顧客資料與客群變動的趨勢，即針對顧客端進行詳細分析與觀察客群變動的趨勢，包括進行顧客（B to C）/公司（B to B）輪廓分析、屬性（標籤）分析。
2. 銷售分析，進行銷售業績分析、新舊顧客分析、RFM 分析、回購週期分析。
3. 業務與服務管理的分析、分析業務人員達標分析、業務人員服務分析。
4. 行銷分析、進行 EDM 成效分析、活動分析。
5. 資料品質管理與分析。

企業透過資料探勘技術，從龐大資料量中進行統計、分類、區隔、交叉、計算、比對等過程，最後才能在數據中發現重要變化及洞察見解，除了單一指標數值呈現外，重要指標的趨勢變化以及在其它維度上的表現，彙整後其意義更重要。例如，檢討 2022 年的顧客流失率，若能與顧客抱怨分析、產品問題分析、顧客回覆處理狀況一併觀察，更能掌握公司要調整或修正的部分，亦即把數據中發現的問題和機會，轉換成可執行的行動計劃和方案，能引導企業走在正確的經營方向，達到客觀、合理、準確的衡量。

13.1.1　大數據的定義

現今企業各個管道資料來源，每天所產生的資料量非常驚人，不論是資訊系統、商業平台、社群、交易、門市、網購等，企業如何從海量的資料中，有效地構建市場與顧客知識，並產生新的洞察、見解、解決方法、甚至創新方案，皆是經營管理者關注的重點。廣義資料包括企業內部、外部、歷史、預測、進行中的資料，而此數據量不僅龐大且快速增長，將資料蒐集進行清理、關聯、比較、統計、萃取其隱含的重要情報，成為大數據使用者需要學習的功課，而能成功發掘數字成為有價值的情報，並引導正確的執行，即有可能創造新的收入機會。麥肯錫全球研究院也曾表示：「從競爭力的角度來看，利用大數據將成為企業成長與競爭的關鍵基礎。公司要認真對待大數據分析的潛力價值。」

而所謂的大數據，IBM 公司提出了大數據「5V」的定義：

1. **Volume：數據量大**，包括蒐集、存儲和計算的資料量都非常大，大數據的起始計量單位至少是 P（1000 個 T）、E（100 萬個 T）或 Z（10 億個 T）。
2. **Variety：種類和來源多樣化**，包括結構化（Structured）、半結構化（Semi-Structured）和非結構化（Unstructured）的數據，具體資料來源，如：網絡日誌、音頻、視頻、圖片、地理位置資料等等，多類型的數據對資料處理能力提出了更高的要求。
3. **Value：數據價值密度相對較低**，彷彿浪裡淘沙卻又彌足珍貴。隨着網際網路（Internet）以及物聯網（IoT）的廣泛應用，資訊感知無處不在，與龐大的海量資料，但價值密度較低，如何結合業務邏輯並通過強大的機器算法來挖掘數據價值，是大數據時代最需要解決的問題。
4. **Velocity：數據增長速度快**，處理速度也快，時效性要求高。比如搜索引擎要求幾分鐘前的新聞能夠被用戶查詢到，個性化推薦算法盡可能要求時效性以完成推薦。這是大數據區別於傳統數據挖掘的顯著特徵。

5. Veracity：數據的準確性和可信賴度，即數據的品質可以確保資料分析的準確度及可信賴。

13-2 Vital CRM 的大數據分析 Insight 模組

本章節所採用的大數據分析應用與圖表範例，為叡揚資訊股份有限公司（www.gss.com.tw）所開發的 Insight 模組，其系統主要功能如下：

第一、與既有雲端 Vital CRM 整合，能做到即時資料的匯入與整合，以數據化、圖表化、視覺化、互動式的介面設計，採用數位儀表板方式重點呈現，讓企業可以快速根據條件篩選想要觀察的構面，進行交叉分析、階層分析，活用分析後的數據，觀察整個趨勢與變化以掌握業務狀態。

第二、可透過多維度分析（Multidimensional Analysis），資料可以往下細分（Drill down），也可以往上彙整（Roll up）觀察，從數據中挖掘問題原因與發掘新的機會，提出切實有效的解決對策。系統內建銷售分析、顧客分析、行銷分析、業務/服務管理、與其他管理分析等部分。

第三、可根據系統使用者所給定的區間範圍進行觀察，使用機器學習（Machine Learning）與人工智慧（Artificial Intelligence）演算法，進行大數據分析。而 Insight 模組操作功能介面，選項包括 1.分析主題；2.重要指標；3.篩選器；4.趨勢分析；5.重要維度選擇，如圖 15-1 所示。

對企業而言，重要數據結果不僅呈現問題徵兆，也影響資源分配要如何運用，如同人體健康檢查所獲得的各項指標值，有客觀數字才能對症下藥，避免浪費時間及資源。Insight 模組主要目的是將顧客洞察轉化為銷售業績，換言之，它是 Vital CRM 的資料分析核心，讓使用者可以用視覺化的方式查看與分析 CRM 的關鍵績效指標（Key Performance Indicators, KPI），運用機器學習和人工智慧的技術，讓系統從資料當中反覆學習，透過各種演算法識別資料的模式，產生精確模型的資料，加以訓練進而預測結果，以產生精確有效的應用效益。Insight 模組具有以下功能：

第一、透過大數據分析技術全方位掌握企業經營狀況，整合顧客消費與行為、商機管理、行銷活動、銷售分析，業務與服務管理等數據以了解全貌。

第二、經由數據化營運分析，透過高互動、多維度、多色彩、可篩選的視覺化儀表板，即時分析營運狀況，讓決策更正確及具時間效率。

第三、在顧客價值動態分群上，進行 RFM 分析和顧客終身價值預測模型，幫助瞄準正確客群，達到精準行銷，減少依賴經驗直覺、個人偏好的決策。

第四、預測顧客行爲分析，包括預測顧客的終身價值、流失率、是否會回購等未來行為，協助企業更有效率進行顧客關係管理，降低錯失良機的損失。

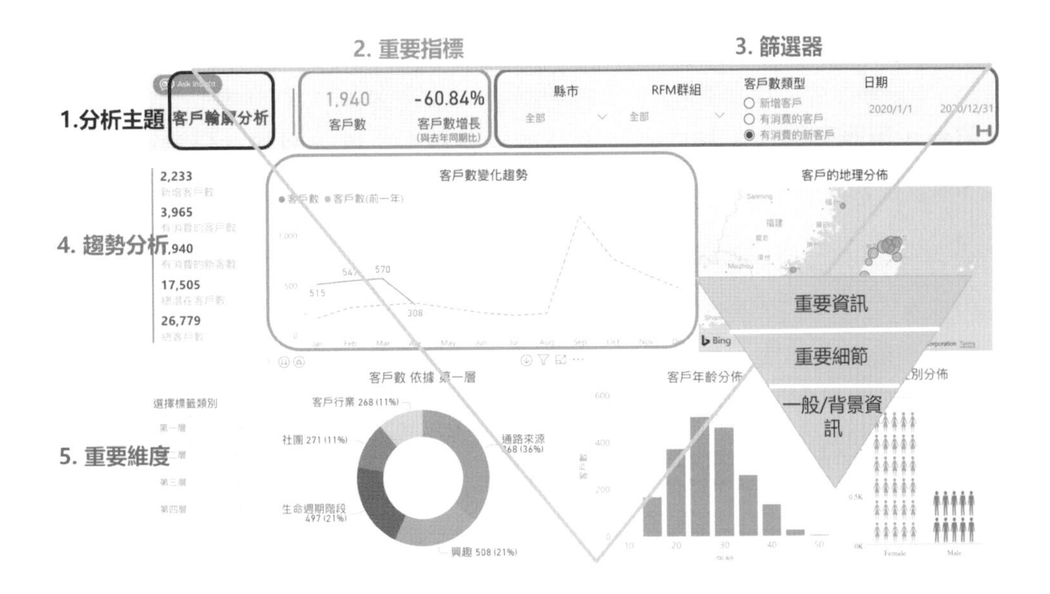

13-3 顧客端的數據分析與應用

產業競爭白熱化，企業必須隨時掌握銷售與客群變動的趨勢，CRM 大數據分析可以從幾個角度加以觀察，一、可以觀察顧客數量變化、消費客群在年齡層、性別、區域，以及人口統計資料的分佈；二、透過趨勢圖了解新增顧客狀況；三、觀看各屬性（標籤）的顧客比例；四、透過進階條件篩選去觀看購買特定產品的消費族群。

每個顧客身上帶有很多個人特徵的資訊，鍵入檔案中的基本資料，包括姓名、性別、年齡、血行、星座、生日、電話、興趣、專長、偏好、習慣、職業別、教育程度、收入所得、居住地區、家庭人口、婚姻狀況、人際網絡、任職機構與單位等，當中有些線索中可能與公司業務有關，亦即可以進行產品或服務交易的機會，因此對需求開發、問題瞭解以及顧客關係維繫就顯得特別重要。以個人日常使用的鞋子、床墊、服飾、保養品、清潔用品、生鮮食品等，都有一定的使用期限，而且市場上提供的廠商相當多，如果沒有建立持續的聯繫和關懷，很容易會轉換到別家廠牌，所以從各個與顧客接觸的管道蒐集數據，例如門市、賣場、線上購物、業務接洽、上市說明會、顧客推薦、活動辦理、或自行詢問，在匯集資料後加以分析、彙總、研判，以確定下一步驟的決策方向。

企業要了解顧客的輪廓，除了顧客本身的基本資料外，掌握整體客群的相貌，也有助於行銷策略的規劃，例如顧客群的年齡、性別、居住區域、教育程度、所得收入，以及各屬性族群的變化，例如美妝保養品電子商務公司，想要了解消費族群購買產品的狀況，就可以透過 Insight 分析模組，觀察顧客新增數量、消費者年齡層、性別分布，以趨勢圖了解新客數量，以及各屬性（標籤）的顧客比例，更可以使用進階篩選觀察購買特定產品的消費族群，讓經營者或行銷決策者瞭解顧客。

顧客端分析應用情境如：1.依據選定日期查看新增顧客的數量；2.依據選定期間內產生第一筆訂單紀錄的顧客；3.依據消費日期或消費期限內的顧客；4.依據顧客身上屬性（標籤）進行分析；5.依據條件篩選觀察各類型顧客的指標趨勢。

13-4 銷售端的數據分析與應用

銷售是一家公司最重要的獲利來源，銷售大數據要觀察的重點主要有：消費分析、顧客/公司 RFM 分析、新舊客消費分析、回購週期分析。此銷售分析觀察數字變化，如：

1. 透過訂單資料的分析，掌握各產品別、各銷售地區，以及新舊顧客等的銷售業績表現。
2. 依據 R（最近一次消費）/F（消費頻率）/M（消費金額）三個重要的行爲指標，將顧客分成不同群組，如安定的顧客、優良的顧客或沉睡的顧客等，再針對不同群組的顧客制定不同的行銷關懷策略。
3. 透過了解顧客對不同產品多久會回購一次（回購週期），提前提醒要回購的顧客，以及對該回購而未回購的顧客做後續關懷。

企業在銷售的數據分析觀察的焦點有四個主要方向：

一、消費分析

此分析主要快速了解訂單數（訂單數量的加總）、總營收（訂單金額的加總）、每次購買件數（平均每次購買的產品件數）、平均訂單價（平均每筆訂單的價值）、客單價（平均每個顧客的歷史價值）等重要資訊，並顯示各產品、產品類別的銷售情況，以及檢視特定時間的銷售狀況，如活動、促銷等時間段，貢獻程度高低的顧客排行。此外，要觀察產品類別與消費來源的明細，透過層層往下展開看到不同階層的數字呈現。由觀看營收地圖、顧客消費指標排行榜，便可掌握顧客貢獻度的高低，如下圖為顧客消費分析圖所示。

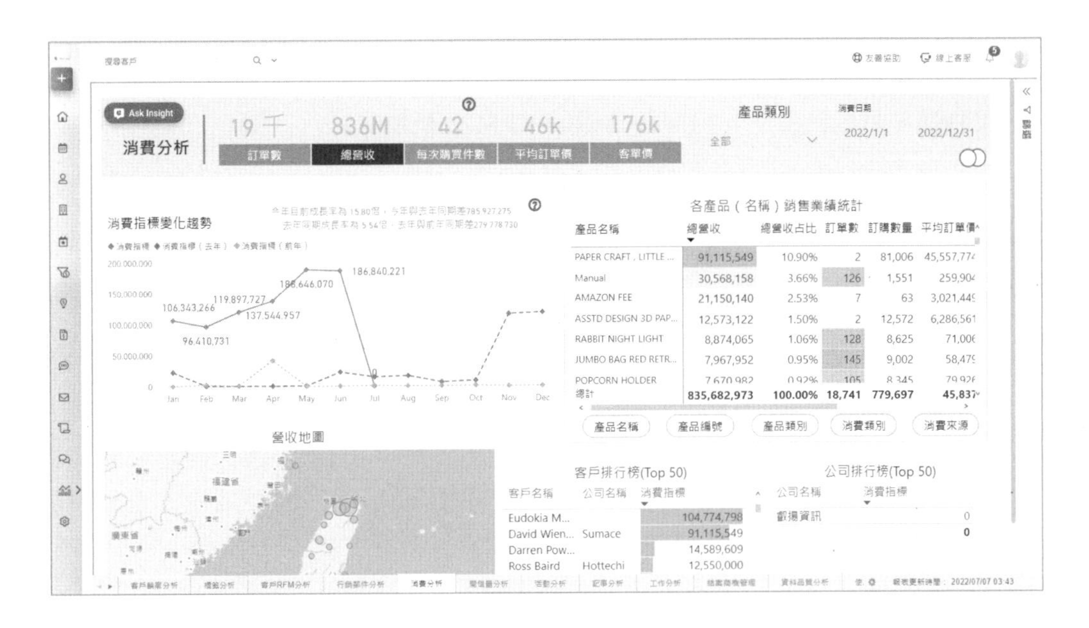

二、RFM 分析

依據 R（Recency，最近一次消費）；F（Frequency，消費頻率）；M（Monetary，消費金額）三個重要的消費行為指標，將顧客分成不同群組，針對不同群組的顧客制定不同的行銷關懷策略，RFM 分析是顧客關係管理非常重要學理之一，由此了解顧客活躍程度、消費頻率、消費金額，有助於擬定市場策略與互動方案，清楚各區隔狀況更能做到精準行銷，減少不必要的人力及資源投入。

- **最近一次消費的區隔**：分析顧客最近一次購買至今的天數，視為顧客對企業產品或服務的活躍程度。計算方式為依據各顧客最後一次消費的日期至今天的天數進行排名，排名前 20% 之顧客為 R5，排名 21%~40% 為 R4，以此類推，最低為 R1，亦即 R5 是最活躍的客群，R1 則是最不活躍的客群。最活躍的客群通常對於公司舉辦的活動，在回應、關注、與參加的意願通常都是最高的一群。
- **消費頻率的區隔**：在 RFM 計算區間內顧客購買的次數，可視為代表顧客對企業的忠誠度。計算方式為依據 RFM 計算區間內顧客購買次數進行排名，排名前 20% 之顧客為 F5，排名 21%~40% 為 F4，以此類推，最低為 F1，亦即 F5 是最經常來的客群，F1 則是最少來的客群。消費期限會隨產品屬性而有所不同，例如衣服、汽車、摩托車、房子、民生用品、家電等，因此在計算消費頻率，建議納入產品平均使用狀況。

- **消費金額（Monetary）**：在 RFM 計算區間平均每筆訂單的消費金額，可視為顧客對企業的貢獻度和價值。計算方式為依據在 RFM 計算區間顧客的平均消費金額進行排名，排名前 20% 之顧客為 M5，排名 21%~40% 為 M4，以此類推，最低為 M1，如下圖為顧客 RFM 分析圖。

就以上 RFM 顧客分群，大致上可以歸納以下七種類型的顧客，分群的名稱及種類數可以依公司服務顧客數量與實際狀況調整。

1. **優良的顧客**：近期有購買，並且購買次數與金額都很高，為忠實且貢獻度高的顧客，公司必須非常重視這群顧客的意見與回應，對於業務營收有舉足輕重的影響力。
2. **重要發展顧客**：購買次數與金額很高，但有一段時間未消費，需重點關注否則會失去曾經貢獻度高的顧客，如何引發這群顧客的注意與回流，是持續追蹤的重點。
3. **沉睡的顧客**：購買次數與金額很高，但很長一段時間未消費，可能為已經流失之顧客，公司可能必須對這群顧客設計特殊的喚醒活動，並了解沉睡或蟄伏原因，是外在環境因素造成，或是過程不滿意所造成原因。
4. **安定的顧客**：近期有購買，但購買次數與金額相對較低，為安定但需要刺激購買的顧客。公司對於這群顧客可進一步了解偏好或需求，提供優惠措施或是引發興趣，逐步提高購買次數與金額。
5. **新顧客**：近期有購買，但購買次數與金額低，可能為首次購買的顧客。公司對於新顧客應該加強了解背景、購買的動機與需求，增加互動、交流的機會，以提高回購的機率。
6. **一般挽回顧客**：購買次數與金額相對較低，且有一段時間未消費，因貢獻度不高所以挽回的重要程度較低。
7. **路過的顧客**：購買次數與金額相對較低，且很長一段時間未消費，可能為路過買一次就流失之顧客。

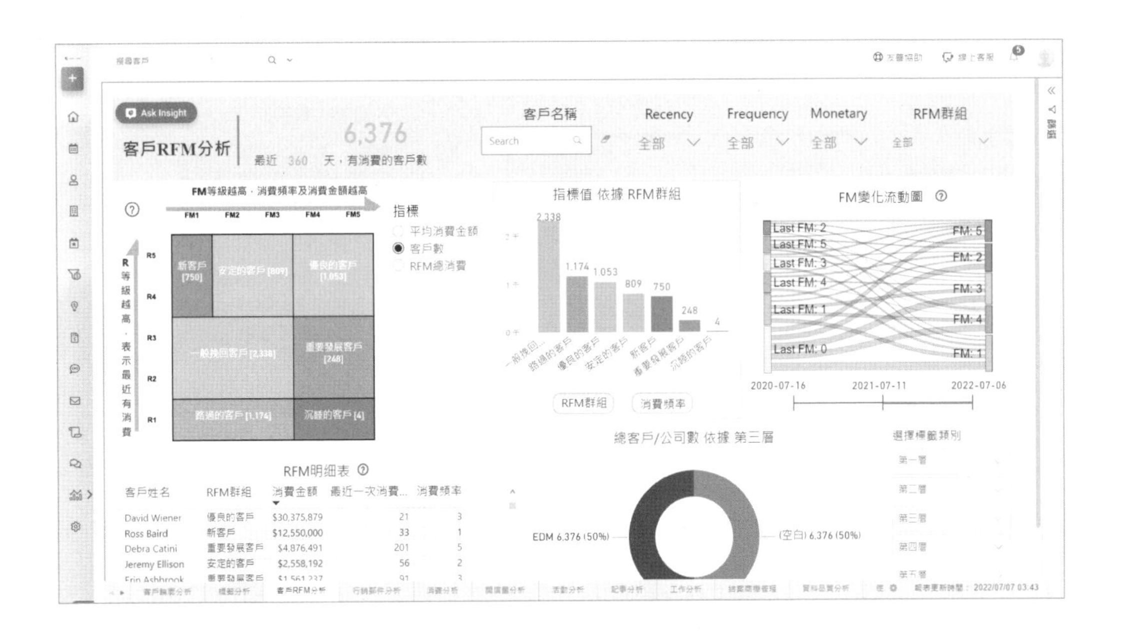

三、新舊客消費分析

新顧客代表在某段觀察範圍內產生第一筆訂單的顧客，通常經由公司舉辦的活動或是他人推薦，公司對於新顧客資料要鍵入 CRM 系統中，並記錄消費內容及提供後續的服務。舊顧客代表選定的消費日期區間內有再消費的顧客，公司對於舊顧客除紀錄消費資料外，可以積極推廣忠誠計畫與引薦新顧客的獎勵活動。此外，舊客回購率代表在選定的消費日期區間內有消費的舊客數量占所有舊客數量的比例，本比例越高代表顧客經營穩定度越好，開發新顧客通常是維繫舊顧客好幾倍的費用，因此也是檢視 CRM 成效的一項重要指標，新舊顧客的消費分析如下圖所示，其掌握新舊顧客貢獻的訂單數、營收趨勢、獲取新顧客與保留舊顧客的即時呈現。

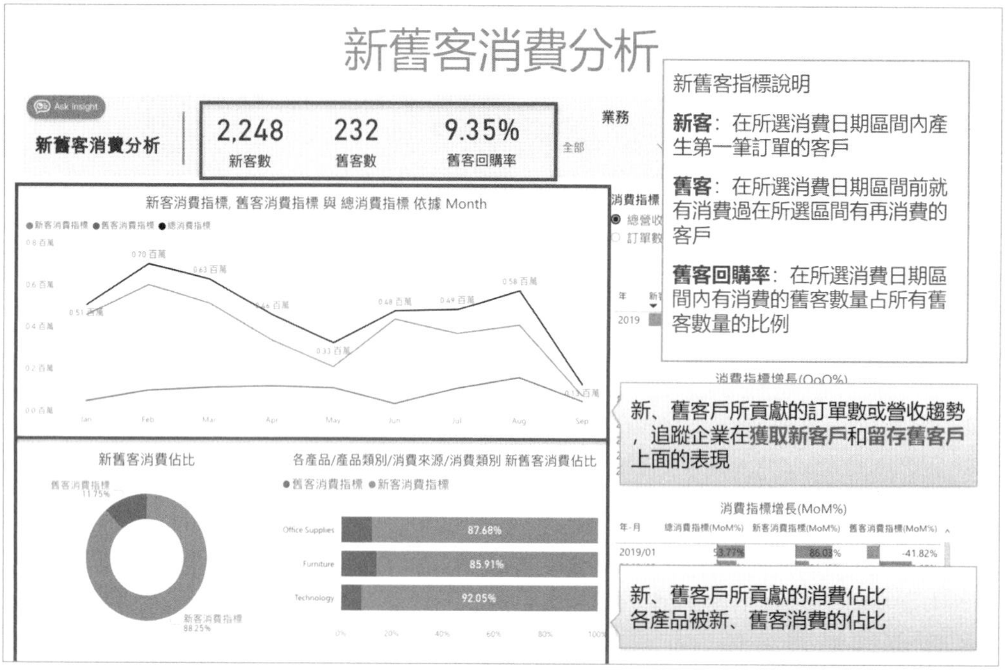

四、回購週期分析

不同產品類型其回購週期便有差異，如耐久品、非耐久品，Insight 模組透過對不同產品的回購分析，可以做到兩個重要提前提醒要回購的顧客，以及未回購的顧客做後續關懷，或了解不買的原因，對顧客購買後續的狀況追蹤是未來回購與否的關鍵，因此持續熱絡的分享、互動，以引發顧客的關注及認同，可設計一系列的回流活動，激發顧客回購的動機和行動。

例如採用 Vital CRM 多年的林果良品採取 3 個時間點寄簡訊，達到維繫關係、回購雙重目的。在完成第一筆交易後，為了使消費者持續回購，後續在 3 個時間點下功夫是關鍵，亦即在購買後的 3 天、3 週、3 個月，分別將品牌名稱出現在顧客視線內，便能讓他記住品牌、提升好感度，透過持續維繫關係，並創造回到店裡的誘因，達到穩固品牌忠誠度與回購雙重目的。CEO 曾信儒因應林果良品計算的回購週期，將最後的 3 個月調整為 6 個月，透過手機簡訊持續關懷顧客，經過細細洞察、調整購物流程的每個細節，順利將新客變熟客，熟客變鐵粉，回購率高達 4 成，創造同行奪不走的競爭優勢，顧客回購週期分析如下圖所示。

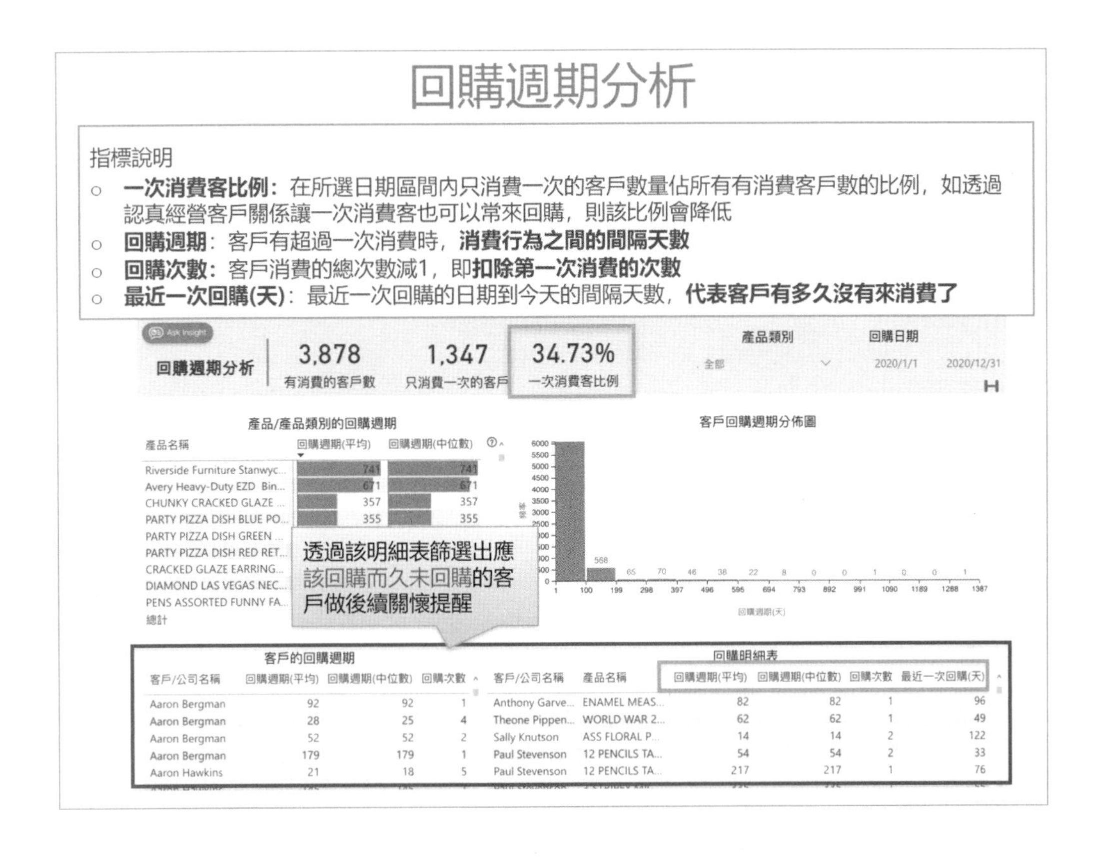

13-5 業務與服務管理端的數據分析與應用

對經營績效卓越的企業而言，有良好顧客服務成效，一定來自擁有優秀的業務團隊、扎實的內部教育訓練，與標準作業流程（SOP）的規範，在業務管理上相當注重團隊成員服務顧客的績效，透過記事本功能，能一覽追蹤查詢期間的狀況，對於業務員的表現可以更客觀評估，同時對於進行中、久未聯繫的顧客都能從數據分析中引導下一步該如何進行，其主要功能有以下五項分析，包括記事分析、工作分析、商機分析、商機時程分析、使用者管理等部分，而業務主管察看記事分析，如下圖所示。

一、記事分析

其主要觀察重點，如：業務日常工作內容分類統計、了解各業務在銷售（拜訪、電訪、商情收集等）和關係維繫上的密度、監控顧客抱怨、系統改善作為服務流程改善指標、找出久未聯絡的顧客做後續關懷和追蹤。

■ 業務主管如何查看和分析本部門業務的記事資料?

Step 1.
業務主管選擇自己的部門群組和想要查看的日期區間！比如群組選“業務二部”，記事建立日期選“2020/2/1~2020/2/29” 就可以看到這個部門的所有業務在2月份建立的記事狀況

Ask Insight
記事分析
177
記事數
記事類型 全選
群組 業務二課
建立人員 全部
記事建立日期 2020/2/1 2020/2/29
建立記事排名
1 44
2 41
3 31

Step 2.
查看部門內業務建立記事數排名

客戶記事數 依據 記事類別
處理中 73
已處理 60
拜訪客戶 4
來電詢問 3
陌生開發 3
活動邀約 1

Step 3.
哪些記事類別較多?

客戶/公司記事數排名(Top 50)

客戶名稱	公司名稱	記事數
Joni Blumstein	Labdrill	22
Claire Gute	Groovestreet	20
Maria Zettner	Toughzap	6
Mike Vittorini	Donware	3
Joy Smith	Hatfan	3
Joni Sundaresam	Betatech	2
Rick Wilson	Codehow	2
Harry Marie	Dalttechnology	2

多久未建立記事 依據 客戶名稱(Top 50)

客戶名稱	公司名稱	最近一次記事(天)
Joy Daniels	Sumace	1,048
Bill Stewart	Statholdings	1,047
Andy Yotov	Cancity	1,045
Ruben Dartt	Condax	1,011
Greg Guthrie	Green-Plus	1,009
Matt Collins	Green-Plus	999
Anthony Rawles	Streethex	996

Step 4.
查看最近常聯絡的客戶(公司)，是否有讓業務注意的特殊事項?
查看久未聯絡的客戶(公司)，是否需要讓業務去做關懷?

二、工作分析（或是行事曆分析）

其數據分析觀察重點，如：讓主管了解業務日常工作完成狀況、比較各部門或部門內業務工作數和完成狀況，對於逾期未完成工作數應該加強支援與稽核，讓業務團隊的運作在數據基礎上集中火力與資源，如下圖所示。

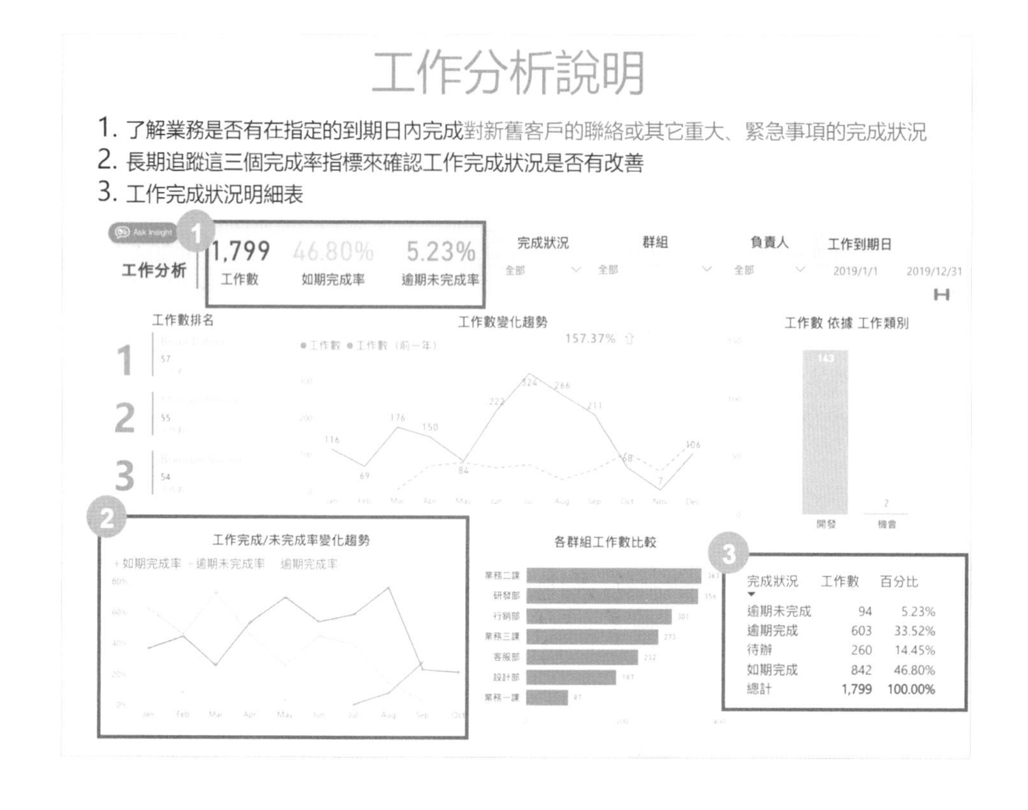

三、商機分析

數據分析的觀察重點，如：掌握各業務或是業務群組負責的商機狀況，以及成交轉換率。而商機時程相關統計指標，方便業務主管和業務快速找到停滯的商機，安排後續的追蹤和聯絡，確保商機可以一步步往成交目標推進，如下圖所示。

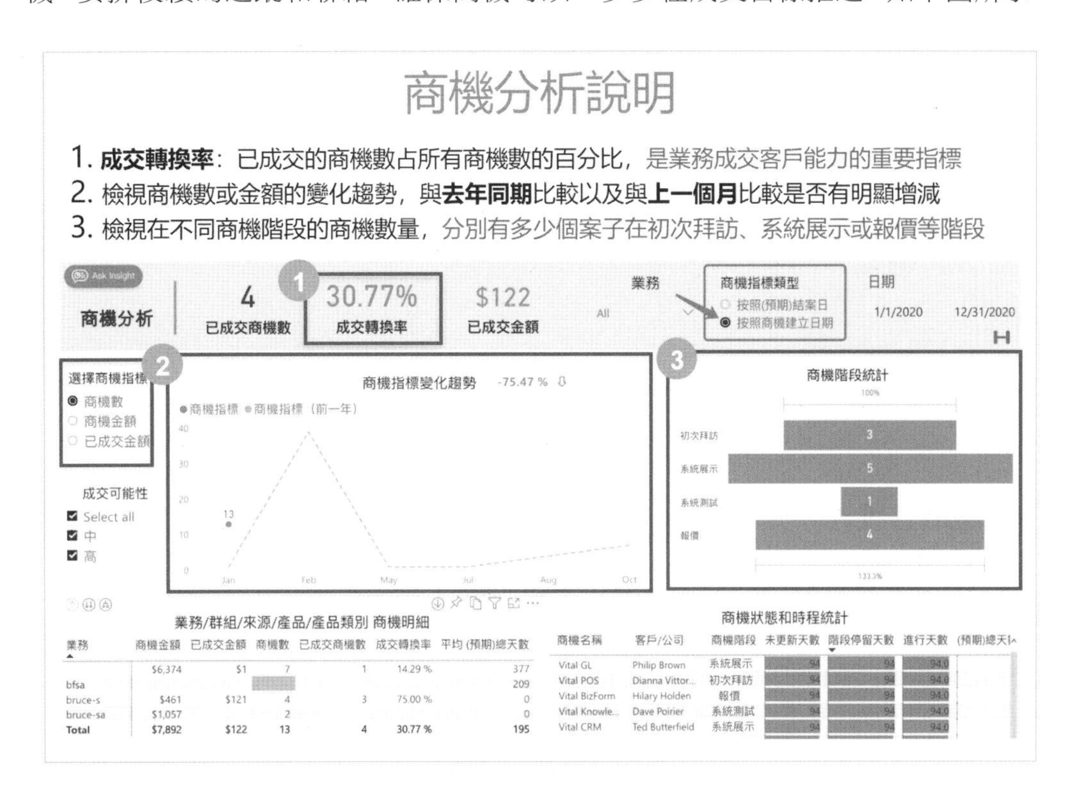

四、商機時程分析

數據分析觀察重點，如：商機時程相關統計指標，目的在使業務主管和業務快速找到停滯的商機，安排後續的追蹤和聯絡，確保商機可以逐步往成交方向推進。商機時程管理說明，如下圖所示。當企業從各個管道辛苦蒐集各種商業機會後，對於商機時程與進行階段必須要瞭若指掌，尤其當業務數量龐大時，更需要即時建置於系統中，以方便查閱所有進度狀況。

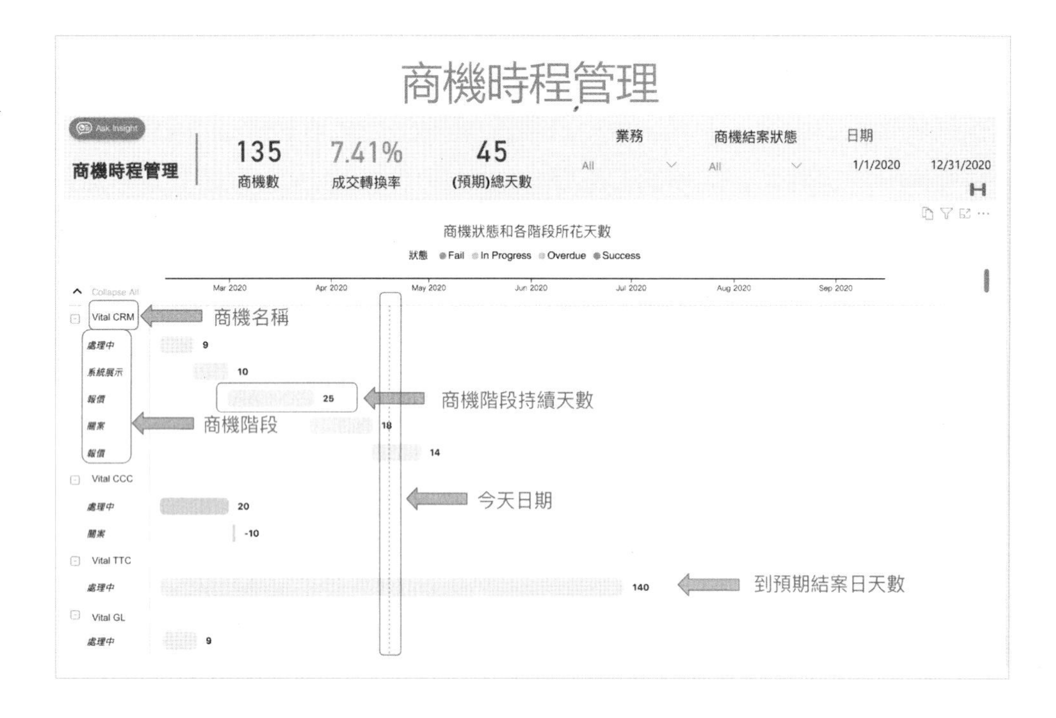

五、使用者管理

其主要觀察重點，如：提供業務主管統一的界面查看各業務以及部門的記事、工作、商機和新增顧客（公司）等相關指標，提供系統管理者統一的介面查看各部門各業務的系統使用狀況。如下圖所示。

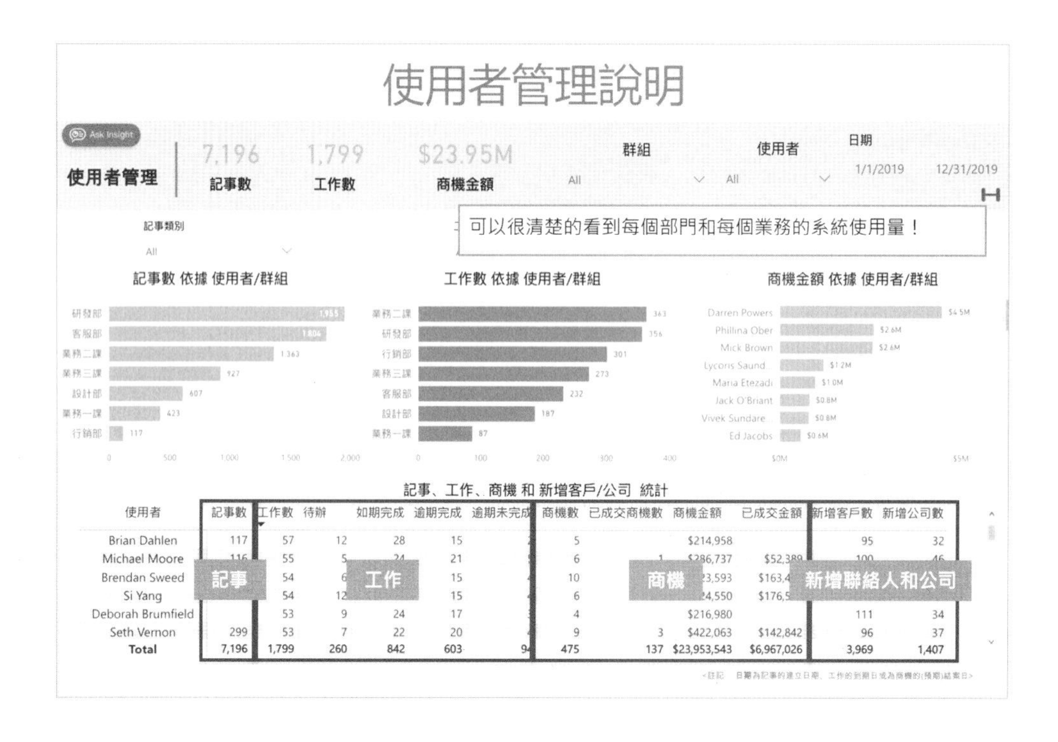

使用者	記事數	工作數	待辦	如期完成	逾期完成	逾期未完成	商機數	已成交商機數	商機金額	已成交金額	新增客戶數	新增公司數
Brian Dahlen	117	57	12	28	15		5		$214,958		95	32
Michael Moore	116	55	5	24	21		6	1	$286,737	$52,389	100	46
Brendan Sweed		54	6		15		10		3,593	$163,4		
Si Yang		54	12		15		6		24,550	$176,5		
Deborah Brumfield		53	9	24	17		4		$216,980		111	34
Seth Vernon	299	53	7	22	20		9	3	$422,063	$142,842	96	37
Total	7,196	1,799	260	842	603	94	475	137	$23,953,543	$6,967,026	3,969	1,407

13-6 行銷端的數據分析與應用

行銷端的數據分析與應用，主要著重在兩個部分的觀察，一、行銷郵件分析；二、活動分析。企業為了增加與顧客的互動機會，會因產業別不同而設計許多的節慶活動方案，例如春節感恩回饋、生日禮、母親節、父親節、中秋節、端午節、情人節、勞動節、聖誕節等，藉由眾多活動拉近與顧客的距離，不僅可以推廣產品，也可以蒐集顧客的反應。

企業通常會以行銷郵件、簡訊作為通知顧客訊息的途徑，但是發送出去顧客是否有閱讀，還有是否有進一步回應，都攸關活動是否可以進行及內部的人力、物力、場地、資源的規劃，因此必須衡量和優化行銷郵件發送的成效，便是觀察的重點。

而活動分析，則檢視行銷活動的成效，分析活動參與者的輪廓來了解是否 target 到目標客群，以及不同屬性活動可以吸引到的客群差異。

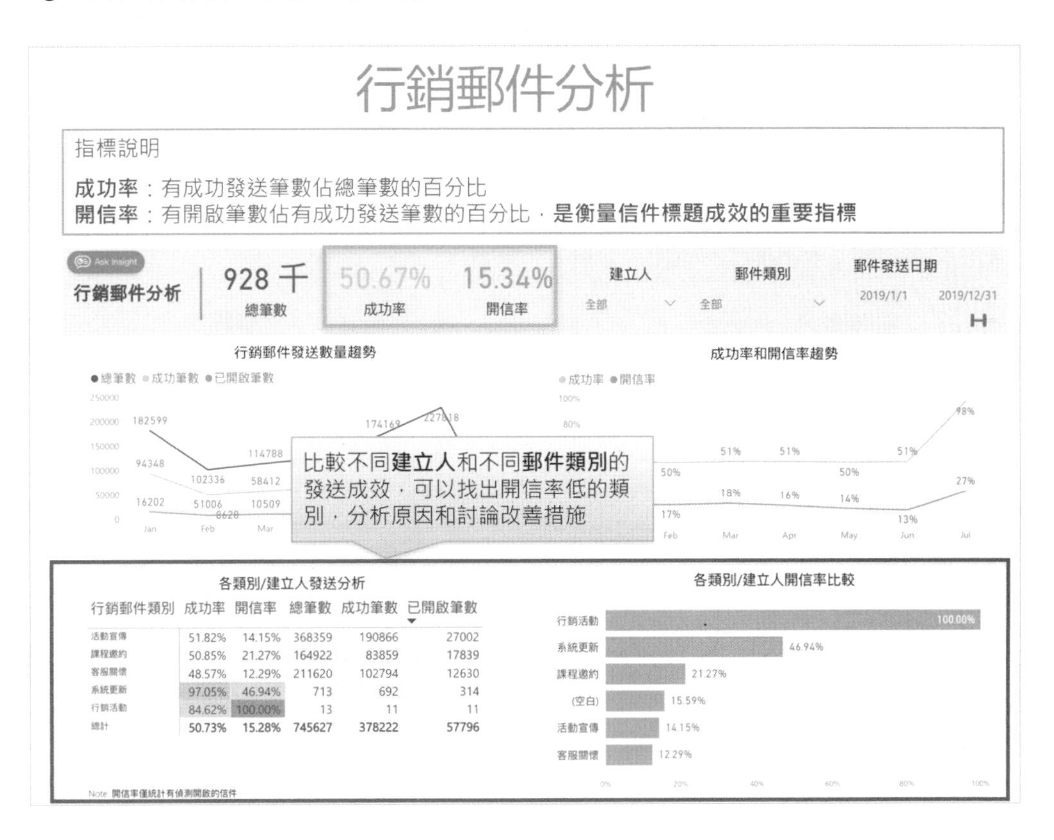

13-7 資料品質分析

資料品質分析目的，在於確保資料的準確和完整性，並進一步產生有意義的結果，以供管理者的決策依據。例如系統內主要欄位的資料缺失、重複資料的檢查。

通常資料品質標準有六個主要維度加以判斷，當確實遵守以下維度，即能為組織提供優質決策所必須擁有準確與高品質的資料。

1. 全面性：檢查需要填寫哪些基本欄位，才能使資料集被視為完整。
2. 一致性：確保資料分析結果、製作和使用上的格式都是相同的。
3. 準確性：反映資料所代表的為正確值。
4. 格式：確保資料輸入格式一致。
5. 時間範圍：當資料內容是最新狀態、決策者能在正確的時間取得使用。
6. 完整性：判斷資料集是否符合組織制定的規則和標準。

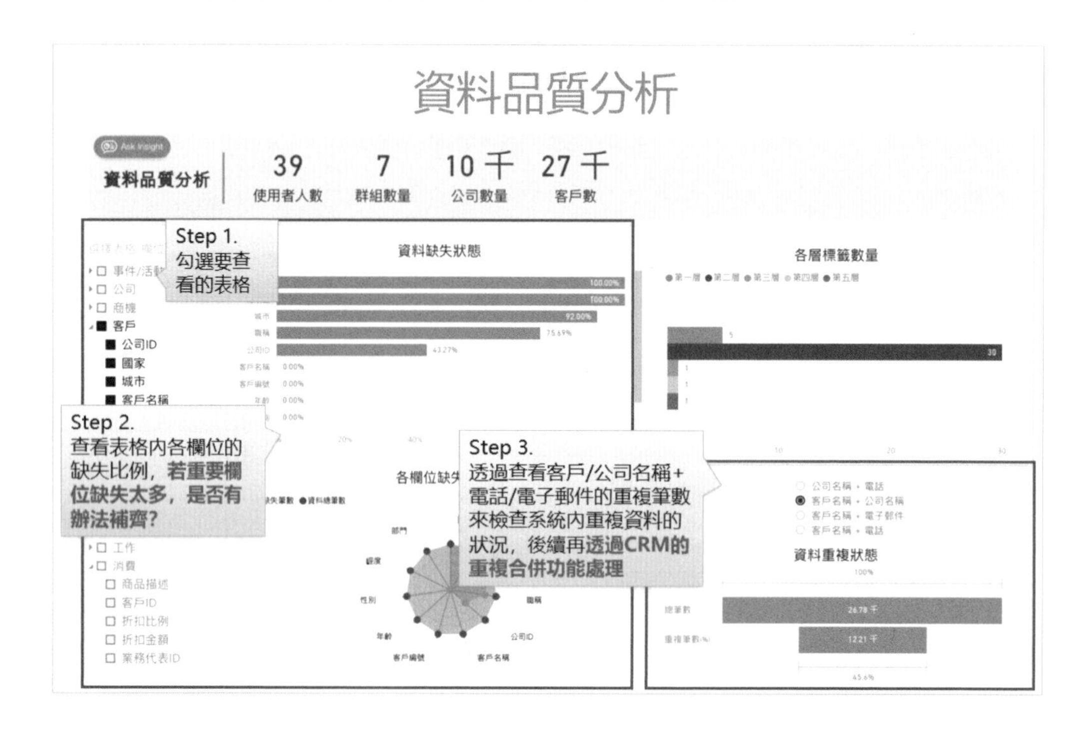

課後個案　高柏科技

高柏科技善用 Vital CRM 行動化業務管理提升 20% 效率

個案學習重點

※導入 Vital CRM 系統前的狀況

1. 過去產品顧問顧客拜訪後都需要回公司撰寫拜訪紀錄，每週一才有一次檢討會議，常會錯失商機。
2. 檢討會議需要耗費時間製作業務報告簡報，但內容不一定是需要檢討的。
3. 顧客輪廓沒有統一的紀錄模式。

※導入 Vital CRM 的 Insight 數據分析效益

1. 遍佈全球各地的產品顧問，在拜訪顧客後，立即在手機上撰寫拜訪紀錄，主管可以即時回饋，讓顧客服務與業績掌握沒有時間地理限制。
2. 主管可線上督促案件發展，不論大小案件進行顧客培養計畫。
3. 只要快速拉出後台報表，針對數據進行分析，快速切中重點。
4. 運用標籤進行顧客輪廓標註，快速建立與顧客情感的接觸點。

桃園第一家連續兩年取得 B 型企業認證：高柏科技

高柏科技善用 Vital CRM 行動化業務管理提升 20% 效率，除了公司獲利外，也相當專注於對環境盡一份心力、照護員工，所以除了包括協助淨灘、鄰里公益事務外，公司還有像是志善假（請假做志工）、樂活假（參加比賽）、樂學假（買書充電）、樂血假（捐血做公益）……等近十種特殊福利假別。」高柏科技產品顧問處長范綱原笑著說。成立於 2003 年的高柏科技，去年導入叡揚資訊 Vital CRM，善用行動化管理全球各地的產品顧問，讓業績回饋即時高效；數據分析清晰便利，標籤記事協助顧客輪廓描述，建立長久的顧客關係等豐富的高效功能，協助高柏在疫情期間的業績成長與效率提升，高柏科技除了專注於產品研發，更相信透過系統與 AI 將是公司永續經營的關鍵。

Vital CRM 高度行動化 掌握商機無時差

高柏科技專注於全方位解熱方案的研發及材料製造與銷售，透過累積多年的研發成果及銷售經驗，在電動車、5G、AI、醫療、伺服器等商用領域，研發並提供顧客最合適的熱工程解決方案。現今，高柏科技擁有遍布全球超過 4000 家以上的顧客，並於台灣、中國、美國、英國等地皆設立據點。范綱原處長指出，高柏的產品可以根據顧客需求提供不同的搭配解決方案，過去產品顧問拜訪顧客後，需要回到公司打報表進行紀錄，每週一透過例會進行報告，這樣的流程常讓公司錯失許多業務機會的黃金決策期。現在透過 Vita CRM 的行動化功能，當遍佈全球各地的產品顧問一拜訪顧客後馬上在手機上撰寫拜訪紀錄，主管也可以即時回饋，讓顧客服務與業績掌握沒有時空限制。

范綱原處長指出行動化功能的好處不僅於此，他發現許多新進人員也會透過行動報表功能紀錄問題，主管可以趁機回答做好新人訓練。高柏的產品顧問時常一天就拜訪數個顧客，透過行動裝置在會議後馬上記錄，主管也可以督促案件發展，除了大型案件的追蹤，也可即時反饋中小型企業的顧客開發，進行顧客的培養計畫。

省卻製作業務簡報時間 善用數據精準檢討

除了行動裝置帶來的業務效率提升，Vital CRM 中的 Insight 數據分析模組也讓檢討會議更聚焦。過去檢討會議前，總要花很多時間準備簡報，現在會議只需要一鍵開啟 Insight 數據分析，就能快速討論策略與行動，不但快速又切中重點，讓整體管理效率有感提升。

標籤建立顧客輪廓 建立長久的顧客關係

除了客情回報與數據分析，高柏更巧妙運用標籤進行顧客輪廓標註，以前業務總會把顧客的樣貌紀錄在名片上，現在可以在 Vital CRM 上標籤顧客的狀況，像是單身、有孩子、喜歡運動…等，透過完整多元的標籤讓產品顧問深度挖掘與顧客的共通話題，透過情感牽引建立與顧客長遠的朋友關係。范綱原處長指出從導入 Vital CRM 到現在雖然只有短短不到一年的時間，但因為系統的高效率，讓採用帳號快速增加。導入初期最大的挑戰通常都是員工不願意改變，這個時候主管就一定要以身作則，鼓勵員工採用。高柏科技更進一步採用比賽方式，每一季透過檢討紀錄質量，直接發獎金鼓勵，讓導入的過程更加順利。

- 資料來源：

1. https://www.semi.org/zh/blogs/semi-news/smart-data/ai/covid-19，2020-05-19
2. 叡揚資訊股份有限公司，Insight 實機教育訓練簡報，20200721。
3. 叡揚資訊股份有限公司，Vital CRM Insight 教育訓練簡報。
4. Vital CRM insight 顧客資料分析模組 - Vital 雲端服務 - 叡揚資訊 (gsscloud.com)
5. https://www.gsscloud.com/tw/vital-crm/insight/
6. https://www.gsscloud.com/tw/user-story/1518-vital-crm-2
7. https://www.gsscloud.com/tw/user-story/1472-business-management-efficiency-improving
8. https://www.thinkwithgoogle.com/intl/zh-tw/marketing-strategies/automation/以人類才智發揮自動化技術潛力的三個關鍵要訣/
9. https://www.managertoday.com.tw/articles/view/57841?，2019/06/19
10. http://shuj.shu.edu.tw/blog/2018/01/05/探索大數據應用/
11. https://www.tibco.com/zh-hant/reference-center/what-is-data-quality
12. https://www.tglobalcorp.com/tw

個案問題討論

1. 請上網蒐集高柏科技公司的資料，了解公司的背景與產品及服務。
2. 高柏科技公司如何運用行動裝置追蹤大型案件進度與中小型企業的顧客開發？
3. 高柏科技透過 Vital CRM 的 Insight 數據模組產生哪些重要效益？

4. 高柏科技如何使用標籤進行顧客輪廓標註，以快速建立與顧客感性的接觸點？
5. 討論當企業全球化經營時，要蒐集哪些重要情資以掌握市場動態？

本章回顧

CRM 的大數據分析以顧客為中心，整合分析消費、商機、行銷活動、標籤、記事和工作管理等數據，如 RFM 分析和顧客終身價值預測模型，幫助找出正確客群，達到精準行銷，此外，預測顧客的終身價值、流失機率和是否會回購等未來行為，利用機器學習和人工智慧協助企業更精準、更有效率地進行顧客關係管理，透過數據化的營運分析，以互動性、多維度、顏色管理的視覺化儀表板，即時分析營運狀況，讓決策更有效率。

而 Google 公司也指出要找出能夠幫助品牌創造佳績的洞察資料，第一步是徵詢團隊成員意見，找出「目前沒有、但希望能收集到的資料」，然後與資訊部門主管合作，進行一些簡單測試來取得該項資料。若得到不錯的成效，即可繼續執行，藉此逐漸提升資料品質。

試題演練

1. (　　) 下列何者是大數據「5V」的定義內涵？

   (1)Volume、Variety、Vacation、Velocity、Veracity

   (2)Volume、Variety、Value、Velocity、Veracity

   (3)Volume、Video、Value、Velocity、Veracity

   (4)Vacuum、Variety、Value、Velocity、Vaccinate

2. (　　) 以下何者不是大數據分析 Insight 模組具有的功能？

   (1)透過大數據分析技術全方位掌握企業經營狀況

   (2)經由數據化營運分析，透過高互動、多維度、多色彩、可篩選的視覺化儀表板

   (3)在顧客價值動態分群上，進行 RFM 分析和顧客終身價值預測模型，幫助瞄準正確客群

   (4)記錄顧客詳細購買分析

3. (　　) 下列何者非顧客端分析應用情境？

   (1)依據條件篩選觀察各類型顧客的指標趨勢

   (2)依據選定期間內產生第一筆訂單紀錄的顧客

   (3)依據顧客身上錢包購買金額進行分析

   (4)依據消費日期或消費期限內的顧客

4. (　　) 下列何者非銷售大數據分析觀察的重點？

   (1)透過訂單資料的分析，掌握各產品別、各銷售地區，以及新舊顧客等的銷售業績表現

   (2)依據 R（最近一次消費）/F（消費頻率）/M（消費金額）三個重要的行為指標，將顧客分成不同群組加以分析

   (3)透過了解顧客對不同產品多久會回購一次，提前提醒要回購的顧客，對該回購而未回購的顧客做後續關懷

   (4)分析業務成效不佳的業務員檢討原因

顧客關係在行動商務與雲端運算的應用

14

課前個案 愛豆網

不再花大錢買廣告
雲端 CRM 衝刺愛豆網業績

個案學習重點

1. 瞭解愛豆網運用 Vital CRM 發送 EDM 及簡訊功能，簡單、容易操作，帶動商品訂單不用廣告費，營收持續成長。
2. 瞭解愛豆網透過 Vital CRM 進行顧客標籤分類客群，確實精準行銷，清楚掌握客戶的口味和喜好。
3. 瞭解愛豆網運用 Vital CRM，註記客戶購買行為及資料，建構完整顧客樣貌，每一筆訂單的消費明細、金額、贈品內容瞭若指掌。
4. 瞭解愛豆網員工將任何與客戶有關的事項，紀錄在 Vital CRM 系統，成為內部溝通平台，留言通知輕鬆搞定。
5. 觀察愛豆網導入雲端 CRM 系統，能夠成功應用的關鍵因素。

愛豆網簡介

愛豆網自 2000 年成軍以來，在不做廣告、不進入口網站的堅持下，寫下創業七年後年營收成 500 倍的成績，這在競爭激烈的電商市場中相當不容易，而透過雲端 CRM 系統區分客戶屬性、落實口碑行銷，讓愛豆網新客戶的比例能夠一直維持在 30%，是其業績持續成長的關鍵。

透過贈品與 CRM 系統 落實口碑行銷

談到經營電商，一般人第一個想到的就是加入大型電商平台或入口網站，利用流量帶來人潮，鮮少有人像愛豆網這樣，從一開始就獨自架設與營運購物網站，「所以，我們剛成立的時候的確很辛苦，當時月營業額只有 4300 元，」王懋時感慨地說。草創時期的辛苦，並沒有動搖王懋時的決心，他認為，加入大型電商平台或入口網站會被抽成，廣告宣傳的費用也不便宜，與其一開始就投入大筆資金衝流量或曝光度，不如穩紮穩打地經營顧客，將這些廣告成本直接回饋給顧客，透過口碑行銷帶來更多訂單。

也因此，愛豆網從成軍初期就訂下送贈品的行銷策略，任何一個在愛豆網下單的顧客，無論消費金額是高還是低，都一定會收到贈品，遇到 VIP 生日當月消費滿千元，還可享有「生日好禮價值 800 元神父咖啡豆」的超值好禮，中秋節送月餅---等等！此大方的態度，是愛豆網成功的第一個關鍵！

除了送贈品給顧客，王懋時更希望找出忠實顧客、做更深入的互動，於是，愛豆網在成軍第二年便導入叡揚 Vital CRM 雲端客戶關係管理系統，這也成為業績持續成長的第二個關鍵。透過 Vital CRM 系統記錄客戶的基本資料、每一筆訂單的消費明細、金額、贈品內容等，如此一來，不僅能根據回流次數或消費金額分類客戶屬性，例如：忠實顧客、新顧客⋯等，更能清楚掌握客戶的口味和喜好，讓贈品能夠更貼近客戶需求。

愛豆網張宥婕舉例說明，咖啡有厚實、果酸⋯等不同口感，在選擇贈品前，愛豆網會先觀察上次送的贈品，有沒有出現在這次訂單裡，如果沒有，代表顧客可能不喜歡該種口感，那麼這一次就會選擇其他口感的咖啡。

將雲端 CRM 化為團隊內部溝通平台

此外，為了清楚掌握顧客購買狀況，愛豆網也善用 Vital CRM 系統的標籤功能，目前共分類了數十種標籤，例如：近期新增的客戶、曾經送過優惠券/中秋月餅、2017 年之後就沒有再下單、VIP 會員、曾經索取團購訂單、只買咖啡豆…等，「透過標籤，3 秒鐘就能瞭解這名顧客，」王懋時笑著說、對此功能相當滿意。

張宥婕進一步說明，標籤分得越細，越能清楚說明顧客的狀況，也就越方便愛豆網規劃行銷活動或是提供服務，舉例來說，2017 年後沒有再下單的顧客，愛豆網就會親自聯絡瞭解原因，才發現很多都是改了地址或 Email，又如只買咖啡豆的顧客，當推出與咖啡豆相關的促銷時，這群顧客就會被列為優先宣傳對象。

對愛豆網來說，Vital CRM 系統不只是服務客戶的最佳幫手，也是內部溝通平台。由於愛豆網的工作團隊經常不在辦公室，為了提高溝通效率，員工習慣將任何與客戶有關的事項紀錄在 Vital CRM 系統中，例如：之前的客訴是否已經解決、有哪些待辦事項…等，如此一來即便無法每天碰面，只要開啟 Vital CRM 系統就能即時掌握最新狀況，為顧客提供品質一致的服務。

其實，現今有很多企業導入雲端 CRM 系統，但是像愛豆網如此靈活運用的卻是少數，王懋時認為，值得信任的員工、親自瞭解系統的每一個功能、堅持每天維護客戶資料，是雲端 CRM 系統應用關鍵。他透露，一開始愛豆網也曾經因為工作忙碌，隔了一個禮拜才進行客戶資料建檔工作，當時覺得非常痛苦且麻煩，之後就養成每日維護的習慣，也因為這個習慣讓 Vital CRM 成為愛豆網衝刺業績的最佳利器。

「在網路世界，沒有面對面的直接接觸，客戶忠誠度及口碑行銷是決定能否生存的生死牌。」除了好好呵護辛苦打拚下來的客群外，在台灣坐二望一的愛豆網也有更高更遠的藍圖，「我們期望能成為台灣最大的咖啡銷售網路平台，更準備進軍淘寶網，把 3,000 項產品賣到中國大陸去！」而實現這夢想之前，「會員」這前提要穩扎穩打，「會員客服是愛豆網之根，之前我們比較土法煉鋼用留言板或電話模式來接近會員，無法有更活潑更主動更貼心的智慧服務。」王懋時感嘆地說，太慢接觸 Vital CRM 愛客戶這種雲端 CRM 服務，真的錯失很多之前想都沒想過的商機模式！

強調平價實惠的愛豆網是走薄利多銷的模式，「大型入口網站的廣告費，我們吃不消！與其把這些錢花在宣傳，不如實實在在地回饋給會員！」王懋時坦白地說，「發 EDM、簡訊這些事情，以前對我們來說是天方夜譚，因為要錢、要有技術、要有人會！」王懋時搔搔頭說，使用 Vital CRM 愛客戶之後，這些事情都迎刃而解，而這也是為何愛豆網團隊對於 Vital CRM 有相見恨晚的感嘆！

「第一次使用 Vital CRM 的發送 EDM 及簡訊功能時，隔天我們就很驚訝訂單有很明顯的成長波動。」舉例來說，像是 400 多筆的 VIP 客戶，通常就是在節日前傳送禮盒特惠簡訊，衝刺業績，而且最重要的是，不需要會寫程式、會美編，EDM 簡訊範本就直接套用，對於精簡的中小企業來說真是一大方便。「客戶是寶」這是王懋時的經營核心理念，「回流率是最高指導原則，鞏固舊有客群，建立長久關係。」所以愛豆網目前會在 Vital CRM 裡的每一筆客戶資料，留言加註訂出貨日期、多久沒下訂單提醒客服做電話詢問、回饋意見及購買行為，建立珍貴的客戶資料及銷售族群樣貌，讓行銷可以更有跡可循，不再亂槍打鳥白費功夫。

對於一次至少動輒上萬的廣告費用，王懋時有其見解，「先了解客戶、好好照顧這些老主顧，再來談大量式的曝光。」營業第一年，愛豆網就花了 20 萬寄送試喝新品給客戶，「這樣比較有意義，會員也會感受到愛豆網以客為尊的服務態度及營運高度！」目前已經累積超過兩千名會員，「我們現在也很努力把這些會員資料加速匯入 Vital CRM 裡，並詳加分類成 VIP、公司團體、咖啡豆、學校、海外等等標籤族群，可針對客群屬性不同來做不一樣的行銷手法。」

此外，Vital CRM 更成為愛豆網團隊最愛用的內部溝通平台，「我們人力很精簡，所以可能 A 負責寄貨處理、B 以客服及通路為主、C 則是管理貨源，而這也導致我們常碰不到面，幾乎都是用電話連繫。」故 Vital CRM 這樣的客戶管理平台反而成為團隊溝通最佳管道，「這樣一來我們也不用擔心忘記聯絡，或是電話講不清，有什麼問題，就直接回應在 Vital CRM 上，就跟臉書一樣，一旦有人回應留言，系統就會貼心通知。」王懋時補充說明，甚至還可以上傳照片或是檔案，免去電話講不清的麻煩。

對於愛豆網來說，最重要的是寶貴客戶及服務資料通通都在 Vital CRM 上，不像以前東抄抄西寫寫，團隊工作也無法掌握，「Vital CRM 簡單好用，不僅讓我們更了解客戶進階行銷，更可以達到管理功能，對我們這種中小企業來說，真的是一箭雙鵰，不但可以提升獲利還可以控管營運。」王懋時已把台灣根基打穩，瞄準對岸的網購咖啡市場。

- 資料來源：
  https://www.gsscloud.com/tw/user-story/124-search-result/241-vital-crm-kpn
  https://www.bnext.com.tw/article/48839/idou-crm-grasp-annual-income-millions-and-millions

個案問題討論

1. 請上網搜尋愛豆網的相關資料，瞭解愛豆網提供的眾多咖啡商品與顧客互動的友善方式。
2. 請討論愛豆網如何不花大錢買廣告 卻能開出漂亮的業績成長？
3. 請就個案描述，討論愛豆網成功使用雲端 Vital CRM 的幾個關鍵點，如瞭解系統的每一個功能、每天維護客戶資料、詳細標籤分類、掌握顧客資訊、不同族群不同行銷策略、…等等。
4. 請討論愛豆網團隊常常因為業務外出，聯繫不易，透過 Vital CRM 如何解決？
5. 請討論如何以 Vital CRM 達成：「回流率是最高指導原則，鞏固舊有客群，建立長久關係」的實務做法？

14-1 行動商務

14.1.1 行動商務之定義

行動商務（Mobile Commerce, MC）基本的定義，廣泛定義是使用者以行動終端設備如智慧型手機、平板、筆記型電腦…等透過網路傳輸方式進行具貨幣價值的商業交易活動，亦即使用者透過行動裝置及網路資料傳輸進行服務與應用，都可以涵蓋在行動商務的範疇內。當前在行動科技快速的發展下，許多行動商務的型態更日新月異，最新結合應用如無線射頻辨識（Radio Frequency Identification, RFID）、範疇的近場通訊（Near Field Communication, NFC）、物聯網（IoT）、虛擬實境（VR）、擴增實境（AR）、線上與線下（o2o）、大數據分析、人工智慧（AI）、…技術等，已為行動商務領域帶來許多創新的應用商機。

14.1.2 整體 e 化應用的演進

整體 e 化應用的演進，從企業內部作業的自動化開始，包括行銷、生產、人事、財務、研發等作業，當 e 化過程必須合理快速反應外在環境的變化，此時不合時宜及冗餘複雜的流程將被調整，流程運作朝向有效率，快速解決實務問題及工作需求。當內部 e 化與流程完整正確後便可以將內外部資訊系統加以整合，亦隨著 Internet 的普及廣泛應用，公司在網頁上進行更多的網路服務，包括公司簡介、產品說明、線上訂購、留言板、互動交流區、線上客服、機器人、…等等，提供一個與顧客交流的平台及服務，而現今更是邁入無所不在的行動商務時代，可以使用多種裝置在任何時間、任何地點，只要有網路環境都能連上雲端平台，使用雲端上提供的資源與服務，達到 any where, any time, any people, any device, any place, any product，都能在網路環境中達成共享資源，商品交易更快速，提供顧客訊息更即時。此 5 個階段 e 化應用的演進及相關資訊科技如圖 14-1 所示。

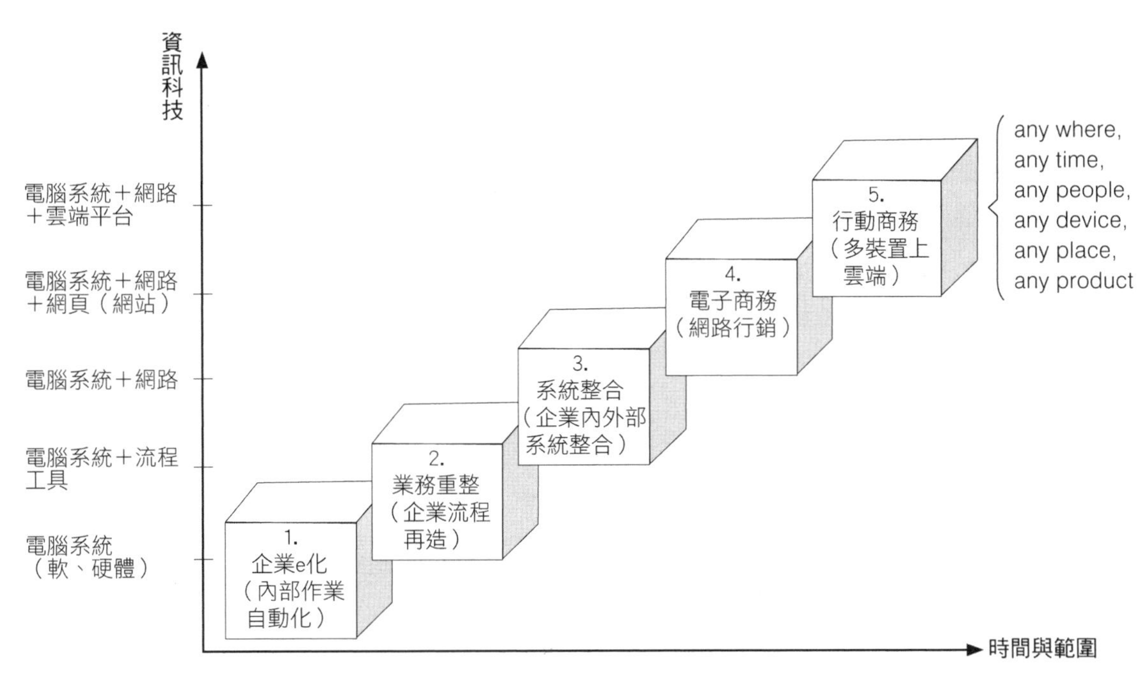

圖 14-1 e 化應用的演進

14.1.3 行動商務與電子商務的差別

行動商務與電子商務的差別如表 14-1 所示，以下六點加以說明：

表 14-1 行動商務與電子商務差別

營運範疇 / 使用設備	企業對外經營模式	企業對內運用 IT	企業整體營運模式
網路及通訊設備、電腦主機、伺服器	電子商務（EC）Electronic Commerce	企業內部電子化（E 化）	電子商業（E-Business）
無線通訊設備、平板、智慧型行動裝置	行動商務（MC）Mobile Commerce	企業內部行動化（M 化）	行動商務（M-Business）

1. **電子商務**：一般電子商務（EC）是指在企業運用架設網站、設計網頁、產品目錄上線、連接網路通訊設備的商業模式，例如 YAHOO 購物網站、蝦皮、淘寶、露天拍賣、PC home 網路購物…都是涵蓋在電子商務的範圍內，電子商務基本上有四種經營模式：

   (1) 企業對顧客（Business to Customer, B→C）如購物商城

   (2) 企業對企業（B→B）如採購原物料、承包工程、標案…

   (3) 個人對企業（C→B）如外包接案、美工設計、多媒體製作、文稿撰寫…

(4) 個人對個人（C→C）如網路、線上拍賣…

其他衍生如企業對政府（B→G）如承包政府工程。

2. **行動商務**：所謂的行動商務（MC）是指在企業對外運用無線通訊設備所進行的商業模式，例如運用智慧型手機上網交易等。
3. **企業內部電子化**：企業 E 化是指在企業內部運用各種商業應用系統、網路及通訊設備作業模式，例如企業資源規劃（ERP）、供應鏈管理（SCM）、顧客關係管理（CRM）、商業智慧（BI）…等資訊系統。
4. **企業內部行動化**：企業 M 化是指在企業內部所運用網路或無線通訊設備的作業模式，例如雲端版的 ERP、CRM、KM…等等，用在遠端跨地域、跨國界的營運操作。
5. **電子商業（E-Business）**：電子商業係指整合企業內部的電子化，並擴增到企業與企業、企業與顧客之間的交易流程，其目的是為了要加強跨組織之間、企業與顧客之間的資訊傳遞以及互動性，並整合金流、物流、商品流、資訊流在 EB 的架構下使之更加流暢。
6. **行動商務（M-Business）**：將產品銷售或行銷流程導入到行動設備中，並可執行電子商務的功能，如 7-11 旗下的 7net 雲端超商行動版，提供消費者透過智慧型手機或平板下單訂貨，商品種類十分多元，並可在全台五千多家門市快速付款取貨等。全家便利商店也有 Family Mart 提供給消費者快速在網路平台上購物。而大超商綁定銀行信用卡快速結帳，不需帶現金，一樣可消費，更促進行動商務的蓬勃發展。

14.1.4 行動商務的使用範圍

目前行動商務的使用範圍大致可分為三類：B2C、B2B、B2E，以下個別介紹：

B2C 行動商務的應用範圍

1. **行動銀行/行動券商**：如國內各銀行推出的行動銀行讓客戶能透過智慧型手機或個人數位助理（PDA）或平板（iPad）等設備，透過無線上網進行轉帳、匯款、帳戶查詢、異動通知、用戶管理、即時金融商品買賣報價等服務。而行動券商業務提供會員可以透過行動電話或平板電腦查詢即時國內外股票的最新行情、各股股價、金融商品買賣、投資組合管理等，以及成交時傳送簡訊通知自動扣款等，此外行動支付、能夠將銀行信用卡與超商、Line 綁定，讓交易無須付現，金流更順暢。

2. **簡訊服務**：行動商務的交易、付款、取貨等通知皆有提供簡訊與 E-mail 服務。
3. **行動購物**：透過公司提供的 APP 軟體讓消費者透過無線上網方式進行以下幾項服務：線上訂購查詢商品及價格的資訊、瀏覽購物網站、優惠特價通知、促銷活動通知、新品上市通知、新門市開幕通知、攔碼優惠通知、實際刷碼購物等產品銷售服務。

B2B 行動商務的應用領域

B2B 行動商務的應用，如應用服務提供業者（Application Service Provider, ASP）目前便已經開始發展所謂的「無線應用服務提供者」（Wireless Application Service Provider, WASP），或稱「行動應用軟體租賃服務業」（Mobile Application Service Provider, MASP），如叡揚資訊提供 Vital 家族的雲端應用服務，可以針對企業對企業的營運模式，也可針對企業對個人的經營模式。

B2E 的應用範圍

B2E（Business to Employee）是指企業對員工之 M 化的應用。B2E 行動應用包括讓行動工作的員工如業務員或外派人員，能透過無線上網設備 24hrs 收發電子郵件、查閱交辦事項、工作進度追蹤及回報、或訂單接洽。更重要的是，讓這些經常在外洽商或工作的員工能隨時隨地登錄到公司內部系統，即時查詢、擷取各項資訊，如庫存數量、客戶資料、技術支援文件、顧客交易歷程、報價資料…等，以更快速有效率地完成工作，如完成顧客訂購流程等，滿足顧客及工作任務的需求，以達到最佳的工作效率及顧客滿意度。

14.1.5 行動商務的實體架構與技術面

企業基礎建設

行動商務的基礎建設包含提供無線傳輸的通訊功能與資料處理的功能，尤其是傳輸協定的轉換，通常電信業者都有提供此項服務，但在某些特殊的情況下仍有自行架設的需求，如圖 14-2 所示。

網站架設

網站架設而言，有自行架設網站與委外建置模式兩大類：

1. **自行架設網站**：包括自行購買架站軟體及網路設備，逐步蓋站建立自己專屬的網站，自行架設網站的優點是可掌握所有資源及狀況，但缺點是需要自己維護運作，尤其是技術的進步非常快，需要不斷更新以提供最好的服務。
2. **委外建置模式**：又可分為整體委外、部分委外或階段性委外等方式。其中，階段性委外屬於比較有彈性的選擇方案，因為可以在沒有經驗及想法時，把初期投資及風險交由有經驗的廠商負責，而在確定發展方向後再自行建置其餘或更新異動的部分，並將委外的部分移回自行管理負責，委外建置的主要考慮在於能維持網站的穩定經營，降低風險，安全運作為原則。

圖 14-2 行動商務的實體架構

網站架設技術

網站架設技術有三大類：

1. **無線標記語言 WML（Wireless Markup Language）技術**：WAP 規範指定的基於 XML 的基本內容格式，使用支持該規範的設備，例如行動電話可以瀏覽 WML 的頁面。
2. **多媒體轉檔（Transcoder）技術**：Transponder 軟體可將現有的網際網路企業網頁，直接產生無線 WML 目標碼，並提供給 WAP 設備瀏覽。
3. **動態資料轉換（Dynamic Data Exchange, DDE）技術**：是一種在 Microsoft Windows 或 OS/2 作業系統中運作行程間通訊的技術。

前端通訊設備

行動商務可以讓在外工作者、購物者或需要上網找尋資料的人員，能夠透過前端通訊設備與無線網路的連結來獲取資料。一般來說，前端通訊設備可以分為電腦與智慧型手機。電腦會隨著行動通訊與無線網路的彙整，讓電腦也能透過行動通訊（無線網路）上網存取資料。而一般我們利用都是利用智慧型手機接受行動商務的服務，到 2018 年為止，幾乎所有的手機都支援 4G 以上的無線寬頻技術。

企業資料整合

在與行動商務的相關配合方面，企業資料庫資源整合的方向大體是按電子商務的需求不斷增加處理與分析功能，當前企業資料走向即時、整合、快速、行動方向發展，藉由大數據分析功能，使得經理人已經不在侷限在會議室開會討論，隨時都可以分享重要資訊與調整策略。

14-2 雲端運算

雲端運算（Cloud Computing），是一種基於網際網路的運算方式，透過共享的軟硬體資源和工具可以按服務需求提供給連接上的電腦和其他裝置。雲端運算是繼 1980 年代大型電腦工作站，個人電腦發展至主從架構（客戶端-伺服器，Client-Server）的演進之後的又一種巨變。使用者不需要了解「雲端」中基礎設施的細節，不必具有高深內部的專業知識，也無須撰寫程式。雲端運算本身是一種基於網際網路的新的 IT 服務，如地圖定位、雲端硬碟、影片製作、文件搜尋…等功能，透過網際網路提供動態且易擴充功能的資源。

在「軟體即服務（SaaS）」的服務模式，使用者能夠存應用軟體及資料。服務提供者維護基礎設施及平台以維持正常服務運作。SaaS 常被稱「隨選軟體服務」，並且是基於使用時數、儲存空間、帳號數量、或流量來收費，有時也會採取會員制的服務。

SaaS 使得服務提供者能夠藉由硬體外包、軟體維護及支援服務給企業或個人來 降低 IT 使用費用。另外，由於應用程式是遠端安裝的，異動或更新可以即時發佈，無須使用者手動更新或是安裝新的軟體。SaaS 的缺陷在於使用者的資料是存放在服務提供者的伺服器之上，使得服務提供者有能力對這些資料進行觀察或未經授權的存取，除非有明確協議規範資料的存取權利，目前都有相當嚴謹的使用條款以保障資料的安全性。

雲端運算依賴資源的共享以達成經濟效用，類似民生基礎設施（如電力、水資源、網路）。服務提供者整合大量的資源提供多個用戶使用，用戶可以輕易的請求或租借，供應者可隨時調整使用量，將不需要的資源釋放回整個系統。

14.2.1 雲端基本特徵

網際網路上的雲端運算服務其特徵，根據美國國家標準和技術研究院的定義，雲端運算服務應該具備以下幾項特徵：

1. 隨使用者需求自助服務，如 Google 提供許多應用，使用者根據自己的需要加以挑選服務，如 Gmail、雲端硬碟搜尋、YouTube、地圖、Play、新聞、日曆、翻譯、Blogger、相片等服務。微軟的 OFFICE 系列，使用者可以根據自己使用的需求安裝 Word、Excel、PowerPoint、…等付費的應用軟體。
2. 隨時隨地可用任何行動裝置進行資料存取。
3. 多人共享資源池。
4. 可快速重新部署。
5. 可被監控與量測的服務。

14.2.2 雲端服務模式

美國國家標準和技術研究院的「雲端運算」定義明確的三種服務模式：

1. **軟體即服務（Software as a Service, SaaS）**：購買者使用應用程式，並不掌控作業系統、硬體或運作的網路基礎架構。此為一種服務觀念的基礎，軟體服務供應商以租賃的概念提供客戶服務，而非購買擁有軟體，比較常見的模式是提供一組帳號密碼，經由登錄進入使用系統的功能或服務。例如，Microsoft CRM、Salesforce.com 與 Vital CRM。
2. **平台即服務（PaaS）**：購買者使用主機操作應用程式，可掌控運作應用程式的環境，也擁有主機部分的掌控權，但並不掌控作業系統、硬體或網路基礎架構的運作，平台通常是應用程式基礎架構，例如，Google App Engine。
3. **基礎架構即服務（IaaS）**：購買者使用「基礎運算資源」，如處理能力、儲存空間、網路元件或中介軟體，購買者可能掌控作業系統、儲存空間、部署的應用程式及網路元件，如防火牆、負載平衡器等，但不掌控雲端基礎架構。例如，Amazon AWS、Rackspace。

14.2.3 雲端部署模型

如圖 14-3 所示，美國國家標準和技術研究院的雲端運算定義中也說明雲端運算的部署模型：

1. 公有雲（Public Cloud）：公有雲服務可透過網路及第三方服務供應者，開放給客戶使用，「公有」一詞並不一定代表「免費」，但也可能代表免費或付費低廉，公有雲並不表示使用者資料可供任何人檢視，公有雲供應者通常會對使用者實施資料使用存取控制機制，主要目的是提供資源共享的解決方案，既有彈性，又具備成本效益。如 Amazon EC2, Salesforce.com 提供用戶透過 Internet 共同使用雲端供應商提供的資源與服務之環境。在國內如自然人憑證使用、政府所提供各項服務措施。

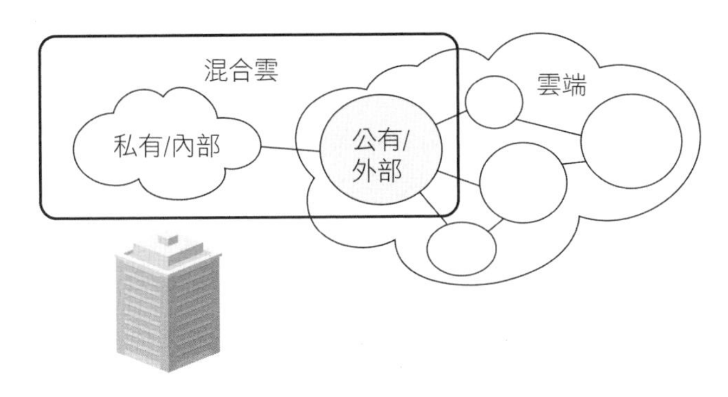

圖 14-3 雲端運算種類

2. 私有雲（Private Cloud）：私有雲將資料與程式放置在組織內部管理，透過內部網路共享由企業建構的資源與服務，不會受到資料外洩、服務中斷、網路頻寬、安全疑慮、法規限制等影響；此外，私有雲服務讓供應者及使用者更能掌控內部資訊流向、改善資訊安全與使用彈性，因為使用者與網路都受到特殊限制，例如一般機關學校或公司行號，本身建構私有雲提供各部門共享電腦運算處理的能力。
3. 社群雲（Community Cloud）：社群雲由目的相近的組織所集合起來管理及使用，通常有特定安全要求、共同宗旨等，社群成員共同使用雲端資料及應用程式，例如整個小型企業或民間團體、非政府機構、個別規模、經費、人力都不足以成立私有雲情況下，首先集結各小單位購置一台雲端主機放在某一單位，再分割其它虛擬主機提供給個別單位使用，對於財產歸屬及使用規定則應先取得協調共識。
4. 混合雲（Hybrid Cloud）：混合雲結合公有雲及私有雲，在此模式中使用者通常將非重要資訊外包，並在公用雲上處理以減少自行建置和維護雲端設備的經費和人力，但對於機密資訊、內部營運、關鍵技術的部份就放在私有雲上，亦即降低資訊安全的風險，混合雲兼具兩者的優點，例如全球資訊網站、電子郵件伺服器放在公有雲上，而人事、會計、公文簽核、R&D 業務資料則放在私有雲上。

14.2.4 雲端運算之體系架構

通常雲端運算基礎構架是由資料中心傳送服務，建立在伺服器上不同層次的虛擬化技術所組成。使用者可以在任何有提供網路基礎設施的地方擷取這些服務。「雲端」呈現是對所有使用者的運算需求提供服務，如存取資料。開放式標準對於雲端運算的發展是相當重要的部份，並且眾多的自由開發軟體為雲端運算提供各式應用服務。

雲端的基本概念是透過網路將龐大的運算處理程式，自動分拆成無數個較小的子系統，再由多部伺服器所組成的龐大系統進行搜尋、運算、分析、處理之後，將結果回傳給使用者。透過這項技術，遠端的服務提供者可以在數秒之內，達成處理數以千萬計，甚至億計的運算工作，達到和「超級電腦」（Super Computer）同樣強大效能的網路服務。如可以進行天氣預測、DNA 結構分析、基因圖譜定序、癌症細胞解析、颱風路徑預測、農作物 DNA 病蟲害防治分析等高階運算。例如，Google 透過 Map Reduce 架構將資料拆成眾多小塊運算後再重新組合，而且 Big Table 技術完全不同於一般資料庫的運作方式，目的在於能夠達到快速運算、分散處理、共享資源的目標。如圖 14-4 為雲端階層示意圖。

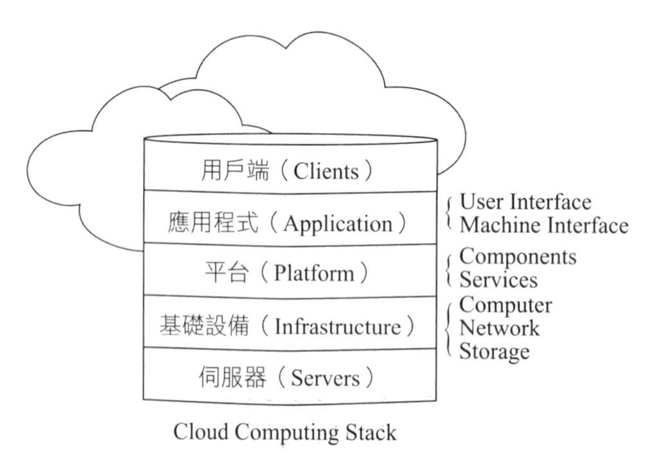

圖 14-4 雲端階層示意圖

14.2.5　雲端運算核心特性

雲端運算的核心特徵如下：

1. **敏捷（Agility）**：讓使用者得以快速且以低成本的獲得技術架構的資源。
2. **應用程式開發介面（Application Programming Interface, API）**：API 的功能是協助應用程式開發者、用戶端應用程式開發者，可以快速完成雲端應用，節省開發的人力、時間及成本的工具，如簽章運算、程式碼回應等工具，亦即是開發雲端應用的橋樑。

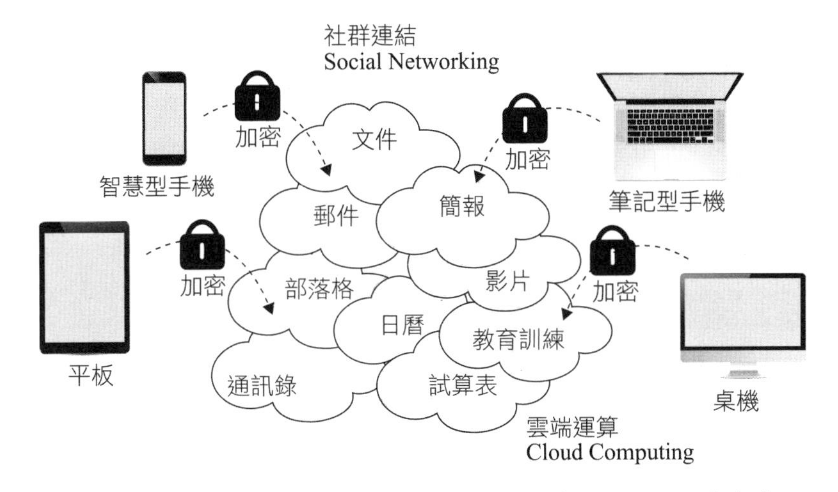

圖 14-5　雲端運算圖解

3. 上雲端各種設備裝置必須允許使用者透過網頁瀏覽器來獲取資源，而無須關注使用者自身是使用何種裝置或限制機種，或在何地存取資源（如 Pad、Smart Phone、行動裝置等）。使用者可以從任何地方來連線，透過網際網路獲取各項資源。
4. **可延伸性**：經由使用者提出需求的服務開通資源，接近即時的自動服務，無須使用者對峰值或負荷進行雲端內部構造的考量。
5. 當資料分布在更廣的範圍以及更多數量的裝置上時，以及由不相關的多個使用者使用的多個終端系統時，安全性的複雜性將明顯增加，因此資料集中化提升安全性以避免重要資料遺漏。
6. 維護雲端運算應用操作簡單，使用者可在多機上進行安裝或維護，即相當容易操作及使用。

總之，雲端應用的基本特色為「高度彈性」、「運算服務」、「隨需自助服務」、「網路使用無所不在」、「資源彙整」等五項特徵。

14-3 雲端 CRM 系統

現今資訊分享與訊息傳遞快速，各類應用系統愈來愈高的普及化，而隨著網際網路的蓬勃發展，智慧型手機的成長如雨後春筍般，使用者急速增加，所謂的「雲端運算」或「雲端服務」，更是企業建置行動化資訊系統的重要選擇與考量，雲端所提供豐富的資源不僅在電腦上使用，還可以在智慧型手機、平板筆電上操作，讓管理者、使用者能不受時空限制無時無刻、隨時隨地掌握一切資訊。

對中小企業而言，導入顧客關係管理 CRM 雲端服務，最大難題是在於能如何善用工具解決實務上的問題，與顧客建立緊密的連結關係。從以往的導入 CRM 經驗中可以發現，儘管系統具備強大的功能，但在使用者端卻往往不知如何將任務配合到系統功能，亦即以正確導入到 CRM 流程的各個 作業程序，最後導致失敗，但其實失敗是可以事先教育訓練避免的。產生此類的問題，主要原因是大多數的系統服務廠商，僅著重於系統功能的介紹，而忽略了教導用戶端如何將工作任務移轉到系統功能上。以下將介紹國內外知名企業的雲端 CRM 系統。

國外雲端 CRM 企業有：

1. Salesforce：Salesforce.com 提供依據顧客需求訂製的軟體服務，終端用戶每個月需要支付租金的費用來使用網站上的各種服務，這些服務涉及客戶關係管理的各個方面應用，從普通的聯繫人管理、產品目錄到訂單管理、機會管理、銷售管理等。
2. Oracle CRM：Oracle 提出整合式顧客關係管理（CRM）解決方案，為一套可為企業提供有關銷售、服務和市場營銷資訊的管理系統。Oracle CRM 是建立在開放式的基礎標準架構上，目的在簡化業務流程與提升資料品質，並使企業的所有相關部門都能從相同來源獲取數據。Oracle CRM 標榜能讓企業享有贏得客戶的最佳工具－準確的資訊。

國內的雲端 CRM 企業有：

1. Vital CRM 愛客戶：Vital CRM 愛客戶系統是由叡揚資訊股份有限公司所開發出的雲端 CRM 系統，叡揚成立於 1987，是台灣資訊軟體業的領導廠商，也是區域級資訊軟體與雲端 SaaS 服務供應商。長期關心客戶的經營需求，經由成熟的軟體工程、協同作業、行動通訊、雲端應用、…等資訊科技，開發出流程 e 化與創新應用系統，贏得金融業、政府、醫院、電商、零售批發、醫美、管顧、補教業、製造業、…等，數以上萬家客戶的肯定。Vital CRM 愛客戶是專為中小企業所設計的雲端顧客維繫管理系統，提供顧客分類標籤、行事曆、活動規劃、產品交易、條件查詢、聯繫腳本、電子卡片、人脈網絡關係、大數據分析、…功能，以及精準與個人化的 eDM、簡訊、電子郵件等行銷管道，輕鬆做到了解顧客、發掘顧客、精準行銷的目標！

2. **中華電信 SaaS CRM** SaaS CRM 是由中華電信推出 SaaS CRM 雲端服務，以提供客戶最需要且最佳的雲端解決方案，企業無須花大量成本自建 CRM 系統，只需透過租用帳號的方式，省去成本、時間與人力，即可以最快、最彈性的方式導入行銷、銷售、服務三大模組，迅速建置客戶資料、管理商機及訂單，進行客戶需求、產品銷售狀況分析，並可做到企業作業流程自動化，使企業做到精準行銷、精進管理及精緻服務的大好處。

3. **鼎新 V-Point CRM 客戶關係管理系統** V-Point CRM 是由鼎新電腦所開發出的客戶關係管理系統。

   鼎新 V-Point CRM 客戶關係管理系統特色有以下四點：

   (1) 完整模組化管理系統：鼎新 CRM 系統針對台灣企業 e 化需求設計，可以根據客戶的需求，模組化系統導入，節省企業導入的時間與有效降低導入成本。

   (2) 導入時程短，相對成本低：鼎新 CRM 系統如同 ERP 的會計總帳系統，牽涉部門較少，意見容易整合，且基本資料的項目少，相對其他系統，軟硬體購買成本較低，因此導入時程很短。

   (3) 高度彈性的資訊整合系統架構，可滿足未來電子商務的需求： 透過資料整合經驗與 Internet 技術，公司可透過 WEB 與銷售資訊密切整合，當企業建置 Intranet 或 Extranet 時，更可藉由分散式架構，達成遠端資訊交換與分享，而企業內外與企業相互間的資訊 也可透過 WEB 獲得。

   (4) 產品關鍵技術：利用軟體元件化與流程自動化達成企業流程再造功能。

4. **百加資通－101 CRM PLUS 著眼企業啓動雲端化工程**，以 e-Office 為核心打造新一代 101 SaaS（Software as a Service）雲端系列服務，滿足企業辦公、客戶關係、專案管理等雲端作業需求，降低企業營運成本，目前有 30 天免費試用的服務（www.101crm.net）。

   百加資通推出的 101 SaaS 是依據企業需求所打造的雲端作業系統，全系列系統都部屬在評價最高的亞馬遜雲端平台 AWS（Amazon Web Services），強調企業不需龐大資訊花費、不需專職資訊人員、不需很長時間學習、不需更多管理系統，讓客戶用低成本就能到國際級雲端服務品質。

由於 CRM 比較容易訂定標準作業流程（SOP），因此只要標準作業流程確定，不管是企業自建或是使用雲端服務都可以順暢操作。但如果企業基於行動商務的方便性，需要每個業務人員都配發一台行動裝置以洽談處理訂單的方式，則企業在 IT 的部署勢必須要額外設計，甚至採用雲端服務或以租用平台的方式，在平台上自建應用服務來符合企業需求。

14-4 雲端 CRM 的應用

14.4.1 導入雲端 CRM

若企業導入雲端 CRM，其應用位於軟體就是服務（Software as a Service, SaaS）層且為隨選服務（On Demand Services）的方式，根據顧客的需求提供需要的服務。

依據 Gartner、AMR 與 IDC 等研究機構的調查報告顯示，企業所採購的 CRM 軟體，有 40%被束之高閣購買後並沒有真正發揮效益，僅 25%的企業認為 CRM 專案的建置有實質的投資報酬率。但也有評估導入 CRM 或建置中的企業，對其整體效益抱持較樂觀的看法。其中約有 58%的企業認為可在一年內達到回收年限（payback year），35%的企業認為約一到三年的時間，其投資報酬率（Return on Investment, ROI）將從 16%到 100%以上不等，亦即大部分企業對導入 CRM 報持正面態度。

對於失敗的 CRM 導入專案經驗，應可以提供未來規劃導入 CRM 的企業，一個值得深思與參考的借鏡。綜合國外的分析報告與國內的 CRM 實務導入經驗，有幾點需要注意：

1. **導入 CRM 需要與企業願景、策略、與績效目標相契合**

   CRM 的理念不是新觀念，從企業創設成立開始，顧客就是企業賴以維生的獲利基本要素，只是隨著外在產業環境、全球化的競爭激烈、銷售服務管道多樣化、資訊科技不斷創新應用等種種因素，迫使企業必須改變或轉型既有的思維模式，以更貼近顧客需求，建立及維繫長久關係。思考如何從產業的價值鏈開始，如何對比競爭者創造更好的價值給顧客，如多年前發生的假奶粉、起霧劑、飼料油、餿水油、劣油風暴，市場真正的贏家是提供誠實品質、可靠產品的企業，否則當顧客知道所有黑心的內幕，企業一夕崩裂瓦解是可以預知的，頂新食安事件所造成顧客的全面流失及全民健康損害，就是學習反思最好的案例。企業因在產業中的競爭環境不同，以及顧客消費型態上的差異，相對所設定的顧客策略與績效目標就會不一樣，例如在電信產業中，如何降低顧客的流失率，使其利潤貢獻達極大化，相對於如何開發新顧客會更重要，尤其在綁約 24 期、36 期甚至 48 期的約定服務，其穩定獲利是持續經營的基礎及保證。因此留住好的舊顧客提供高品質的傳輸，便成為電信業經營成功的保證。但反觀對於一個新加入某一競爭領域的企業，如何藉由多元的行銷管道與策略結盟，取得更大的客戶基礎以開拓市場，才是求生之道，例如電子商務的網購業者從網站設計、觀察瀏覽的內容、吸引瀏覽者增加停留時間，藉由積極開發新客源、提出各種優惠方案爭取訂單與再次購買的商機。

設立企業願景與擬定 CRM 策略，並轉換為整體顧客經營的發展計畫，同時輔以關鍵性績效指標（KPI）的評估，以量化的方式考核 CRM 策略的落實執行。

使得 CRM 系統所要達到的目標可以非常明確實現。如批發業設定的關鍵性績效指標：(1)提升舊顧客的再購率；(2) 提高平均客單價。因此，資訊系統的建置，除了建立顧客交易資料外，還需要再進一步提供顧客的消費行為分析、產品需求分析、顧客類型、消費頻率、消費時間週期分析等狀況，以推估下次購買的時間及產品。其次提出刺激購買的方案，促使平均客單價提高，並且配合產品的促銷方案活動，吸引顧客再次上門，以達到所設定的績效指標。

2. **改善服務流程與思維模式轉變**

目前企業組織結構設計多數採取專業功能部門別，如行政部、財務部、業務部、研發部、製造部、人事部、資訊部等，或依產品線劃分各事業部。因此，在建立以顧客為導向的企業文化時，如何建立對顧客有一致性的認知？站在顧客的角度思考，以有效協調各部門間的資源，降低內部衝突，達成有效溝通並相互支援，與顧客維持長久發展的良好關係，就成為改善服務流程的依據。此外，隨著資訊科技的演進，企業 e 化、M 化及 U 化已是必然的趨勢，過去以企業資源規劃（ERP）為內部管理的核心，在導入 顧客關係管理系統時，需要能夠收集更廣泛與精確的顧客資訊，以有效分析與掌握顧客的行為，持續累積顧客的知識（Customer Knowledge）。這對於將顧客視為個人資產的業務人員，或主觀認知市場行銷方式的企劃人員而言，思維上必須加以調整轉換。

3. **擬定 CRM 的整體規劃：從宏觀思考、由微觀著手**

顧客關係管理系統作為與顧客互動往來的管理平台，能集結所有接觸管道，蒐集所需的資訊與支援服務的功能，如圖 14-6 所示，一般 CRM 涵蓋了行銷、業務、服務這三個面向，在產業鏈分析過程中一家企業的顧客策略，會往內延伸到各部門，如產品與銷售管理的資訊提供。基本上，CRM 可依其功能應用範疇，區分為操作型 CRM（Operational CRM）、分析型 CRM（Analytical CRM）、溝通型 CRM（Communicational CRM）等三個種類型。而溝通型

CRM 主要透過各接觸管道與顧客互動；分析型 CRM 經由各種分析工具了解數字所代表的意義；操作型 CRM 藉由行銷管理、銷售管理、服務管理的自動化，使 CRM 的運作更有效率。企業在執行顧客發展與維持策略時，應先就 CRM 資訊應用範疇，有通盤的規劃與了解，做好跨部門之間的流程接軌串連，並與現有資訊系統的整合。

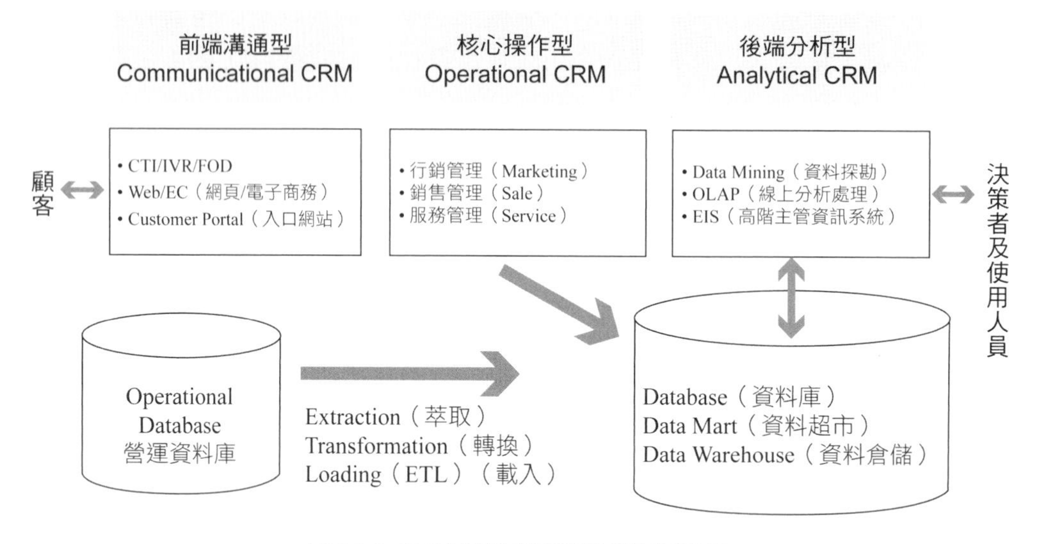

圖 14-6 CRM 提供所需資訊與支援功能

CIT：電腦電話整合　IVR：互動式語言回覆　FOD：傳真自動回覆　ACD：自動話務分配

導入 CRM 系統以「整體規劃，階段導入」的方式，配合關鍵績效指標（KPI）與系統成效相連結，設定各個階段的重要目標，提供後續在組成專案團隊、選擇 CRM 軟體及供應商時的明確參考準則，以有效對品質、時間、成本及人力的評估。此外，高階主管的全力支持、企業流程的合理化調整、使用者全程參與導入、CRM 領域專家的協助、明確的系統規格及需求，都是 CRM 系統導入與建置時的重要考量因素。

綜合以上，當企業在思考建置顧客關係管理系統時，可參考圖 14-7 的評估模型，從顧客價值分析著手，找出企業對顧客的核心價值貢獻的點，如多元通路（Web、APP...）、價格實惠、方便購買、時效便捷、品質保證、售後服務、節省人力及成本等，思考分析顧客行為時，建立核心運作機制。以流通業為例，在導入會員管理機制時，事先就需要改善既有的 POS 系統，同時整合後端銷售分析後，再設計促銷方案，如在顧客消費結帳時，立即提供顧客交叉銷售的建議。企業可評估資料分析工具，並依其顧客與產品特性，決定是否增加與顧客的溝通管道，如 CTI、Web、QR Code 等工具應用。當然除了資訊工具及技術的應用外，最重要成效是達成企業對顧客關係的強化與延續。在產業競爭、強敵環伺的市場中，建立 Mobile CRM 是必然的趨勢與成功的途徑，資訊技術與系統應用將更快速提供重要的情報，以利決策者因應環境的變動。

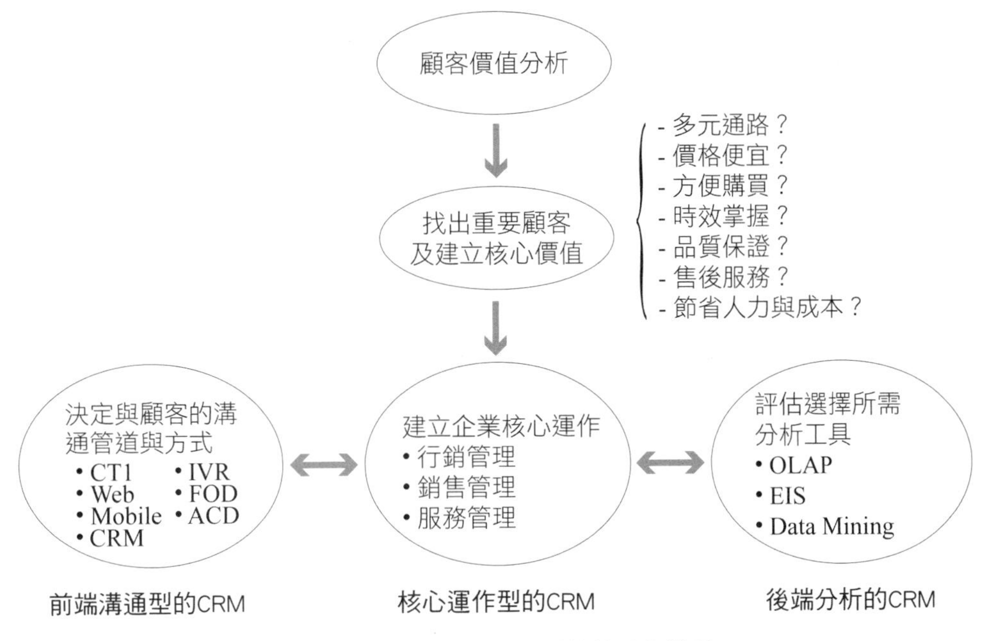

圖 14-7　企業建置 CRM 系統的評估模型

14.4.2　各產業對於雲端 CRM 之應用

過去中小企業顧及投入人力及成本，大多無法在 CRM 進行投資，但採用雲端服務平台租賃的模式則可以較低的成本、時間與人力，建置顧客詳細資料、管理商機、訂單處理、顧客支援，進行客戶需求及產品銷售狀況分析，達到 CRM 流程自動化及行動化。

目前國內 CRM 軟體廠商所推出的雲端版 CRM 系統都可以滿足企業大部份的需求，例如中華電信與叡揚資訊合作，針對各產業的需求，開發量身訂製的 CRM 雲端服務平台，企業只要透過租用方式即可使用 CRM 雲端服務，建置適合本身需求的顧客關係管理雲端服務，節省系統設計及建置的成本及時間，以最短的時間完成系統導入及操作使用，快速上線。

如表 14-2 為 Vital CRM 愛客戶系統中的標籤功能樣本，使用者可以為顧客的特徵、個性、偏好、基本資料等標上分類標籤，讓業務人員更容易的辨識顧客、了解顧客、掌握顧客的喜好需求。

表 14-2 Vital CRM 各產業類別標籤樣本

產業	使用標籤的類別
租屋超市（房仲業）	物件、地區、坪數、屋齡、年收入、房屋朝向、格局、案件進度、案件類型、租屋、總價、買屋賣屋
非營利組織（NPO）	兒童發展遲緩組織、非營利機構、公益團體、基金會、志工-捐款者、理監事、贊助者
寵物店	顧客、年齡、狗的品種、貓的品種、飼料、注射疫苗、寵物性別、結紮狀況、附屬品、疾病、美容、身體狀況
補教業	教師、成績、學生就讀學校、年級、班級、補習科目、家長、聯絡方式、學生程度、補習天數
美食	國內外、縣市、美食分類、需求分類、產品類別
保險業	顧客等級、生日月份、投保保單、職業、理財需求、保險類別、家庭狀況、服務項目、人脈關係、保單來源
一般零售業	顧客類別、商品類別、付款方式、購買優惠、 服務人員、購買金額、消費紀錄、購買日期、特殊需求、額外服務…

1. **租屋超市**：以房仲業為例，利用標籤功能，讓使用者區分顧客需求，依照不同的實際需求，如坪數、金額、區域、生活機能…，給顧客最好的建議，還可以透過手機隨時與顧客互動或傳遞訊息。
2. **非營利組織**：主要是針對公益團體、非營利機構或基金會，再依照不同的標籤將志工，細分為捐款者、理監事、贊助者等。
3. **寵物店**：能依照貓、狗、其它寵物的品種，登記寵物基本資料並建議飼主最適合家中寶貝的飼料或相關產品，還可以利用標籤功能，讓顧客知道之前有做過的服務或寵物打疫苗及成長歷程。
4. **補教業**：可利用標籤功能，知道教師的專長、學生所有分類，首頁也可與家長互動，讓家長與老師都更了解孩子學習的狀況。
5. **美食**：利用標籤功能，可以分類哪些縣市有相同美食的業者，及可以快速找尋想要的美食類別。
6. **保險業**：透過顧客等級及服務需求，建置各種標籤可以寄發生日卡片、根據理財需求寄發不同的理財資訊電子郵件，發簡訊提醒繳交保費，以達到關懷保戶的目標。
7. **一般零售業**：透過顧客類別，如常客、偶爾來客人、陌生客、進行不同商品的推薦與折扣優惠，對於顧客購買交易的詳細資料建檔並分類，可以滿足特殊需求建立緊密顧客關係。

課後個案　林果良品

業績漲七成 林果良品手工鞋贏在細膩

個案學習重點

1. 瞭解林果良品運用 Vital CRM 清楚分類客群，每一雙鞋的用心融入與顧客關係中。
2. 瞭解林果良品運用 Vital CRM，詳細記載客戶資料，完成對顧客的承諾。
3. 瞭解雲端 Vital CRM 可以將錄音檔、照片、圖片都可當附件，使資料更完整。
4. 瞭解林果良品運用 Vital CRM 有效達成交辦工作及逾期提醒。
5. 瞭解林果良品運用 Vital CRM 詳實紀錄工作流程及內容，溝通更容易。
6. 瞭解林果良品運用 Vital CRM 客製化發送 EDM 及簡訊，333 原則鞏固顧客情感，回流率穩定成長。

林果良品簡介

林果良品「不只是一家鞋店」，以製鞋工匠精神出發，延伸出細節品味的林果紳士風格；從朋友關係找回人的溫度，描繪台灣美好生活的模樣。林果，本是創辦人信儒的小名。在初創辦「ORINGO 林果良品」之時，取其意品質優良的商品。林果良品，在 2006 年開始發芽。然而，心中的種子，早就根深蒂固地被植在那個年幼懵懂，於鞋廠裡成長的美好歲月中...。林果良品的皮鞋，都是由數十年經驗豐富的台灣製鞋師傅製作，因為擁有對鞋子細部精準的經驗判斷，經由繁複工序與細微手感，才能成就一雙合腳的好鞋。尤其是皮革大底（Leather Sole）的鞋子，更是需要精細的手工製作，一雙皮底鞋須以 100 多道的製作步驟，從劃皮、縫製鞋面、拉幫、作底、脫楦…等，約需等待 25 天的製期才能完成，稱為手工鞋類的工藝品。林果良品皮鞋的誕生，技術是一種動態的過程，林果僅僅能紀錄一雙皮鞋在當下時刻的製作方法。一股來自工藝技術所展現生命力的真實性。敲打、裁剪間。手的溫度，進入鞋子裡。

Vital CRM 客戶關係維繫服務 老師傅手工針線情的最佳傳承平台

「從使用 Vital CRM 以來，業績成長了 1.6 倍～1.7 倍！」訂製手工鞋林果良品負責人曾信儒笑笑地說，這家從網路竄紅的台灣純手工訂製鞋品牌，沒有國外大廠雄厚的廣告預算及過度包裝，用單純用心作一雙好鞋的堅持建立消費者口碑，對於曾信儒來說，把錢花在廣告上，倒不如回饋給消費者，讓質感細膩更精進，而這也是為何林果良品會選擇 Vital CRM 雲端客戶關係維繫服務體貼客戶的根本。

「我們應該回到最基本的點：與客戶間信任的累積，才能延續品牌的力道，也許初期不如廣告放送來得快，但長久下來，口耳相傳的力量將勝於一瞬間廣告播放的力量！」負責人曾信儒堅定地說。「Vital CRM 雲端客戶關係維繫服務，是老師傅一針一線手工堅持的最佳傳承平台，產品到客戶手中只是一個起點，之後的旅程（滿意度、回饋、其他需求等等），就由 Vital CRM 接棒完成。」

突破傳統人工模式 客戶資料系統化更清晰

曾信儒很清楚口碑病毒式傳播的力量，而 Vital CRM 就是讓病毒式傳播發熱發光的利器。Vital CRM 其實就是一套類似量身訂做的 VIP 客戶基本資料及關懷雲端系統。舉例來說，可以貼心地將客戶利用標籤來分群，例如說：客戶分級、客戶資料來源（網路商店街、吉甲地市集、購物網、實體店面等）、聯繫次數 等，如此才可針對特定族群，利用 Vital CRM 簡訊功能寄送他們會有興趣及關心的話題，增加回購率及客戶互動機會。

口頭交辦 out　雲端工作指派 in

Oringo 從客戶部門到第一線的門市人員都納入到 Vital CRM 的使用名單中，而內容記載上面除了一般的客戶基本資料到即時的補貨、進貨進度和與師傅間的溝通過程都記載進 Vital CRM 當中，如此一來，門市人員在面對顧客做承諾時也能更有把握。「我們還會將答應客戶的事項、與師傅溝通好的交期時間、合約內容和客服人員的回應進度都變成工作指派，藉由 Vital CRM 系統化管理可以更具效率！」曾信儒要做的就是打破傳統產業及中小企業半人工化的營運模式，口頭交辦搭配雲端服務的協助，讓工作效率提升。

三個簡訊傳送時間點 抓緊客戶品牌忠誠度

另外，曾信儒還分享了一個要服務差異化的小撇步，在客戶消費後的三個時間點（三天、三週、六個月）用 Vital CRM 發送簡訊做關懷。譬如：第一封簡訊會先介紹自己，並且尋問客戶拿到鞋子的狀況以及問候的話語；第二封則在詢問客戶實際穿著的情況；第三封即詢問是否有需要維修的情況，並告知店家有提供免費到府收件的服務！用「揪感心」的簡訊服務，加深客戶對店家印象並打造備受尊寵的 VIP 氛圍，提升回購率以及品牌忠誠度！故 Vital CRM 這套客戶關懷雲端系統，的確讓網路商城從原本只佔總業績的三成提高到了五成！「網路購物更講求信任度，也因為 Vital CRM 讓我們更能贏得客戶的心。」他補充說明。

叡揚 Vital CRM 介面人性化 操作上手好簡單

說到員工是否會排斥新的系統，「這是人之常情，但當發現新的系統可以節省許多工作上的時間時，就會很開心地接受新事物！」，而這也在系統轉換成功後印證了，員工們也覺得 Vital CRM 直覺性的介面簡單好操作，會員查詢、記事上以及員工間的溝通上都比以往輕鬆許多！

「不論是企業對企業，或是個人對個人，當您在購買產品時，發現服務人員跟自己擁有同樣的特質：誠實、熱心、重服務，會更放心、更願意與對方互動也因此對產品的使用率將更高。」曾信儒認真地以這句話向叡揚表達支持，也同樣的說出了林果良品如何看待與顧客的互動：不再只是銀貨兩訖，而是更深一層的情感交流。

■ 資料來源：
https://www.gsscloud.com/tw/user-story/124-search-result/180-vital-crm-kpn

個案問題討論

1. 請上網搜尋林果良品的相關資料，瞭解提供的產品與服務。
2. 請討論林果良品如何透過 Vital CRM 與顧客互動？
3. 請討論林果良品如何透過 Vital CRM 做到三個簡訊傳送時間點 抓緊客戶品牌忠誠度？
4. 請討論林果良品透過雲端進行工作指派的效益有哪些？
5. 請討論林果良品在競爭激烈鞋市場中的定位與特色，雲端 Vital CRM 如何完成感性訴求的口碑行銷？

本章回顧

當前幾乎每個顧客都有智慧型手機與平板的時代，行動商務的使用模式也愈來愈普遍廣泛，而行動商務可落實行銷活動，如廣告、促銷、優惠、新品上市、訂購、客服等，使顧客關係與線上交易從電子商務走向行動商務。對於企業管理者而言開闢另一個全新的戰場，且行動商務還擁有了環境感知、個人化的使用情境、即時性與便利性等優勢。雲端運算是一種基於網路的運算方式，透過此種服務，達到共享的軟硬體資源，可以建立更緊密友善的 CRM。

本章節介紹顧客關係管理在行動商務與雲端運算的應用，主要讓學習者了解：

1. **行動商務重要性**：對於經營管理者來說，行動商務已經是必要提供的交易或瀏覽平台，它的即時性與便利性，可幫助 CRM 經理人，以更迅速與更簡便的流程服務顧客。讓學習者了解到，行動商務已經是時下的重要資訊科技(IT)應用趨勢。
2. **何謂雲端運算**：雲端運算可以共享軟硬體資源和資料，讓使用者能在不受環境、地域、時間的限制，方便使用各種應用服務。
3. **為何要有雲端 CRM 的應用**：雲端 CRM 的應用，能讓企業更便於管理， 雲端 CRM 可應用於不同的產業。讓學習者了解到，現在幾乎每個 產業都容易導入雲端 CRM，便於提供服務，即時與顧客建立友善 關係。

1. (　　) 將產品銷售或行銷流程導入到行動設備中，並可執行電子商務的功能稱為？
   (1)行動商務（M-Business）　(2)電子商業（E-Business）
   (3)企業內部行動化　(4)企業內部電子化

2. (　　) 一種基於網際網路的運算方式，透過共享的軟硬體資源和工具可以按服務需求提供給連接上的電腦和其他裝置，此稱為？
   (1)客戶端-伺服器（Client-Server）架構
   (2)軟體即服務（SaaS）的服務模式
   (3)平台即服務（PaaS）的服務模式
   (4)雲端運算（Cloud Computing）

3. (　　) 可透過網路及第三方服務供應者，開放給客戶使用，供應者通常會對使用者實施資料使用存取控制機制，主要目的是提供資源共享的解決方案，此稱為？
   (1)私有雲（Private Cloud）
   (2)公有雲（Public Cloud）
   (3)社群雲（Community Cloud）
   (4)混合雲（Hybrid Cloud）

4. (　　) 網際網路上的雲端運算服務其特徵，根據美國國家標準和技術研究院的定義，雲端運算服務應該具備以下幾項特徵？【複選題】

(1)單人共享資源池

(2)隨時隨地可用任何行動裝置進行存取

(3) 隨使用者需求自助服務

(4)性的了解與掌握

(5)可被監控與量測的服務

(6)無法快速重新部署

5. (　　) 企業導入雲端 CRM 系統，應該要注意哪些要項？【複選題】

(1)找出企業對員工的核心價值貢獻的特點

(2)導入 CRM 系統以「整體規劃，一次導入」的方式最佳

(3)擬定 CRM 的整體規劃

(4)導入 CRM 需要與企業願景、策略、與績效目標相契合

(5)改善服務流程與思維模式需轉變

(6)採用雲端租賃的模式則可能有較高的成本、時間與人力

6. (　　) 一般雲端 CRM 的 APP 提供功能有哪些？【複選題】

(1)推播通知　(2)附近客戶查詢功能

(3)可寫可拍照可錄音可上傳分享　(4)行事曆

(5)列印大量資料　(6)不用上網可以更新資料

7. (　　) CRM 可依其功能應用範疇，區分為哪三個種類型？【複選題】

(1)操作型 CRM（Operational CRM），經由各種分析工具了解數 字所代表的意義

(2)操作型 CRM（Operational CRM），透過行銷管理、銷售管理、服務管理的自動化提升效率

(3)分析型 CRM（Analytical CRM），透過行銷管理、銷售管理、服務管理的自動化提升效率

(4)分析型 CRM（Analytical CRM），經由各種分析工具了解數 字所代表的意義

(5)溝通型 CRM（Communicational CRM），主要透過網路每日對顧客傳輸簡訊、郵件

(6)溝通型 CRM（Communicational CRM），主要透過各接觸管道與顧客互動

試題演練解答

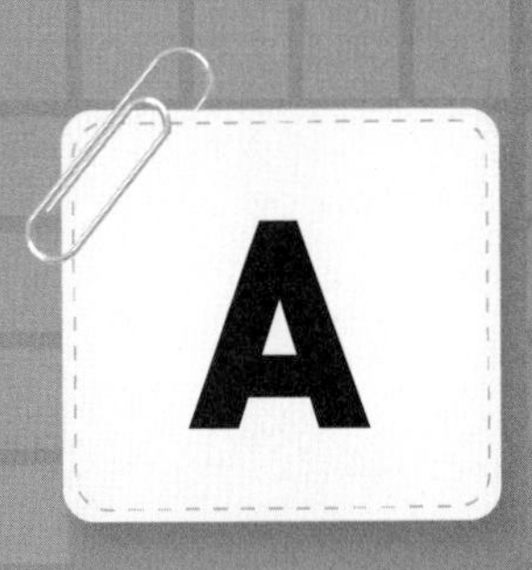

第 1 章

1	2	3
1	4	2

第 2 章

1	2	3	4
3	4	2	4

第 3 章

1	2	3	4	5	6	7
2	1	3	4	3	256	124

第 4 章

1	2	3	4
3	2	2	3

第 5 章

1	2	3	4	5	6
3	4	1	12345	135	1

第 6 章

1	2	3	4	5	6	7
3	2	2	23456	135	1235	3

第 7 章

1	2	3	4	5	6	7	8	9	10
4	1	2	125	234	234	3	3	1256	1245

第 8 章

1	2	3	4	5
3	4	4	1234	245

第 9 章

1	2	3	4	5	6	7	8
3	2	1	1256	1346	1245	1	4

第 10 章

1	2	3	4	5	6
2	3	4	246	456	12

第 11 章

1	2	3	4	5	6	7	8	9	10	11
2	3	4	1356	2345	3	2	3	2	2	346

第 12 章

1	2	3	4	5	6	7	8	9	10
3	4	1	2345	123	1256	4	4	1	134

第 13 章

1	2	3	4
2	4	3	4

第 14 章

1	2	3	4	5	6	7
1	4	2	235	345	1234	246

顧客關係管理｜結合叡揚資訊 Vital CRM 國際專業認證(第二版)

作　　者：陳美純
企劃編輯：石辰蓁
文字編輯：江雅鈴
設計裝幀：張寶莉
發 行 人：廖文良

發 行 所：碁峰資訊股份有限公司
地　　址：台北市南港區三重路 66 號 7 樓之 6
電　　話：(02)2788-2408
傳　　真：(02)8192-4433
網　　站：www.gotop.com.tw
書　　號：AEE040600
版　　次：2023 年 02 月二版
建議售價：NT$480

國家圖書館出版品預行編目資料

顧客關係管理：結合叡揚資訊 Vital CRM 國際專業認證 / 陳美純著. -- 二版. -- 臺北市：碁峰資訊, 2023.02
面；　公分
ISBN 978-626-324-418-4(平裝)
1.CST：顧客關係管理
496.7　　112000962

讀者服務

- 感謝您購買碁峰圖書，如果您對本書的內容或表達上有不清楚的地方或其他建議，請至碁峰網站：「聯絡我們」\「圖書問題」留下您所購買之書籍及問題。（請註明購買書籍之書號及書名，以及問題頁數，以便能儘快為您處理）
http://www.gotop.com.tw

- 售後服務僅限書籍本身內容，若是軟、硬體問題，請您直接與軟、硬體廠商聯絡。

- 若於購買書籍後發現有破損、缺頁、裝訂錯誤之問題，請直接將書寄回更換，並註明您的姓名、連絡電話及地址，將有專人與您連絡補寄商品。